21世纪高等教育面向新工科软件工程系列规划教材

DATABASE SYSTEM PRINCIPLE DESIGN AND PROGRAMMING (MOOC Edition)

数据库系统

原理、设计与编程

(MOOC版)

陆鑫 张凤荔 陈安龙／编著

人民邮电出版社
北京

图书在版编目（CIP）数据

数据库系统 : 原理、设计与编程 : MOOC版 / 陆鑫, 张凤荔, 陈安龙编著. -- 北京 : 人民邮电出版社, 2019.3(2021.3重印)
21世纪高等教育面向新工科软件工程系列规划教材
ISBN 978-7-115-50274-2

Ⅰ. ①数… Ⅱ. ①陆… ②张… ③陈… Ⅲ. ①数据库系统－高等学校－教材 Ⅳ. ①TP311.13

中国版本图书馆CIP数据核字(2018)第277210号

内 容 提 要

本书以先进的开源对象——关系数据库 PostgreSQL 和典型的分布式非关系数据库 NoSQL 为背景，介绍数据库系统的原理、设计与编程技术。全书共 7 章，内容包括数据库系统基础、数据库关系模型、数据库操作语言 SQL、数据库设计与实现、数据库管理、数据库应用编程、NoSQL 数据库技术。针对关系数据库系统，本书重点介绍关系数据模型原理、数据库操作语言 SQL、数据库服务器端编程、数据库管理技术；针对非结构化数据管理，本书介绍 NoSQL 数据库原理及其基本技术，如列存储数据库、键值对数据库、文档数据库、图形数据库等。同时，本书还针对数据库应用系统开发，介绍数据库设计方法、数据库应用 Java 编程方法。

本书取材新颖、内容实用、案例丰富，同时注重数据库工程实践应用。为支持面向新工科人才培养的翻转课堂教学，本书在每节均给出课程线上学习视频和课堂讨论问题。

本书既可作为高等学校计算机专业、软件工程专业数据库课程的教材，也可作为相关开发人员学习数据库知识与技术的参考书。

◆ 编　　著　陆　鑫　张凤荔　陈安龙
责任编辑　邹文波
责任印制　彭志环

◆ 人民邮电出版社出版发行　　北京市丰台区成寿寺路 11 号
邮编　100164　　电子邮件　315@ptpress.com.cn
网址　http://www.ptpress.com.cn
固安县铭成印刷有限公司印刷

◆ 开本：787×1092　1/16
印张：21.25　　　　2019 年 3 月第 1 版
字数：558 千字　　　2021 年 3 月河北第 3 次印刷

定价：59.80 元

读者服务热线：(010) 81055256　印装质量热线：(010) 81055316
反盗版热线：(010) 81055315

21 世纪高等教育面向新工科软件工程系列规划教材

编委会名单

前 言

数据库技术是信息化应用的核心技术，任何信息系统都离不开数据库系统对数据的组织、存储和管理。掌握了数据库系统原理与技术就拥有了进入IT行业的钥匙。

为满足工程教育课程教学的需要，编者根据新工科人才培养的要求，遵循厚实专业基础，注重工程实践能力培养，反映产业先进技术的总体思路，编写了本书。编者在本书内容的组织、项目案例的设计、实践练习题的设计等方面突出工程教育的特点，注重内容对学生的工程师核心潜质能力（专业技能、工程实践能力、创新设计能力）的培养，解决传统教材理论知识与实际工程应用脱节、工程案例偏少等问题，为学生掌握数据库领域的专业知识、提升专业技能提供了丰富的学习素材。通过本书的学习，读者可以理解数据库系统的原理，掌握数据库系统的设计方法与开发技术，初步具备数据库应用系统的开发能力。

为取得更好的教学与学习效果，本书提供了MOOC教学资源，包括教学视频、教学PPT、单元练习题等。此外，附录还提供了与本书配套的实验方案。

全书内容共7章。前3章介绍数据库系统基础、数据库关系模型、数据库操作语言SQL等数据库原理知识及基本技术。第4章介绍数据库设计与实现，包括E-R模型、数据库建模设计、数据库规范化设计、数据库设计模型的SQL实现等内容，并详细介绍了主流数据库设计工具PowerDesigner的具体应用。第5章对数据库管理技术进行介绍，主要包括事务管理、并发控制、安全管理、备份与恢复等内容。第6章结合Java Web介绍数据库应用编程技术。第7章介绍主流的NoSQL数据库技术及其应用方法，包括列存储数据库、键值对数据库、文档数据库、图形数据库等内容。

本书可作为高等学校计算机、软件工程等专业数据库课程的教材，建议授课学时为48小时，实验学时为16小时。

本书由陆鑫、陈安龙、张凤荔老师编写。其中，陆鑫编写了第1、2、3、4、5章及附录，并负责全书统稿；陈安龙编写了第6章；张凤荔编写了第7章。在本书编写过程中，编者得到电子科技大学教务处、信息与软件工程学院有关领导和老师的支持，在此表示诚挚感谢。

由于时间仓促，书中难免存在不妥之处，请读者原谅，并提出宝贵意见。

编者

2019年1月于成都

目 录

第 1 章 数据库系统基础

信息技术离不开数据库系统对数据的管理。数据库技术是实现信息化应用与服务的核心技术之一，它涉及数据组织与存储、数据存取模型、数据操作语言、数据架构与模型设计、数据管理与系统处理、应用数据访问编程等技术主题。本章将介绍数据库及其系统的概念，数据库技术的发展、数据库应用系统、典型的数据库管理系统、PostgreSQL 对象-关系数据库系统软件。

本章学习目标如下。

（1）了解数据库的基本概念、数据库的作用、数据库文件的特点。

（2）理解数据模型与数据库所使用的模型、数据库系统的组成等基本知识。

（3）了解数据库系统的技术发展过程、技术特点、技术趋势。

（4）了解典型数据库管理系统的技术特点、数据库应用适用场合。

（5）理解数据库应用系统的类型、结构，以及生命周期。

1.1 数据库及其系统的概念

在信息时代，无论是信息系统，还是互联网服务，它们都需要对各类数据进行存储、管理、分析等。这些数据处理都离不开数据库及其数据库管理系统软件的支持。什么是数据库？数据库如何组织、存储数据？数据库管理系统如何创建、访问和管理数据库？这些都是学习者需要了解与掌握的数据库领域知识。

1.1.1 数据库的定义

任何信息系统的技术实现，均需要使用具有特定数据模型的系统容器组织与存储数据，同时还需要相应系统软件支持应用程序对系统容器中的数据进行共享操作。在计算机领域中，这类组织与存储数据的系统容器被称为“数据库”。例如，电子商务系统将商品信息、销售价格信息、销售服务信息等业务数据分别写入由多个相关数据表构成的数据库中进行数据存储。当客户访问电子商务系统时，系统就立刻将每个商品的信息从数据库中提取出来，并呈现在电子商务网站页面中。若客户需要购买商品，可以在电子商务系统中填写订单信息，并支付货款，以完成一次客户与商家的线上交易活动。在电子商务系统中，所有业务实现都依赖数据库的支持。同样，各个机构的办公管理系统、财务管理系统、人力资源管理系统、薪酬管理系统等业务信息系统都需要数据库来实现数据管理。因此，数据库是信息系统最重要的组成部分。

一些学者分别对数据库（DataBase）给出了更专业的定义。

定义1：简单来说，数据库是一种电子化的文件柜，用户可以对文件柜中的数据进行新增、检索、更新、删除等操作。

定义2：数据库是以一定方式存储在一起的、能为多个用户所共享的数据集合。

定义3：数据库是依照某种数据模型组织起来，并存放在存储器中的数据集合。这种数据集合具有如下特点：尽可能不重复存储数据，以优化方式为用户存取数据提供服务，其数据结构独立于使用它的应用程序，其数据的增、删、改和检索由统一软件进行管理和控制。

综合上述，我们可以将数据库理解为一种依照特定数据模型组织、存储和管理数据的文件集合。在信息系统中，数据库的基本作用是组织与存储系统数据，并为系统软件从中存取数据提供支持。与文件系统中普通数据文件有明显不同，数据库文件具有如下特点。

- 数据一般不重复存放。
- 可支持多个应用程序并发访问。
- 数据结构独立于使用它的应用程序。
- 对数据增、删、改、查操作均由数据库系统软件进行管理和控制。

1.1.2 数据模型

从数据库的定义可知，数据库使用了特定的数据模型来组织与存储数据，那么数据模型是什么，数据库一般使用哪种数据模型组织与存储数据，这些都是深入了解数据库原理的基本问题。

1. 数据模型

数据模型是一种描述事物对象数据特征及其结构的形式化表示，通常由数据结构、数据操作、数据约束3个部分组成。

（1）数据结构用于描述事物对象的静态特征，其中包括事物对象的属性数据、数据类型、数据组织方式等。数据结构是数据模型的基础，数据操作和约束都是基于该数据结构进行的。

（2）数据操作用于描述事物对象的动态特征，即对事物对象的属性数据可进行的数据操作，如插入、更新、删除和查询等。在数据模型中，我们通常还需定义数据操作语言，如操作语句、操作规则及操作结果表示。

（3）数据约束用于描述事物对象的数据之间语义的联系，以及数据取值范围等规则，从而确保数据的完整性、一致性和有效性。

例如，在许多高级编程语言中，数据文件是一种典型的数据模型实例，其数据结构由若干数据记录行组成，数据记录之间彼此独立，每行数据记录又由若干数据项组成。在数据文件的编程访问中，我们可以移动指针定位来记录位置，然后对该记录数据进行读/写或删除处理。

2. 数据库所使用的数据模型

传统数据库先后使用的数据模型主要有层次数据模型、网状数据模型、关系数据模型。这3种模型是按其数据结构命名的。它们之间的根本区别在于数据之间的联系方式不同，即数据记录之间的联系方式不同：层次数据模型以“树结构”方式表示数据记录之间的联系；网状数据模型以“图结构”方式来表示数据记录之间的联系；关系数据模型用“关系二维表”

方式来表示数据记录之间的联系。

（1）层次数据模型

层次数据模型是数据库系统最早使用的一种数据模型，其数据结构是一棵包含多个数据结点的“有向树”。根结点在最上端，层次最高；子结点在下层；最低层为叶结点。每个数据结点存储一个数据记录，数据结点之间通过链接指针进行联系。当需要访问层次数据模型的数据时，需要使用树结点遍历方法进行数据记录的操作。例如，高校教务系统的层次数据模型如图 1-1 所示。

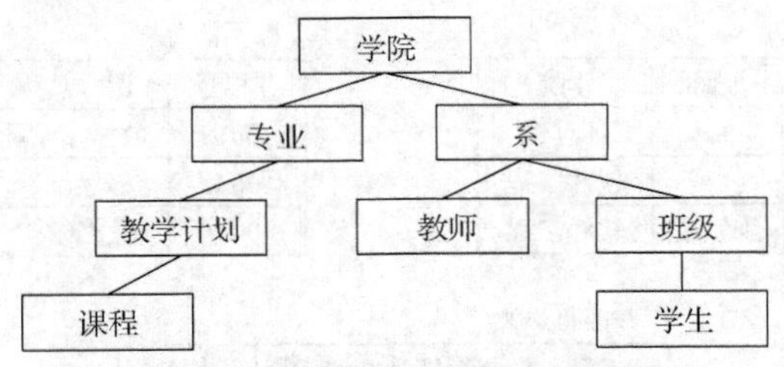

图 1-1　高校教务系统的层次数据模型

层次数据模型的特征：该模型将数据结点组织成多叉树关系的数据结构，程序采用关键字检索来遍历访问各个数据结点。其优点：数据结构层次清晰，使用指针可遍历访问各个数据结点；数据结点的更新和扩展容易实现；关键字检索查询效率高。其缺点：系统数据结构局限于层次结构，缺乏灵活性；相同信息的数据结点可能会多次存储，数据冗余大；层次数据模型不适合于具有拓扑空间的数据组织。

层次数据模型的数据库产品出现于 20 世纪 60 年代末，最具代表性的数据库产品是 IBM 公司推出的 IMS 层次模型数据库系统。

（2）网状数据模型

网状数据模型以网络图表示数据结点之间的联系。该网状结构中每一个数据结点代表一个数据记录，结点之间的联系也使用链接指针来实现，但网状数据模型可以表示数据结点之间的多个从属关系，同时也可以表示数据结点之间的横向关系。网状数据模型扩展了层次数据模型的数据关系，其数据处理更方便。例如，高校教务系统的网状数据模型如图 1-2 所示。

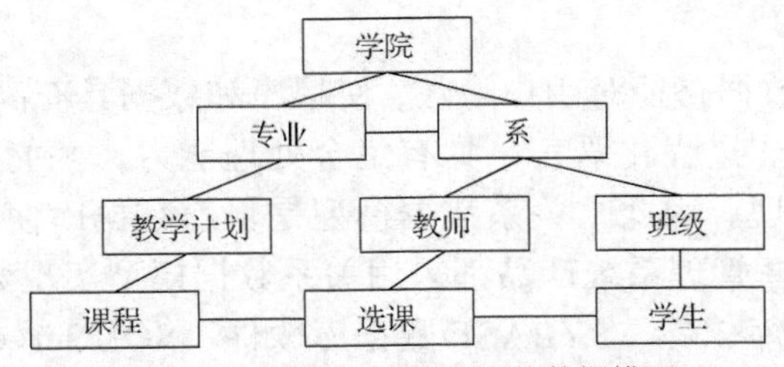

图 1-2　高校教务系统的网状数据模型

该模型采用链接指针来确定数据结点之间的联系，可支持具有多对多联系的数据结点组织方式。网状数据模型允许各个结点有多于一个父结点，也可以有一个以上的结点没有父结点。其优点：能明确而方便地表示数据间的复杂关系，数据冗余小。其缺点：结构较复杂，增加了数据查询和数据定位的困难；需要存储数据间联系的指针，使得数据存储量增大；数据更新不方便，除了对数据进行更新外，还必须修改关联指针。

网状数据模型的数据库产品出现于 20 世纪 70 年代，使用网状数据模型的典型数据库系统产品有 Cullinet 软件公司的 IDMS、Honeywell 公司的 IDSII、Univac 公司的 DMS1100、HP 公司的 IMAGE 等。

（3）关系数据模型

关系数据模型（简称关系模型）是以关系代数理论为基础，通过二维表结构来表示数据记录之间联系的数据模型。关系数据模型的每个二维表应具有关系特征，它们又被称为关系表。在关系数据模型中，多个二维表可通过相同属性列的一致性约束进行数据关联。例如，课程目录系统的关系数据模型如图 1-3 所示。

教师信息表

工号	姓名	职称	学院
2001	刘东	讲师	计算机
2002	王崎	教授	软件工程
2003	姜力	副教授	软件工程

课程信息表

课程号	课程名称	学时	学分
001	数据库原理	64	4
002	程序设计	48	3
003	数据结构	48	3

开课目录表

工号	课程号	开课学期	最多人数
2001	002	春季	100
2002	001	秋季	120
2003	003	秋季	100

图 1-3　课程目录系统的关系数据模型

在图 1-3 所示的关系数据模型实例中，"教师信息表""课程信息表""开课目录表"均为具有关系特征的二维表。每个关系表分别存放各自主题的数据，表之间通过具有相同列属性的数据值进行约束关联。其中，"开课目录表"的"工号"属性列与"教师信息表"的"工号"属性列的数据值必须保持一致。同样，"开课目录表"的"课程号"属性列的数据值也要求与"课程信息表"的"课程号"属性列的数据值匹配一致。因而，这些关系表之间通过相同属性列建立了约束关联。

关系数据模型的优点：数据结构简单、数据操作灵活；支持关系与集合运算操作；支持广泛使用的结构化查询语言（SQL）；容易实现与应用程序的数据独立性。其缺点：局限于结构化数据组织与存储；支持的数据类型较简单；难以支持非结构化数据和复杂数据处理。

关系数据模型存取数据路径对用户隐蔽，使程序和数据具有高度的独立性。关系数据模型的数据操作语言为非过程化语言，具有集合处理能力，并能实现数据对象的定义、操纵、控制等一体化处理。因此，关系数据模型是目前数据库使用最广泛的数据模型，几乎所有的结构化数据库管理系统产品都采用关系数据模型实现数据库，如 Oracle 数据库软件、IBM DB2 数据库软件、SYBASE 数据库软件、SQL Server 数据库软件、MySQL 数据库软件等。

1.1.3　数据库系统的组成

数据库系统（DataBase Systems）是一种基于数据库进行数据管理与信息服务的软件系统。当数据库系统在应用领域实现数据存储、数据处理、数据检索、数据分析等功能时，数据库系统又被称为数据库应用系统。数据库系统由用户、数据库应用程序、数据库管理系统和数据库 4 个部分所组成，如图 1-4 所示。

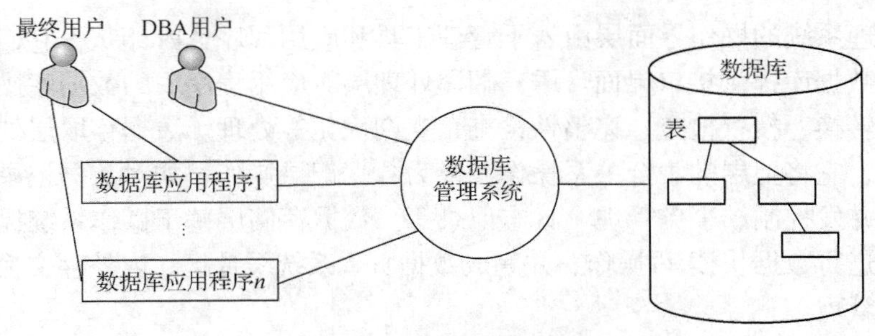

图 1-4　数据库系统组成

1. 用户

在数据库系统中，用户可分为最终用户和 DBA（DataBase Administrator）用户两类。最终用户通过操作数据库应用程序处理业务，并利用程序存取数据库信息。当然，数据库应用程序不能直接存取数据库信息，必须基于数据库管理系统（DataBase Management System，DBMS）提供的接口和环境才能访问数据库。DBA 用户是一种专门进行数据库管理与运行维护的系统用户，该用户通过使用 DBMS 软件提供的管理工具对数据库进行创建、管理和维护，从而为数据库系统的正常运行提供支持与保障。

2. 数据库应用程序

数据库应用程序是一种在 DBMS 支持下对数据库进行访问和处理的应用程序。它们以窗口或页面等表单形式来读取、更新、查询或统计数据库信息，从而实现业务数据处理与信息服务。数据库应用程序需要使用 DBMS 提供的标准接口（如 ODBC、JDBC 等）驱动程序连接数据库。在程序设计语言（如 Java、C++、C#、VB、PB 等）编程中，我们需要使用数据库访问接口实现对数据库的操作。

3. 数据库管理系统

数据库管理系统是一类用于创建、操纵和管理数据库的系统软件。数据库管理系统与操作系统一样都属于系统平台软件。数据库管理系统一般具有如下功能：①创建数据库、数据库表及其他对象；②读/写、更新、删除数据库表数据；③维护数据库结构；④执行数据访问规则；⑤提供数据库并发访问控制和安全控制；⑥执行数据库备份和恢复。

从软件结构来看，数据库管理系统由操作界面层、语言翻译处理层、数据存取层、数据存储层组成，其层次结构如图 1-5 所示。

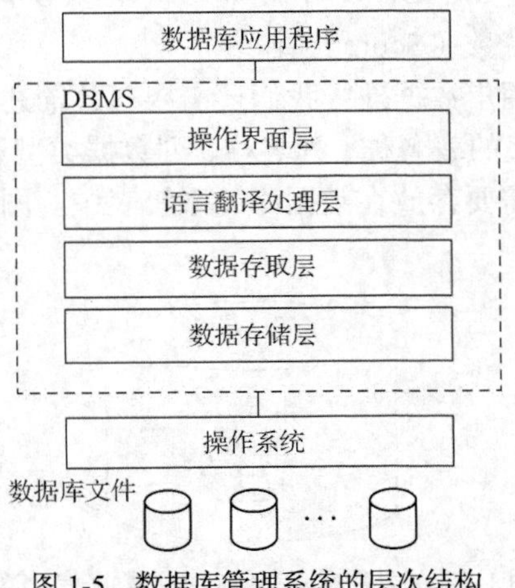

图 1-5　数据库管理系统的层次结构

数据库管理系统的操作界面层由若干管理工具和应用程序 API 组成，它们分别为用户和应用程序访问数据库提供接口界面。语言翻译处理层对应用程序中的数据库操作语句进行语法分析、视图转换、授权检查、完整性检查、查询优化等处理。数据存取层处理的对象是数据表中的记录，它将上层的集合关系操作转换为数据记录操作，如对数据记录进行存取、维护存取路径、并发控制、事务管理、日志记录等。数据存储层基于操作系统提供的系统调用对数据库文件进行数据块读/写操作，并完成数据页、系统缓冲区、内外存交换、外存数据文件等系统操作管理。

目前，有较多的软件厂商提供了功能强大的数据库管理系统产品，如 Microsoft 公司提供的 SQL Server 数据库软件、Access 数据库软件，Oracle 公司提供的 Oracle Database 数据库软件，SAP Sybase 公司提供的 Sybase ASE 数据库软件、Sybase Anywhere 数据库软件，IBM 公司提供的 DB2 数据库软件。此外，不少开源组织机构也发布了 DBMS 软件，如 MySQL、PostgreSQL、MongoDB、InterBase 等。

4. 数据库

在数据库系统中，数据库是存放系统各类数据的容器。该容器按照一定的数据模型组织与存储数据。目前，在数据库系统应用中，使用最多的数据库软件产品是关系数据库软件。这类数据库采用关系数据模型实现数据组织与存储。例如，使用关系数据库进行成绩管理，该数据库由 COURSE 关系表、GRADE 关系表和 STUDENT 关系表组成，各关系表之间的联系如图 1-6 所示。

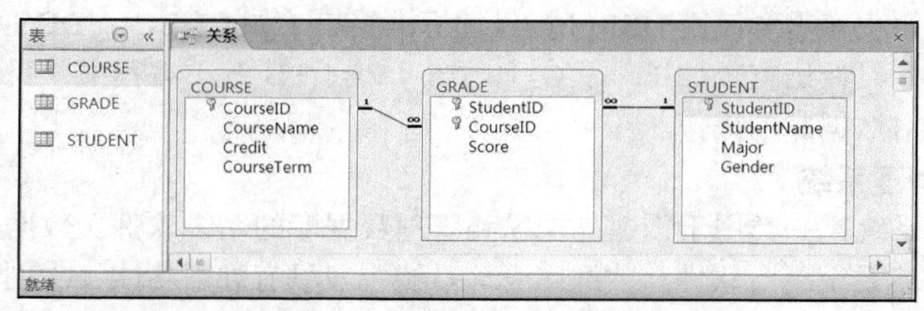

图 1-6　成绩管理关系数据库

在图 1-6 所示的成绩管理关系数据库示例中，该数据库的 COURSE 表、GRADE 表和 STUDENT 表均为关系表，它们之间通过公共列 CourseID、StudentID 建立了表之间的参照关联。因此，我们可以在成绩表（GRADE）中，针对某个学生（StudentID）参加某课程（CourseID）考试，给出具体课程的成绩分数（Score）值。

在数据库中，除了存放用户数据外，我们还需要存放描述数据库结构的元数据。例如，在关系数据库中，各个关系表的表名称、列名称、列数据类型、数据约束规则等都是元数据，这些描述数据库结构的数据需要存放在数据库的系统表中。图 1-7 给出了关系数据库存储的主要数据信息类型。

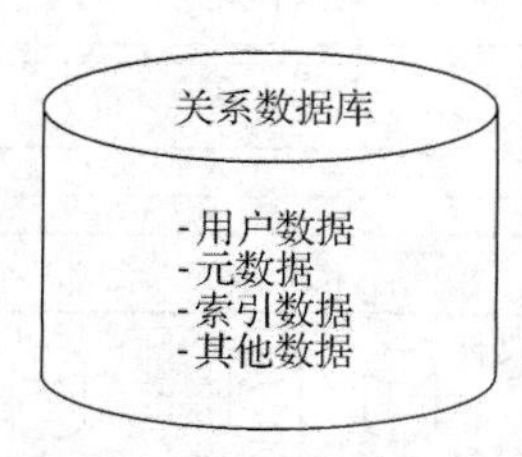

图 1-7　关系数据库存储的主要数据信息类型

在关系数据库中，数据库元数据、索引数据、运行数据等存放在系统表中，用户数据则只能存放在用户表中。

课堂讨论——本节重点与难点知识问题

1. 如何区分数据库、数据库管理系统、数据库应用系统、数据库系统？
2. 在数据库中，数据模型有何作用？它有哪些组成部分？
3. 在数据库技术发展阶段中，先后采用过哪些数据模型？各有什么特点？
4. 举例说明哪些典型数据库软件产品或开源系统采用关系数据模型？
5. 数据库系统有哪几个组成部分？各个部分有何作用？
6. 什么是元数据？它是如何产生的，存储在哪里？

1.2　数据库技术的发展

数据库技术是一种利用计算机组织、存储和管理数据的软件技术。它涉及研究数据库的结构、存储、设计、管理、应用的基本理论和实现方法，并利用这些理论方法对数据库中的数据进行存取、计算、统计及分析等操作。

扫码预习

1.2.1　数据管理技术的演化

在 20 世纪 60 年代末，计算机技术快速发展并被广泛应用，大量用户提出对数据资源进行存储管理和数据存取处理的需求，由此产生了利用计算机进行数据管理的原始数据库技术。在当时，数据库技术主要研究如何存储、使用和管理数据。随着计算机技术的发展，数据库技术与计算机相关技术的发展相互渗透与相互促进，现已成为当今计算机软件领域发展最迅速、应用最广泛的技术。数据库技术不仅应用于数据资源存取管理，还应用到信息检索、数据仓库、数据挖掘、商业智能、大数据处理等领域。在利用计算机进行数据管理的技术发展历程中，数据管理经历了人工数据管理、文件系统管理、数据库管理 3 个阶段。

1. 人工数据管理阶段

在 20 世纪 50 年代以前，计算机主要用于科学计算。计算机外部存储只有纸带、卡片、磁带等设备，没有直接存取设备。计算机软件只是一些操作控制程序，还没有操作系统及数据管理软件。计算机可处理的数据量小，数据无结构，数据依赖于特定的应用程序，缺乏独立性。在涉及数据处理的计算机程序中，程序员必须在代码中进行数据管理。因此，当时的数据管理存在很大局限性，难以满足应用数据管理的要求。

2. 文件系统管理阶段

在 20 世纪 50 年代后期到 60 年代中期，新的计算机外部存储设备如磁鼓、磁盘等出现，它们可以用来长久存储程序与数据，并支持直接数据块存取。在这个时期，计算机软件也得到快速发展，出现了控制计算机软硬件运行的操作系统软件。在操作系统中，可使用数据文件方式来组织、存储数据，并采用文件系统工具管理各个独立的数据文件。文件系统可以按照数据文件的名称对其进行访问，既可对数据文件中的数据记录进行存取，也可对数据记录进行更新、插入和删除。文件系统实现了数据在记录内的结构化，即在数据文件的各个记录内，数据项组成是一致。但是从整体看数据文件，数据记录之间是无结构的，不能处理数据记录之间的关联性。

在这个阶段，用户可以使用高级语言程序对数据文件进行数据记录的存取，解决了人工数据管理的限制，可以满足应用的基本数据管理要求。但在文件管理数据方式中，存在如下不足：①编写应用程序管理数据的过程较烦琐。②数据文件对应用程序存在依赖，难以实现独立。③不支持多用户对数据文件并发访问。④不能实现数据文件的安全控制。⑤难以解决不同数据文件间的数据冗余。⑥在文件中，数据记录之间缺少联系，难以满足用户对数据的关联访问需求。

3. 数据库管理阶段

在 20 世纪 60 年代末期，计算机软硬件技术得到较大发展：计算机处理能力得到较大提高，并且大容量磁盘设备开始出现；计算机软件也出现专门管理数据的系统软件——数据库管理系统。这些技术都为实现大规模计算机数据管理提供了支持。在这个阶段，用户可使用数据库管理系统来实现应用系统的数据管理。应用程序连接数据库后，用户可使用数据库操作语言对其表中数据进行操作。所有对数据库的操作都由数据库管理系统自动去完成，应用程序不需要考虑数据库文件的物理操作和系统控制。数据库管理与文件数据管理相比较，具有如下优点：①应用程序与数据相互独立，避免了应用程序对数据的依赖性。②应用程序访问数据库使用标准语言操作，编程访问简单。③数据组织结构化、共享性高、冗余小。④提供数据的安全访问机制，并保证数据的完整性、一致性、正确性。

因此，数据库技术成为当今计算机数据管理的基本技术。虽然数据库技术从 20 世纪 60 年代末期到现在经历了几十年发展，其技术也发生了许多变化，但数据库组织与管理数据的基本思想是一致的，这说明数据库技术管理数据的生命力是长久的。

1.2.2 数据库技术的发展阶段

数据模型是数据库技术的核心基础，数据模型的发展演变可以作为数据库技术发展阶段的主要标志。按照数据模型的发展演变过程，数据库技术从出现到如今半个多世纪中，主要经历了 3 代：第一代是以层次数据模型和网状数据模型为特征的数据库技术，第二代是以关系数据模型为特征的数据库技术，第三代是以面向对象数据模型为主要特征的数据库技术。目前数据库技术进入到第四代，数据库技术与计算机网络技术、人工智能技术、并行计算技术、多媒体技术、云计算技术、大数据技术等相互结合与相互促进，衍生出大量数据库新技术，其典型特征是采用非结构化的数据模型处理大数据。

1. 第一代数据库技术

第一代数据库技术出现于 20 世纪 60 年代末人们研制的层次模型数据库系统和网状模型数据库系统。层次模型数据库系统的典型代表是 1968 年 IBM 公司研制出的世界上第一个数据库管理系统 IMS（Information Management System）。该数据库系统最早运行在 IBM 360/370 计算机上。经过多年技术改进后，该系统至今还在 IBM 部分大型主机中使用。网状模型数据库系统的典型代表是 1964 年通用电器公司研制的网状数据模型的数据库管理系统 IDS（Integrated Data System）。IDS 奠定了网状数据库技术基础，并在当时得到了广泛的发行和应用。

20 世纪 70 年代初，美国数据库系统语言协会 CODASYL（Conference On Data System Language）下属的数据库任务组 DBTG（DataBase Task Group）对数据库技术方法进行了系

统研究，提出了若干报告（被称为DBTG报告）。DBTG报告总结了数据库技术的许多概念、方法和技术。在DBTG思想和方法的指引下，数据库系统的实现技术不断成熟，人们推出了许多商品化的数据库系统，它们都是基于层次模型和网状模型的技术思想实现的。

2. 第二代数据库技术

第二代数据库技术出现于20世纪70年代的关系数据库系统。1970年IBM公司San Jose研究实验室的研究员Edgar F. Codd发表《大型共享数据库的关系模型》论文，首次提出了关系数据模型。随后进一步的研究成果建立了关系数据库方法和关系数据库理论，为关系数据库技术奠定了理论基础。Edgar F. Codd于1981年被授予ACM图灵奖，其在关系数据库研究方面的杰出贡献被人们所认可。

20世纪70年代是关系数据库理论研究和原型开发的时代，其中以IBM公司San Jose研究实验室开发的System R和Berkeley大学研制的Ingres为典型代表。大量的理论成果和实践经验终于使关系数据库从实验室走向了市场，因此，人们把20世纪70年代称为数据库时代。20世纪80年代几乎所有新开发的数据库系统产品均是关系数据库软件，其中涌现出了许多性能优良的商品化关系数据库管理系统，如DB2、Ingres、Oracle、Informix、Sybase等。这些商用数据库系统使数据库技术被日益广泛地应用到商业服务、企业管理、情报检索、辅助决策等方面，成为实现信息系统数据管理的基本技术。

3. 第三代数据库技术

从20世纪80年代以来，数据库技术在商业上的巨大成功刺激了其他领域对数据库技术需求的迅速增长。这些新的领域为数据库应用开辟了新的天地，并在应用中提出了一些新的数据管理需求，推动了数据库技术的研究与发展。

1990年，高级DBMS功能委员会发表了《第三代数据库系统宣言》，提出了第三代数据库管理系统应具有的3个基本特征：支持数据管理、对象管理和知识管理；必须保持或继承第二代数据库系统的技术；必须对其他系统开放。

面向对象数据库技术成为第三代数据库技术发展的主要特征。传统的关系数据模型无法描述现实复杂的数据实体，而面向对象的数据模型由于吸收了已经成熟的面向对象程序设计方法学的核心概念和基本思想，因此符合人类认识世界的一般方法，更适合描述现实世界复杂的数据关系。面向对象数据库技术可以解决关系数据库技术存在的数据模型简单、数据类型有限、难以支持复杂数据处理问题。不过，面向对象数据库技术不具备统一的数据模式和形式化理论，缺少严格的数学理论基础，难以支持广泛使用的结构化查询语言SQL。在实际应用中，面向对象数据库软件产品并没有真正得到推广。相反，一些在关系数据库基础上扩展面向对象功能的对象-关系数据库产品（如PostgreSQL）则得到实际应用。

1.2.3　数据库领域的新技术

1. NoSQL数据库

传统的关系数据库采用二维表结构存储数据，具有数据结构简单、访问操作方便等特点，但它仅支持简单数据类型存取。在采用关系数据库实现信息系统的技术方案中，所有信息数据都需要进行结构化存储处理，才能在关系数据库中进行数据存取访问。而当今大量互联网应用数据以非结构形式存在，如网页信息、文档信息、报表信息、音视频信息、即时通信消息等。若海量的非结构化数据时刻都在进行结构化处理，势必带来系统对信息数据处理的开销和时效性不满足需求等问题。NoSQL 数据库技术是一类针对大量互联网应用的非结构化数据处理需求而产生的一种分布式非关系数据库技术。与关系数据库技术相比，突破了关系数据库结构中必须等长存储各记录行数据的限制，它支持重复字段、子字段及变长字段，并可实现对变长数据和重复数据类型进行处理，这在处理各类文档、报表、图像、音视频等非结构化数据中有着传统关系数据库所无法比拟的优势。因此，NoSQL 数据库技术成为支持大数据应用的数据管理主流技术。

2. NewSQL 数据库

虽然 NoSQL 数据库技术可以有效解决非结构化数据存储与大数据操作，具有良好的扩展性和灵活性，但它不支持广泛使用的结构化数据访问 SQL，同时也不支持数据库事务的 ACID（原子性、一致性、隔离性和持久性）特性操作。另外，不同的 NoSQL 数据库都有各自的查询语言和数据模型，这使得开发者很难规范应用程序接口。因此，NoSQL 数据库技术仅解决了互联网应用的非结构化数据处理需求，但对企业应用的结构化数据管理并不适合。NewSQL 数据库技术是一种在 NoSQL 数据库技术基础上同时支持关系数据库访问的技术，这类数据库具有 NoSQL 对海量数据的分布式存储管理能力，还保持了兼容传统关系数据库的 ACID 和 SQL 等特性。NewSQL 数据库技术不但支持非结构化数据管理的大数据应用，也支持结构化数据管理的关系数据库应用，它将成为未来主流的数据库技术。

3. 领域数据库

计算机领域中各种新兴技术的发展对数据库技术产生了重大影响。数据库技术与计算机网络技术、并行计算机技术、人工智能技术、多媒体技术、地理空间技术等相互渗透，相互结合，使数据库新技术内容层出不穷，如实时数据库、分布式数据库、并行数据库、智能数据库、多媒体数据库、空间数据库等。由此，数据库技术的许多概念、技术方法，甚至某些原理都有了重大的发展和变化，形成了数据库领域众多的研究分支和方向。

此外，数据库应用领域也先后出现工程数据库、统计数据库、科学数据库、空间数据库、地理信息数据库等领域数据库。这些领域数据库在技术实现原理上与通用数据库没有多大的区别，但它们与特定应用领域相结合，加强了数据库系统对有关应用领域的支撑能力，尤其表现在数据模型、操作语言、数据访问方面对应用领域的紧密结合。随着数据库技术的发展和数据库技术在工程领域中的广泛应用，更多的领域将出现领域数据库技术。

4. 数据仓库与数据挖掘

数据库技术并不仅仅局限在操作型数据库领域。在数据库技术领域中，对大量应用的历史数据进行有效存储与联机分析，已成为机构信息服务的重要需求。数据仓库（Data Warehouse）是在数据库已经存储了长时间的数据情况下，需要对积累的大量历史数据进行有效的存储组织，以便实现决策分析所需要的联机分析与数据挖掘处理。数据仓库技术涉及研究与解决大量历史数据情况下如何通过有效存储与高效访问来支持数据联机分析与数据挖掘问题。数据仓库的数据管理具有面向主题、集成性、稳定性和时变性等特征，其数据来自于若干分散的操作型数据库。通过对这些数据源进行数据抽取与数据清理处理，经过系统加工、汇总和整理得到的主题数据将被存放到特定模式的数据库中以备联机分析所使用。在数据仓库中，主要工作是对历史数据进行大量的查询操作或联机统计分析处理，以及定期的数据加载、刷新，很少进行数据更新和删除操作。

数据挖掘（Data Mining）是一种建立在数据仓库基础上对大量数据进行模式或规律挖掘，从中发现有价值信息的技术。它主要基于人工智能、机器学习、模式识别、统计学、数据库、可视化等技术，对大量数据进行自动化分析，做出归纳性的推理，从中挖掘出潜在的模式，帮助决策者进行策略分析，防范或减少风险，做出正确的决策。数据挖掘一般包含数据预处理、规律寻找和结果可视化表示 3 个步骤。数据预处理是从相关的数据源中选取所需的数据并整合成用于数据挖掘的数据集；规律寻找是用某种方法将数据集所含的规律找出来；结果可视化表示是尽可能以用户可理解的可视化方式将规律表示出来。

5. 商业智能

商业智能（Business Intelligence）是一种利用现代数据仓库技术、联机分析处理技术、数据挖掘等技术对商业信息系统中积累的大量数据进行数据分析以实现商业价值的技术。用户利用商业智能软件工具可以将来自商业信息系统的实时业务数据和历史数据进行数据分析和数据挖掘处理，获取有价值的分析结论和信息，辅助决策者做出正确且明智的决定。商业智能主要包括对商业信息的搜集、管理和分析过程，目的是使商业机构的各级决策者获得商业运营信息或规律洞察力，促使他们做出对机构更有利的决策。商业智能的技术实现涉及软件、硬件、咨询服务及应用，其基本体系结构包括数据仓库、联机分析处理和数据挖掘 3 个部分。商业智能是将来自机构不同业务系统的数据进行清理，以保证数据的正确性，然后经过抽取（Extraction）、转换（Transformation）和装载（Load），合并到一个企业级数据仓库里，从而得到机构数据的一个全局视图。在此基础上利用合适的查询和分析工具、数据挖掘工具对其进行分析和处理，获得有价值的商业信息与知识，最后将商业信息与知识呈现给决策者，为决策者的决策过程提供辅助支持。

6. 大数据分析处理技术

大数据分析处理技术是继数据库、数据仓库、数据挖掘、商业智能等数据处理技术之后的又一个热点技术。大数据分析处理技术是一种解决传统数据分析处理技术难以在规定时间完成大规模复杂数据分析处理的技术。传统的数据挖掘、商业智能技术虽然也能针对大规模数据集进行分析处理，但它们处理的数据类型有限，也不能快速处理海量的非结构化数据。在当前移动互联网、物联网、云计算、人工智能快速发展时代，每时每刻都在产生大量非结构化数据，如传感数据、即时通信数据、交易数据、多媒体数据等不同类型数据。如何快速地从中分析出有价值的信息，成为大数据分析处理需要解决的主要问题。按照业界普遍认同的定义，大数据（Big Data）是指数据规模及其复杂性难以使用传统数据管理软件以合理成本及可以接受的时限对其进行数据分析的数据集。大数据具有数据体量大、数据类型繁多、数据处理速度要求快、价值密度低等特点。因此，大数据分析处理技术需要整合云存储、云计算、分布式数据库、数据仓库、数据挖掘、机器学习等技术，才能实现有价值信息的数据分析处理。大数据分析处理核心价值在于对海量数据进行分布式存储、计算与分析处理，从而获得有价值的信息。相比现有数据分析处理技术而言，大数据分析处理技术具有快速、廉价、性能强等综合优势。

课堂讨论——本节重点与难点知识问题

1. 为什么关系数据库不适合大数据应用处理？
2. 结构化数据与非结构化数据有何区别？
3. NoSQL 数据库与 NewSQL 数据库有何区别？
4. 通用数据库与领域数据库有何区别？
5. 数据库与数据仓库有何区别？
6. 大数据分析与数据挖掘有何区别？

1.3 数据库应用系统

信息化处理是计算机应用的最大领域。任何计算机应用系统都离不开数据处理。计算机应用系统的数据处理大都需要借助数据库来实现数据存储、数据访问、数据分析和数据管理。因此，借助数据库进行信息化处理的计算机应用系统被称为数据库应用系统。

1.3.1 数据库应用系统的类型

在当今信息化时代中，各个行业都采用了数据库应用系统实现业务信息化处理。例如，在企业机构中，从实现技术角度而言，无论是面向内部业务管理的 ERP 信息系统，还是面向外部客户服务的 CRM 系统，都是以数据库为基础的信息系统。数据库应用系统主要有如下几种类型。

1. 业务处理系统

业务处理系统（Transaction Process System，TPS）是运用数据库应用程序对机构日常业务活动（如订购、销售、支付、出货、核算等）信息进行记录、计算、检索、汇总、统计等数据处理，为机构操作层面提供业务信息化处理服务，提高业务处理效率的信息系统。典型的业务处理系统如银行柜台系统、股票交易系统、商场 POS 系统等。

业务处理系统使用数据库来组织、存储和管理业务数据，具体处理又分为联机业务处理和业务延迟批处理。在联机业务处理中，业务处理需在线执行，业务数据可以在系统中立即获得，即以实时的方式进行业务处理，如银行 ATM 系统。在业务延迟批处理中，一批业务数据被存储一段时间，然后再被集中处理，如银行账目交换批处理业务，通常是在夜间以批处理方式进行处理的。

2. 管理信息系统

管理信息系统（Manage Information System，MIS）是一种以机构职能管理为目标，利用计算机软硬件、网络通信、数据库等 IT 技术，实现机构职能整体信息化管理，以达到规范化管理和提高机构工作效率，并支持机构职能服务的信息系统。典型的管理信息系统如人力资源管理系统、企业客户关系管理系统、企业财务管理系统等。

机构的管理信息系统通常采用统一规划的数据库来组织、存储和管理机构各个部门数据，实现部门之间信息的共享和交换，并实现机构的人员管理、物资管理、资金管理、生产管理、计划管理、销售管理等部门协同。

3. 决策支持系统

决策支持系统（Decision Support System，DSS）是以管理科学、运筹学、控制论和行为科学为基础，以计算机技术、数据库技术、人工智能技术为手段，解决特定领域的决策管理问题，为管理者提供辅助决策服务与方案的信息系统。该系统能够为管理者提供所需的数据分析、预测信息和决策方案，帮助管理者明确决策目标和进行问题的识别，建立预测或决策模型，提供多种决策方案，并且对各种方案进行评价和优选，通过人机交互功能进行分析、比较和判断，为正确的决策提供必要的支持，从而达到支持决策的目的。

1.3.2　数据库应用系统的结构

在不同应用需求场景中，数据库应用系统的结构是不同的。数据库应用系统的结构可分为单用户结构、集中式结构、客户/服务器结构和分布式结构。

1. 单用户结构

在一些简单的业务服务系统中，数据库应用系统服务的对象为单个用户，应用系统软件和数据库都安装在一个计算机中运行，其结构如图 1-8 所示。

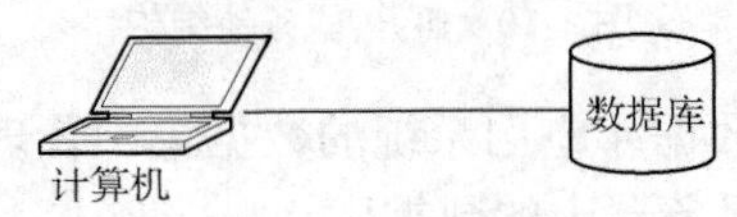

图 1-8　单用户结构

单用户结构的特点：在单用户结构中，数据库应用系统的各个部件都部署在一台计算机上，一个用户进行应用功能操作，并获得数据处理服务。

单用户结构的优缺点：结构简单，易于维护，但是只适用于单用户使用，不能实现用户之间数据的共享和交换。

2. 集中式结构

在一些多终端业务服务系统中，应用程序、数据库及其 DBMS 安装在同一服务器上运行，而用户则使用自己的客户端计算机或智能手机通过网络连接访问服务器系统。业务服务系统的所有处理操作都是在服务器集中处理，其结构如图 1-9 所示。

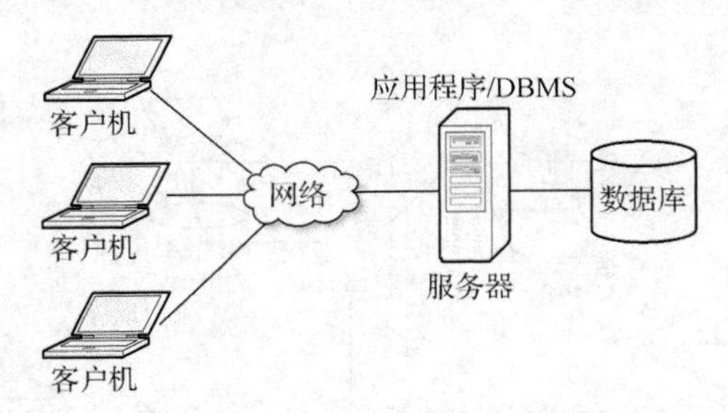

图 1-9　集中式结构

集中式结构的特点：数据库应用系统的数据集中、处理集中。支持多个用户并发访问服务器系统，能够实现用户之间数据的共享。

集中式结构的优缺点：可利用服务器实现集中计算、结构简单、易于维护，但是当终端用户增加到一定数量后，服务器响应客户机的请求访问将会成为瓶颈，系统处理性能大大降低。

3. 客户/服务器结构

在一些多终端业务服务系统中，应用系统的处理逻辑分布在客户机和服务器中，各个计算机分担处理系统逻辑，如服务器运行数据库及其 DBMS，客户机运行处理应用逻辑程序。在这类数据库应用系统中，专门用于运行 DBMS 软件及数据库的服务器被称为数据库服务器；运行计算机应用程序的计算机被称为客户机。客户端应用程序将数据访问请求传送到数据库服务器；数据库服务器接收请求，对数据库进行数据操作处理，并将数据操作结果返回给客户端应用程序。其结构如图 1-10 所示。

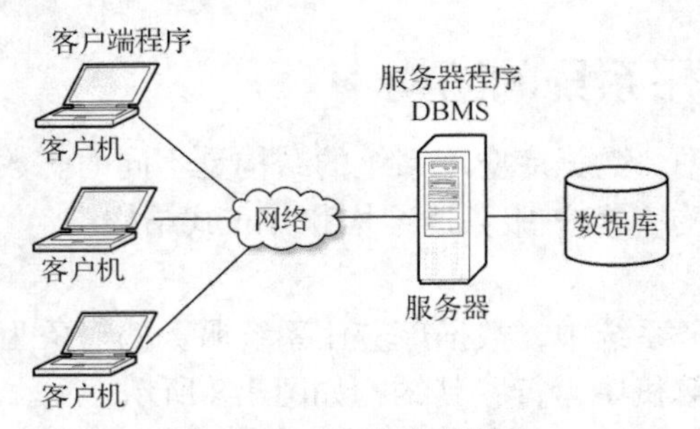

图 1-10　客户/服务器结构

客户/服务器结构的特点：数据库应用系统的数据集中管理、应用分布处理。客户端应用程序通过网络并发访问数据库服务器中的数据库。

客户/服务器结构的优缺点：客户/服务器模式的数据库应用系统通过各个计算机分担处理任务，可提高整个系统的处理能力，但当客户机结点很多时，其网络与数据库服务器都可能成为系统性能瓶颈。

4. 分布式结构

在大规模、跨地区的机构信息系统中，集中式数据库应用系统或客户/服务器数据库应用系统均难以满足业务处理要求，其系统必须采用分布式结构。在分布式结构中，数据库系统由分布于多个服务器运行的数据库结点组成。分布式数据库管理系统提供有效的一致性存取手段来操纵这些结点上的数据库，使这些分布的数据库在逻辑上可视为一个完整的数据库，而物理上它们是地理分散在各个服务器结点的数据库。其结构如图 1-11 所示。

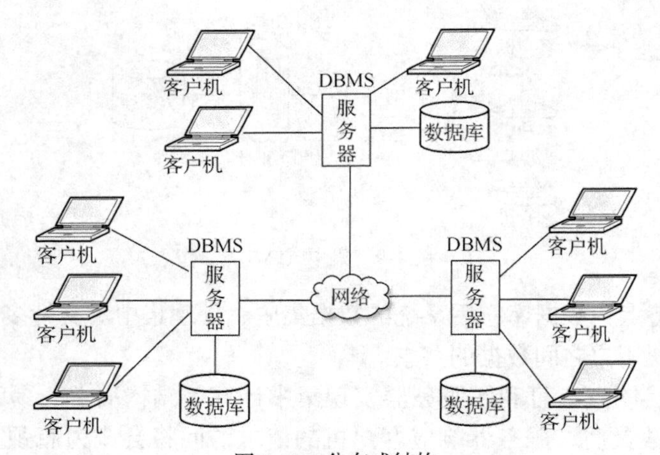

图 1-11　分布式结构

分布式结构的特点：分布式结构既实现数据分布，又实现处理分布。在分布式结构中，各服务器结点数据库在逻辑上是一个整体，但物理分布在计算机网络的不同服务器结点上运行。每个数据库服务器可通过网络既支持多个本地客户机访问，也支持远程客户机访问。网络中的每一个数据库服务器都可以独立地存取与处理数据，并执行全局应用。

分布式结构的优缺点：适应跨地区的大型机构及企业等组织对数据库应用的需求，其处理性能强，但数据库的分布处理与维护有一定的开销与技术难度。

1.3.3　数据库应用系统的生命周期

数据库应用系统作为一种典型的信息系统，按照软件工程思想，其生命周期可分为系统需求分析、系统设计、系统实现、系统测试、系统运行维护等阶段。数据库应用系统各个生命周期阶段的工作如下。

1. 系统需求分析

在数据库应用系统需求分析阶段，系统分析人员与用户交流，按照需求工程方法获取系统数据需求信息。

（1）需求信息收集

需求信息的收集一般以机构职能和业务流程为主干线，从高层至低层逐步展开，从业务功能需求和用户特性要求中收集系统数据的需求信息。

（2）需求信息分析

对收集到的信息要做分析整理工作。采用面向对象分析方法或结构化分析方法建模，描述业务流程及业务中数据联系的形式，并进一步定义系统功能需求与数据需求。

（3）系统需求规格说明

本阶段的主要工作成果是完成系统需求分析报告文档。它作为系统开发的重要技术文档支持系统后续开发。针对数据库应用系统，需求分析报告除了给出系统功能需求、性能需求、安全需求外，还应反映出系统的数据需求，并且定义详尽数据字典。

2. 系统设计

在数据库应用系统设计阶段，系统设计人员依据系统需求文档，开展系统总体设计和详细设计。其设计内容主要包括系统架构设计、软件功能结构设计、功能模块逻辑设计、系统数据库设计、系统接口设计等。

其中，系统数据库设计又分为概念数据模型、逻辑数据模型、物理数据模型设计。用户在进行系统数据库设计时，通常会采用一些专业的数据库建模工具来完成数据库的各类模型设计。

概念数据模型是一种面向用户现实世界的数据模型，主要用来描述现实世界的数据概念化结构，它使数据库的设计人员在设计的初始阶段，摆脱计算机系统及 DBMS 的具体技术问题，集中精力建模，描述数据及数据之间的联系。概念数据模型必须换成逻辑数据模型，才能在 DBMS 中实现。

逻辑数据模型的主要目标是把概念模型转换为特定 DBMS 所支持的数据模型，如关系数据模型或对象数据模型。逻辑数据模型设计的输入要素包括概念模式、数据实体、约束条件、数据模型类型等。逻辑数据模型设计的输出信息包括：DBMS 可处理的模式和子模式，数据库结构，数据库表结构等。同样，逻辑数据模型仍需进一步转换为物理数据模型，才能在具体 DBMS 中实现。

物理数据模型设计是对给定的逻辑数据模型配置一个最适合应用环境的物理结构。物理数据模型设计的输入要素包括：模式和子模式，数据库结构，数据库表结构，硬件特性，操作系统和 DBMS 的约束，运行要求等。物理数据模型设计的输出信息主要是物理数据库结构、存储记录格式、存储空间位置分配及访问方法等。

3. 系统实现

在数据库应用系统实现阶段，按照系统设计方案进行数据库应用系统编程实现，分别进行软件程序编写、DBMS 安装部署、数据库创建和数据对象实现等方面的工作。其中数据库的实现工作如下。

（1）创建数据库对象

根据物理数据模型设计结果，用 DBMS 提供的数据语言（DDL）编写出数据库的源模式，经编译得到目标模式，执行目标模式即可建立实际的数据库对象。

（2）载入测试数据

数据库对象建立后，装入测试数据，使数据库可进入系统测试阶段。在数据库应用系统进入测试运行之前，还要做好以下几项工作：制订数据库重新组织的可行方案；制定系统故障恢复规范；制定系统安全处理规范。

4. 系统测试

在数据库应用系统测试阶段，按照系统需求规格要求，设计测试用例。使用测试用例对系统进行功能测试、性能测试、集成测试等操作，找出系统的缺陷。针对系统测试中发现的问题，通过调试手段找出错误原因和位置，然后进行改正，以解决系统设计与实现的缺陷。

针对数据库测试，则是依据数据库设计规范对软件系统的数据库结构、数据表及其之间的数据约束关系进行测试。同时，也完成数据表的数据增加、数据更新、数据删除、数据查询测试，数据库表多用户并发访问测试，数据库触发器测试，数据库存储过程测试，以保证数据库系统的数据完整性与一致性。

5. 系统运行与维护

当数据库应用系统通过测试后，便可投入业务运行。在系统投入运行过程中，可能存在用户操作异常、系统故障等问题；也可能因业务增长、业务流程变化等，原有系统不再适应用户要求。在这些情况下，都必须对系统进行运行维护，其主要工作如下。

（1）维护数据库系统安全性与完整性

按照制定的安全规范和故障恢复规范，当系统出现安全问题时，及时调整授权和更改密码。及时发现系统运行时出现的错误，迅速进行修复，确保系统正常运行。定期进行数据库备份处理，一旦发生故障，立即使用数据库的备份数据予以恢复。

（2）监控与优化数据库系统运行性能

使用 DBMS 提供的性能监测与分析工具，实时监控系统的性能状况。当数据库的存储空间或响应时间等性能下降时，分析其原因，并及时采取措施进行系统性能优化。例如，采用调整系统配置参数、整理磁盘碎片、调整存储结构或重建数据库索引等方法，使数据库系统保持高效率的正常运作。

（3）扩展数据库系统处理能力

当业务数据量增长到一定程度后，原有系统的处理能力就难以保证业务要求。因此，适时地对原有系统的计算能力、存储容量、网络带宽进行扩充是十分必要的。

课堂讨论——本节重点与难点知识问题

1. 什么是数据库应用系统？数据库应用系统主要有哪几种类型？
2. 数据库应用系统有哪些结构模式？各有什么适合的应用场景？
3. 数据库应用系统的生命周期有哪几个阶段？每个阶段主要有什么活动？
4. 数据库表对象创建是在哪个阶段的工作内容？
5. 在数据库应用系统开发中，为什么要进行系统测试？
6. 在数据库应用系统投入运行后，为什么还需要 DBA 人员维护数据库？

1.4 典型的数据库管理系统

数据库管理系统是一种运行与管理数据库的软件系统。该类软件系统与计算机操作系统一样，都属于系统软件。目前，大部分数据库 DBMS 软件产品都是关系数据库管理系统（Relational DataBase Management System，RDBMS），它们具有技术成熟、产品丰富、使用广泛等特点。

1.4.1 Microsoft SQL Server

Microsoft SQL Server 是美国微软公司推出的通用关系数据库管理系统产品，广泛应用于电子商务、互联网应用系统、企业信息系统和办公自动化系统等领域。Microsoft SQL Server 早期初始版本（如 SQL Server 2000、SQL Server 2005、SQL Server 2008、Server 2012 等）适用于中小规模机构的数据库管理与数据分析处理，近年来推出的版本（SQL Server 2014、SQL Server 2016、SQL Server 2017）应用范围有所扩展，适合大型机构的数据库管理和数据分析处理。

Microsoft SQL Server 提供全面的、集成的、端到端的数据管理解决方案，它为用户提供了一个安全可靠、处理高效的数据库平台，可用于机构数据管理与数据分析应用。Microsoft SQL Server 为用户提供了功能强大、操作方便的数据库管理工具，同时降低了在从移动设备到企业数据库系统平台上创建、部署、管理、使用数据库的复杂性。

Microsoft SQL Server 软件主要提供如下功能服务。

（1）关系数据库：提供一种安全可靠、可伸缩强且具有高可用性的关系数据库引擎，支持结构化和 XML 数据管理。

（2）复制服务：用于数据分发或移动数据处理的数据复制，实现系统高可用性与异构系统集成等。

（3）通知服务：用于开发和部署可伸缩应用程序的通知功能，能够向不同的连接和移动设备发布个性化的、及时的信息更新。

（4）集成服务：用于数据仓库和企业范围内数据集成的数据提取、转换和加载（ETL）。

（5）分析服务：可用于对使用多维存储的大量复杂数据集进行快速高级分析。

（6）报表服务：提供全面的报表解决方案，可创建、管理和发布传统的、可打印的报表，以及交互的、基于 Web 的报表。

（7）管理工具：SQL Server 包含的集成管理工具可用于高级数据库管理和优化，它也与其他工具如 Microsoft Operations Manager（MOM）和 Microsoft Systems Management Server（MSMS）紧密集成在一起。所采用的标准数据访问协议可大大减少 SQL Server 与现有系统之间进行数据集成所花费的时间。此外，构建于 SQL Server 本机 Web Service 的支持，确保了和其他应用程序及平台的互操作能力。

（8）开发工具：SQL Server 为数据库引擎、数据抽取、转换和装载、数据挖掘、OLAP 和报表处理提供了与 Microsoft Visual Studio 相集成的开发工具。该开发工具可实现端到端的应用程序开发能力。SQL Server 中每个主要的组件系统都有自己的对象模型和应用程序接口（API），能够将数据库系统扩展到任何独特的商业环境中。

1.4.2 Oracle DataBase

Oracle 数据库管理系统是由美国甲骨文公司发布的企业级关系数据库管理系统软件产品。该产品可用于众多领域的大型数据库管理及数据分析处理。Oracle 数据库管理系统是目前数据库领域主流的企业级 DBMS 产品之一，它在数据库系统的集群技术、高可用性、商业智能、安全性、系统管理等技术方面都处于领先地位，并占据企业级数据库产品大部分市场份额。

在许多大型机构的业务系统中，各类业务每天需要大量数据处理，每个数据库中都有大量数据库表，不少数据表中有上百万数据行，需要支持数千个并发用户访问。此外，一些大型机构的下属部门跨越不同地区或不同国家，业务数据分布在不同地方，其数据需要分布处理，同时也需要数据共享与交换。所有这些数据管理活动需要有大型的企业级数据库管理系统来支持。Oracle 数据库管理系统作为功能最强大的企业级数据库产品，适合于各类大型数据管理和构建复杂的分布式数据库应用系统。

Oracle 数据库管理系统的主要技术特点如下。

- 支持多用户、大吞吐量的业务处理。
- 系统稳定性、可用性、伸缩能力强。
- 具有数据安全性和完整性的有效控制。
- 支持分布式数据处理。
- 跨平台、可移植性强。

1.4.3 MySQL

MySQL 是最流行的开源关系数据库管理系统。它最早由瑞典 MySQL AB 公司开发研制，后被 Sun 公司所收购，目前是 Oracle 公司旗下的开源软件。MySQL 数据库软件具有体积小、速度快、可靠性好、适应性强、软件免费使用、源代码开放等特点。MySQL 广泛使用于 Internet 应用的 Web 数据库，同时也被许多中小企业信息系统所采用。

MySQL 是一个支持多用户、多线程 SQL 数据库管理系统。该数据库管理系统软件采用标准 SQL（结构化查询语言）对数据库进行操作。同时，MySQL 数据库管理系统采用客户/服务器结构，它由一个服务器守护程序 mysqld 和很多不同的客户程序、库组成。通过使用复制、集群技术方案，MySQL 也可支持大规模的数据库管理。

MySQL 数据库管理系统的主要技术特点如下。

（1）代码使用 C 和 C++编写，并使用了多种编译器进行测试，保证了源代码的可移植性。

（2）支持 AIX、FreeBSD、HP-UX、Linux、macOS、NovellNetware、OpenBSD、OS/2 Wrap、Solaris、Windows 等多种操作系统。

（3）为多种编程语言提供了 API。这些编程语言包括 C、C++、Python、Java、Perl、PHP、Eiffel、Ruby、.NET 和 Tcl 等。

（4）支持多线程，充分利用 CPU 资源。

（5）优化 SQL 查询算法，有效地提高查询速度。

（6）提供 TCP/IP、ODBC 和 JDBC 等多种数据库连接途径。

（7）提供用于管理、检查、优化数据库操作的管理工具。

（8）支持大型的数据库管理能力，可以处理拥有上千万条记录的大型数据表。

（9）MySQL 是可以定制的，采用了 GPL 协议，可以修改源码来开发自己的 MySQL 系统。

1.4.4　PostgreSQL

PostgreSQL 是一种开源的对象-关系数据库管理系统（Object-Relational DataBase Management System，ORDBMS），它不但具有关系数据库的功能特点，同时还支持面向对象数据管理。PostgreSQL 在加州大学伯克利分校计算机系研制的 Postgres 数据库软件基础上开源演化而来，得到开源组织的不断升级完善，并按照免费自由使用的 PostgreSQL 许可发行。PostgreSQL 作一个技术先进的对象-关系数据库管理系统，包含很多高级的特性，拥有良好的性能和很好的适用性。

PostgreSQL 数据库管理系统的主要技术特点如下。

（1）支持标准 SQL，内置丰富的数据类型，并允许用户扩展数据类型。

（2）支持事务、子查询、多版本并行控制系统（MVCC）、数据完整性检查等特性。

（3）采用经典的客户/服务器结构。

（4）支持多种开发语言，如 C、C++、Java、Perl、Tcl 和 Python 等。

（5）跨多种操作系统平台，如 Linux、FreeBSD、OS X、Solaris 和 Microsoft Windows 等。

（6）具有继承机制，可以创建数据库表，并从"父表"继承其特征。

（7）在数据库中，系统支持对象、类、继承等功能特性处理。

课堂讨论——本节重点与难点知识问题

1. 按数据模型分类，有哪些类型 DBMS？使用最多的是哪种类型？
2. 桌面数据库 DBMS 与企业级数据库 DBMS 有哪些区别？
3. 分布式数据库系统与集中式数据库系统有何区别？
4. 关系数据库 DBMS 具有哪些特点？
5. 对象-关系数据库 DBMS 具有哪些特点？
6. 为什么一些数据库 DBMS 软件产品有多个版本？

1.5　PostgreSQL 对象-关系数据库系统软件

PostgreSQL 软件许可开放，人们可以任何目的使用、复制、修改和重新发布这套软件以及文档，不需要任何费用与签订任何书面协议。本节以 PostgreSQL 11 版本为例，介绍 PostgreSQL 软件的基本组成及其管理对象。

扫码预习

1.5.1　PostgreSQL 软件的获得

在 PostgreSQL 软件安装前，需要从 PostgreSQL 官方网站下载软件安装包。该网站提供了 PostgreSQL 数据库软件的源码版本安装包和编译版本安装包。一般用户下载二进制编译版本软件安装包即可。此外，用户需要根据本机运行的操作系统，选择下载相应的发布软件包，下载页面如图 1-12 所示。

在选定操作系统版本后，还需进一步选定 PostgreSQL 软件的安装版本。例如，在选定的 64 位 Windows 平台版本后，再选定 PostgreSQL 11 版本。当下载好安装软件包后，即可在操作系统下进行安装。

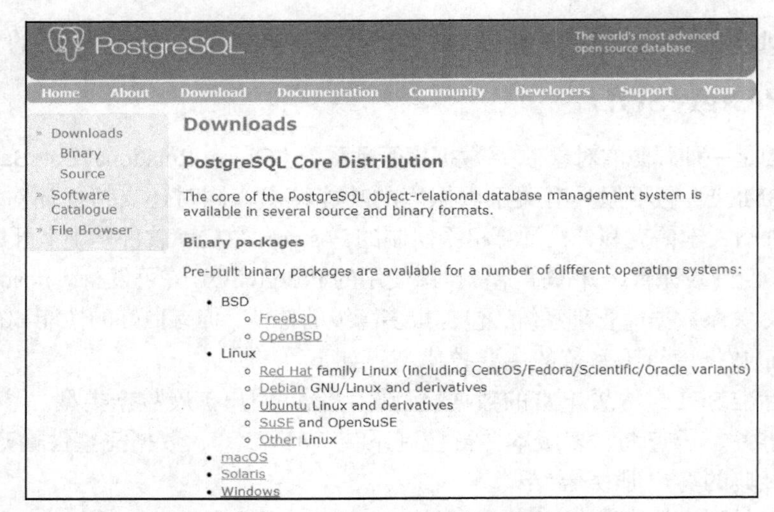

图 1-12　PostgreSQL 软件下载页面

1.5.2　PostgreSQL 软件的功能程序

PostgreSQL 数据库管理系统软件由客户端功能程序和服务器端功能程序组成，采用客户/服务器结构进行通信。客户端程序提供用户对数据库服务器的管理操作工具，同时也提供应用程序访问数据库接口，如 ODBC 标准接口、JDBC 标准接口。服务器端程序提供数据库服务处理，实现 DBMS 功能。客户端程序通过请求/响应的网络协议连接访问数据库服务器。在每次客户端程序连接访问数据库服务器时，数据库服务器均为客户端程序新建一个服务器进程，该进程对应于客户端用户对数据库的访问处理。PostgreSQL 数据库服务器可以同时支持不同运行环境的客户端程序访问数据库，图 1-13 给出多个客户端程序并发访问数据库服务器程序的结构。

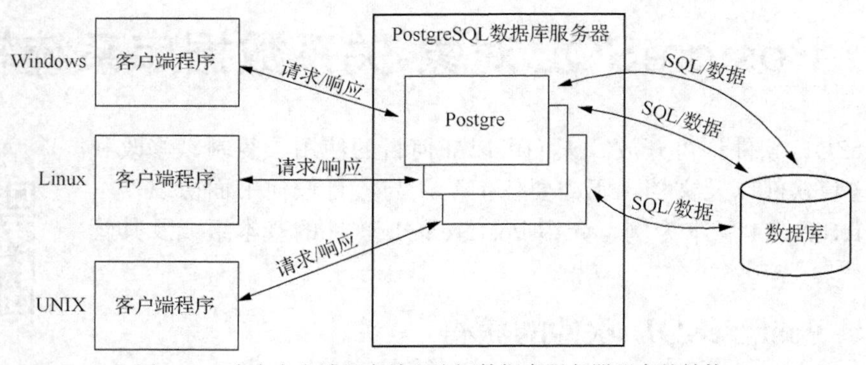

图 1-13　多个客户端程序并发访问数据库服务器程序的结构

在上面的 PostgreSQL 数据库系统中，一个客户端程序运行在 UNIX 环境，另一个客户端程序运行在 Linux 环境，还有一个客户端程序运行在 Windows 环境。它们均通过请求/响应网络协议连接访问 PostgreSQL 数据库服务器。在客户端程序访问数据库服务器时，数据库服务器将对每个客户端连接请求建立一个新的 Postgre 进程提供服务，这样数据库服务器可支持多个客户端程序的并发访问。

PostgreSQL 数据库软件包含的客户端程序和服务器端程序如下。

1. PostgreSQL 客户端程序

clusterdb：建立 PostgreSQL 数据库集群。

createdb：创建一个新 PostgreSQL 数据库。

createlang：安装一个 PostgreSQL 过程语言。

createuser：创建一个新的 PostgreSQL 用户账户。

dropdb：删除一个 PostgreSQL 数据库。

droplang：删除一个 PostgreSQL 过程语言。

dropuser：删除一个 PostgreSQL 用户账户。

ecpg：嵌入的 SQL C 预处理器。

pg_basebackup：做一个 PostgreSQL 集群的基础备份。

pg_config：检索已安装的 PostgreSQL 版本信息。

pg_dump：将一个 PostgreSQL 数据库转存到一个脚本程序或者其他归档文件中。

pg_dumpall：将一个 PostgreSQL 数据库集群转储到一个脚本程序中。

pg_isready：检查 PostgreSQL 服务器的连接状态。

pg_receivexlog：PostgreSQL 集群中的流事务日志。

pg_restore：从 pg_dump 创建的备份文件中恢复 PostgreSQL 数据库。

psql：PostgreSQL 交互终端。

reindexdb：重建 PostgreSQL 数据库索引。

vacuumdb：收集垃圾并分析 PostgreSQL 数据库。

2. PostgreSQL 服务器端程序

initdb：创建一个新的 PostgreSQL 数据库簇（Cluster）。

pg_controldata：显示一个 PostgreSQL 数据库集群的控制信息。

pg_ctl：初始化、启动、停止控制 PostgreSQL 服务器。

pg_resetxlog：重置一个数据库集群的预写日志及其他控制内容。

postgres：数据库服务器服务进程。

postmaster：数据库服务器守护进程。

1.5.3　PostgreSQL 数据库的管理工具

实现 PostgreSQL 数据库管理的工具有不少，既有开源工具，也有商品工具。这里只介绍两种使用最广泛的 PostgreSQL 开源数据库管理工具。

1. psql 命令行工具

psql 是一个 PostgreSQL 内置的客户端工具，该工具允许用户通过执行命令，以交互式方式实现 PostgreSQL 数据库管理。此外，该工具也允许用执行 shell 脚本程序实现批量命令自动化处理。该工具的运行界面如图 1-14 所示。

图 1-14　psql 工具的运行界面

系统管理员使用 psql 命令行工具执行不同操作命令，可以完成所有数据库管理工作，但前提是必须熟悉操作命令及其参数格式。

2. pgAdmin 图形界面管理工具

pgAdmin 是一个广泛使用的 PostgreSQL 图形界面管理工具，该工具可运行在多种操作系统平台，如 Windows、Linux、FreeBSD、macOS 和 Solaris 等。pgAdmin 软件是与 PostgreSQL 软件分开发布的，需要从 pgAdmin 官网下载。pgAdmin 工具支持连接多个 PostgreSQL 数据库服务器。不论 PostgreSQL 数据库服务器是什么版本，pgAdmin 工具均可连接访问与管理。pgAdmin 4 的运行界面如图 1-15 所示。

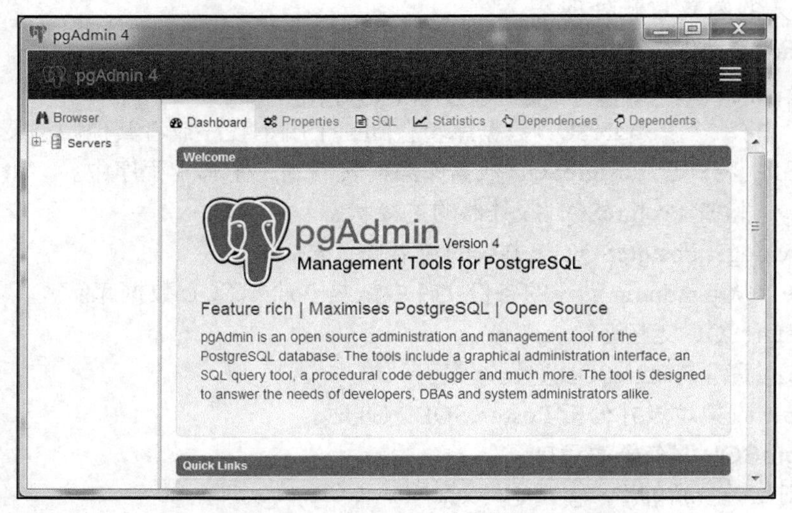

图 1-15　pgAdmin 4 的运行界面

当使用 pgAdmin 数据库管理工具登录连接到 PostgreSQL 数据库服务器后，进入数据库服务器管理界面后，便可对数据库服务器进行管理，如图 1-16 所示。

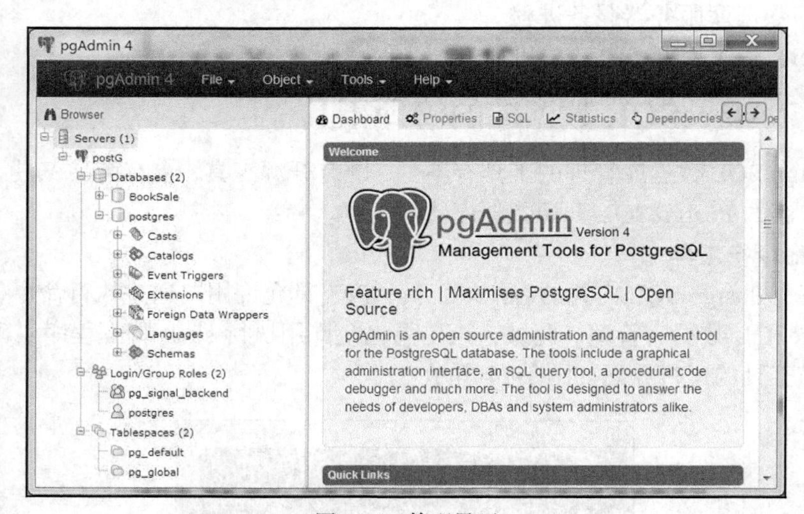

图 1-16　管理界面

在 pgAdmin 工具界面中，除了对数据库服务器中的各个数据库进行管理外，还可对数据库服务器的角色与权限、表空间、运行性能等进行管理；同时，也可以进行数据库编程开发，实现数据访问操作与功能处理。

1.5.4　PostgreSQL 数据库对象

在一个 PostgreSQL 数据库中，可以创建多种数据库对象。这里介绍几种基本数据库对象。

1. schema

schema 是一种构成数据库下级逻辑结构的数据库对象，用于按用户或按应用分类组织其他数据库对象（如表、视图、序列、函数、触发器等对象）。通常一个数据库由多个 schema 对象组成，包括系统默认创建的 schema 对象和用户自己创建的 schema 对象。当创建一个新的 PostgreSQL 数据库时，系统自动为其创建一个名为 public 的 schema 对象。

2. 表

表（Table）是一种用户组织存储数据的数据库对象。在 PostgreSQL 数据库中，表首先属于某个 schema，而 schema 又属于某个数据库，其他数据库对象与表对象一样，从而构成了 PostgreSQL 数据库的 3 层逻辑结构。在 PostgreSQL 数据库中，表对象可以有 3 种类型：关系表、继承表、外部表。从中可以看出 PostgreSQL 数据库作为对象-关系数据库与关系数据库不同之处。

3. 视图

视图（View）是一种基于虚拟表操作数据的数据库对象。与大多数关系数据库一样，PostgreSQL 数据库使用视图用于简化查询逻辑，当然也可使用视图更新基本表中的数据。此外，PostgreSQL 数据库还支持物化视图，可通过缓存来实现快速的数据库查询处理。

4. 序列

序列（Sequence）是一种为代理键列提供自动增量序列值的数据库对象。与 Oracle 数据库一样，PostgreSQL 数据库也可创建序列对象。用户可以自定义序列的初始值、增量值及序列范围。此外，PostgreSQL 数据库还支持多个表共享使用相同序列对象。

5. 函数

函数（Function）是一种使用内置编程语言编写数据库访问操作功能程序的数据库对象。PostgreSQL 数据库函数执行结果可以是一个标量值，也可以是查询结果元组集。与其他关系数据库不同的是，PostgreSQL 数据库没有单独的存储过程对象，而是通过函数来实现存储过程功能。

6. 触发器

触发器（Trigger）是一种事件触发自动执行数据库访问操作功能程序的数据库对象。PostgreSQL 数据库与其他关系数据库一样，均支持多种类型触发器，如插入触发器、修改触发器、删除触发器，同时还可设置触发级别（语句级、行级），以及触发时机（修改前触发、修改后触发）。

课堂讨论——本节重点与难点知识问题

1. PostgreSQL 是什么类型的数据库系统？它有哪些基本功能？
2. PostgreSQL 数据库系统采用哪种软件结构？
3. PostgreSQL 数据库软件的客户端程序有哪些？
4. PostgreSQL 数据库软件的服务器端程序有哪些？
5. PostgreSQL 数据库管理工具主要有哪些？
6. PostgreSQL 数据库中可以创建哪些数据库对象？

习　题

一、单选题

1．在数据管理技术发展阶段中，下面哪个阶段可以实现数据共享？（　　）

A．人工数据管理阶段　　B．文件系统管理阶段

C．数据库管理阶段　　D．以上阶段都可以

2．Microsoft SQL Server 数据库管理系统可创建哪种模型的数据库？（　　）

A．层次数据模型　B．网状数据模型　C．关系数据模型　D．对象数据模型

3．在数据库管理系统的层次结构中，下面哪个层次负责对数据文件进行操作访问？（　　）

A．操作界面层　B．语言翻译处理层　C．数据存取层　D．数据存储层

4．在数据库领域技术中，下面哪种技术可以实现数据集成？（　　）

A．数据库技术　B．数据仓库技术　C．数据挖掘技术　D．商业智能技术

5．在数据库应用实现中，下面哪种数据库系统结构适合银行业务系统？（　　）

A．集中式结构　　B．客户/服务器结构

C．分布式结构　　D．以上结构都可以

二、判断题

1．PostgreSQL 是一种典型的关系数据库。（　　）

2．NoSQL 数据库可以支持大数据处理，它一定会取代关系数据库。（　　）

3．在数据库开发中，可不进行数据模型设计，而直接创建数据库表。（　　）

4．在数据库系统中，可以做到任何表均没有冗余数据。（　　）

5．业务规则数据在数据库中也是一种元数据。（　　）

三、填空题

1．传统数据库的数据模型主要有层次数据模型、____________、关系数据模型、对象数据模型。

2．数据库应用系统包括____________、应用程序、数据库和数据库管理系统。

3．__________技术可以解决传统数据库管理软件不能有效解决的技术问题，如复杂数据类型、数据规模、数据处理成本之间的平衡问题。

4．__________技术是建立在数据仓库基础上对大量数据进行分析、发现有商业价值信息的技术。

5．数据库应用系统的逻辑数据模型是在____________开发阶段的成果。

四、简答题

1．什么是数据模型？目前大部分数据库软件产品采用什么数据模型实现？

2．数据库有什么特点？它与普通数据文件有哪些区别？

3．一个数据库内部通常包含哪些对象？

4．数据库系统由哪些部件组成？

5．DBMS 有哪些主要功能？

第2章 数据库关系模型

关系模型是关系数据库所采用的数据模型，它是实现结构化数据库的关键技术。本章将介绍关系的特征、关系的数学定义、关系模型原理等内容。同时，本章也对关系模型的数据结构、关系操作和关系完整性约束应用方式进行介绍。

本章学习目标如下。

（1）了解关系模型的基本概念、关系的特征。

（2）掌握关系模型的组成部分、操作原理、关系的运算。

（3）理解关系的复合键、候选键、主键、外键的含义。

（4）理解关系模型实体完整性约束与参照完整性的规则。

2.1 关系及其相关概念

早在1970年，IBM公司研究员E.F.Codd博士发表《大型共享数据银行的关系模型》论文，首次提出了关系模型的概念。后来E.F.Codd又陆续发表多篇文章，进一步完善关系模型研究，使关系模型成为关系数据库最重要的理论基础。在关系模型中，最基本的概念就是关系。那么关系是什么？如何理解关系？这是学习关系模型首先需要解决的问题。为了便于读者理解，我们下面首先给出简单通俗的关系定义，然后再从集合论的角度给出关系的数学定义。

2.1.1 关系的通俗定义

扫码预习

为了描述一个现实系统中的事物对象及其数据关系，需要将其进行概念建模抽象，刻画出本质内涵。概念模型通常采用“实体”及其“实体联系”来表示系统内在的数据对象组成及数据对象关系。其中，实体（Entity）指包含数据特征的事物对象在概念模型世界中的抽象名称。例如，在大学教学系统中，我们可以抽象出“课程”“教学资源”“课程计划”“学生”“教师”“班级”等实体名称，并可通过特定的实体联系表示实体之间的关系，从而描述大学教学系统的事物对象及其数据关系。

关系模型是一种采用关系二维表的数据结构形式存储实体及其实体间联系的数据模型。关系模型使用具有关系特征的二维表来组织与存储数据，并采用关系运算来操作数据。通常我们把具有关系特征的二维表称为“关系（Relation）”。具体来讲，关系是一种由行和列组成的、用于组织存储实体数据的二维表，该二维表需具有如下关系特征。

- 表中每行存储实体的一个实例数据。
- 表中每列表示实体的一项属性。
- 表中单元格只能存储单个值。
- 表中不允许有重复行。
- 表中不允许有重复列。
- 表中行顺序可任意。
- 表中列顺序可任意。

【例 2-1】在图 1-3 中所定义的“教师信息表”“课程信息表”“开课目录表”均具有上述关系特征，因此，它们都可被称为关系。

在关系模型中，与关系相关的概念还有如下术语。

（1）关系表（Relation Table）：关系的同义词，简称“关系”。

（2）元组（Tuple）：在关系二维表中的一行，称为一个元组。

（3）属性（Attribute）：在关系二维表中的列，称为属性。

（4）域（Domain）：属性列的取值范围。

（5）基数（Radix）：一个值域的取值个数。

（6）实体（Entity）：包含数据特征的事物抽象。

2.1.2　关系的数学定义

关系模型是建立在集合理论和关系代数等数学基础上的数据模型。下面我们将从集合论角度给出关系的形式化定义。

1. 基本概念

定义 1：域（Domain）指一组具有相同数据类型的值的集合。关系模型使用域来表示实体属性的取值范围。通常用 D_i 来表示某个域。

【例 2-2】定义一个“学生”实体的 3 个属性（学号、姓名、性别）。我们可以使用 D_1、D_2、D_3 域来定义，假定它们的取值范围如下。

D_1={2017010001,2017010002,2017010003}

D_2={刘京,夏岷,周小亮}

D_3={男,女}

定义 2：给定一组域 $D_1,D_2,\cdots,D_n$，这组域的笛卡尔积（Cartesian Product）为

$D_1 \times D_2 \times \cdots \times D_n=\{(d_1,d_2,\cdots,d_n) | d_i \in D_i，i=1,2,3,\cdots,n\}$

其中，每一个向量（$d_1,d_2,\cdots,d_n$）称为一个 n 元组，简称元组。向量中的每个 d_i 称为分量。若 D_i（i=1,2,⋯,n）为有限集，每个域的基数为 m_i（i=1,2,⋯,n），则笛卡儿积 $D_1 \times D_2 \times \cdots \times D_n$ 的基数 M 为 $\prod_{i=1}^{n} m_i$ 。

例 2-2 中 D_1,D_2,D_3 的笛卡儿积为

$D_1 \times D_2 \times D_3$={(2017010001,刘京,男),(2017010001,刘京,女),(2017010001,夏岷,男),(2017010001,夏岷,女),⋯,(2017010003,周小亮,女)}。

该笛卡尔积的基数应为 3×3×2=18，即结果集合的元素共有 18 个元组。将这组笛卡儿积表示为一个二维表，如表 2-1 所示。

表 2-1　　D_1，D_2，D_3的笛卡儿积

学号	姓名	性别
2017010001	刘京	男
2017010001	刘京	女
2017010001	夏岷	男
2017010001	夏岷	女
…	…	…
2017010003	周小亮	男
2017010003	周小亮	女

定义 3：关系（Relation）是 $D_1 \times D_2 \times \cdots \times D_n$ 笛卡尔积元组集合中有特定意义的子集合。它表示为 $R(D_1,D_2,\cdots,D_n)$，其中 R 为关系的名称，$D_1,D_2,\cdots,D_n$ 分别为 R 关系的属性，n 为关系属性的个数，称为“元数”或“度数”。

【例 2-3】“学生”实体的关系定义，可使用“学生(学号,姓名,性别)”来表示。在“学生”关系中，度数 n=3，我们称它为 3 元关系。以此类推，n 个属性的关系称为 n 元关系。

关系是从 $D_1 \times D_2 \times \cdots \times D_n$ 笛卡尔积元组集合中提取有实际意义的元组子集。关系中的元组数目一般少于笛卡尔积的元组数。例如，在上面描述“学生”实体的笛卡尔积元组集合中，只有表 2-2 所示的元组子集才是“学生”关系的数据。

表 2-2　　“学生”关系

学号	姓名	性别
2017010001	刘京	男
2017010002	夏岷	男
2017010003	周小亮	女

2. 关系类型

在关系数据库中，关系可以分为如下两种类型。

（1）基本关系：常称为基本表，它是关系数据库中组织存储数据的二维表。

（2）视图关系：简称视图（View），指在基本表或其他视图基础上进行查询的结果集上所定义的关系。视图是一种虚拟表，它并不实际存储数据。

3. 关系特性

在关系的数学定义中，关系可以是一个无限的元组集合。此外，笛卡儿积不满足交换律，即$(d_1,d_2,\cdots,d_n) \neq (d_2,d_1,\cdots,d_n)$。这些特性不适合数据库实际应用处理要求，因此，需要对关系特性进行如下限制与约束。

（1）无限元组集合的关系在数据库系统中是无实际意义的。关系模型中的关系必须是有限的元组集合。

（2）为了使关系中的属性列在表中可允许任意顺序，即让关系满足交换律，可给各属性列定义不同列名，并消除元组属性列的有序性。

因此，在关系模型中，关系应具有如下特性。

- 在关系表中，单元格必须是原子值，即仅存储单个值。

- 在关系表中，每个属性列定义同一数据类型或取值同一域。
- 在关系表中，任意两个元组不能完全相同。
- 在关系表中，不同属性列定义不同列名。
- 在关系表中，行的顺序可以任意交换。
- 在关系表中，列的顺序可以任意交换。

2.1.3 关系模式表示

由前面的关系定义，我们知道关系的数据结构实际上就是一个二维表，表中每行为一个元组，表中每列为一个属性列。关系是元组的集合，一个元组是该关系属性列笛卡儿积的一个结果向量。为了简洁地表示关系，可采用关系模式语句表示，即

```
关系名(属性 1,属性 2,…,属性 x)
```

通常使用大写字母的英文单词给出关系表名称。例如，“学生”关系可以取名为 STUDENT。如果关系表名是两个或多个单词的组合，就使用下画线连接这些单词。关系属性的各个列名放入圆括号中，使用逗号分隔。同样列名也使用英文单词，其首字母大写。如果列名是两个单词或多个单词的组合，则每个单词的首字母都大写。例如“学生”关系模式可表示为

```
STUDENT(StudentNum,StudentName,Sex)
```

2.1.4 关系键的定义

在关系定义中，要求关系表内的任意两个元组不能完全相同。这可通过在关系表的各个属性中，选出能够唯一标识不同元组的属性或属性组来约束元组数据。我们将这样的属性或属性组称为键（Key）。

【例 2-4】在表 2-3 所示的 EMPLOYEE（员工）关系表中，EmployeeNumber（工号）属性列的取值是唯一的。我们可以把它定义为 EMPLOYEE 关系表的键。

表 2-3　　EMPLOYEE 关系表

EmployeeNumber	Name	Department	Sex	Email
A01201	赵小刚	财务部	男	A01201@some.com
A01202	李明菲	生产部	女	A01202@some.com
A01203	王亚周	生产部	男	A01203@some.com
…	…	…	…	…
A01285	吕正	生产部	男	A01285@some.com
A01286	张迁	维修部	男	A01286@some.com
A01287	周丽丽	销售部	女	A01287@some.com

1. 复合键

在关系中，有时需要同时使用两个或更多属性的组合值才能唯一标识不同元组，这种由多个属性所构成的键称为复合键（Compound Key）。在表 2-3 中，如果没有同姓名的员工在同一部门的情况，可以将“姓名”和“部门”属性结合在一起，其组合值可以唯一标识不同员工，即将 Name 和 Department 属性结合在一起，作为 EMPLOYEE 关系的复合键。

2. **候选键**

在一个关系中可能有多个键存在，我们将每个键都称为候选键（Candidate Key）。例如，在表 2-3 中，若“EmployeeNumber”“Name”“Department”“Email”属性列取值都是唯一的，则它们均是关系的键，也都为候选键。

3. **主键**

在一个关系中，不管它有多少个候选键，在定义数据库关系表时，都需要确定出一个最合适的键作为主键（Primary Key），它的不同取值用于在该关系表中唯一标识不同元组。例如，在表 2-3 中，可选定“EmployeeNumber”作为主键。

在关系数据库的设计中，每个关系表都必须确定一个主键。主键在关系数据库中具有如下作用。

- 主键属性列值可用来标识关系表的不同行（元组）。
- 当表之间有关联时，主键可以作为表之间的关联属性列。
- 许多 DBMS 产品使用主键列索引顺序来组织表的数据块存储。
- 通过主键列的索引值可以快速检索关系表中的行数据。

在关系模式表示中，可以在主键属性列添加下画线来标明主键。例如，在表 2-3 所示的 EMPLOYEE 关系表中，可以使用如下语句来表示该关系模式。

```
EMPLOYEE(EmployeeNumber,Name,Department,Sex,Email)
```

课堂讨论——本节重点与难点知识问题

1. 如何理解“实体”和“关系”？
2. 什么是关系？什么是关系模型？什么是关系数据库？
3. 关系的数学定义是什么？关系具有哪些特性？
4. 在关系中，为什么需要确定主键或复合键？
5. 在关系表中，主键有哪些作用？
6. 关系模式是如何表示的？

2.2 关系模型的原理

关系模型是一种采用关系二维表的形式表示实体和实体间联系的数据模型。关系模型决定了关系数据库所采用的数据结构、操作方式和数据约束。

2.2.1 关系模型的组成

关系模型与其他数据模型一样，也是由数据结构、操作方式、数据约束 3 个部分组成的。

1. **数据结构**

在关系模型中，采用具有关系特征的二维表数据结构来组织存储数据。在关系数据库中，关系一般被称为关系表或表。一个关系数据库由若干关系表组成，并且表之间存在一定的关联，如图 2-1 所示。

	属性1	属性2	…	属性n
元组1	…	…	…	…
元组2	…	…	…	…
⋮	…	…	…	…
元组m	…	…	…	…

二维表

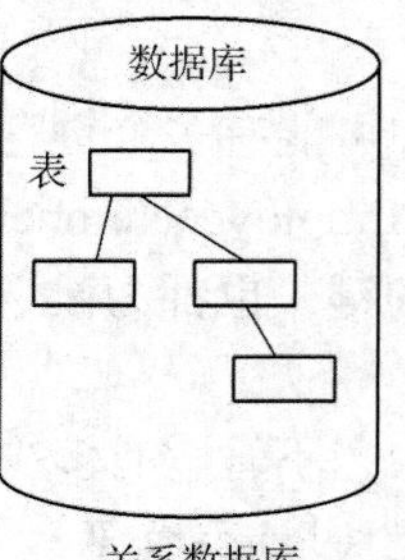

图 2-1　关系模型的数据结构

2. 操作方式

在关系模型中，对关系表的数据操作是按照集合关系运算方式来进行的。常用的关系运算包括选择（Select）、投影（Project）、连接（Join）、除（Divide）、并（Union）、交（Intersection）、差（Difference）等数据查询操作，也包含插入（Insert）、更新（Update）、删除（Delete）等数据操纵。2.2.2 节将介绍关系模型的操作，3.3 节将详细介绍数据操纵 SQL 语句。

3. 数据约束

在关系模型中，关系模型的数据约束包括实体完整性约束、参照完整性约束和用户自定义完整性约束。其中，前两个约束是关系模型必须满足的限制条件，由关系数据库 DBMS 默认支持。用户自定义完整性约束是应用领域数据需遵循的业务规则，由具体业务的规则进行限定。

2.2.2　关系模型的操作

在关系模型中，对关系表数据操作分为查询、插入、更新、删除等操作类型。其中查询数据有较多具体操作，如选择、投影、连接、除、并、交、差等，而插入、更新、删除操作类型相对单一。在关系模型中，关系数据操作通常用代数方法或逻辑方法来实现，分别被称为关系代数和关系演算。关系代数用对关系的代数运算来表达查询处理要求；关系演算用谓词来表达查询处理要求。关系数据库使用一种介于关系代数和关系演算的数据操作语言（结构化查询语言）对关系表进行数据访问操作。结构化查询语言（Structured Query Language，SQL）作为关系数据库操作访问的标准数据操作语言，被广泛应用到各个关系数据库系统中。

关系模型的操作特点：数据操作的对象为关系中的元组，其操作结果也是元组。下面主要给出使用关系代数方法实现数据查询的操作原理。

关系代数是一种对关系进行查询操作的数学工具。关系代数的操作运算分为传统的集合运算和专门的关系运算两类。

1. 传统的集合运算

传统的集合运算是二目运算，即对两个关系进行集合运算，其操作包括并、交、差、广义笛卡尔积 4 种运算。

这里假设参与运算的两个关系分别为 R、S，关系 R 和关系 S 都有 n 个属性，并且它们的属性列相同。

【例 2-5】关系 R 和关系 S 的数据初值如图 2-2 所示，以下分别对它们进行并、交、差、广义笛卡尔积运算。

A	B	C
A_1	B_1	C_2
A_2	B_2	C_1
A_3	B_1	C_1

（a）R关系

A	B	C
A_2	B_3	C_1
A_1	B_2	C_3
A_3	B_1	C_1

（b）S关系

图 2-2　R 关系和 S 关系的数据初值

（1）并运算∪

关系 R 与关系 S 并运算的结果集合由属于 R 或属于 S 的元组组合而成，其运算结果仍为 n 元关系，记作式（2-1）。

$$R \cup S=\{t|t \in R \vee t \in S\} \tag{2-1}$$

式中，t 为元组。

关系并运算将两个表中元组进行合并，并消除重复元组。本例的运算结果如图 2-3 所示。

（2）差运算−

关系 R 与关系 S 的差运算结果集合由属于 R 而不属于 S 的所有元组组成，其运算结果仍为 n 元关系，记作式（2-2）。

$$R-S=\{t|t \in R \wedge t \notin S\} \tag{2-2}$$

关系的差运算对应于关系表的元组裁剪，即从关系 R 中删除与关系 S 相同的元组。本例的运算结果如图 2-4 所示。

A	B	C
A_1	B_1	C_2
A_2	B_2	C_1
A_3	B_1	C_1
A_2	B_3	C_1
A_1	B_2	C_3

图 2-3　$R \cup S$ 关系的结果

A	B	C
A_1	B_1	C_2
A_2	B_2	C_1

图 2-4　$R-S$ 关系的结果

（3）交运算∩

关系 R 与关系 S 的交运算结果集合由既属于 R 又属于 S 的所有元组组成，其结果关系仍为 n 元关系，记作式（2-3）。

$$R \cap S=\{t|t \in R \wedge t \in S\} \tag{2-3}$$

关系的交运算也可以用差来表示，即 $R \cap S=R-(R-S)$。本例的运算结果如图 2-5 所示。

A	B	C
A_3	B_1	C_1

图 2-5　$R \cap S$ 关系的结果

（4）广义笛卡尔积×

假设关系 R 有 n 个属性、关系 S 有 m 个属性，则关系 R 和 S 的广义笛卡尔积是一个（n+m）

列的元组集合。元组前 n 列是关系 R 的元组列，后 m 列是关系 S 的元组列。若 R 有 k_1 个元组，S 有 k_2 个元组，则关系 R 和关系 S 的广义笛卡尔积有 $k_1 \times k_2$ 个元组。针对本例，关系 R 和 S 的广义笛卡尔积的运算结果如图 2-6 所示。

R.A	R.B	R.C	S.A	S.B	S.C
A_1	B_1	C_2	A_2	B_3	C_1
A_1	B_1	C_2	A_1	B_2	C_3
A_1	B_1	C_2	A_3	B_1	C_1
A_2	B_2	C_1	A_2	B_3	C_1
A_2	B_2	C_1	A_1	B_2	C_3
A_2	B_2	C_1	A_3	B_1	C_1
A_3	B_1	C_1	A_2	B_3	C_1
A_3	B_1	C_1	A_1	B_2	C_3
A_3	B_1	C_1	A_3	B_1	C_1

图 2-6　$R \times S$ 关系的结果

关系 R 和 S 的广义笛卡尔积运算操作方式：从 R 关系的第一个元组开始，依次与 S 关系的每个元组组合，然后对 R 关系的下一个元组进行同样操作，直到 R 关系的最后一个元组进行同样操作，最后可得到 $R \times S$ 的全部元组。

2. 专门的关系运算

传统的集合运算仅仅从关系表的元组角度进行处理，没有考虑关系表中属性列的处理。专门的关系运算将对传统集合运算进行扩展，其操作包括选择、投影、连接、除等，这些操作均是对关系表的列进行操作处理。为了描述这些关系运算，首先引入如下数学符号定义。

（1）设关系模式为 $R(A_1, A_2, \cdots, A_n)$。$t \in R$ 表示 t 是 R 的一个元组。$t[A_i]$则表示元组 t 中对应于属性 A_i 的一分量。

（2）设 $A=\{A_{i1}, A_{i2}, \cdots, A_{ik}\}$，其中 $A_{i1}, A_{i2},\cdots, A_{ik}$ 是 $A_1, A_2,\cdots, A_n$ 中的一部分，则 A 称为部分属性列或部分域列。$\neg A$ 则表示$\{A_1, A_2,\cdots, A_n\}$中去掉$\{A_{i1}, A_{i2},\cdots, A_{ik}\}$后剩余的属性列。$t[A]=(t[A_{i1}], t[A_{i2}],\cdots, t[A_{ik}])$，表示元组 t 在部分属性列 A 上各分量的集合。

（3）设 R 为 n 元关系，S 为 m 元关系。若 $t_r \in R$，$t_s \in S$，则 $t_r t_s$ 表示为元组的连接。它是一个（$n+m$）列的元组，前 n 个分量为 R 中的一个 n 元组，后 m 个分量为 S 中的一个 m 元组。

（4）给定一个关系 $R(X, Y)$，X 和 Y 分别为 R 的属性组。当 $t[X]=x$ 时，x 在 R 中的像集记为式（2-4）。

$$Y_x=\{t[Y] | t \in R, t[X]=x\} \qquad (2\text{-}4)$$

该式表示 R 中属性组 X 上值为 x 的各元组在 Y 上分量的集合。

（1）选择运算

选择运算是在关系 R 中选择出满足给定条件 C 的元组集，记作式（2-5）。

$$\sigma_C(R) = \{t | t \in R \wedge C(t)='真'\} \qquad (2\text{-}5)$$

式中，C 表示选择条件，它是一个逻辑表达式，取逻辑值“真”或“假”；t 是 R 中任意一个元组，把它代入条件 C 中。如果代入的结果为真，则这个元组就是 $\sigma_C(R)$的一个元组，否则此元组就不在结果集中。

【例 2-6】有一个 TEACHER（教师）关系表，如表 2-4 所示。

表 2-4　TEACHER 关系表

TeacherNumber	Name	Title	Sex	Email
A01201	赵小刚	副教授	男	A01201@some.com
A01202	李明菲	讲师	女	A01202@some.com
A01203	王亚周	教授	男	A01203@some.com
A01204	吕正	副教授	男	A01204@some.com
A01205	张迁	讲师	男	A01205@some.com
A01206	周丽丽	教授	女	A01206@some.com

若需要从关系表中查询出职称为“教授”的教师信息，其选择条件可以定义为“Title='教授'”，选择运算的结果集见表 2-5。

表 2-5　$\sigma_{Title='教授'}$(TEACHER)选择运算的结果集

TeacherNumber	Name	Title	Sex	Email
A01203	王亚周	教授	男	A01203@some.com
A01206	周丽丽	教授	女	A01206@some.com

（2）投影运算

投影运算是从关系 R 中选择出部分属性列组成一个新的关系，记作式（2-6）。

$$\Pi_A(R) = \{\ t[A] \mid t \in R\ \} \tag{2-6}$$

式中，A 为 R 中的部分属性列。

【例 2-7】在表 2-4 中，若需要查询出教师的联系邮箱信息，即 A={TeacherNumber, Name, Email}，则投影运算的结果集见表 2-6。

表 2-6　$\Pi_{(TeacherNumber,\ Name,\ Email)}$(TEACHER)投影运算的结果集

TeacherNumber	Name	Email
A01201	赵小刚	A01201@some.com
A01202	李明菲	A01202@some.com
A01203	王亚周	A01203@some.com
A01204	吕正	A01204@some.com
A01205	张迁	A01205@some.com
A01206	周丽丽	A01206@some.com

（3）连接运算

关系的连接运算包括 θ 连接、自然连接和外连接。它们是从两个关系的笛卡尔积中选取属性间满足一定条件的元组集合，然后组成新的关系。

1）θ 连接

θ 连接运算是从 R 和 S 的笛卡尔积中选取 R 关系在 A 属性组上的值与 S 关系在 B 属性组上的值满足比较关系 θ 的元组集合，组成新的关系，记作式（2-7）。

$$\sigma_{A\theta B}(R\times S) \tag{2-7}$$

式中，A 和 B 分别为关系 R 和 S 上度数相等且具有可以比较的属性组，θ 为比较运算符，它

包括{<,≤,=,>,≥}。

【例 2-8】R 关系的元组数据为求职人员的薪水要求信息，S 关系的元组数据为公司招聘职位的薪水标准信息，如图 2-7 所示。现在，需要找出公司招聘职位的薪水标准满足求职人员薪水要求的候选面试人员列表。

ID	Name	Wage
0001	王平	3500
0002	刘一	3100
0003	张京	2800

（a）R关系（求职者）

CompanyID	CompanyName	Salary
A0001	B_3	3200
A0002	B_2	2800
A0003	B_1	3000

（b）S关系（公司招聘）

图 2-7　求职与公司招聘关系

通过使用 θ 连接运算，即 $\sigma_{R.Wage \leqslant S.Salary}(R \times S)$，可以从关系 R 和关系 S，得到所需要的结果数据，其运算的结果集如图 2-8 所示。

ID	Name	Wage	CompanyID	CompanyName	Salary
0002	刘一	3100	A0001	B_3	3200
0003	张京	2800	A0001	B_3	3200
0003	张京	2800	A0002	B_2	2800
0003	张京	2800	A0003	B_1	3000

图 2-8　$\sigma_{R.Wage \leqslant S.Salary}(R \times S)$运算的结果集

当 θ 为“=”的连接运算符时，该 θ 连接运算又称为等值连接运算。它是从关系 R 与 S 的笛卡尔积中选取 A、B 属性值相等的那些元组构成结果集。

2）自然连接

自然连接是一种特殊的等值连接运算，它要求两个关系中进行比较的分量必须是相同的属性组，并且还要在结果集中把重复的属性列去掉，记作式（2-8）。

$$R \infty S \tag{2-8}$$

【例 2-9】R 关系为员工元组数据，S 关系为部门元组数据，见图 2-9 所示。现需要通过 R 关系与 S 关系自然连接运算操作获得员工部门信息关系表。

ID	Name	DepartName
0001	王平	财务
0002	刘一	生产
0003	张京	生产

（a）R关系（员工）

DepartName	Telphone
销售	3200021
财务	3200068
生产	3200073

（b）S关系（部门）

图 2-9　员工与部门关系

使用自然连接运算即 $R \infty S$，并在结果集中删除重复的属性列，其运算的结果集如图 2-10 所示。

ID	Name	DepartName	Telphone
0001	王平	财务	3200068
0002	刘一	生产	3200073
0003	张京	生产	3200073

图 2-10　员工与部门关系自然连接运算的结果集

θ 连接运算是从关系表的行角度进行运算，而∞自然连接运算还消除了重复列，所以自然连接运算是同时从行和列的角度进行运算。

3）外连接

前几个关系连接又被称为内连接，其运算操作结果集由两个关系中相匹配的元组组合而成。但在一些情况下，采用内连接所关联操作的元组结果集，会丢失部分信息。

【例 2-10】*R* 关系为员工地址元组数据，*S* 关系为员工薪水元组数据，如图 2-11 所示。通过 *R* 关系与 *S* 关系自然连接操作得到员工地址、薪水信息关系表，如图 2-12 所示。

Name	Street	City
王平	$Addr_1$	CD
刘一	$Addr_2$	CQ
张京	$Addr_3$	GZ
赵高	$Addr_1$	CD

（a）*R*关系（员工地址）

Name	BranchName	Salary
王平	工行	6200
刘一	工行	6800
林平	交行	7400
赵高	建行	8000

（b）*S*关系（员工薪水）

图 2-11　员工地址与员工薪水关系

Name	Street	City	BranchName	Salary
王平	$Addr_1$	CD	工行	6200
刘一	$Addr_2$	CQ	工行	6800
赵高	$Addr_1$	CD	建行	8000

图 2-12　员工地址、薪水的自然连接运算结果集

从图 2-12 中，我们不难发现，通过 *R* 关系与 *S* 关系自然连接运算操作，所得到的员工地址、薪水信息关系表丢失了“张京”和“林平”的信息。其原因是 *R* 关系与 *S* 关系自然连接运算操作，去掉了在 Name 列中不匹配的元组数据。

外连接是内连接运算的扩展，它可以在内连接操作结果集基础上，通过扩展关系中未匹配属性值的对应元组而形成最终结果集。使用外连接运算可以避免内连接运算可能带来的信息丢失。

外连接运算有 3 种形式，即左外连接、右外连接和全外连接。

① 左外连接

在左外连接运算中，针对与左侧关系不匹配的右侧关系元组，用空值（NULL）填充所有来自右侧关系的属性列，再把产生的连接元组添加到自然连接的结果集中。图 2-13 给出了例 2-10 按左外连接运算的结果集。

Name	Street	City	BranchName	Salary
王平	$Addr_1$	CD	工行	6200
刘一	$Addr_2$	CQ	工行	6800
赵高	$Addr_1$	CD	建行	8000
张京	$Addr_3$	GZ	NULL	NULL

图 2-13　员工地址、薪水的左外连接运算结果集

② 右外连接

在右外连接运算中，针对与右侧关系不匹配的左侧关系元组，用空值填充所有来自左侧关系的属性列，再把产生的连接元组添加到自然连接的结果集中。图 2-14 给出了例 2-10 按右外连接运算的结果集。

Name	Street	City	BranchName	Salary
王平	$Addr_1$	CD	工行	6200
刘一	$Addr_2$	CQ	工行	6800
赵高	$Addr_1$	CD	建行	8000
林平	NULL	NULL	交行	7400

图 2-14　员工地址、薪水的右外连接运算结果集

③ 全外连接

在全外连接运算中，同时完成左外连接和右外连接运算，既使用空值填充左侧关系中与右侧关系的不匹配元组，又使用空值填充右侧关系中与左侧关系的不匹配元组，再把产生的连接元组添加到自然连接的结果集中。图 2-15 给出了例 2-10 按全外连接运算的结果集。

Name	Street	City	BranchName	Salary
王平	$Addr_1$	CD	工行	6200
刘一	$Addr_2$	CQ	工行	6800
赵高	$Addr_1$	CD	建行	8000
张京	$Addr_3$	GZ	NULL	NULL
林平	NULL	NULL	交行	7400

图 2-15　员工地址、薪水的全外连接运算结果集

（4）除运算

在给定关系 $R(X, Y)$和关系 $S(Y, Z)$中，X、Y、Z 分别为部分属性组。R 中的 Y 与 S 中的 Y 可以有不同的属性名，但必须来自相同的域集。R 关系与 S 关系的除运算将得到一个新的关系 $P(X)$，记为式（2-9）。

$$R \div S=\{t_r[X] \mid t_r \in R \wedge \Pi_Y(S) \subseteq Y_x\} \tag{2-9}$$

新关系 $P(X)$是 R 中满足式（2-9）条件的元组在 X 属性组上的投影：元组在 X 上分量值

x 的像集 Y_x 包含 S 在 Y 上投影的集合。

【例 2-11】R 关系、S 关系数据如图 2-16 所示，试将它们进行除运算。

X	Y	Z
X_1	Y_2	Z_2
X_2	Y_3	Z_3
X_3	Y_1	Z_4
X_1	Y_3	Z_2
X_2	Y_1	Z_2
X_1	Y_2	Z_1

（a）R关系

Y	Z	U
Y_2	Z_2	U_1
Y_2	Z_1	U_3
Y_3	Z_2	U_2

（b）S关系

图 2-16　R 关系与 S 关系

本例的关系除运算过程如下。

第一步：找出关系 R 和关系 S 中相同的属性，即 Y 属性和 Z 属性。在关系 S 中对 Y 属性和 Z 属性做投影，所得结果为$\{(Y_2, Z_2), (Y_2, Z_1), (Y_3, Z_2)\}$。

第二步：被除关系 R 中与 S 中不相同的属性列是 X，关系 R 在属性 X 上做取消重复值的投影为$\{X_1, X_2, X_3\}$；

第三步：求关系 R 中 X 属性对应的像集 Y 和 Z，根据关系 R 的数据，可以得到 X 属性各分量值的像集。

X_1 的像集为$\{(Y_2, Z_2), (Y_3, Z_2), (Y_2, Z_1)\}$。

X_2 的像集为$\{(Y_3, Z_3), (Y_1, Z_2)\}$。

X_3 的像集为$\{(Y_1, Z_4)\}$。

第四步：判断包含关系，对比即可发现 X_2 和 X_3 的像集都不能包含关系 S 中属性 Y 和属性 Z 的所有值，所以排除掉 X_2 和 X_3；而 X_1 的像集包含了关系 S 中属性 Y 和属性 Z 的所有值，所以 $R÷S$ 的最终结果就是$\{X_1\}$，如图 2-17 所示。

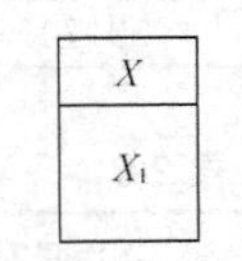

X
X_1

图 2-17　$R÷S$ 的结果

2.2.3　数据完整性约束

关系模型数据完整性是在关系数据模型中对关系数据实施的完整性约束规则，以确保关系数据的正确性和一致性。关系模型允许定义 3 种类型数据完整性约束：实体完整性、参照完整性和用户自定义完整性。其中，实体完整性和参照完整性是关系模型必须满足的完整性约束；用户自定义完整性是在应用领域实施的业务规则。

1. 实体完整性

在关系模型中，实体完整性是在关系表中实施的主键取值约束，以保证关系表中的每个元组可标识。

约束规则：①每个关系表的主键属性列都不允许有空值（NULL），否则就不可能标识实体。②实体中各个实例靠主键值来标识，主键取值应该唯一，并区分关系表中的每个元组。

📖　空值是一种“未定义”或“未知”的值。空值可使用户简化不确定数据的输入。

例如，在员工关系表 EMPLOYEE(EmployeeID, Name, Department, Email)中，工号

（EmployeeID）作为主键属性，不能取空值，并且其取值应唯一。同样，在成绩关系表 Grade(StudentID, CourseID, Score, Note)中，(StudentID, CourseID)作为复合主键，其每个属性都不能为空，并且复合主键取值唯一。

实体完整性约束检查：①检查主键值是否唯一。如果不唯一，则拒绝插入或修改元组数据。②检查主键的各个属性是否为空，只要有一个为空就拒绝插入或更新元组数据。

【例 2-12】在表 2-7～表 2-9 的成绩关系表中，请判断哪些表符合实体完整性约束，哪些表不符合实体完整性约束？

表 2-7　Grade 关系表 1

StudentID	CourseID	Score	Note
201701001	A001	80	
201701002		93	
201701003	A001	78	
201701004	A001	48	
201701005	A001	86	
201701006	A001	84	

表 2-8　Grade 关系表 2

StudentID	CourseID	Score	Note
201701001	A001	80	
201701002	A001	93	
201701001	A001	78	
201701004	A001	48	
201701005	A001	86	
201701006	A001	84	

表 2-9　Grade 关系表 3

StudentID	CourseID	Score	Note
201701001	A001	80	
201701002	A001	93	
201701003	A001		缺考
201701004	A001	48	
201701005	A001	86	
201701006	A001	84	

在表 2-7 所示的关系中，由于主键属性(StudentID, CourseID)在第 2 个元组的 CourseID 属性取值为空，因此，该关系表不满足实体完整性约束。

在表 2-8 所示的关系中，由于第 1 个元组与第 3 个元组的主键取值重复，不能区别不同学生成绩，因此，该关系表也不满足实体完整性约束。

在表 2-9 所示的关系中，虽然第 3 个元组的学生成绩分数 Score 为空，但它不属于主键属性，允许为空值，代表该生缺考。因此，该关系表满足实体完整性约束。

2. 参照完整性

在关系模型中，参照完整性是关系之间的联系需要遵守的约束，以保证关系之间关联列的数据一致性。

约束规则：若属性（或属性组）F 在关系 R 中作为外键，它与关系 S 的主键 K 相关联，

则对 *R* 中的每个元组，在 *F* 属性列的取值应与关系 *S* 中的主键值匹配。

📖 在一种通过主键属性相关联的两个关系表中，该主键属性在一个表中作为主键，对应在另一个表中则作为外键。

例如，员工关系表 EMPLOYEE(EmployeeID, Name, *DepartName*, Email)与部门关系表 DEPARTMENT(DepartName, TelPhone)通过 DepartName 列进行关联。在 DEPARTMENT 关系表中，DepartName 属性作为主键，而在 EMPLOYEE 关系表中，也有 DepartName 列值，该属性列在 EMPLOYEE 关系表中作为外键。为了直观表示外键属性，通常在关系模式语句中，外键属性列名称采用斜体。

参照完整性约束检查：对存在通过主键列与外键列进行关联的关系表中，无论操作包含主键的关系表（主表）还是操作包含外键的关系表（子表）的元组数据，都应保证关联表之间的数据一致性。如下情况都会带来关联表的参照完整性问题。

（1）修改主表中某元组的主键值后，子表对应的外键值未做相应改变，两表关联数据不一致。

（2）删除主表的某元组后，子表中关联的元组未删除，致使子表中这些元组成为孤立元组；

（3）在子表中插入新元组，所输入的外键值在主表的主键属性列中没有对应的值匹配。

（4）修改子表中的外键值，没有与主表的主键属性列值匹配。

因此，在关系模型中，需要根据实际应用需要，定义关联表之间的参照完整性约束规则。

【例 2-13】在员工关系表 EMPLOYEE(EmployeeID, Name, *DepartName*, Email)和部门关系表 DEPARTMENT(DepartName, TelPhone)中，通过 EMPLOYEE 子表的外键（*DepartName*）参照 DEPARTMENT 主表的主键（DepartName）。可实施如下约束规则。

（1）在对子表进行数据操作时，外键（*DepartName*）的取值或变更必须与主键（DepartName）的列值一致。例如，当在 EMPLOYEE 中添加一个新员工元组数据时，其外键（*DepartName*）的取值必须是部门关系表 DEPARTMENT 的主键（DepartName）已存在的值。此外，在 EMPLOYEE 中更新员工的部门信息时，外键（*DepartName*）的取值也必须是部门关系表 DEPARTMENT 的主键（DepartName）已存在的值。

（2）主表元组删除或主键值变更，子表中参照的外键值对应变更，要么取空值，要么引用主表中存在的主键值，以保持关联表数据一致。例如，如果删除 DEPARTMENT 主表中的一条元组，即删除一个部门名称，则子表 EMPLOYEE 中凡是外键值为该部门名称的元组也必须同时被删除，此操作被称为级联删除；如果更新 DEPARTMENT 主表中的主键值，则子表 EMPLOYEE 中相应元组的外键值也随之被更新，此操作被称为级联更新。

3. 用户自定义完整性

用户自定义完整性是用户根据具体业务对数据处理的要求对关系进行自定义数据约束，以确保具体应用所涉及的数据必须满足的业务要求及约束条件。

【例 2-14】在表 2-10 所示的 Grade 关系表中，业务要求分数 Score 的取值范围限定为 0～100 或空值，不允许输入其他数据值。

表 2-10 Grade 关系表

StudentID	CourseID	Score	Note
201701001	A001	80	
201701002	A001	93	

续表

StudentID	CourseID	Score	Note
201701003	A001	78	
201701004	A001		缓考
201701005	A001	86	
201701006	A001	84	

关系数据库 DBMS 为用户提供了定义和检验完整性的机制，并提供统一的完整性处理功能，不需要用户编程处理。关系数据库 DBMS 可以允许用户实现如下自定义完整性约束。

- 定义域的数据类型与取值范围。
- 定义属性的数据类型与取值范围。
- 定义属性的默认值。
- 定义属性是否允许取空值。
- 定义属性取值的唯一性。
- 定义属性间的数据依赖性。

课堂讨论——本节重点与难点知识问题

1. 关系模型由哪几个部分组成？其工作原理是什么？
2. 在关系模型中，对关系有哪些数据操作方式？
3. 如何理解关系数据查询的选择运算操作、投影运算操作、连接运算操作？
4. 关系之间的θ连接操作与自然连接操作有何区别？
5. 关系之间的左外连接、右外连接、全外连接有何区别？
6. 如何理解关系模型的实体完整性和参照完整性？

2.3 PostgreSQL 数据库关系操作实践

在第 1 章中，我们熟悉了 PostgreSQL 数据库管理工具及其数据库基本对象。本章继续介绍 PostgreSQL 数据库关系操作，讲解在数据库中如何创建关系表，如何定义关系表的实体完整性约束、参照完整性约束和用户自定义完整性约束。本节将围绕“选课管理系统”项目案例来实践在 PostgreSQL 数据库创建关系表及其完整性约束。

2.3.1 项目案例——选课管理系统

在大学选课管理系统中，我们需要对大学的开课计划、学院、课程、教师、学生、选课注册等信息进行数据管理。为实现选课管理系统的数据管理功能，首先需要创建选课管理数据库及其关系表，然后实现选课管理系统的功能逻辑，如添加、更新、查询、报表等应用程序功能。

在本项目案例中，定义选课管理数据库名称为 CurriculaDB。它主要由课程信息表（Course）、教师信息表（Teacher）、开课计划表（Plan）、学生信息表（Student）、选课注册表（Register）、学院信息表（College）组成，见表 2-11～表 2-16。

表2-11 课程信息表（Course）

字段名称	字段编码	数据类型	字段大小	必填字段	是否为键
课程编号	CourseID	文本	4	是	主键
课程名	CourseName	文本	20	是	否
课程类别	CourseType	文本	10	否	否
学分	CourseCredit	数字	短整型	否	否
学时	CoursePeriod	数字	短整型	否	否
考核方式	TestMethod	文本	4	否	否

表2-12 教师信息表（Teacher）

字段名称	字段编码	数据类型	字段大小	必填字段	是否为键
教师编号	TeacherID	文本	4	是	主键
姓名	TeacherName	文本	10	是	否
性别	TeacherGender	文本	2	否	否
职称	TeacherTitle	文本	6	否	否
所属学院	CollegeID	文本	3	否	外键
联系电话	TeacherPhone	文本	11	否	否

表2-13 开课计划表（Plan）

字段名称	字段编码	数据类型	字段大小	必填字段	是否为键
开课编号	CoursePlanID	自动编号	长整型	是	代理键
课程编号	CourseID	文本	4	是	外键
教师编号	TeacherID	文本	4	是	外键
地点	CourseRoom	文本	30	否	否
时间	CourseTime	文本	30	否	否
备注	Note	文本	50	否	否

表2-14 学生信息表（Student）

字段名称	字段编码	数据类型	字段大小	必填字段	是否为键
学号	StudentID	文本	13	是	主键
姓名	StudentName	文本	10	是	否
性别	StudentGender	文本	2	否	否
出生日期	BirthDay	日期	短日期	否	否
专业	Major	文本	30	否	否
手机号	StudentPhone	文本	11	否	否

表2-15 选课注册表（Register）

字段名称	字段编码	数据类型	字段大小	必填字段	是否为键
注册编号	CourseRegID	自动编号	长整型	是	代理键
开课编号	CoursePlanID	数字	长整型	是	外键
学号	StudentID	文本	13	是	外键
备注	Note	文本	50	否	否

表 2-16　　　　学院信息表（College）

字段名称	字段编码	数据类型	字段大小	必填字段	是否为键
学院编号	CollegeID	文本	3	是	主键
学院名称	CollegeName	文本	40	是	否
学院介绍	CollegeIntro	文本	200	否	否
学院电话	CollegeTel	文本	30	否	否

表 2-11～表 2-16 中，定义了各关系表的结构组成，包括属性列的字段名称、字段编码、数据类型、是否允许空值，以及是否为主键列。此外，它们也定义了一些表中属性列为外键，从而可建立相关表之间的联系。

表 2-13 和表 2-15 还定义了专门的代理键作为该表的主键。

📖 代理键指附加到关系表上作为主键的数值列，通常由 DBMS 自动提供唯一的数值。

为什么需要代理键呢？由第 1 章可知，每个关系表必须从其属性中选出一个列或若干列作为主键。理想的主键是单列，并且其取值为简单的数值类型。但一些关系表只能使用由多个列组合而成的复合键。在表 2-13 中，若没有使用代理键，就必须使用由课程编号、教师编号、时间组成的复合键。在数据库中，通过复合键访问关系表的方案不是理想的方案。为了简化数据库表访问操作和提高处理性能，我们通常采用代理键方式去替代复合键。代理键取值为自动增量的数字序列，它由 DBMS 来提供数据值。在 PostgreSQL 数据库中，我们需要将代理键定义为 Serial 数据类型。例如，在开课计划表（Plan）中设置 CoursePlanID 为代理键，PostgreSQL 数据库 DBMS 就会将 Plan 表中第一行元组的 CoursePlanID 值置为 1，第二行元组的 CoursePlanID 值置为 2，依次类推。

2.3.2　关系数据库的创建

在开发选课管理系统时，我们使用 PostgreSQL 数据库软件创建一个关系数据库，然后使用该数据库组织与管理数据。在数据库开发中，我们使用数据库管理工具 pgAdmin 4 连接到 PostgreSQL 数据库服务器进行数据库的创建。在 pgAdmin 4 主界面的左边列表窗口目录树中，我们先选取“Databases”结点，然后单击菜单栏中的“Object->Create->Database”菜单命令，进入创建数据库对话框，如图 2-18 所示。

图 2-18　数据库创建对话框

在数据库创建对话框中，输入新建数据库名称“CurriculaDB”，以及数据库备注等信息，其他参数暂且采用默认值。当单击“Save”按钮后，该工具完成数据库的创建，并将新建的数据库显示在目录树中，如图 2-19 所示。

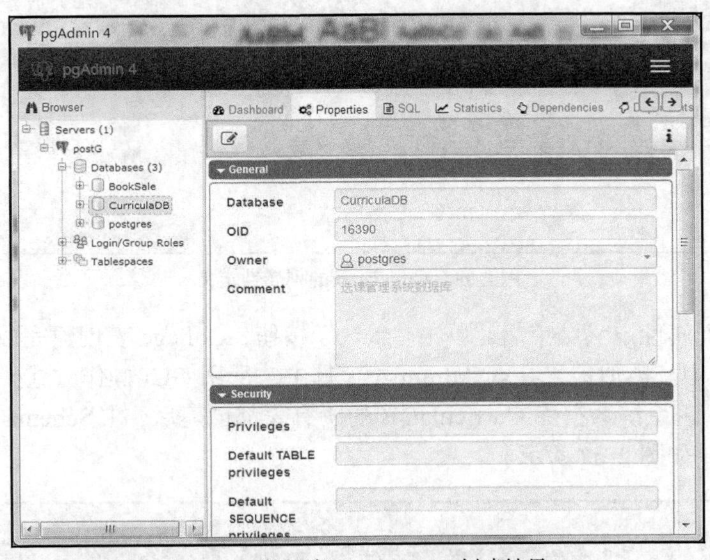

图 2-19　数据库 CurriculaDB 创建结果

在以上数据库创建中，除数据库名称参数外，其他参数均采用模板默认值。在实际应用中，我们可根据需求具体设定各个参数值。

2.3.3　关系表的创建

当创建选课管理系统数据库 CurriculaDB 后，接下来要在该数据库中创建各个关系表。这里以创建学院信息表（College）为例，介绍 pgAdmin 4 数据库管理工具创建关系表的具体方法。

在 pgAdmin 4 数据库管理工具的主界面左边列表窗口目录树中，单击进入 schema 结点的 public 目录中，先选取“Table”结点，然后单击菜单栏中的“Object->Create->Table”菜单命令，进入创建数据库表对话框。

在新建表对话框中，填写表名称（见图 2-20），并切换标签页定义列属性，如列名、数据类型、是否允许空、是否为主键等属性，具体如图 2-21 所示。

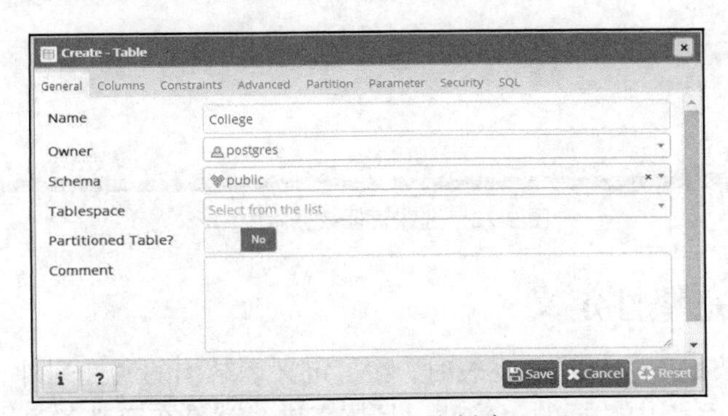

图 2-20　College 表创建

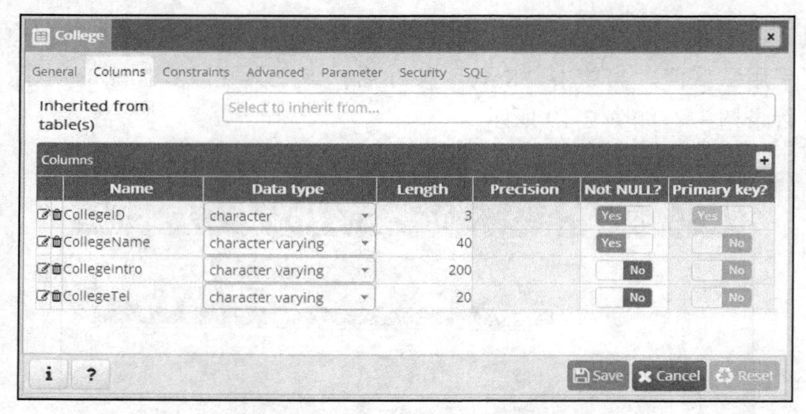

图 2-21　College 表的列属性定义

当表结构的列属性定义结束后，单击“Save”按钮，College 表创建完成，并出现在左边 Table 结点的目录中。类似地，在 pgAdmin 4 工具中，采用 GUI 操作方式，可以将其他表创建完成。当选课管理系统数据库 CurriculaDB 的所有表都创建后，在 Schema 的 Tables 目录中可以见到这些表，如图 2-22 所示。

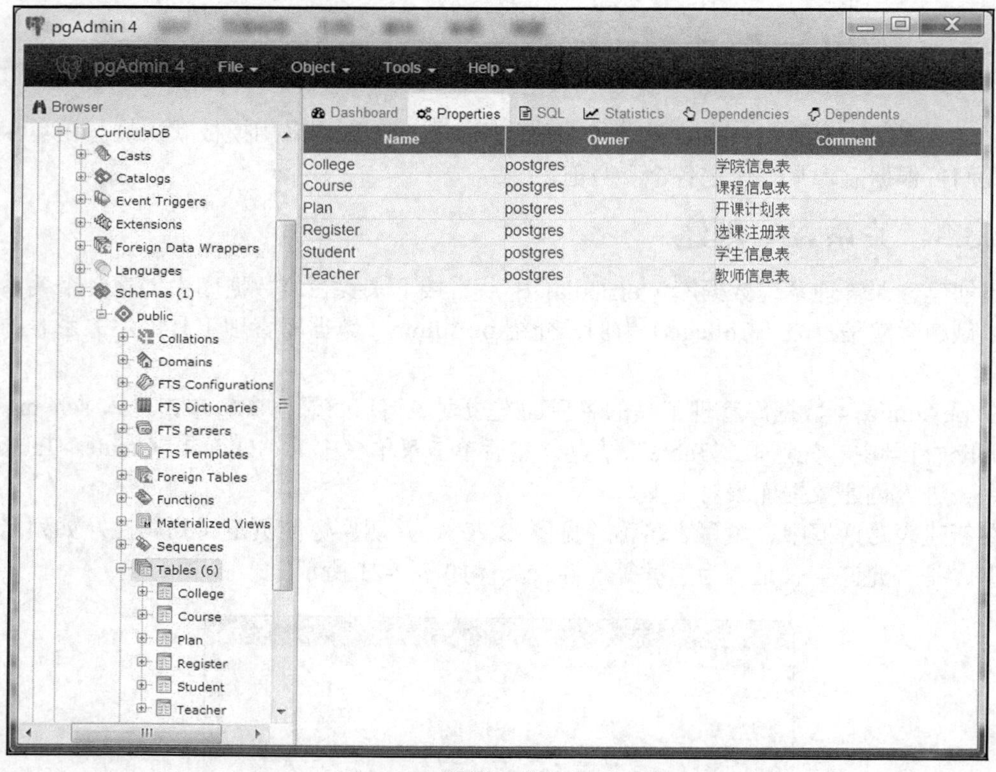

图 2-22　选课管理数据库中的表

2.3.4　实体完整性定义

在 PostgreSQL 数据库中创建关系表时，除了定义表结构的属性列外，还需要定义实体完整性约束，以确保关系表中数据的正确性。具体来讲，就是在定义各表主键或代理键时，实施实体完整性约束。例如，在定义 Student 表的主键列 StudentID 时，首先限定将该列为 Not Null 约束，即主键列不允许空值，如图 2-23 所示。

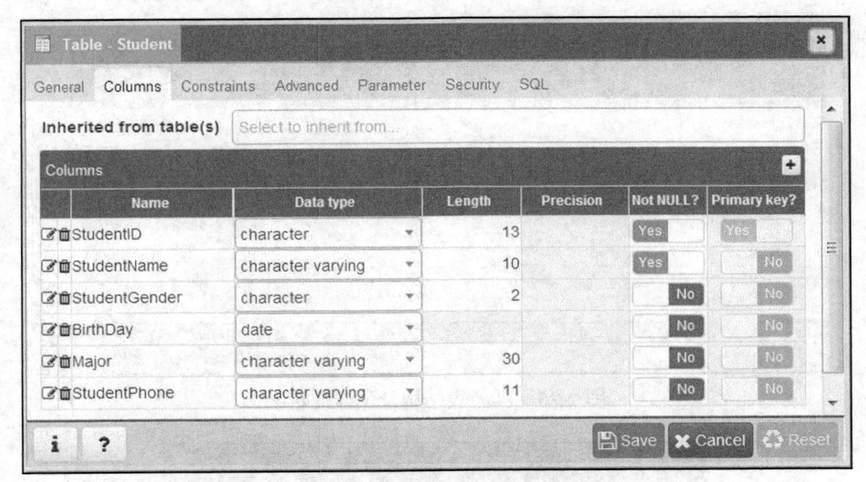

图 2-23　Student 表主键列 Not Null 约束定义

同时，还需要对该主键列 StudentID 建立唯一性“索引”约束，如图 2-24 所示。这样可确保主键取值唯一，从而实现本表数据遵从实体完整性约束。

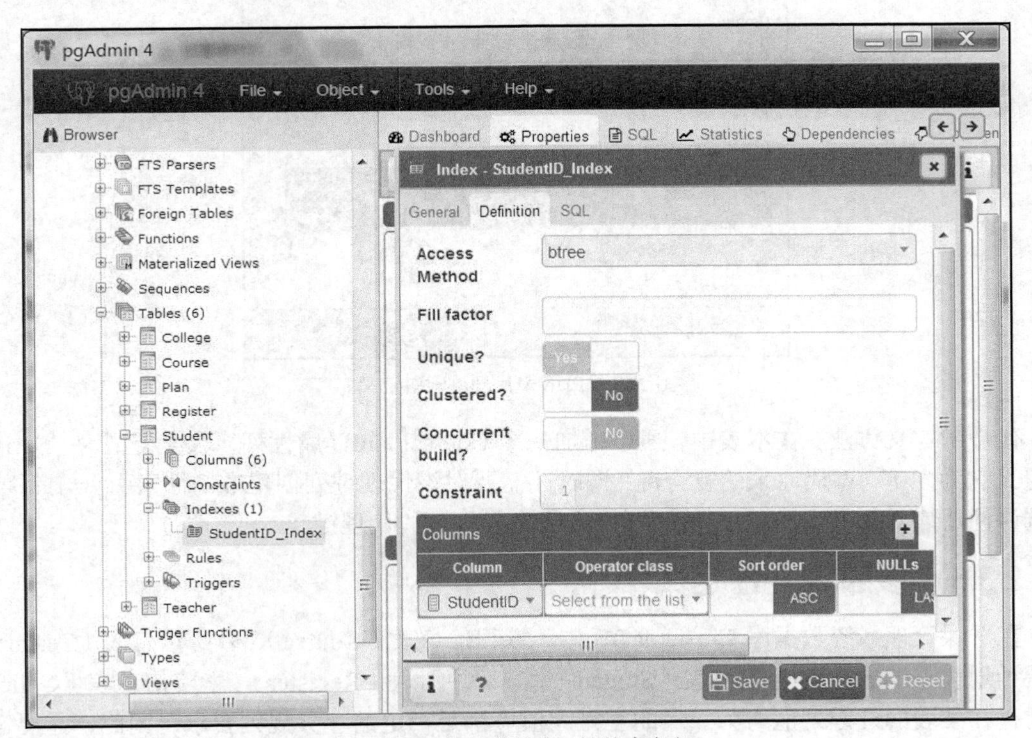

图 2-24　主键索引唯一性约束定义

在定义开课计划表（Plan）时，需要定义一个代理键 CoursePlanID 来替代复合键 (CourseID, TeacherID, CourseTime)作为 Plan 表主键。其实体完整性约束定义界面如图 2-25 和图 2-26 所示。

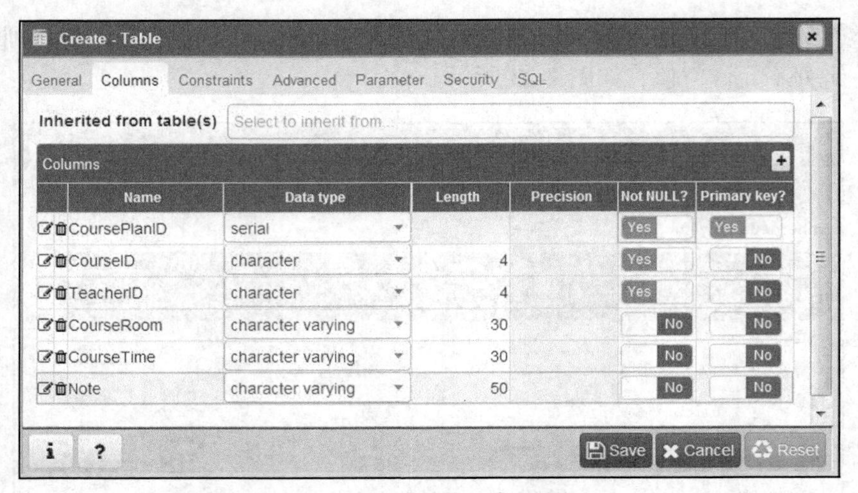

图 2-25　Plan 表结构及代理键定义

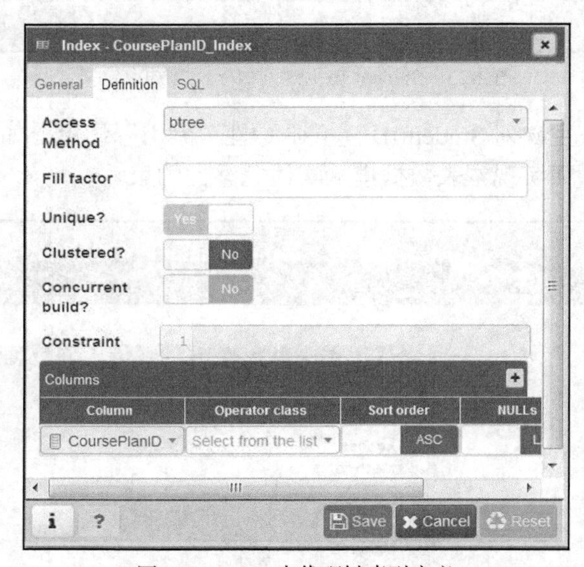

图 2-26　Plan 表代理键索引定义

代理键定义方法：在本表中，通过增加一个 CoursePlanID 属性列，取值类型为“Serial”，并定义它为主键，替代原来的复合键，同时还需要对该代理键列创建唯一性索引。与此类似，在选课注册表（Register）中，使用同样方法定义该表的代理键。

2.3.5　参照完整性定义

在选课管理系统数据库 CurriculaDB 中，课程信息表（Course）、教师信息表（Teacher）、开课计划表（Plan）、学生信息表（Student）、选课注册表（Register）、学院信息表（College）之间存在某表的外键列值与另一表的主键列值应满足一定的业务规则要求，因此，需要定义这些表之间的外键与主键之间的参照完整性约束。例如，教师信息表（Teacher）与学院信息表（College）存在关联，它们之间的参照完整性约束建立如下：在定义教师信息表（Teacher）的结构时，需要定义一个外键约束 Teacher_FK，该约束将本表的 CollegeID 列定义为外键，并参照学院信息表（College）的主键列 CollegeID。在 pgAdmin 中，操作界面如图 2-27 所示。

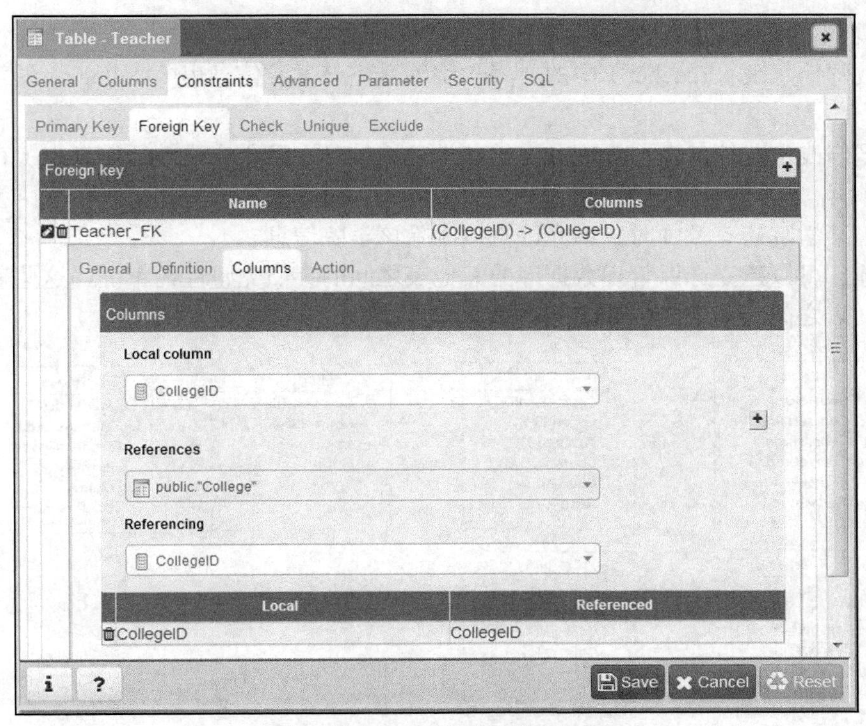

图 2-27　Teacher 表外键约束定义

同时，还需要定义该外键约束的相关操作规则。例如，学院信息表（College）修改 CollegeID 主键值，需要同时级联（CASCADE）修改教师信息表（Teacher）中 CollegeID 外键列值。当学院信息表（College）删除某主键值时，若教师信息表（Teacher）中有对应数据，则需要限制（RESTRICT）删除，即不允许直接删除学院信息表（College）的该主键值。除非在教师信息表（Teacher）中先删除该学院所有教师，才允许在学院信息表（College）中删除该学院数据。在 pgAdmin 中，操作界面如图 2-28 所示。

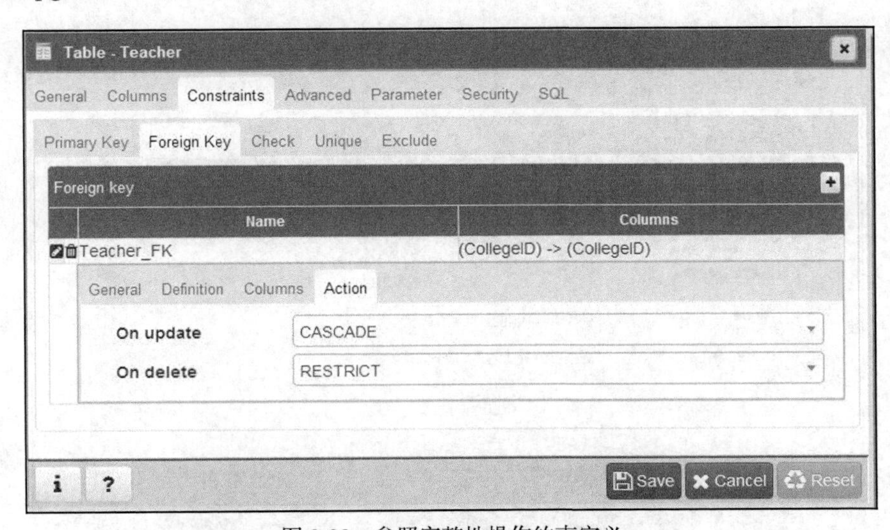

图 2-28　参照完整性操作约束定义

通过在教师信息表（Teacher）与学院信息表（College）之间建立的参照完整性约束，我们可以实现如下业务规则。

（1）教师信息表（Teacher）中的所属学院编号应与学院信息表（College）的学院编号保持一致。

（2）当修改学院信息表（College）的某学院编号时，级联修改教师信息表（Teacher）中的该学院编号。

（3）当某学院还有教师时，不允许直接删除该学院信息。

类似地，可以建立选课管理数据库的其他表之间的参照完整性约束。当这些表间的联系都建立后，表之间的关联结构如图 2-29 所示。

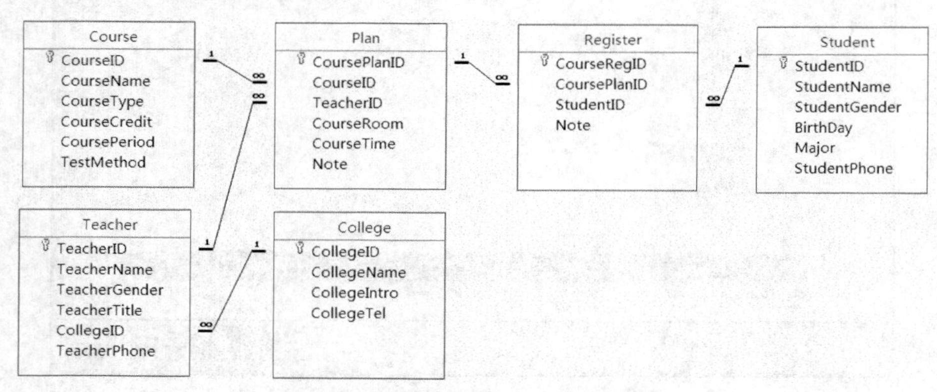

图 2-29　选课管理数据库中表的结构关系

2.3.6　用户自定义完整性

在创建每个关系表时，用户可根据应用业务需求，创建用户自定义完整性约束。例如，若规定课程学分最少为 1、最多为 5。需要在 Course 表的 CourseCredit 列上实施列值有效性检查（Check）约束，用户可以定义其检查规则约束 “"CourseCredit">=1 AND "CourseCredit"<=5”，如图 2-30 所示。

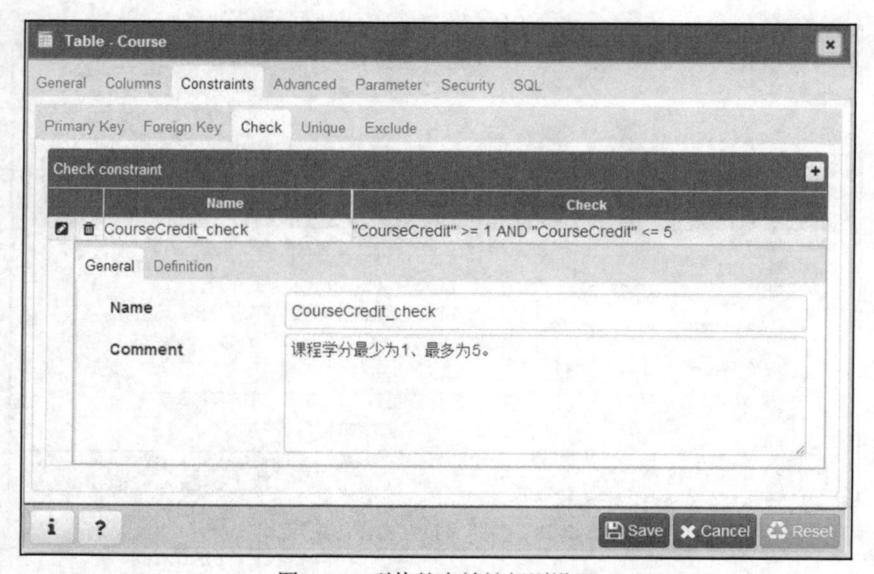

图 2-30　列值的有效性规则设置

此外，在 Course 表中，若规定 TestMethod（课程考核）列属性默认值为“闭卷考试”。可在表列 TestMethod 定义中设置该默认值，其操作界面如图 2-31 所示。

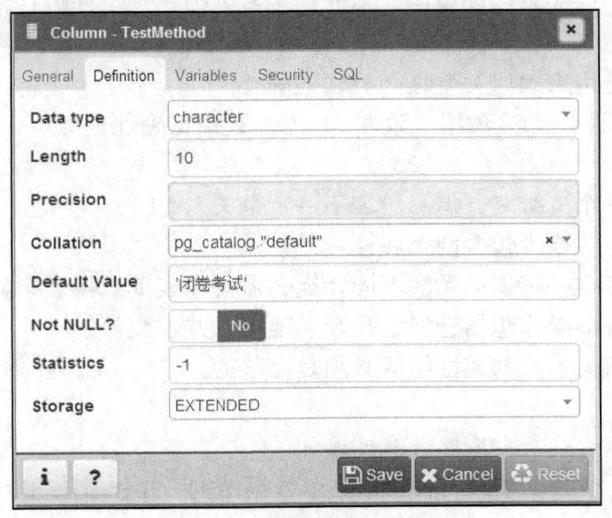

图 2-31　列值的默认值设置

总之，在数据库中，通过对关系表的列值唯一性、取值范围、是否允许空值、默认值等参数进行自定义设置，可以实现用户自定义完整性约束。

课堂讨论——本节重点与难点知识问题

1. 如何使用 pgAdmin 4 数据库管理工具，新建一个关系数据库？
2. 如何使用 pgAdmin 4 数据库管理工具，在数据库中创建关系表？
3. 在 PostgreSQL 数据库系统中，如何组织数据库的对象？
4. 在 pgAdmin 4 数据库管理工具中，如何定义表的主键、代理键与外键？
5. 在 pgAdmin 4 数据库管理工具中，如何定义表的实体完整性、参照完整性？
6. 在 pgAdmin 4 数据库管理工具中，如何定义用户自定义完整性？

习　题

一、单选题

1. 在关系表中，下面哪项不是关系特征？（　　）
   A. 表中行顺序可任意　　B. 表中列顺序可任意
   C. 表中单元格可存放多个值　　D. 表中不允许有重复行存在
2. 在关系模型中，关系表的复合键可由（　　）。
   A. 至多一个属性组成　　B. 多个属性组成
   C. 一个或多个属性组成　　D. 候选键组成
3. 下面哪项不是主键的作用？（　　）
   A. 标识关系表中的不同元组
   B. 作为关联表的关联属性列

C. 可通过主键列的索引快速检索行数据

D. 标识关系表中的不同列

4. 在关系表的实体完整性约束中，不允许主键列值出现下面哪种情况？（　　）

A. 空值　　B. 取值唯一　　C. 数字值　　D. 字符串

5. 参照完整性是用来确保关系之间关联列的（　　）。

A. 数据完整性　　B. 数据一致性　　C. 数据正确性　　D. 以上都不是

二、判断题

1. 每个关系是一个二维表，但二维表不一定是关系。（　　）
2. 关系中的复合键至少包含两个属性。（　　）
3. 代理键是为了唯一标识关系的不同元组，需要在表单或报表中显示出来。（　　）
4. 常用的关系查询操作包括选择、投影、连接、并、交等。（　　）
5. 实体完整性指关系表的属性组成必须是完整的。（　　）

三、填空题

1. 关系的外连接形式有左连接、右连接和____________。

2. 关系模型与其他数据模型一样，也是由数据结构、操作方式和____________3 个部分组成的。

3. 在一个关系中，可能有多个键存在，每个键都被称为____________。

4. 关系模型的完整性类型包括实体完整性、参照完整性和____________。

5. 在关联的两个关系中，在一个关系中作为主键的属性列，在另一个关系中则作为____________。

四、简答题

1. 什么是关系？它有哪些主要特征？
2. 主键与候选键是什么关系？在数据库中，主键有什么用途？
3. 在什么情况下使用代理键？它是如何获得键值的？
4. 如何定义空值？在什么情况下，可以使用空值？
5. 什么是参照完整性？给出定义一个参照完整性约束的实例。

五、应用题

1. 关系 R 和关系 S 的数据表如图 2-32 所示。请分别计算如下关系代数表达式。

（1）$R \times S$；（2）$R \div S$；（3）$R \infty S$；（4）$\sigma_{R.B=S.B \wedge R.C=S.C}(R \times S)$。

A	B	C
A_2	B_1	C_2
A_1	B_3	C_1
A_2	B_2	C_1
A_2	B_3	C_3
A_3	B_1	C_2

（a）R关系

B	C	D
B_1	C_2	D_3
B_2	C_1	D_1
B_3	C_3	D_3

（b）S关系

图 2-32　R 关系和 S 关系

2. 在图书借阅管理系统中，读者信息表 READER、图书信息表 BOOK、借阅记录表 LOAN 的定义如下。

```
READER(PerID, Name, Age, TelPhone)
BOOK(ISBN, Title, Authors, Publisher)
LOAN(PerID, ISBN, Date, Note)
```

使用关系代数表达式写出下列查询。

（1）查找借阅了“机械工业出版社”图书的读者名单。

（2）查找年龄在 20 岁以下读者所借图书目录。

（3）查找在 2019-3-6 内读者借阅了哪些图书。

六、实践操作题

采用 PostgreSQL 开发实现一个图书借阅管理系统数据库 BookDB，该数据库包含部门信息表（DEPARTMENT）、读者信息表（READER）、图书信息表（BOOK）、借阅记录表（LOAN），其表结构定义如表 2-17～表 2-20 所示。

表 2-17　部门信息表（DEPARTMENT）

字段名称	字段编码	数据类型	字段大小	必填字段	是否为键
部门编号	DeptID	文本	3	是	主键
部门名称	DeptName	文本	30	是	否
部门电话	DeptTel	文本	20	否	否
部门负责人	DeptManager	文本	10	否	否

表 2-18　读者信息表（READER）

字段名称	字段编码	数据类型	字段大小	必填字段	是否为键
读者编号	ReaderID	文本	5	是	主键
读者姓名	ReaderName	文本	10	是	否
性别	Gender	文本	2	否	否
出生日期	BirthDay	日期		否	否
所在部门	DeptID	文本	3	否	外键
联系电话	Phone	文本	11	否	否

表 2-19　图书信息表（BOOK）

字段名称	字段编码	数据类型	字段大小	必填字段	是否为键
图书编号	BookID	自动编号		是	代理键
ISBN 编号	ISBN	文本	16	是	否
图书名称	BookName	文本	30	是	否
图书简介	BookIntr	文本	250	否	否
图书类型	BookType	文本	30	否	否
作者	Authors	文本	30	否	否
售价	Price	货币		否	否
出版社	Publisher	文本	30	否	否
出版日期	PubliDate	日期		否	否

表 2-20　借阅记录表（LOAN）

字段名称	字段编码	数据类型	字段大小	必填字段	是否为键
记录流水	RecordID	自动编号		是	代理键
读者编号	ReaderID	文本	5	是	外键
图书编号	BookID	长整型		是	外键
借还类别	OperType	文本	4	是	否
借还日期	OperDate	日期		否	否
备注	Note	文本	100	否	否

在 PostgreSQL 中，完成下述实践操作。

（1）创建数据库及其关系表。

（2）定义实体完整性、参照完整性和用户自定义完整性。

（3）定义表间数据级联操作。

（4）为数据库的关系表输入基本数据。

第 3 章 数据库操作语言 SQL

所有关系数据库系统都支持结构化查询语言（Structured Query Language，SQL）。SQL 是一种针对关系数据库操作的标准语言，它包括数据定义、数据操纵、数据查询、数据控制等操作类型语句。本章将介绍 SQL 特点、语句类型和数据类型，并描述 SQL 语句的使用方法。

本章学习目标如下。

（1）了解 SQL 特点、语句类型和数据类型。

（2）掌握如何使用 SQL 语句创建数据库对象，如数据库、数据库表、视图等。

（3）掌握如何使用 SQL 语句操纵数据库表，如插入、删除、更新数据。

（4）掌握如何使用 SQL 语句查询数据库表，如单表查询数据、多表关联查询数据。

（5）掌握如何使用 SQL 语句访问视图，以及视图的应用。

（6）掌握如何使用 SQL 语句控制与管理数据库。

3.1 SQL 概述

SQL 是一种针对关系数据库的通用操作语言，允许用户在关系模型上对数据库进行数据操作处理。在使用 SQL 操作数据库时，不要求用户指定数据存取方法，也不需要用户了解具体的数据存储方式，用户仅仅使用简单的 SQL 语句即可完成数据库的操作访问。此外，SQL 语句还可以嵌套在许多程序设计编程语言中，实现应用程序对数据库的操作访问功能，从而实现灵活、强大的数据处理功能。

3.1.1 SQL 的发展

在 20 世纪 70 年代，IBM 公司在研制数据库产品 System R 中，开发出一种 SEQUEL，用于关系数据库的操作。在 1980 年，IBM 公司将其改名为 SQL。在 1986 年，该语言被美国国家标准会员会（ANSI）进行规范化处理，被制定为关系数据库的操作语言标准，命名为 ANSI X3.135-1986。在 1987 年，它又被国际标准化组织（International Organization for Standardization，ISO）采纳，成为关系数据库操作语言的国际标准。

此后，国际标准化组织对 SQL 标准一直进行修订与完善，陆续推出 SQL-89、SQL-92、SQL:1999、SQL:2003、SQL:2006、SQL:2008、SQL:2011 等版本。

正是由于 SQL 的标准化，所有关系数据库系统都支持 SQL。SQL 已经发展成为跨多种数据库平台、可进行交互数据操作的标准语言。

3.1.2 SQL 的特点

SQL 是一种数据库操作访问的标准语言，适用于各类关系数据库的操作。它具有如下特点。

（1）一体化：SQL 命令集可以完成关系数据库中的所有操作，包括数据定义、数据操纵、数据查询、数据库控制、数据库管理等。

（2）使用方式灵活：它既可以直接以交互命令方式操作数据库，也可以嵌入到程序设计语言（如 C、C++、Java、VB、PB 等）中编程操作数据库。

（3）非过程化：SQL 对数据库的操作，不像程序设计语言的过程操作，而直接将操作命令提交 DBMS 执行。使用时只需要告诉 DBMS“做什么”，而不需要告诉它“怎么做”。

（4）语言语法简单：SQL 的操作语句不多，其语句命令的语法也较简单。语句命令接近英语，用户使用容易。

3.1.3 SQL 的类型

使用 SQL 可以对关系数据库进行各类操作，其由数据定义、数据操纵、数据查询、数据控制等类型语句组成。

（1）数据定义语言

数据定义语言（Data Definition Language，DDL）类型语句用于创建与维护数据库对象，如数据库、数据库表、视图、索引、触发器、存储过程等。该类语句包括创建对象、修改对象和删除对象等语句。例如，在数据库中创建新表或删除表（CREATE TABLE 或 DROP TABLE）、创建或删除索引（CREATE INDEX 或 DROP INDEX）。

（2）数据操纵语言

数据操纵语言（Data Manipulation Language，DML）类型语句用于对数据库中的数据表或视图进行数据插入、数据删除、数据更新等处理。例如，使用 INSERT、UPDATE 和 DELETE 语句，分别在数据表中添加、更新或删除数据行。

（3）数据查询语言

数据查询语言（Data Query Language，DQL）类型语句用于从数据库表中查询或统计数据，但不改变数据库中的数据。例如，使用 SELECT 语句可从数据库表中查询数据。

（4）数据控制语言

数据控制语言（Data Control Language，DCL）类型语句用于 DBA 用户管理数据库对象的访问权限。例如，使用 GRANT 语句授权用户或角色对指定数据库对象的访问权限。

（5）事务处理语言

事务处理语言（Transaction Process Language，TPL）类型语句用于数据库事务的编程处理。例如，使用 BEGIN TRANSACTION、COMMIT 和 ROLLBACK 语句进行事务开始、事务提交、事务回退等处理。

（6）游标控制语言

游标控制语言（Cursor Control Language，CCL）类型语句用于数据库游标结构的使用。例如，DECLARE CURSOR、FETCH INTO 和 CLOSE CURSOR 用于数据库游标对象声明、提取游标所指向的缓冲区数据、关闭游标对象等。

3.1.4　SQL 的数据类型

在定义关系数据库表结构时，需要指定关系表中各个属性列的取值数据类型。SQL 支持如下几种基本数据类型。

（1）字符串型 varchar(*n*)、char(*n*)

字符串型为若干字符编码构成的字节数据。参数 *n* 定义字符串的字节长度。如果长度为零，则该字符串被称为空字符串。varchar(*n*)型是可变长度字符串，char(*n*)为固定长度字符串。varchar(*n*)型字段的一个好处是它可以比 char(*n*)型字段占用更少的内存和硬盘空间，但其检索速度不如 char(*n*)型字段快。

（2）整数型 int、smallint

整数型为整数数值。int 为整数类型，其值范围与 CPU 字长有关，CPU 字长为 16 位时，其 int 整数范围为-32768～32767；smallint 为小整数，通常为 8 位，表示范围为-128～127。

（3）定点数型 numeric(p,d)

numeric(p,d)为定点数，p 为定点数的总位数，d 为定点数的小数位数。该数据类型可以表示带小数的数值。

（4）浮点数型 real、double(*n*,d)

real 为单精度浮点数，double(*n*,d)为双精度浮点数。

（5）货币型 money

money 为货币数据类型，专门用于货币数据表示。

（6）逻辑型 bit

bit 型只能取两个值（0 或 1），用于表示逻辑“真”和“假”。

（7）日期型 date

date 用于表示日期数据的年/月/日。

不同关系数据库 DBMS，除了支持基本 SQL 数据类型外，还支持一些扩展的数据类型。不同提供商的 DBMS 所支持的数据类型都有一定的差别。表 3-1 给出 PostgreSQL 数据库软件支持的主要数据类型，表 3-2 给出 SQL Server 数据库软件支持的主要数据类型，表 3-3 给出 MySQL 数据库软件支持的主要数据类型。

表 3-1　　PostgreSQL 主要数据类型

数据类型	说明
smallint	小范围整数，2 字节，-32768～+32767
integer	常用范围整数，4 字节，-2147483648～+2147483647
bigint	大范围整数，8 字节，-9223372036854775808～+9223372036854775807
decimal	带小数变长定点数，小数点前 131072 位；小数点后 16383 位
numeric	带小数变长定点数，小数点前 131072 位；小数点后 16383 位
real	单精度浮点数，4 字节
double precision	双精度浮点数，8 字节
smallserial	2 字节自增序列整数，1～32767
serial	4 字节自增序列整数，1～2147483647

续表

数据类型	说明
bigserial	8 字节自增序列整数，1～9223372036854775807
money	货币数据，-92233720368547758.08～+92233720368547758.07
character varying(*n*)	可变长度字符串，长度最大为 *n*
character(*n*)	固定长度字符串，长度最大为 *n*
date	日期数据，用于表示日期
boolean	布尔逻辑数据，用于表示逻辑“真”“假”
time	时间数据，用于表示 1 日内的时间值
timestamp	时间戳数据，带日期、时间的数据
其他数据类型	还支持“二进制数据”“枚举数据”“几何数据”“网络地址数据”“位串数据”“文本搜索数据”“UUID 数据”“XML 数据”“JSON 数据”“Arrays 数据”“复合数据”“范围数据”“对象标识符数据”等类型

表 3-2　SQL Server 主要数据类型

数据类型	说明
bit	单位二进制数，允许为 0、1 或 NULL
binary(*n*)	固定长度二进制数，*n* 为位数参数，最多 8000 字节
varbinary(*n*)	可变长度二进制数，*n* 为位数参数，最多 8000 字节
image	可变长度二进制数，最多 2GB
char(*n*)	固定长度字符串，*n* 为字节数参数，最多 8000 个字符
varchar(*n*)	可变长度字符串，*n* 为字节数参数，最多 8000 个字符
text	可变长度字符串，最多 2GB 字符数据
tinyint	微小整数，从 0～255
smallint	小整数，从-32768～32767
int	整数，从-2147483648～2147483647
bigint	大整数，从-9223372036854775808～9223372036854775807
decimal(*p*,*s*)	固定精度和比例的数字。允许为$-10^{38}+1$～$10^{38}-1$之间的数字。*p* 参数指示可以存储的最大位数（小数点左侧和右侧）。*p* 必须是 1～38 的值，默认是 18。*s* 参数指示小数点右侧存储的最大位数。*s* 必须是 0～*p* 的值，默认是 0
numeric(*p*,*s*)	固定精度和比例的数字。允许为$-10^{38}+1$～$10^{38}-1$的数字。*p* 参数指示可以存储的最大位数（小数点左侧和右侧）。*p* 必须是 1～38 的值，默认是 18。*s* 参数指示小数点右侧存储的最大位数。*s* 必须是 0～*p* 的值，默认是 0
smallmoney	短货币数据，介于-214748.3648～214748.3647 的货币数据
money	货币数据，介于-922337203685477.5808～922337203685477.5807 的货币数据
float(*n*)	浮点数据，为-1.79E+308～1.79E+308 的浮动精度数字数据。参数 *n* 指示该字段保存 4 字节还是 8 字节。float(24)为保存 4 字节，而 float(53)为保存 8 字节。*n* 的默认值是 53
real	实数，为-3.40E+38～3.40E+38 的浮动精度数字数据
datetime	日期时间数据，从 1753 年 1 月 1 日到 9999 年 12 月 31 日，精度为 3.33 毫秒
smalldatetime	短日期时间数据，从 1900 年 1 月 1 日到 2079 年 6 月 6 日，精度为 1 分钟

续表

数据类型	说明
date	日期时间数据，仅存储日期，从 0001 年 1 月 1 日到 9999 年 12 月 31 日
time	时间数据，仅存储时间，精度为 100 纳秒
timestamp	时间邮戳，存储唯一的数字，每当创建或修改某行时，该数字会更新。timestamp 基于内部时钟，不对应真实时间。每个表只能有一个 timestamp 变量

表 3-3　　MySQL 主要数据类型

数据类型	说明
char(*n*)	固定长度字符串，*n* 为字符串的长度，最多 255 个字符
varchar(*n*)	可变长度字符串，*n* 为字符串的长度，最多 255 个字符
tinytext	微小文本数据，存放最大长度为 255 个字符的字符串
text	文本数据，存放最大长度为 65535 个字符的字符串
blob	二进制大对象数据，存放最多 65535 字节的二进制数据
mediumtext	多媒体文本数据，存放最大长度为 16777215 个字符的字符串
mediumblob	多媒体二进制大对象数据，存放最多 16777215 字节的数据
longtext	长文本数据，存放最大长度为 4294967295 个字符的字符串
longblob	长二进制大对象数据，存放最多 4294967295 字节的数据
enum(x,y,z,etc.)	枚举数据，允许用户输入可能值的列表。ENUM 可支持最大 65535 个列表，每个列表只能存储一个值
set	集合数据，与 ENUM 类似，SET 最多只能包含 64 个列表项，不过 SET 可存储一个以上的值
tinyint	微小整数，带符号整数从-128～127，无符号整数从 0～255
smallint	小整数，带符号整数从-32768～32767，无符号整数从 0～65535
mediumint	中整数，带符号整数从-8388608～8388607，无符号整数从 0～16777215
int	整数，带符号整数从-2147483648～2147483647，无符号整数从 0～4294967295
bigint	大整数，带符号整数从-9223372036854775808～9223372036854775807，无符号整数从 0～18446744073709551615
float(*n*,*d*)	带有浮动小数点的小数字。*n* 参数规定最大位数，*d* 参数规定小数点右侧的最大位数
double(*n*,*d*)	带有浮动小数点的大数字。*n* 参数规定最大位数，*d* 参数规定小数点右侧的最大位数
decimal(*n*,*d*)	作为字符串存储的 double 类型，允许固定的小数点
date	日期数据，格式为 YYYY-MM-DD，支持的范围是从'1000-01-01'到'9999-12-31'
datetime	日期时间数据，格式为 YYYY-MM-DD HH:MM:SS，支持的范围是从'1000-01-01 00:00:00'到'9999-12-31 23:59:59'
timestamp	时间戳数据，格式为 YYYY-MM-DD HH:MM:SS，支持的范围是从'1970-01-01 00:00:01' UTC 到'2038-01-09 03:14:07' UTC
time	时间数据，格式为 HH:MM:SS，支持的范围是从'-838:59:59'到'838:59:59'
year	年数据，2 位或 4 位格式的年，4 位格式所允许的值为 1901～2155，2 位格式所允许的值为 70～69，表示从 1970—2069 年

课堂讨论——本节重点与难点知识问题

1. SQL 是一种什么类型语言？它与 C/Java 语言有什么区别？
2. SQL 有哪些类型语句，每类语句可完成什么操作处理？
3. SQL 支持哪些数据类型？
4. PostgreSQL 数据库除支持 SQL 数据类型外，还支持哪些数据类型？
5. 在 PostgreSQL 数据库中，如何自定义对象数据类型？
6. PostgreSQL 数据库在哪些方面拓展了 SQL 功能？

3.2 数据定义 SQL 语句

在 SQL 中，数据定义语言（DDL）是一类用于创建与维护数据库对象（如数据库、数据库表、索引、视图、触发器、存储过程等）的 SQL 语句类型。DDL 语句分为 CREATE、ALTER 与 DROP 这 3 类语句，它们分别完成数据库对象的创建、修改、删除等操作处理。

3.2.1 数据库的定义

扫码预习

在数据库系统中，最大的数据库对象就是数据库本身。SQL 提供了数据库对象的创建与维护语句，包括数据库创建、数据库属性修改、数据库删除等。以下分别对这些语句进行说明。

1. 数据库创建 SQL 语句

基本语句格式为

```
CREATE DATABASE <数据库名>;
```

其中，CREATE DATABASE 为创建数据库语句的关键词；<数据库名>为被创建数据库的标识符名称。

【例 3-1】在 PostgreSQL 数据库管理系统中，创建一个名称为“HR”的人事管理数据库。可在 PostgreSQL 数据库管理器工具中，执行如下数据库创建 SQL 语句。

```
CREATE DATABASE HR;
```

其数据库创建 SQL 语句与执行结果界面如图 3-1 所示。

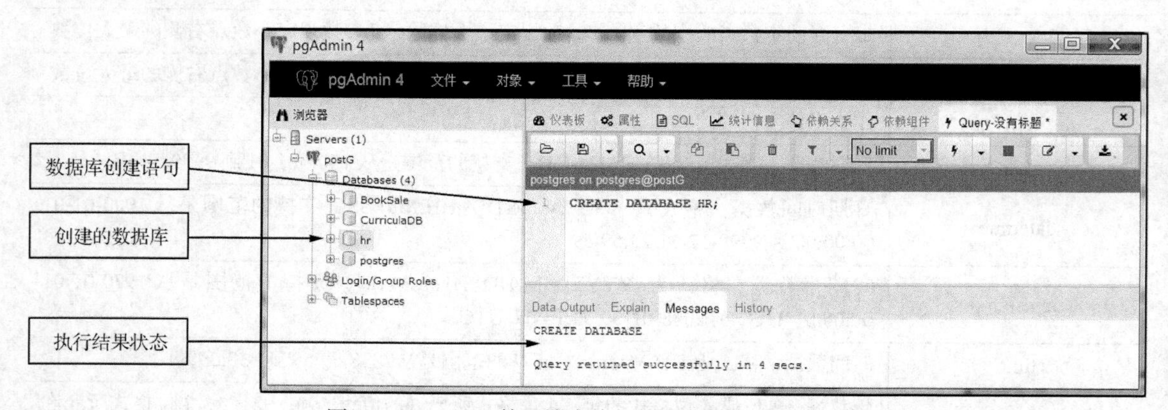

图 3-1　pgAdmin 管理器中执行数据库创建 SQL 语句

上面执行的数据库创建 SQL 语句为基本格式语句，它是按 DBMS 默认设置参数创建数据库 HR。若用户需要在数据库创建时自己定义参数，可使用完整格式的数据库创建 SQL 语句。PostgreSQL 数据库创建的完整语句 SQL 格式如下。

```
CREATE DATABASE name
    [ [ WITH ] [ OWNER [=] user_name ]                  指定数据库用户
           [ TEMPLATE [=] template ]                    指定数据库模板
           [ ENCODING [=] encoding ]                    指定数据库使用的字符集编码
           [ LC_COLLATE [=] lc_collate ]                指定数据库的字符排序规则
           [ LC_CTYPE [=] lc_ctype ]                    指定数据库的字符分类规则
           [ TABLESPACE [=] tablespace_name ]           指定数据库使用的表空间
           [ CONNECTION LIMIT [=] connlimit ] ]         指定数据库的并发连接数
```

当创建数据库的 SQL 语句中带有相应参数时，DBMS 将按照该参数要求创建数据库。否则，DBMS 将按照默认的模板数据库参数定义新数据库。

【例 3-2】在 PostgreSQL 数据库管理系统中，创建一个图书借阅管理数据库 BookDB。假定该数据库的用户名为 BookApp，使用表空间 BookTabSpace。其数据库创建 SQL 语句与执行结果界面如图 3-2 所示。

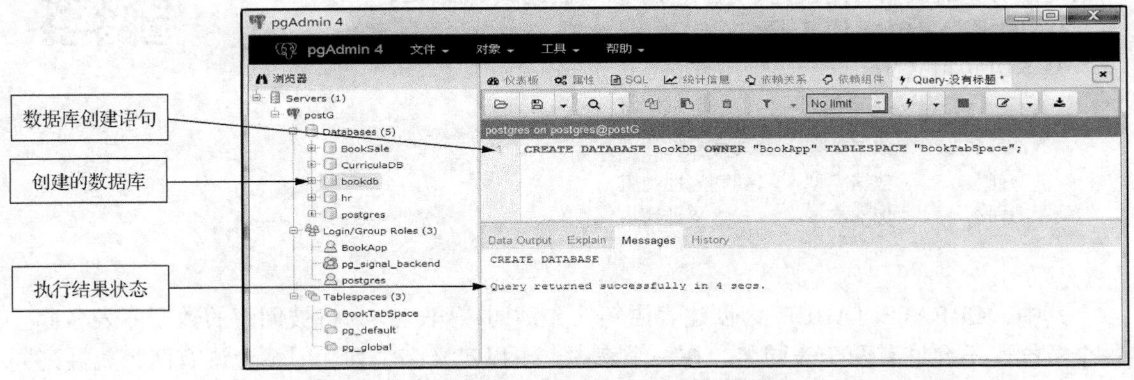

图 3-2　使用完整格式的 SQL 语句创建数据库

2. 数据库修改 SQL 语句

使用 ALTER DATABASE 语句，可以修改数据库的属性。数据库修改语句包括更改数据库设置参数、数据库名称、数据库所有者、数据库默认表空间等。数据库属性修改的 SQL 语句格式为

```
ALTER DATABASE <数据库名> [ [ WITH ] option [...] ];
```

主要的属性修改语句如下。

```
ALTER DATABASE <数据库名> CONNECTION LIMIT connlimit;
ALTER DATABASE <数据库名> RENAME TO  <新数据库名>;
ALTER DATABASE <数据库名> OWNER TO  <新拥有者>;
ALTER DATABASE <数据库名> SET TABLESPACE  <新表空间名>;
ALTER DATABASE <数据库名> SET 配置参数 { TO | = } { value | DEFAULT };
ALTER DATABASE <数据库名> SET 配置参数 FROM CURRENT;
ALTER DATABASE <数据库名> RESET 配置参数;
ALTER DATABASE <数据库名> RESET ALL;
```

【例 3-3】将数据库 demoDB 换名为 MyDemoDB，其 SQL 操作语句为

```
ALTER  DATABASE  demoDB  RENAME TO  <MyDemoDB>;
```

3. 数据库删除 SQL 语句

基本语句格式为

```
DROP DATABASE <数据库名>;
```

其中，DROP DATABASE 为语句命令关键词；<数据库名>为数据库名称。该语句执行后，该数据库从数据库服务器中被删除。

【例 3-4】删除样本数据库 demoDB，其操作语句为

```
DROP DATABASE demoDB;
```

DROP DATABASE 语句不能用在存储过程、触发器、事务处理程序中。

3.2.2 数据库表对象的定义

数据库表是数据库中最基本的操作对象。在 SQL 中，使用数据定义语言语句来可完成数据表的创建、表结构修改、表删除等操作。

1. 数据库表创建 SQL 语句

基本语句格式为

```
CREATE TABLE  <表名>
 ( <列名 1>  <数据类型>  [列完整性约束],
   <列名 2>  <数据类型>  [列完整性约束],
   <列名 3>  <数据类型>  [列完整性约束],
   …
  );
```

其中，CREATE TABLE 为创建表语句的关键词；<表名>为将被创建的数据库表名称。一个数据库不允许有两个表同名。在一个表中，可以定义多个列，但不允许有两个属性列同名。针对表中每个属性列，都需要指定其取值的数据类型。在进行属性列定义时，有时还需要给出该列的完整性约束。

【例 3-5】在本书 2.3 节的选课管理系统数据库中，需要创建学生信息表（Student），其创建 SQL 语句如下。

```
CREATE  TABLE  Student
 ( StudentID         char(13)     PRIMARY  KEY,
   StudentName       varchar(10)  NOT  NULL,
   StudentGender     char(2)      NULL,
   BirthDay          date         NULL,
   Major             varchar(30)  NULL,
   StudentPhone      char(11)     NULL
 );
```

在该表中，StudentID 列作为主键，由列约束关键词 PRIMARY KEY 定义。StudentName 列不允许空值，即必须有学生姓名数据。表中其他列可以为空值，由列约束关键词 NULL 定义。当列约束不给出时，默认该列允许空值。主键列默认必须有值，不允许为空。

在 PostgreSQL 数据库管理工具中，通过执行上述 SQL 语句，可以创建学生信息表 Student，其运行结果界面如图 3-3 所示。

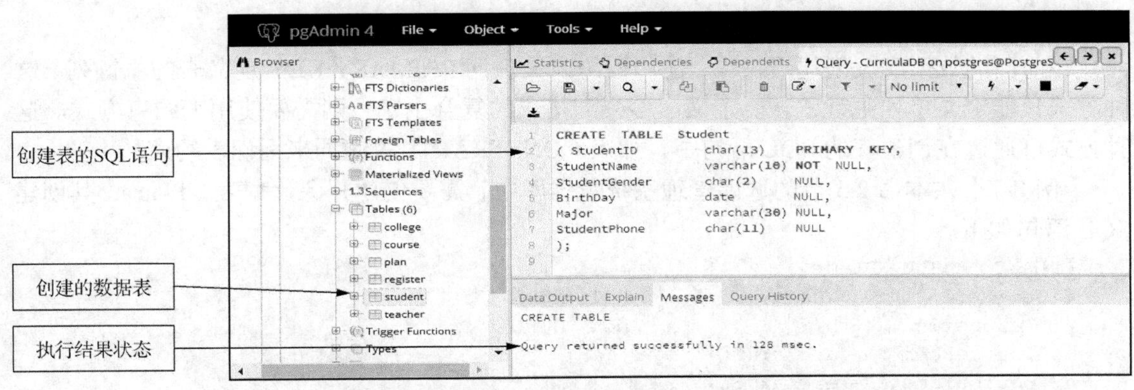

图 3-3　学生信息表（Student）创建 SQL 语句的执行

（1）列约束关键词

上面执行的数据表创建 SQL 语句，使用了基本的列约束 RIMARY KEY、NOT NULL 和 NULL 关键词。除这些基本列约束外，还可根据实际应用需要，使用 UNIQUE、CHECK、DEFAULT 等关键词分别约束列取值的唯一性、值范围和默认值。以下实例将使用这些关键词定义课程信息表（Course）的列约束。

【例 3-6】在本书 2.3 节的选课管理系统数据库中，需要创建课程信息表 Course，其创建 SQL 语句如下。

```
CREATE  TABLE  Course
( CourseID       char(4)       PRIMARY  Key,
  CourseName     varchar(20)   NOT  NULL  UNIQUE,
  CourseType     varchar(10)   NULL  CHECK(CourseType IN('基础课','专业','选修')),
  CourseCredit   smallint      NULL,
  CoursePeriod   smallint      NULL,
  TestMethod     char(10)      NOT  NULL  DEFAULT  '闭卷考试'
);
```

在 PostgreSQL 数据库管理工具中，通过执行上述 SQL 语句，可以创建课程信息表 Course，其运行结果界面如图 3-4 所示。

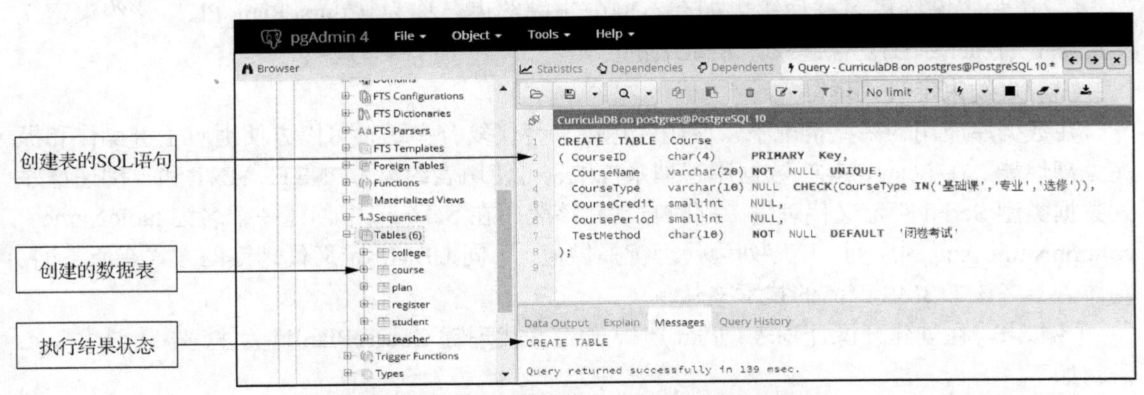

图 3-4　课程信息表 Course 创建 SQL 语句执行

在创建课程信息表（Course）中，使用关键词 UNIQUE 定义 CourseName 列取值唯一约束，使用 CHECK 关键词定义 CourseType 列取值范围为('基础课','专业','选修')，使用 DEFAULT 关键词定义 TestMethod 列的默认值为“闭卷考试”。

（2）表约束关键词

在前面的数据库表创建语句中，使用列约束关键词 PRIMARY KEY 定义表的主键列。这种方式只能定义单列主键，若要定义由多个列构成的复合主键，则需要使用表约束方式。这种方式可通过在创建表的 SQL 语句中，加入 CONSTRAINT 关键词来标识表约束。

【例 3-7】在本书 2.3 节的选课管理系统数据库中，需要创建开课计划表（Plan），其创建 SQL 语句如下。

```
CREATE  TABLE  Plan
( CourseID      char(4)          NOT  NULL,
  TeacherID     char(4)          NOT  NULL,
  CourseRoom    varchar(30),
  CourseTime    varchar(30),
  Note          varchar(50),
  CONSTRAINT    CoursePlan_PK    PRIMARY Key(CourseID,TeacherID)
);
```

在 PostgreSQL 数据库管理工具中，通过执行上述 SQL 语句，可以创建开课计划表(Plan)，其运行结果界面如图 3-5 所示。

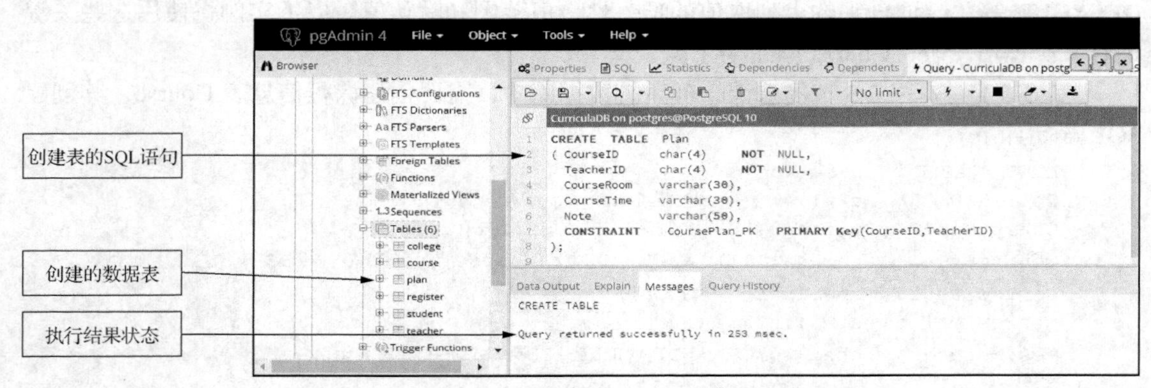

图 3-5　开课计划信息表 Plan 创建 SQL 语句执行

在使用表约束方式定义主键时，可以赋予约束名称，以便对约束进行标识。通常使用“_PK”作为主键约束名称后缀，如在本例中主键约束名称为 CoursePlan_PK，该约束定义(CourseID,TeacherID)复合键作为 Plan 表的主键。

（3）表约束定义代理键

在数据库应用的一些情况下，使用代理键来替代复合主键，可以方便地对主键操作和提高处理性能。在 PostgreSQL 数据库管理系统中，可使用表约束 CONSTRAINT 和自动递增序列数据类型 Serial 来定义代理键。同时自动在该表所在 Schema 中创建一个名为 tableName_columnName_seq 的序列，该序列为代理键提供值。不同 DBMS 定义代理键的方式有所不同，具体需参考该 DBMS 产品的技术文献。

【例 3-8】在创建开课计划表（Plan）时，若定义代理键 CoursePlanID 为主键，其创建 SQL 语句如下。

```
CREATE  TABLE  Plan
( CoursePlanID  serial      NOT  NULL,
  CourseID      char(4)     NOT  NULL,
  TeacherID     char(4)     NOT  NULL,
  CourseRoom    varchar(30),
```

```
    CourseTime     varchar(30),
    Note           varchar(50),
    CONSTRAINT     CoursePlan_PK    PRIMARY Key(CoursePlanID)
);
```

在 PostgreSQL 数据库管理工具中，通过执行上述 SQL 语句，可以创建开课计划表(Plan)，其运行结果界面如图 3-6 所示。

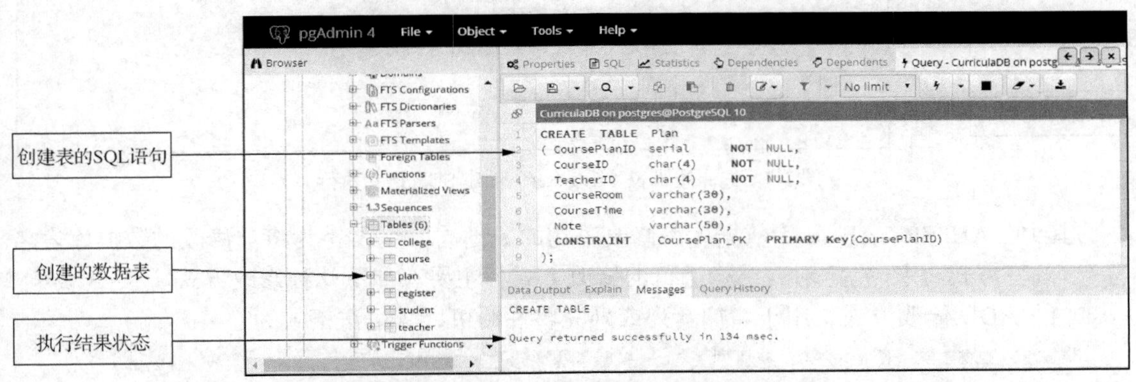

图 3-6　开课计划信息表 Plan 创建 SQL 语句执行

在图 3-6 所示的 Plan 表创建 SQL 语句中使用代理键 CoursePlanID 取代原复合键(CourseID, TeacherID)作为主键。其中，CoursePlanID 列的数据类型设置为 serial，同时系统自动生成 plan_courseplanid_seq 序列为代理键列 CoursePlanID 取值。

（4）表约束定义外键

在 SQL 数据定义语句中，通过表约束 CONSTRAINT 关键词，不但可以定义表的主键，也可以定义表中的外键。在执行 SQL 的表创建语句时，同时也可建立该表与其关联表的参照完整性约束，即约束本表中的外键列取值参照关联表的主键列值。

【例 3-9】在本书 2.3 节的选课管理系统数据库中，创建选课注册表（Register），需要定义本表外键列，并参照其关联表的主键列，其创建 SQL 语句如下。

```
CREATE  TABLE  Register
( CourseRegID       serial    NOT  NULL,
  CoursePlanID      int       NOT  NULL,
  StudentID         char(13),
  Note              varchar(30),
  CONSTRAINT        CourseRegID_PK    PRIMARY Key(CourseRegID),
  CONSTRAINT        CoursePlanID_FK   FOREIGN Key(CoursePlanID)
  REFERENCES  Plan(CoursePlanID)
    ON DELETE CASCADE,
  CONSTRAINT        StudentID_FK  FOREIGN KEY(StudentID)
  REFERENCES  Student(StudentID)
    ON DELETE CASCADE
);
```

在 PostgreSQL 数据库管理工具中，通过执行上述 SQL 语句，可以创建选课注册表（Register），其运行结果界面如图 3-7 所示。

2. 数据库表修改 SQL 语句

基本语句格式为

```
ALTER TABLE  <表名> <修改方式>;
```

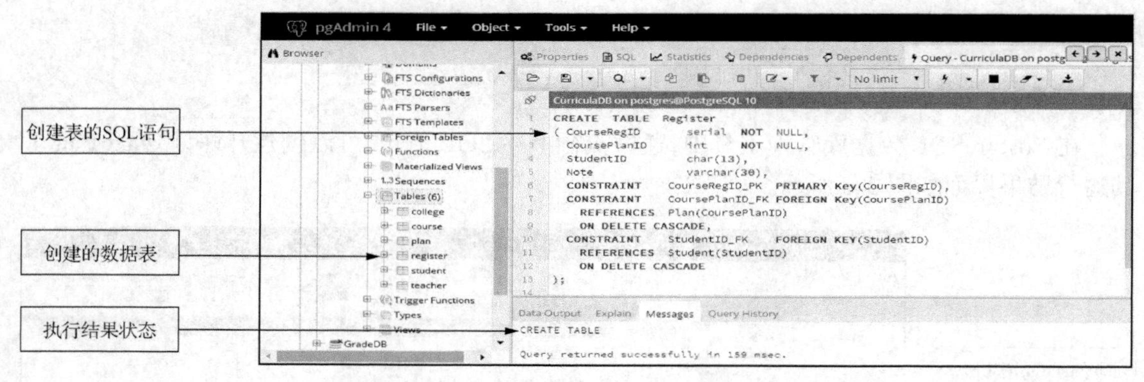

图 3-7　选课注册表（Register）创建 SQL 语句执行

其中，ALTER TABLE 为数据库表修改语句的关键词；<表名>为将被修改的数据库表名称；<改变方式>用于指定对表结构进行的修改方式，主要有如下几种修改方式。

（1）ADD 修改方式，用于增加新列或列完整性约束，其语法格式为

```
ALTER TABLE <表名> ADD <新列名称><数据类型>[完整性约束];
```

（2）DROP 修改方式，用于删除指定列或列的完整性约束条件，其语法格式为

```
ALTER TABLE<表名> DROP COLUMN <列名>;
ALTER TABLE<表名> DROP CONSTRAINT<完整性约束名>;
```

（3）RENAME 修改方式，用于修改表名称、列名称，其语法格式为

```
ALTER TABLE <表名> RENAME TO <新表名>;
ALTER TABLE <表名> RENAME <原列名> TO <新列名>;
```

（4）ALTER 修改方式，用于修改列的数据类型，其语法格式为

```
ALTER TABLE <表名> ALTER COLUMN <列名> TYPE<新的数据类型>;
```

【例 3-10】学生信息表（Student）的原始数据如图 3-8 所示。当该表中需要增加一个“Email”列时，可执行如下修改表 SQL 语句。

```
ALTER TABLE Student ADD Email varchar(20);
```

当该 SQL 语句执行后，学生信息表 Student 的数据如图 3-9 所示。

	studentid [PK] character (13)	studentname character varying (10)	studentgender character (2)	birthday date	major character varying (30)	studentphone character (11)
1	2017220101101	赵东	男	1999-12-21	软件工程	139********
2	2017220101102	李静	女	2000-02-12	软件工程	135********
3	2017220101103	裴风	男	2000-03-16	软件工程	138********
4	2017220101104	冯孜	男	2000-04-19	软件工程	137********

图 3-8　学生信息表原始数据

	studentid [PK] character (13)	studentname character varying (10)	studentgender character (2)	birthday date	major character varying (30)	studentphone character (11)	email character varying (20)
1	2017220101101	赵东	男	1999-12-21	软件工程	139********	[null]
2	2017220101102	李静	女	2000-02-12	软件工程	135********	[null]
3	2017220101103	裴风	男	2000-03-16	软件工程	138********	[null]
4	2017220101104	冯孜	男	2000-04-19	软件工程	137********	[null]

图 3-9　学生信息表增添 Email 列后的数据

【例 3-11】在图 3-9 所示的学生信息表 Student 结构中。当需要删除表中的“StudentPhone”列时，可执行如下修改表 SQL 语句。

```
ALTER TABLE  Student  DROP  COLUMN  StudentPhone;
```

修改后的表数据如图 3-10 所示。

	studentid [PK] character (13)	studentname character varying (10)	studentgender character (2)	birthday date	major character varying (30)	email character varying (20)
1	2017220101101	赵东	男	1999-12-21	软件工程	[null]
2	2017220101102	李静	女	2000-02-12	软件工程	[null]
3	2017220101103	裴风	男	2000-03-16	软件工程	[null]
4	2017220101104	冯玫	男	2000-04-19	软件工程	[null]

图 3-10　学生信息表删除 StudentPhone 列后的数据

3. 数据库表删除 SQL 语句

基本语句格式为

```
DROP TABLE  <表名>;
```

其中，DROP TABLE 为数据库表删除语句的关键词；<表名>为将被删除的数据库表名称。该语句执行后，将删除指定的数据表，包括表结构和表中数据。

需注意：DROP TABLE 不能直接删除由 FOREIGN KEY 约束引用的表。只有先删除 FOREIGN KEY 约束或引用的表后，才能删除本表。

3.2.3　数据表索引对象的定义

在数据库中，通常一些表包含大量数据，例如一个表中有上百万行记录数据。若要对这些表进行数据查询，最基本的搜索信息方式是全表搜索，即将所有行数据一一取出，与查询条件进行逐一对比，然后返回满足条件的行数据。这样的数据查询会消耗大量数据库系统时间，并造成大量磁盘 I/O 操作。因此，需要在数据表中建立类似于图书目录的索引结构，并将索引列的值及索引指针数据保存在索引结构中。此后在对数据表进行数据查询时，首先在索引结构中查找符合条件的索引指针值，然后再根据索引指针快速找到对应的数据记录，这样可实现快速检索元组数据的目的。

> 📖 索引是一种针对表中指定列的值进行排序的数据结构，使用它可以加快表中数据的查询。

在 SQL 中，可使用数据定义语言语句完成索引对象的创建、修改、删除等操作。

1. 索引对象创建 SQL 语句

基本语句格式为

```
CREATE INDEX <索引名>  ON <表名>< (列名[,..,]) >;
```

其中，CREATE INDEX 为创建索引语句的关键词；<索引名>为在指定表中针对某列创建索引的名称。该语句执行后，系统在表中为指定列创建其列值的索引，使索引可实现数据表的快速查询。

【例 3-12】在学生信息表（Student）中，为出生日期 BirthDay 列创建索引，以便支持按出生日期快速查询学生信息，其索引创建 SQL 语句为

```
CREATE  INDEX  BirthDay_Idx  ON  Student  (BirthDay);
```

在 PostgreSQL 数据库管理工具中，通过执行上述语句，可以创建学生信息表（Student）的 BirthDay_Idx 索引，其运行结果界面如图 3-11 所示。

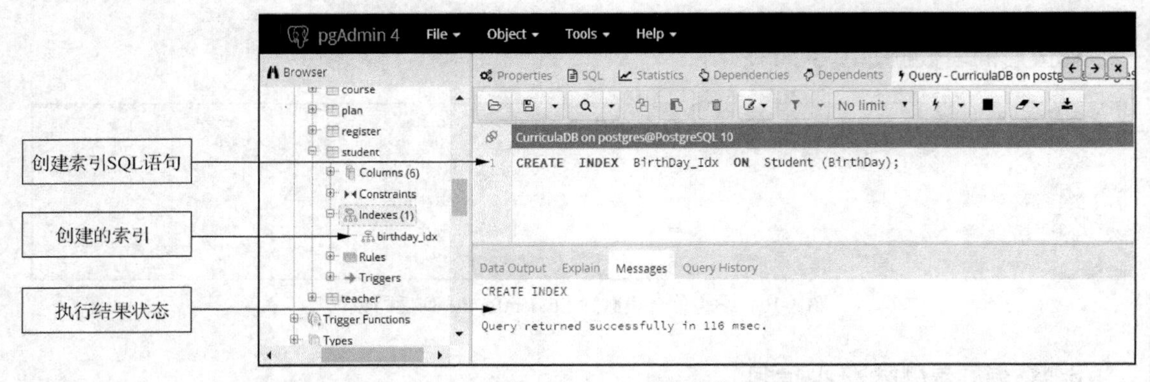

图 3-11　Student 表中 BirthDay_Idx 索引创建 SQL 语句执行

在数据库表中，创建索引主要有如下好处：①可以大大加快数据的检索速度，这也是创建索引的最主要原因。②可以加速表和表之间的连接，特别是在实现数据的参考完整性方面特别有意义。③在使用分组和排序子句进行数据检索时，同样可以显著减少查询中分组和排序的时间。

当然，在数据库表中，创建索引也会带来开销：①创建索引和维护索引要耗费时间，这种时间会随着数据量的增大而增加。②索引需要占物理空间，除了数据库表占数据空间之外，每一个索引还要占一定的物理空间。③当对表中数据进行增加、删除和修改时，索引也需要进行动态维护，这样会降低数据的维护速度。

因此，在数据库系统开发中，需根据实际应用需求，仅对需要快速查询的数据库表相应列建立索引。此外，在数据库中，一般需要为每个表的主键列创建索引。

需要说明：CREATE INDEX 语句所创建的索引，其索引值可能会有重复值。如果在应用中不允许有重复索引值，则需要使用如下创建唯一索引的 SQL 语句格式：

```
CREATE  UNIQUE  INDEX <索引名>  ON <表名><（列名[,...]）>;
```

2. 索引对象修改 SQL 语句

使用 SQL 语句可以对索引对象进行修改操作，其中索引换名修改语句格式为

```
ALTER INDEX  <索引名>   RENAME TO <新索引名>;
```

其中，ALTER INDEX 为索引对象修改语句的关键词；<索引名>为在数据库表中创建索引的名称；RENAME TO 为索引换名关键词。当该语句执行后，原有索引被换名为新名称。

【例 3-13】在学生信息表（Student）中，将原索引 BirthDay_Idx 更名 BDay_Idx，其索引修改 SQL 语句为

```
ALTER INDEX BirthDay_Idx  RENAME  TO  BDay_Idx;
```

3. 索引对象删除 SQL 语句

基本语句格式为

```
DROP INDEX  <索引名>;
```

其中，DROP INDEX 为删除索引语句的关键词；<索引名>为被指定的索引名称。该语句执行后，系统将从表中删除该索引。

【例 3-14】在学生信息表（Student）中，删除 BirthDay_Idx 索引，其索引删除 SQL 语句为

```
DROP  INDEX  BirthDay_Idx;
```

课堂讨论——本节重点与难点知识问题

1. 在 SQL 中，如何使用 DDL 语句创建一个数据库？
2. 在 SQL 中，如何使用 DDL 语句维护一个数据库？
3. 在 SQL 中，如何使用 DDL 语句创建关系表？
4. 在 SQL 中，如何使用 DDL 语句维护关系表？
5. 在 SQL 中，如何使用 DDL 语句创建索引？
6. 在 SQL 中，如何使用 DDL 语句维护索引？

3.3　数据操纵 SQL 语句

在 SQL 中，数据操纵语言（DML）是一类对数据库表中数据进行操作的语句集。它以 INSERT、UPDATE、DELETE 3 种语句为核心，分别完成数据的插入、更新与删除处理。数据操纵语句是任何数据库应用必定会使用到的数据操作语句。

3.3.1　数据插入 SQL 语句

数据插入语句 INSERT INTO 是一种将数据插入到数据库表中的指令，它完成对数据库表的数据添加处理。

1．单行数据插入

每执行一个 INSERT INTO 语句，就会在表中插入一个行数据，其语句基本格式为

```
INSERT INTO  <基本表>[<列名表>]  VALUES(列值表);
```

其中，INSERT INTO 为插入语句的关键词；<基本表>为被插入数据的数据库表；<列名表>给出在表中插入哪些列，若没有给出列名表，则为数据库表插入所有列；VALUES 关键词后括号中给出被插入的各个列值。

【例 3-15】在学生信息表（Student）中，原有数据如图 3-10 所示。若在此表中插入一个新的学生数据，如 2017220101105、柳因、女、1999-04-23、软件工程、liuyin@163.com。其插入数据 SQL 语句如下。

```
INSERT INTO  Student VALUES('2017220101105','柳因','女','1999-04-23','软件工程',
'liuyin@163.com');
```

该语句执行后，学生信息表（Student）的数据如图 3-12 所示。

	studentid [PK] character (13)	studentname character varying (10)	studentgender character (2)	birthday date	major character varying (30)	email character varying (20)
1	2017220101101	赵东	男	1999-12-21	软件工程	[null]
2	2017220101102	李静	女	2000-02-12	软件工程	[null]
3	2017220101103	裴风	男	2000-03-16	软件工程	[null]
4	2017220101104	冯孜	男	2000-04-19	软件工程	[null]
5	2017220101105	柳因	女	1999-04-23	软件工程	liuyin@163.com

图 3-12　插入新学生后的 Student 表数据

在 INSERT INTO 插入数据语句中，使用的 interger 和 numeric 等类型数值不使用引号标注，但 char、varchar、date 和 datetime 等类型必须使用单引号。

2. 多行数据插入

在数据库表插入操作中，还可以一次执行一组 SQL 数据插入语句，实现在表中多行数据的插入。

【例 3-16】在学生信息表（Student）中，一次插入多个学生数据，其插入数据 SQL 语句如下。

```
INSERT INTO Student VALUES('2017220101106','张亮','男','1999-11-21','软件工程',
'zhangl@163.com');
INSERT INTO Student VALUES('2017220101107','谢云','男','1999-08-12','软件工程',
'xiey@163.com');
INSERT INTO Student VALUES('2017220101108','刘亚','女','1999-06-20','软件工程',
NULL);
```

这些语句执行后，学生信息表（Student）的数据如图 3-13 所示。

	studentid [PK] character (13)	studentname character varying (10)	studentgender character (2)	birthday date	major character varying (30)	email character varying (20)
1	2017220101101	赵东	男	1999-12-21	软件工程	[null]
2	2017220101102	李静	女	2000-02-12	软件工程	[null]
3	2017220101103	裴风	男	2000-03-16	软件工程	[null]
4	2017220101104	冯孜	男	2000-04-19	软件工程	[null]
5	2017220101105	柳因	女	1999-04-23	软件工程	liuyin@163.com
6	2017220101106	张亮	男	1999-11-21	软件工程	zhangl@163.com
7	2017220101107	谢云	男	1999-08-12	软件工程	xiey@163.com
8	2017220101108	刘亚	女	1999-06-20	软件工程	[null]

图 3-13 插入多个新学生的 Student 表数据

在 INSERT INTO 插入数据语句中，若某些列的值不确定，可以在该列位置使用空值（NULL），但主键、非空列不允许使用空值。此外，若表中主键为代理键，它不需要出现，因该值由 DBMS 自动提供。

3.3.2 数据更新 SQL 语句

数据更新语句 UPDATE 是依给定条件，对数据库表中的指定数据进行更新处理，其语句基本格式为

```
UPDATE  <基本表>
SET  <列名 1>=<表达式 1> [,<列名 2>=<表达式 2>...]
[WHERE  <条件表达式>];
```

其中，UPDATE 为数据更新语句的关键词；<基本表>为被更新数据的数据库表；SET 关键词指定对哪些列设定新值；WHERE 关键词给出需要满足的条件表达式。

【例 3-17】在学生信息表（Student）中，学生“赵东”的原有 Email 数据为空，现需要更新为“zhaodong@163.com”。其数据更新的 SQL 语句为

```
UPDATE  Student
SET  Email='zhaodong@163.com'
WHERE  StudentName='赵东';
```

这个语句执行后，学生信息表 Student 的数据如图 3-14 所示。

	studentid [PK] character (13)	studentname character varying (10)	studentgender character (2)	birthday date	major character varying (30)	email character varying (20)
1	2017220101101	赵东	男	1999-12-21	软件工程	zhaodong@163.com
2	2017220101102	李静	女	2000-02-12	软件工程	[null]
3	2017220101103	裴风	男	2000-03-16	软件工程	[null]
4	2017220101104	冯孜	男	2000-04-19	软件工程	[null]
5	2017220101105	柳因	女	1999-04-23	软件工程	liuyin@163.com
6	2017220101106	张亮	男	1999-11-21	软件工程	zhangl@163.com
7	2017220101107	谢云	男	1999-08-12	软件工程	xiey@163.com
8	2017220101108	刘亚	女	1999-06-20	软件工程	[null]

图 3-14　修改后的 Student 表数据

在数据更新语句中，不能忘记 WHERE 条件，否则该语句将更新表中所有行中该列的值。

UPDATE 数据更新语句也可以同时更新表中多个列值。例如，如果需要同时将学生“刘亚”的出生日期和 Email 分别更新为“1999-11-15”“liuy@163.com”，其数据修改的 SQL 语句如下。

```
UPDATE  Student
SET  BirthDay='1999-11-15', Email='liuy@163.com'
WHERE   StudentName='刘亚';
```

3.3.3　数据删除 SQL 语句

数据删除语句 DELETE 将从指定数据库表中删除满足条件的数据行，其语句基本格式为

```
DELETE FROM  <表名>
[WHERE   <条件表达式>];
```

其中，DELETE FROM 为数据删除语句的关键词；<表名>为被删除数据的数据库表；WHERE 关键词给出需要满足的条件表达式。

【例 3-18】学生信息表（Student）原始数据如图 3-14 所示。若要删除姓名为“张亮”的学生数据，其数据删除的 SQL 语句如下。

```
DELETE FROM  Student
WHERE   StudentName='张亮';
```

这个语句执行后，学生信息表（Student）的数据如图 3-15 所示。

	studentid [PK] character (13)	studentname character varying (10)	studentg(character	birthday date	major character varying (30)	email character varying (20)
1	2017220101101	赵东	男	1999-12-21	软件工程	zhaodong@163.com
2	2017220101102	李静	女	2000-02-12	软件工程	[null]
3	2017220101103	裴风	男	2000-03-16	软件工程	[null]
4	2017220101104	冯孜	男	2000-04-19	软件工程	[null]
5	2017220101105	柳因	女	1999-04-23	软件工程	liuyin@163.com
6	2017220101107	谢云	男	1999-08-12	软件工程	xiey@163.com
7	2017220101108	刘亚	女	1999-11-15	软件工程	liuy@163.com

图 3-15　删除后的 Student 表数据

在数据删除语句中，不能忘记 WHERE 条件，否则该语句将删除表中所有行数据。

课堂讨论——本节重点与难点知识问题

1. 在数据操纵 SQL 语句中，如何对表插入指定列数据？
2. 在数据操纵 SQL 语句中，如何对表插入多行数据？
3. 在数据操纵 SQL 语句中，如何对表中指定行列进行数据修改？
4. 在数据操纵 SQL 语句中，如何对表多行数据修改？
5. 在数据操纵 SQL 语句中，如何对表中数据进行删除？
6. 在数据操纵 SQL 语句中，如何对级联表数据删除？

3.4 数据查询 SQL 语句

在 SQL 中，数据查询语言（DQL）是一种对数据库表进行数据查询访问的语句，该语句在数据库访问中使用最多。

3.4.1 查询语句基本结构

在 SQL 中，实现对数据库表进行数据查询处理的语句只有 SELECT 语句。虽然只有一种语句，但该类语句功能丰富、组合条件使用灵活。所有数据查询操作都可以通过 SELECT 语句实现，其基本语句格式为

```
SELECT  [ALL|DISTINCT]  <目标列>[,<目标列>…]
[ INTO <新表> ]
FROM  <表名>[,<表名>…]
[ WHERE  <条件表达式> ]
[ GROUP BY  <列名> [HAVING <条件表达式> ]
[ ORDER BY  <列名> [ ASC | DESC ] ];
```

SELECT 语句可以由多种子句组成，每类子句的作用如下。

（1）SELECT 子句：作为 SELECT 语句的必要子句，用来指明从数据库表中需要查询的目标列。ALL 关键词是查询默认操作，即从表中获取满足条件的所有数据行；DISTINCT 关键词用来去掉结果集中的重复数据行；<目标列>为被查询表的指定列名，可以有多个。若查询表中所有列，一般使用*号表示。

（2）INTO 子句：用来将被查询的结果集数据插入新表。

（3）FROM 子句：用来指定被查询的数据来自哪个表或哪些表。若有多表，使用逗号分隔。

（4）WHERE 子句：用来给出查询的检索条件。只有满足条件的数据行才允许被检索出来。

（5）GROUP BY 子句：用来对查询结果进行分组，并进行分组统计等处理。在分组中，还可以使用 HAVING 关键词定义分组条件。

（6）ORDER BY 子句：用来对查询结果集进行排序。ASC 关键词约定按指定列的数值升序排列查询结果集。DESC 关键词约定按指定列的数值降序排列查询结果集。若子句中没有给出排序关键词，默认按升序排列查询结果集。

从 SELECT 语句的操作结果来看，<目标列>实现对关系表的投影操作，WHERE <条件表达式>实现对关系表的元组选择操作。

3.4.2 从单表读取指定列

在数据库中，最简单的数据查询操作就是从单个数据表中读取指定列的数据，其基本语句格式为

```
SELECT  <目标列>[,<目标列>…]
FROM  <表名>;
```

【例 3-19】学生信息表（Student）原始数据如图 3-16 所示。

	studentid [PK] character (13)	studentname character varying (10)	studentgender character (2)	birthday date	major character varying (30)	email character varying (20)
1	2017220101101	赵东	男	1999-12-21	软件工程	zhaodong@163.com
2	2017220101102	李静	女	2000-02-12	软件工程	lijing@163.com
3	2017220101103	裴风	男	2000-03-16	软件工程	peif@163.com
4	2017220101104	冯孜	男	2000-04-19	软件工程	fengz@163.com
5	2017220101105	柳因	女	1999-04-23	软件工程	liuyin@163.com
6	2017220101107	谢云	男	1999-08-12	软件工程	xiey@163.com
7	2017220101108	刘亚	女	1999-11-15	软件工程	liuy@163.com
8	2017220201201	廖京	男	2000-02-21	计算机应用	liaojin@163.com
9	2017220201202	唐明	男	2000-03-17	计算机应用	tm@163.com
10	2017220201203	林琳	女	2000-05-23	计算机应用	linglin@163.com

图 3-16 Student 表数据

若要从 Student 表中读取学生的学号、姓名、专业等列数据，其数据查询 SQL 语句如下。

```
SELECT  StudentID, StudentName, Major
FROM  Student;
```

这个语句执行后，其查询操作结果如图 3-17 所示。

	studentid character (13)	studentname character varying (10)	major character varying (30)
1	2017220101105	柳因	软件工程
2	2017220101107	谢云	软件工程
3	2017220101101	赵东	软件工程
4	2017220101108	刘亚	软件工程
5	2017220101102	李静	软件工程
6	2017220101104	冯孜	软件工程
7	2017220101103	裴风	软件工程
8	2017220201203	林琳	计算机应用
9	2017220201202	唐明	计算机应用
10	2017220201201	廖京	计算机应用

图 3-17 单表指定列 SQL 查询结果

如果希望从 Student 表查询所有列数据，其数据查询 SQL 语句如下。

```
SELECT  *
FROM  Student;
```

这个语句执行后，其查询操作结果如图 3-16 所示。

如果仅仅希望从 Student 表中查询专业列（Major）数据，其数据查询 SQL 语句如下。

```
SELECT  Major
FROM  Student;
```

这个语句执行后，其查询操作结果如图 3-18 所示。

从图 3-18 所示的查询结果来看，存在很多重复结果数据行。如果仅仅希望查看学生的不同专业名称，就必须在 SELECT 语句中使用 DISTINCT 关键词来过滤查询结果的重复元组，其数据查询 SQL 语句如下。

```
SELECT  DISTINCT  Major
FROM  Student;
```

这个语句执行后，其查询操作结果如图 3-19 所示。

	major character varying (30)
1	软件工程
2	软件工程
3	软件工程
4	软件工程
5	软件工程
6	软件工程
7	软件工程
8	计算机应用
9	计算机应用
10	计算机应用

图 3-18　单表 Major 列 SQL 查询结果

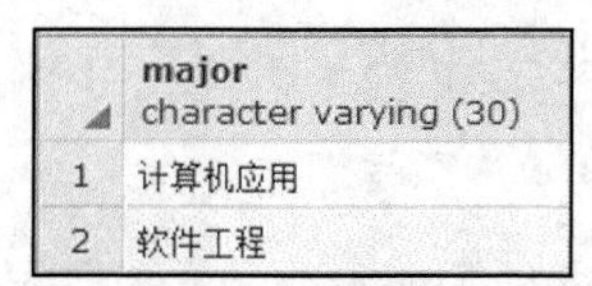

	major character varying (30)
1	计算机应用
2	软件工程

图 3-19　消除重复行的单表 Major 列 SQL 查询结果

3.4.3　从单表读取指定行

前面所述的 SQL 查询语句仅仅是从一个数据库表中读取若干列的数据，即完成关系表数据的投影列选择操作。同样，SQL 查询语句也可以从一个数据库表中读取若干行（元组）的数据，即完成关系表数据的元组选择操作，其基本语句格式为

```
SELECT  *
FROM  <表名>
WHERE  <条件表达式>;
```

【例 3-20】学生信息表（Student）原始数据如图 3-16 所示。若要从 Student 表中读取专业为“软件工程”、性别为“男”的学生数据，其数据查询 SQL 语句如下。

```
SELECT  *
FROM  Student
WHERE  Major='软件工程'  AND  StudentGender='男';
```

这个语句执行后，其查询操作结果如图 3-20 所示。

	studentid character (13)	studentname character varying (10)	studentgender character (2)	birthday date	major character varying (30)	email character varying (20)
1	2017220101107	谢云	男	1999-08-12	软件工程	xiey@163.com
2	2017220101101	赵东	男	1999-12-21	软件工程	zhaodong@163.com
3	2017220101104	冯孜	男	2000-04-19	软件工程	fengz@163.com
4	2017220101103	裴风	男	2000-03-16	软件工程	peif@163.com

图 3-20　单表行选择 SQL 查询结果

SQL 查询语句在对数据表读取指定行时，必须使用 WHERE 子句来选择符合指定条件的元组数据。查询条件可以有多个，但它们需要使用 AND（与）、OR（或）等逻辑运算符进行条件表达式的连接。

3.4.4　从单表读取指定行和列

在 SQL 查询语句中，还可以从一个数据表中读取指定行与指定列范围内的数据，即同时完成关系数据的行列投影操作，其基本语句格式为

```
SELECT   <目标列>[,<目标列>…]
FROM  <表名>
WHERE  <条件表达式>;
```

【例 3-21】学生信息表（Student）原始数据如图 3-16 所示。若要从 Student 表中读取专业为“软件工程”，性别为“男”的学生部分列（学号、姓名、性别、专业）数据，其数据查询 SQL 语句如下。

```
SELECT  StudentID, StudentName, StudentGender, Major
FROM  Student
WHERE  Major='软件工程'  AND  StudentGender='男';
```

这个语句执行后，其查询操作结果如图 3-21 所示。

	studentid character (13)	studentname character varying (10)	studentgender character (2)	major character varying (30)
1	2017220101107	谢云	男	软件工程
2	2017220101101	赵东	男	软件工程
3	2017220101104	冯玫	男	软件工程
4	2017220101103	裴风	男	软件工程

图 3-21　单表指定行列 SQL 查询结果

在上面的 SQL 查询语句中，WHERE 子句通过条件来选择行，使用指定列名来确定输出的列值。

3.4.5　WHERE 子句条件

在 SQL 查询语句的 WHERE 子句条件中，可以使用 BETWEEN…AND 关键词来限定列值范围。

【例 3-22】学生信息表（Student）原始数据如图 3-16 所示。若要从 Student 表中查询出生日期在“2000-01-01”到“2000-12-30”的学生数据，其查询 SQL 语句如下。

```
SELECT  *
FROM  Student
WHERE  BirthDay  BETWEEN  '2000-01-01'  AND  '2000-12-30';
```

这个语句执行后，其查询操作结果如图 3-22 所示。

	studentid character (13)	studentname character varying (10)	studentgender character (2)	birthday date	major character varying (30)	email character varying (20)
1	2017220101102	李静	女	2000-02-12	软件工程	lijing@163.com
2	2017220101104	冯玫	男	2000-04-19	软件工程	fengz@163.com
3	2017220101103	裴风	男	2000-03-16	软件工程	peif@163.com
4	2017220201203	林琳	女	2000-05-23	计算机应用	linglin@163.com
5	2017220201202	唐明	男	2000-03-17	计算机应用	tm@163.com
6	2017220201201	廖京	男	2000-02-21	计算机应用	liaojin@163.com

图 3-22　单表 SQL 范围查询结果

上述 SQL 查询还可以使用比较运算符“>=”和“<=”来完成等同操作，其 SQL 查询语句如下：

```
SELECT  *
FROM  Student
WHERE  BirthDay >= ' 2000-01-01'  AND  BirthDay <=' 2000-12-30';
```

在 SQL 中，查询条件表达式可使用的比较运算符除“>=”和“<=”外，还可以使用等于（=）、大于（>）、小于（<）、不等于（<>）等运算符。

在 SQL 查询语句的 WHERE 子句中，除使用 BETWEEN…AND 关键词来限定列值范围，还可以使用关键词 LIKE 与通配符来限定查询范围。

📖 在 SQL 中，通配符用于代表字符串数据模式中的未知字符，在查询条件语句中使用。

SQL 查询语句的常用通配符有下画线（_）和百分号（%）。下画线（_）通配符用于代表一个未指定的字符。百分号（%）通配符用于代表一个或多个未指定的字符。

【例 3-23】 学生信息表（Student）原始数据如图 3-16 所示。若要从 Student 表中查询姓氏为“林”的学生数据，其数据查询 SQL 语句如下。

```
SELECT  *
FROM  Student
WHERE  StudentName  LIKE  '林_';
```

这个语句执行后，其查询操作结果如图 3-23 所示。

	studentid character (13)	studentname character varying (10)	studentgender character (2)	birthday date	major character varying (30)	email character varying (20)
1	2017220201203	林琳	女	2000-05-23	计算机应用	linglin@163.com

图 3-23　LIKE 单字符通配 SQL 范围查询结果

【例 3-24】 学生信息表（Student）原始数据如图 3-16 所示。若要从 Student 表中查询专业为“计算机”类的学生数据，其数据查询 SQL 语句如下。

```
SELECT  *
FROM  Student
WHERE Major  LIKE  '计算机%';
```

这个语句在执行后，其查询操作结果如图 3-24 所示。

	studentid character (13)	studentname character varying (10)	studentgender character (2)	birthday date	major character varying (30)	email character varying (20)
1	2017220201203	林琳	女	2000-05-23	计算机应用	linglin@163.com
2	2017220201202	唐明	男	2000-03-17	计算机应用	tm@163.com
3	2017220201201	廖京	男	2000-02-21	计算机应用	liaojin@163.com

图 3-24　LIKE 多字符通配 SQL 范围查询结果

在 SQL 中，通配符除了使用 LIKE 关键词外，还可以使用 NOT LIKE 关键词用于给出不在范围的条件。在例 3-24 中，若要从 Student 表中查询专业为非“计算机”的学生数据，其数据查询 SQL 语句如下。

```
SELECT  *
FROM  Student
WHERE  Major  NOT  LIKE  '计算机%';
```

3.4.6　查询结果排序

SQL 查询的返回结果数据集一般是按物理表中存放顺序来输出结果集。如果用户希望能按照指定列对结果集排序，可以在查询语句中使用 ORDER BY 关键词。

【例 3-25】学生信息表（Student）原始数据如图 3-16 所示。若要从 Student 表中按学生出生日期升序输出学生数据，其数据查询 SQL 语句如下。

```
SELECT  *
FROM  Student
ORDER  BY  BirthDay;
```

这个语句执行后，其查询操作结果如图 3-25 所示。

	studentid character (13)	studentname character varying (10)	studentgender character (2)	birthday date	major character varying (30)	email character varying (20)
1	2017220101105	柳因	女	1999-04-23	软件工程	liuyin@163.com
2	2017220101107	谢云	男	1999-08-12	软件工程	xiey@163.com
3	2017220101108	刘亚	女	1999-11-15	软件工程	liuy@163.com
4	2017220101101	赵东	男	1999-12-21	软件工程	zhaodong@163.com
5	2017220101102	李静	女	2000-02-12	软件工程	lijing@163.com
6	2017220201201	廖京	男	2000-02-21	计算机应用	liaojin@163.com
7	2017220101103	裴风	男	2000-03-16	软件工程	peif@163.com
8	2017220201202	唐明	男	2000-03-17	计算机应用	tm@163.com
9	2017220101104	冯孜	男	2000-04-19	软件工程	fengz@163.com
10	2017220201203	林琳	女	2000-05-23	计算机应用	linglin@163.com

图 3-25　按出生日期排序 SQL 查询结果

在默认情况下，SQL 查询的结果集按指定列值的升序排列。在 SQL 查询语句中，可以使用关键词 ASC 和 DESC 选定排序是升序或降序。在本例中，若要按出生日期降序排列学生，其 SQL 查询语句如下。

```
SELECT  *
FROM  Student
ORDER  BY  BirthDay  DESC;
```

以上只是给出按单列进行 SQL 查询结果集排序。在 SQL 中，还可以同时按多列进行 SQL 查询结果集排序输出。

【例 3-26】学生信息表（Student）原始数据如图 3-16 所示。若要从 Student 表中查询学生数据，首先按专业名升序排列，然后再按出生日期降序排列，其数据查询 SQL 语句如下。

```
SELECT  *
FROM  Student
ORDER  BY  Major ASC,  BirthDay DESC;
```

这个语句执行后，其查询操作结果如图 3-26 所示。

	studentid character (13)	studentname character varying (10)	studentgender character (2)	birthday date	major character varying (30)	email character varying (20)
1	2017220201203	林琳	女	2000-05-23	计算机应用	linglin@163.com
2	2017220201202	唐明	男	2000-03-17	计算机应用	tm@163.com
3	2017220201201	廖京	男	2000-02-21	计算机应用	liaojin@163.com
4	2017220101104	冯孜	男	2000-04-19	软件工程	fengz@163.com
5	2017220101103	裴风	男	2000-03-16	软件工程	peif@163.com
6	2017220101102	李静	女	2000-02-12	软件工程	lijing@163.com
7	2017220101101	赵东	男	1999-12-21	软件工程	zhaodong@163.com
8	2017220101108	刘亚	女	1999-11-15	软件工程	liuy@163.com
9	2017220101107	谢云	男	1999-08-12	软件工程	xiey@163.com
10	2017220101105	柳因	女	1999-04-23	软件工程	liuyin@163.com

图 3-26　按多列排序 SQL 查询结果

3.4.7 内置函数的使用

在 SQL 中，可以使用函数方式对 SELECT 查询结果集数据进行处理。这些函数可以是 DBMS 所提供的内置函数，也可以是用户根据需要自定义的函数。

典型 DBMS 提供的内置函数主要有以下几类：聚合函数、算术函数、字符串函数、日期时间函数、数据类型转换函数等。

1．聚合函数

聚合函数又被称为统计函数，它是对表中的一些数据列进行计算并返回一个结果数值的函数。常用的聚合函数见表 3-4。

表 3-4　常用的聚合函数

聚合函数	功能说明
AVG()	计算结果集指定列数据的平均值
COUNT()	计算结果集行数
MIN()	找出结果集指定列数据的最小值
MAX()	找出结果集指定列数据的最大值
SUM()	计算结果集指定列数据的总和

【例 3-27】学生信息表（Student）原始数据如图 3-16 所示。若要统计 Student 表中的学生人数，在 SELECT 语句中可以使用 COUNT()函数来计算，其查询 SQL 语句如下。

```
SELECT  COUNT(*)
FROM  Student;
```

这个语句执行后，其查询操作结果如图 3-27 所示。

上面查询语句的执行结果为数值 10，该数值为表中的学生人数。但在结果集中，没有对应的列名称。在 SQL 中，用户可以使用 AS 关键词对计算结果命名一个列名。例如，上例的查询 SQL 语句可重新编写如下。

```
SELECT  COUNT(*)  AS  学生人数
FROM  Student;
```

这个语句执行后，其查询操作结果如图 3-28 所示。

图 3-27　Student 表人数统计 SQL 查询结果

图 3-28　Student 表人数统计 SQL 查询结果

在以上的 SELECT 查询语句中，使用 COUNT()函数统计数据表中所有元组的行数。此外，使用 COUNT()函数还可以按指定列统计满足条件的元组行数。

【例 3-28】学生信息表（Student）原始数据如图 3-16 所示。若要统计 Student 表中的学生专业数目，在 SELECT 语句中可以使用 COUNT()函数统计，其查询 SQL 语句如下。

```
SELECT  COUNT(Major) AS 学生专业数
FROM  Student;
```

这个语句执行后，其查询操作结果如图 3-29 所示。

上面的查询语句执行结果为数值 10，该结果不正确。其原因是查询统计中包含了若干相同专业的学生行。若需要统计不同专业数目，可在指定列上使用关键词 DISTINCT 消除结果集中的重复行，其查询 SQL 语句可重新编写如下。

```
SELECT  COUNT(DISTINCT  Major) AS 学生专业数
FROM  Student;
```

这个语句执行后，其查询操作结果如图 3-30 所示。

图 3-29　Student 表中专业数统计 SQL 查询结果

图 3-30　Student 表内不同专业数统计 SQL 查询结果

【例 3-29】学生信息表（Student）原始数据如图 3-16 所示。若要找出 Student 表中年龄最大和年龄最小的学生出生日期，其查询 SQL 语句如下。

```
SELECT  MIN(BirthDay)  AS 最大年龄出生日期, Max(BirthDay)  AS 最小年龄出生日期
FROM  Student;
```

这个语句执行后，其查询操作结果如图 3-31 所示。

图 3-31　Student 表中最大年龄出生日期和最小年龄出生日期 SQL 查询结果

2. 算术函数

在 SQL 中，可使用算术函数对数值型列进行算术运算操作。如果计算有效，将返回一个计算结果值；否则，将返回 NULL 值。常用的算术函数见表 3-5。

表 3-5　常用的算术函数

算术函数	功能说明
SIN()	计算角度的正弦
COS()	计算角度的余弦
TAN()	计算角度的正切
COT()	计算角度的余切
ASIN()	计算正弦的角度
ACOS()	计算余弦的角度
ATAN()	计算正切的角度
DEGRESS()	将弧度转换为角度
RADIANS()	将角度转换为弧度
EXP()	计算表达式的指数
LOG()	计算表达式的对数
SQRT()	计算表达式的平方根
CEILING()	返回大于等于表达式的最小整数
FLOOR()	返回小于等于表达式的最大整数
ROUND()	四舍五入取整
ABS()	取绝对值
SIGN()	返回数据的符号
PI()	返回π值
RANDOM()	返回 0～1 的随机浮点数据

【例 3-30】学生课程成绩表（Grade）原始数据如图 3-32 所示。

	studentid [PK] character (13)	studentname character varying (10)	coursename character varying (20)	grade numeric (4,1)
1	2017220201201	廖京	数据库原理及应用	90.8
2	2017220201202	唐明	数据库原理及应用	85.6
3	2017220201203	林琳	数据库原理及应用	92.4

图 3-32　Grade 表原始成绩数据

当需要对成绩数据进行四舍五入处理时，可以使用 ROUND()算术函数进行处理，其查询 SQL 语句如下。

```
SELECT  studentid,  studentname,  coursename,  ROUND(grade, 0) AS  Grade
FROM  Grade;
```

这个语句执行后，其查询操作结果如图 3-33 所示。

	studentid character (13)	studentname character varying (10)	coursename character varying (20)	grade numeric
1	2017220201201	廖京	数据库原理及应用	91
2	2017220201202	唐明	数据库原理及应用	86
3	2017220201203	林琳	数据库原理及应用	92

图 3-33　四舍五入后 Grade 成绩的 SQL 查询结果

3. 字符串函数

在 SQL 中，可使用字符串函数对字符串表达式进行处理。这类函数输入数据的类型可以是字符串，也可以是数值类型，但数据输出为字符串类型。常用的字符串函数见表 3-6。

表 3-6　常用的字符串函数

字符串函数	功能说明
ASCII()	返回字符表达式最左端字符的 ASCII 码值
CHR()	将输入的 ASCII 码值转换为字符
LOWER()	将输入的字符串转换为小写字符串
UPPER()	将输入的字符串转换为大写字符串
LENGTH()	返回字符串的长度
LTRIM()	去掉字符串前面的空格
RTRIM()	去掉字符串后面的空格
OVERLAY()	替换子字符串
POSITION	指定子字符串的位置
SUBSTRING	截取子字符串
REVERSE()	将指定的字符串的字符排列顺序颠倒
REPALCE()	返回被替换了指定子串的字符串

【例 3-31】学生信息表（Student）原始数据如图 3-16 所示。若要计算出 Student 表中各个学生的 Email 字符串长度，其查询 SQL 语句如下。

```
SELECT  StudentID,  StudentName,  Email,  LENGTH(Email)  AS 邮箱长度
FROM  Student;
```

这个语句执行后，其查询操作结果如图 3-34 所示。

	studentid character (13)	studentname character varying (10)	email character varying (20)	邮箱长度 integer
1	2017220101105	柳因	liuyin@163.com	14
2	2017220101107	谢云	xiey@163.com	12
3	2017220101101	赵东	zhaodong@163.com	16
4	2017220101108	刘亚	liuy@163.com	12
5	2017220101102	李静	lijing@163.com	14
6	2017220101104	冯孜	fengz@163.com	13
7	2017220101103	裴风	peif@163.com	12
8	2017220201203	林琳	linglin@163.com	15
9	2017220201202	唐明	tm@163.com	10
10	2017220201201	廖京	liaojin@163.com	15

图 3-34　Student 表 SQL 查询字符串长度结果

在进行字符串处理时，空格也会作为一个字符。若要去掉字符串中的空格字符，需要使用 LTRIM()、RTRIM()等空格字符处理函数。

4. 日期时间函数

在 SQL 中，可使用日期时间函数对日期、时间类型数据进行处理。输入数据为日期时间类型，输出结果可以是日期、时间、字符串或数值类型数据。常用的日期时间函数见表 3-7。

表 3-7　常用的日期时间函数

日期时间函数	功能说明
AGE(timestamp,timestamp)	返回两个时间戳之间的间隔
AGE(timestamp)	返回指定时间戳与当前时间戳的间隔
CLOCK_TIMESTAMP()	返回当前时间戳数据
CURRENT_DATE	返回当前日期
CURRENT_TIME	返回当前时间
DATE_PART(text,timestamp)	返回时间戳数据的指定部分
DATE_TRUNC(text,timestamp)	返回时间戳数据的指定精度

【例 3-32】读取系统当前日期数据，然后分别显示系统日期的年、月、日数据，其查询 SQL 语句如下。

```
SELECT date_part('year', current_date) as 年,date_part('month', current_date) as 月,
date_part('day', current_date) as 日;
```

这些语句执行后，其查询操作结果如图 3-35 所示。

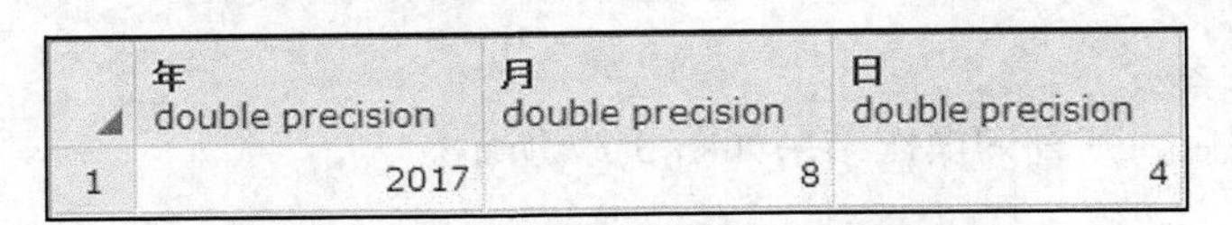

	年 double precision	月 double precision	日 double precision
1	2017	8	4

图 3-35　系统日期时间函数使用 SQL 结果

上例的系统日期 SQL 处理使用了 current_date 函数获取当前日期数据，然后使用 date_part 函数，分别提取当前日期的年、月、日数据。

5. 数据类型转换函数

为了便于数据处理，SQL 提供了不同数据类型之间的格式化转换函数。常用的数据类型

格式化转换函数见表 3-8。

表 3-8　　常用的数据类型格式化转换函数

数据类型转换函数	功能说明
TO_CHAR()	将各种类型数据转换为字符串类型
TO_DATE()	将字符串数据转换为日期数据
TO_NUMBER	将字符串数据转换为数字数据
TO_TIMESTAMP	将字符串数据转换为时间戳

【例 3-33】在例 3-30 的学生课程成绩数据中，分数（Grade）列数据类型为 Numeric(3,1)，其列数据中带有 1 位小数。为了将该成绩数据转换为不带小数 2 位字符输出，可以使用数据类型转换函数处理，其查询 SQL 语句如下。

```
    SELECT  StudentID,  StudentName,  Coursename, TO_CHAR(Grade, '99' ) AS  Grade
FROM  Grade;
```

这个语句执行后，其查询操作结果如图 3-36 所示。

	studentid character (13)	studentname character varying (10)	coursename character varying (20)	grade text
1	2017220201202	唐明	数据库原理及应用	86
2	2017220201201	廖京	数据库原理及应用	91
3	2017220201203	林琳	数据库原理及应用	92

图 3-36　数值类型 Grade 成绩格式化转换为字符串输出

在 SQL 中，格式化函数把各种数据类型转换成格式化的字符串，以及反过来从格式化的字符串转换成指定的数据类型。这些函数都遵循一个公共的调用习惯：第一个参数是待格式化的值，而第二个是定义输出或输入格式的模板。具体格式化模板见相应 DBMS 技术手册。

3.4.8　查询结果分组处理

在 SQL 中，内置函数通常还可用于查询结果集的分组数据统计。这可通过在 SELECT 语句中加入 GROUP BY 子语句来实现。它的作用是通过一定的规则将一个数据集划分成若干个组，然后针对每组数据进行统计运算处理。

【例 3-34】学生信息表（Student）原始数据如图 3-16 所示。若要分专业统计 Student 表中的学生人数，在 SELECT 语句中可以使用 GROUP BY 分组子句完成统计，其查询 SQL 语句如下。

```
SELECT  Major  AS 专业,  COUNT(StudentID)  AS 学生人数
FROM  Student
GROUP  BY  Major;
```

这个语句执行后，其查询操作结果如图 3-37 所示。

	专业 character varying (30)	学生人数 bigint
1	计算机应用	3
2	软件工程	7

图 3-37　Student 表中各专业人数统计 SQL 查询结果

在上面的分组统计 SQL 查询语句中，还可以使用 HAVING 子句限定分组统计的条件。

例如，在统计各专业人数时，限定只显示人数大于 3 的专业人数。这需要在分组统计 SQL 语句中加入限定条件，其查询 SQL 语句可重新编写如下。

```
SELECT  Major  AS 专业,  COUNT(StudentID) AS 学生人数
FROM  Student
GROUP  BY  Major
HAVING  COUNT(*)>3;
```

这个语句执行后，其查询操作结果如图 3-38 所示。

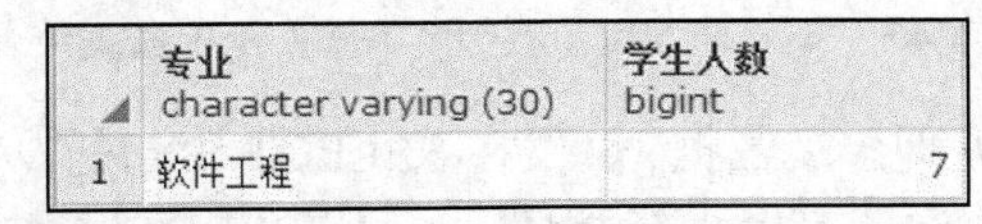

	专业 character varying (30)	学生人数 bigint
1	软件工程	7

图 3-38　Student 表中各专业人数统计 SQL 查询结果

在 SQL 查询语句中，还可以同时使用 HAVING 子句和 WHERE 子句分别限定查询条件。在标准 SQL 中，若同时使用这两个条件子句，应先使用 WHERE 子句过滤数据集，然后再使用 HAVING 子句限定分组数据。

【例 3-35】学生信息表（Student）原始数据如图 3-16 所示。若要分专业统计 Student 表中男生人数，但限定只显示人数大于 2 的人数，其查询 SQL 语句如下。

```
SELECT  Major  AS 专业,  COUNT(StudentID)  AS 学生人数
FROM  Student
WHERE  StudentGender='男'
GROUP  BY  Major
HAVING  COUNT(*)>2;
```

这个语句执行后，其查询操作结果如图 3-39 所示。

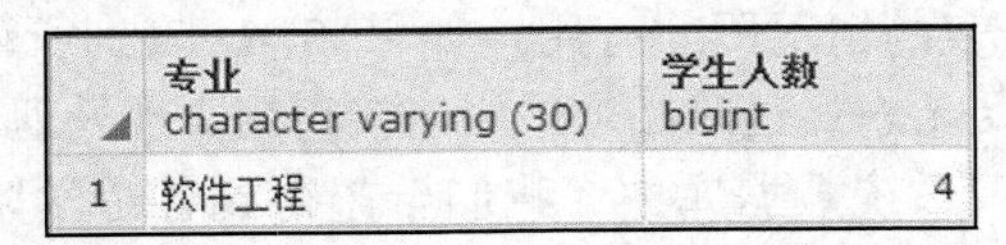

	专业 character varying (30)	学生人数 bigint
1	软件工程	4

图 3-39　Student 表中各专业“男生多于 2 人”的人数统计 SQL 查询结果

3.4.9　使用子查询处理多表

前面仅仅讨论了在单个数据表中如何使用 SQL 语句进行数据查询处理，但在实际应用中，通常需要关联多表才能获得所需的信息。这里，我们可在 SELECT 查询语句中，使用子查询方式，实现多表关联查询。

【例 3-36】在选课管理系统数据库中，我们希望检索出“计算机学院”的教师名单。该操作需要关联教师信息表（Teacher）和学院信息表（College），才能获得这些数据。这里可采用子查询方法实现两表关联查询，其查询 SQL 语句如下。

```
SELECT  TeacherID,  TeacherName,  TeacherTitle
FROM  Teacher
WHERE  CollegeID  IN
(SELECT  CollegeID
FROM  College
WHERE  CollegeName='计算机学院')
ORDER BY TeacherID;
```

这个语句执行后，其查询操作结果如图 3-40 所示。

	teacherid character (4)	teachername character varying (10)	teachertitle character varying (6)
1	T001	张键	副教授
2	T002	万佐	教授
3	T003	青迎	副教授
4	T004	马敬	教授
5	T005	赵微	讲师

图 3-40 “计算机学院”教师名单信息 SQL 查询结果

以上 SELECT 子查询处理多表数据，仅仅在 SELECT 语句的 WHERE 子句中嵌套了一层 SELECT 子查询语句。子查询还可以嵌套 2 层、3 层 SELECT 子查询语句。但实际应用中，受限于 DBMS 处理 SQL 语句的性能，SQL 查询语句不宜嵌套过多子查询。

3.4.10 使用连接查询多表

在 SQL 中，还可以使用连接查询实现多表关联查询。连接查询的基本思想是将关联表的主键值与外键值进行匹配比对，从中检索出符合条件的关联表信息。例如，例 3-36 中的“计算机学院”的教师名单查询，可以采用连接查询方式处理，其查询 SQL 语句如下。

```
SELECT  TeacherID,  TeacherName,  TeacherTitle
FROM  Teacher, College
WHERE Teacher.CollegeID=College.CollegeID AND College.CollegeName='计算机学院'
ORDER BY TeacherID;
```

这个语句执行后，其查询操作结果与例 3-36 子查询方式的结果相同。这说明在处理多表关联查询时，连接查询可以实现子查询的相同功能。需要注意的是 SELECT 子查询只有在最终查询数据结果来自一个表的情况下才有用。如果 SQL 查询所输出的信息来自多个表，SELECT 子查询就不能满足要求，这时必须采用连接查询实现处理。

【例 3-37】在选课管理系统数据库中，我们希望得到各个学院的教师人数信息。该操作需要关联教师信息表（Teacher）和学院信息表（College），查询学院名称、教师人数，输出按名称降序排列。这时需要采用连接查询方法实现两表关联查询，其查询 SQL 语句如下。

```
SELECT  College.CollegeName AS 学院名称,  COUNT(Teacher.CollegeID)  AS 教师人数
FROM  Teacher, College
WHERE Teacher.CollegeID=College.CollegeID
GROUP  BY  College.CollegeName
ORDER  BY  College.CollegeName  DESC;
```

这个语句执行后，其查询操作结果如图 3-41 所示。

	学院名称 character varying (40)	教师人数 bigint
1	软件学院	5
2	计算机学院	5

图 3-41 学院教师人数信息 SQL 查询结果

上面的连接查询使用了 GROUP BY 子句和内置函数 COUNT()对教师按学院分组统计人数，同时也使用 ORDER BY 子句对结果集按学院名称排序。需要注意的是分组列名与排序列名需要一致。

为了在多表连接查询中，简化列名的表名限定，可以使用 AS 关键词给表名赋予一个简单名称。

【例 3-38】在选课管理系统数据库中，我们希望得到各个学院的教师信息。这需要关联教师信息表(Teacher)和学院信息表(College)，查询 CollegeName、TeaherID、TeacherName、TeacherGender、TeacherTitle 等信息，按学院名称、编号分别排序输出，其查询 SQL 语句如下：

```
    SELECT  B.CollegeName AS 学院名称,  A.TeacherID  AS 编号, A.TeacherName  AS 姓名,
A.TeacherGender  AS 性别, A.TeacherTitle  AS 职称
    FROM  Teacher  AS  A, College  AS  B
    WHERE  A.CollegeID=B.CollegeID
    ORDER  BY  B.CollegeName, A.TeacherID;
```

这个语句执行后，其查询操作结果如图 3-42 所示。

	学院名称 character varying (40)	编号 character (4)	姓名 character varying (10)	性别 character (2)	职称 character varying (6)
1	计算机学院	T001	张键	男	副教授
2	计算机学院	T002	万佐	男	教授
3	计算机学院	T003	青迎	女	副教授
4	计算机学院	T004	马敬	男	教授
5	计算机学院	T005	赵微	女	讲师
6	软件学院	T006	汪明	男	副教授
7	软件学院	T007	傅超	男	副教授
8	软件学院	T008	李力	男	教授
9	软件学院	T009	杨阳	女	副教授
10	软件学院	T010	楚青	女	副教授

图 3-42　各学院教师信息 SQL 查询结果

在上面的连接查询中，使用 AS 关键词给 Teacher 表名赋予一个简单的别名 A，给 College 表名赋予一个简单的别名 B。在引用这些表中的列时，就可以使用简单的别名限定该列。

3.4.11　SQL JOIN…ON 连接

在 SQL 中，实现多表关联查询还可以使用 JOIN…ON 关键词的语句格式。其中两表关联查询的 JOIN…ON 连接语句格式为

```
    SELECT  <目标列>[, <目标列>…]
    FROM  <表名 1>  JOIN  <表名 2>  ON <连接条件>;
```

【例 3-39】在例 3-38 中的 SQL 查询语句，可以使用 JOIN…ON 关键词语句方式重新编写如下。

```
    SELECT  B.CollegeName AS 学院名称,  A.TeacherID  AS 编号, A.TeacherName  AS 姓名,
A.TeacherGender  AS 性别,  A. TeacherTitle  AS 职称
    FROM  Teacher  AS  A  JOIN  College  AS  B
    ON  A.CollegeID=B.CollegeID
    ORDER  BY  B.CollegeName, A.TeacherID;
```

这个语句的执行结果与前面例 3-38 的连接查询结果是一样的。使用 JOIN…ON 关联查询语句，还可以实现两个以上的表关联查询，其中 3 表关联查询的 JOIN…ON 连接语句格式如下。

```
SELECT  <目标列>[，<目标列>…]
FROM  <表名1>  JOIN  <表名2>  ON <连接条件1>  JOIN  <表名3>  ON <连接条件2>;
```

【例 3-40】在选课管理系统数据库中，我们希望查询课表信息。这需要关联教师信息表（Teacher）、课程信息表（Course）、开课计划表（Plan）、学院信息表（College），查询课程名称、教师姓名、上课地点、上课时间、开课学院等信息，按开课计划编号排序输出，其查询 SQL 语句如下。

```
SELECT C.CourseName AS 课程名称, T.TeacherName AS 教师姓名, P.CourseRoom  AS 地点,
P.CourseTime  AS 时间,  S.CollegeName AS 开课学院
FROM  Course AS  C  JOIN  Plan AS  P  ON  C.CourseID=P.CourseID JOIN  Teacher  AS
T  ON  P.TeacherID=T.TeacherID
JOIN  College  AS  S  ON  S.CollegeID=T.CollegeID
ORDER  BY  P.CoursePlanID;
```

这个语句执行后，其查询操作结果如图 3-43 所示。

	课程名称 character varying (20)	教师姓名 character varying (10)	地点 character varying (30)	时间 character varying (30)	开课学院 character varying (40)
1	数据库原理及应用	汪明	二教302	周一1-2节，周三3-4节	软件学院
2	操作系统基础	傅超	二教108	周二3-4节，周四5-6节	软件学院
3	数据结构与算法	李力	二教203	周三1-2节，周五3-4节	软件学院
4	软件工程基础	杨阳	二教205	周二5-6节，周四1-2节	软件学院
5	C语言程序设计	楚青	二教301	周一5-6节，周三3-4节	软件学院
6	面向对象程序设计	汪明	二教202	周三1-2节，周五5-6节	软件学院
7	系统分析与设计	傅超	二教105	周一7-8节，周三5-6节	软件学院
8	软件测试	李力	二教203	周二7-8节，周四3-4节	软件学院

图 3-43　课表信息 SQL 查询结果

上面的连接查询使用课程信息表（Course）的主键与开课计划表（Plan）的外键进行匹配关联，同时也使用教师信息表（Teacher）的主键与开课计划表（Plan）的外键进行匹配关联，此外还使用学院信息表（College）主键与教师信息表（Teacher）外键进行匹配关联。这样，实现了 4 表关联数据查询。

1. 内连接

在以上 JOIN…ON 连接查询中，只有关联表相关字段的列值满足等值连接条件时，才从这些关联表中提取数据组合成新的结果集，这样的连接被称为 JOIN…ON 内连接。

【例 3-41】在选课管理系统数据库中，我们希望查询所有开设课程的学生选课情况，包括开设课程名称、选课学生人数。这需要关联课程信息表（Course）、开课计划表（Plan）、选课注册信息表（Register）。若使用内连接查询，该 JOIN…ON 连接查询的 SQL 语句如下。

```
SELECT C.CourseName AS 课程名称, T.TeacherName AS 教师, COUNT(R.CoursePlanID)  AS
选课人数
FROM  Course  AS  C  JOIN  Plan  AS  P
ON  C.CourseID=P.CourseID
JOIN  Teacher  AS  T  ON  P.TeacherID=T.TeacherID
JOIN  Register  AS  R  ON  P.CoursePlanID=R.CoursePlanID
GROUP  BY C.CourseName, T.TeacherName;
```

这个语句执行后，其查询操作结果如图 3-44 所示。

在上面的内连接查询中，只能找出有学生注册的课程名称和选课人数，但不能找出没有学生注册的课程名称和选课人数。

	课程名称 character varying (20)	教师 character varying (10)	选课人数 bigint
1	数据结构与算法	李力	3
2	软件工程基础	杨阳	2
3	操作系统基础	傅超	4
4	C语言程序设计	楚青	4
5	数据库原理及应用	汪明	10
6	面向对象程序设计	汪明	2

图 3-44　选课人数 SQL 查询结果

2. 外连接

在 SQL 应用中，有时候我们也希望输出那些不满足连接条件的元组数据。这时，可使用 JOIN…ON 外连接方式实现。其实现方式有如下 3 种形式。

- LEFT JOIN：左外连接，即使右表中没有匹配，也从左表返回所有的行。
- RIGHT JOIN：右外连接，即使左表中没有匹配，也从右表返回所有的行。
- FULL JOIN：全外连接，只要其中一个表中存在匹配，就返回行。

【例 3-42】在选课管理系统数据库中，我们希望查询所有开设课程的学生选课情况，包括开设课程名称、选课学生人数。这需要关联课程信息表（Course）、开课计划表（Plan）、选课注册表（Register）。若使用左外连接查询，该 JOIN…ON 连接查询的 SQL 语句如下。

```
SELECT C.CourseName AS 课程名称, T.TeacherName AS 教师, COUNT(R.CoursePlanID)  AS 
选课人数
FROM  Course  AS  C  JOIN  Plan  AS  P
ON  C.CourseID=P.CourseID
JOIN  Teacher  AS  T  ON  P.TeacherID=T.TeacherID
LEFT  JOIN  Register  AS  R  ON  P.CoursePlanID=R.CoursePlanID
GROUP  BY C.CourseName, T.TeacherName;
```

这个语句执行后，其查询操作结果如图 3-45 所示。

	课程名称 character varying (20)	教师 character varying (10)	选课人数 bigint
1	软件测试	李力	0
2	数据结构与算法	李力	3
3	软件工程基础	杨阳	2
4	操作系统基础	傅超	4
5	C语言程序设计	楚青	4
6	数据库原理及应用	汪明	10
7	系统分析与设计	傅超	0
8	面向对象程序设计	汪明	2

图 3-45　选课人数 SQL 查询结果

在上面的左外连接查询中，不但可找出有学生注册的课程名称和选课人数，也能找出没有学生注册的课程名称和选课人数。

课堂讨论——本节重点与难点知识问题

1. 在数据查询 SQL 语句中，如何使用内置函数？
2. 在数据查询 SQL 语句中，如何对查询结果进行分组统计？
3. 在数据查询 SQL 语句中，如何使用子查询处理多表？
4. 在数据查询 SQL 语句中，如何使用连接查询处理多表？
5. 在什么情况下，使用左外连接查询处理多表？
6. 在什么情况下，使用全外连接查询处理多表？

3.5 数据控制 SQL 语句

在 SQL 中，数据控制语言（DCL）是一类可对用户数据访问权进行控制的操作语句，它可以控制特定用户或角色对数据表、视图、存储过程、触发器等数据库对象的访问权限，主要由 GRANT、REVOKE、DENY 语句操作来实现。

3.5.1 GRANT 语句

GRANT 语句是一种由数据库对象创建者或管理员执行的授权语句，它可以把访问数据库对象权限授予给其他用户或角色。

GRANT 语句格式为

```
GRANT <权限列表> ON <数据库对象> TO <用户或角色> [ WITH GRANT OPTION ];
```

【例 3-43】在选课管理系统数据库中，有系统管理员角色、教务管理员角色、教师角色、学生角色，每类角色对数据库表的访问权限不一样。假定他们的权限如表 3-9 所示。

表 3-9 选课管理系统角色权限表

数据库表	教师（RoleT）	学生（RoleS）	教务员（RoleE）	系统管理员（RoleA）
Course	SELECT（读取）	SELECT（读取）	SELECT（读取） INSERT（插入） UPDATE（更新） DELETE（删除）	GRANT（授权） ALTER（修改结构）
Student	SELECT（读取）	SELECT（读取）	SELECT（读取） INSERT（插入） UPDATE（更新） DELETE（删除）	GRANT（授权） ALTER（修改结构）
Teacher	SELECT（读取）	SELECT（读取）	SELECT（读取） INSERT（插入） UPDATE（更新） DELETE（删除）	GRANT（授权） ALTER（修改结构）
Plan	SELECT（读取）	SELECT（读取）	SELECT（读取） INSERT（插入） UPDATE（更新） DELETE（删除）	GRANT（授权） ALTER（修改结构）
Register	SELECT（读取）	SELECT（读取） INSERT（插入） UPDATE（更新） DELETE（删除）	SELECT（读取） INSERT（插入） UPDATE（更新） DELETE（删除）	GRANT（授权） ALTER（修改结构）
College	SELECT（读取）	SELECT（读取）	SELECT（读取） INSERT（插入） UPDATE（更新） DELETE（删除）	GRANT（授权） ALTER（修改结构）

假定系统管理员希望将 Register 表的 SELECT、INSERT、UPDATE、DELETE 访问权限赋予学生角色（RoleS），其授权控制 SQL 语句如下。

```
GRANT SELECT, INSERT, UPDATE, DELETE ON Register TO RoleS;
```

当这个语句执行后，学生角色（RoleS）就具有了对 Register 表的数据增加、更新、删除和查询的权限。如果上面的授权 SQL 语句还带有 WITH　GRANT　OPTION（授权选项），则学生角色还可以将这些权限授予其他用户。

3.5.2　REVOKE 语句

REVOKE 语句是一种由数据库对象创建者或管理员将赋予其他用户或角色的权限进行收回语句，它可以收回授予给其他用户或角色的权限。

REVOKE 语句格式为

```
REVOKE <权限列表> ON <数据库对象> FROM <用户或角色> ;
```

【例 3-44】在选课管理系统数据库中，若系统管理员角色需要收回角色 RoleS 对 Register 表的 DELETE 访问权限，其控制 SQL 语句如下。

```
REVOKE DELETE ON Register FROM RoleS;
```

当这个语句执行后，学生角色（RoleS）就失去了对 Register 表的数据删除权限。

3.5.3　DENY 语句

DENY 语句用于拒绝给当前数据库内的用户或者角色授予权限，并防止用户或角色通过其组或角色成员继承权限。

DENY 语句格式为

```
DENY <权限列表> ON <数据库对象> TO <用户或角色> ;
```

【例 3-45】在选课管理系统数据库中，若系统管理员角色（RoleA）拒绝教师角色（RoleT）对 Teacher 表的 DELETE 访问权限，其控制 SQL 语句如下。

```
DENY DELETE ON Teacher TO RoleT;
```

当这个语句执行后，教师角色（RoleT）就失去了对 Teacher 表的 DELETE 数据权限。

课堂讨论——本节重点与难点知识问题

1. 在数据控制 SQL 语句中，如何为角色赋予对象访问权限？
2. 在数据控制 SQL 语句中，如何为用户赋予对象访问权限？
3. 在数据控制 SQL 语句中，如何从角色收回对象访问权限？
4. 在数据控制 SQL 语句中，如何从用户收回对象访问权限？
5. 在数据控制 SQL 语句中，如何拒绝角色的对象访问权限？
6. 在数据控制 SQL 语句中，如何拒绝用户的对象访问权限？

3.6　视图 SQL 语句

3.6.1　视图的概念

在 SQL 中，视图（View）是一种建立在 SELECT 查询结果集上的虚拟表。视图可以基于数据库表或其他视图来构建，它本身没有自己的数据，而是使用了存储在基础表中的数据。在基础表中的任何改变都可以在视图中看到，同样若在视图中对数据进行了修改，其基础表的数据也要发生变化。对视图的操作，

其实是对它所基于的数据库表进行操作，其操作方式如图 3-46 所示。

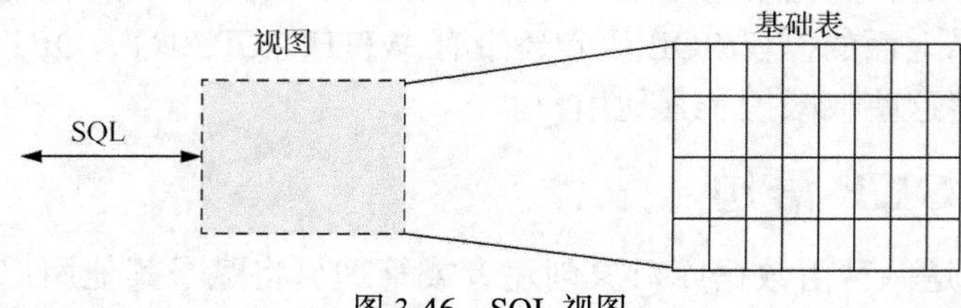

图 3-46　SQL 视图

视图一但被定义，它便作为对象存储在数据库中，但视图本身并不存储数据，而是通过其虚拟视窗映射到基础表中的数据。对视图的操作与对数据库表的操作一样，可以对其数据进行查询和一定约束的修改与删除。

3.6.2　视图的创建与删除

1．视图的创建

视图由一个或几个基础表（或其他视图）的 SELECT 查询结果创建生成。当它被创建后，被作为一种数据库对象存放在数据库中，其语句格式为

```
CREATE  VIEW  <视图名>[(列名 1), (列名 2),…]  AS  <SELECT 查询>;
```

其中，CREATE VIEW 为创建视图语句的关键词；<视图名>为将被创建的视图名称。一个数据库不允许有两个视图同名。在视图名称后，可以定义组成视图的各个列名。若没有指定列名，则默认采用基础表查询结果集的所有列作为视图列。AS 关键词后为基础表的 SELECT 查询语句，其结果集为视图的数据。

【例 3-46】在选课管理系统数据库中，若需要建立一个由基础课程数据构成的视图 BasicCourseView，其创建 SQL 语句如下。

```
CREATE  VIEW  BasicCourseView  AS
SELECT  CourseName,  CourseCredit,  CoursePeriod,  TestMethod
FROM  Course
WHERE  CourseType='基础课';
```

当这个语句执行后，系统在数据库中创建了一个名称为 BasicCourseView 的数据库视图对象，如图 3-47 所示。

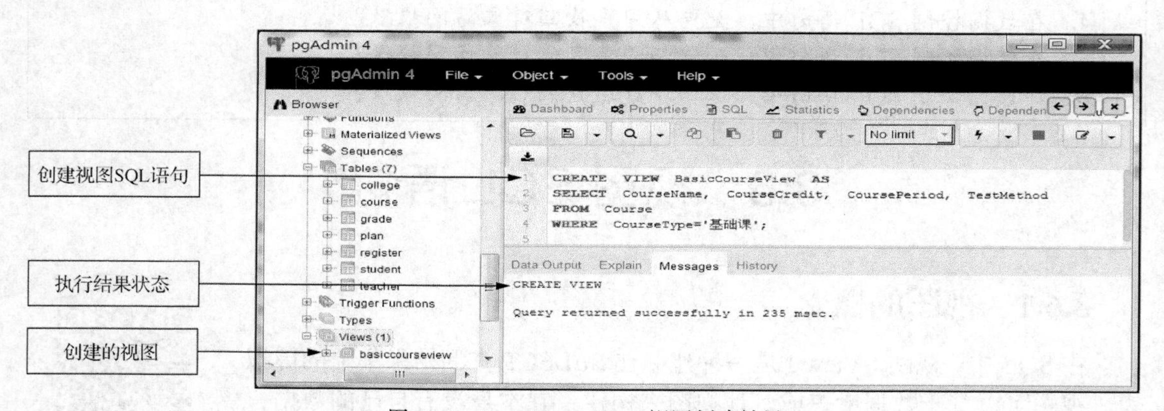

图 3-47　BasicCourseView 视图创建结果

当视图在数据库中创建后，用户可以像访问数据表一样去操作访问视图。例如，使用

SELECT 语句查询该视图数据，并按课程名称排序输出，其 SQL 语句如下。

```
SELECT  *
FROM  BasicCourseView
ORDER  BY  CourseName;
```

这个语句执行后，其查询操作结果如图 3-48 所示。

	coursename character varying (20)	coursecredit smallint	courseperiod smallint	testmethod character (4)
1	操作系统基础	3	48	闭卷考试
2	数据结构与算法	4	64	闭卷考试
3	数据库原理及应用	4	64	闭卷考试

图 3-48　BasicCourseView 视图查询结果

在上面的视图查询输出结果集中，返回的信息取决于视图中定义的列，而非基础表的所有信息。返回的行顺序也是按视图所指定的 CourseName 列升序排列，而非基础表中的行顺序输出。

2. 视图的删除

当数据库不再需要某视图时，可以在数据库中删除该视图，其视图的删除语句格式为

```
DROP  VIEW  <视图名>;
```

其中，DROP VIEW 为删除视图语句的关键词；<视图名>为将被删除的视图名称。

【例 3-47】在数据库中，若需要删除名称为 BasicCourseView 的视图对象，删除该视图的 SQL 语句为

```
DROP  VIEW  BasicCourseView;
```

当该语句执行后，BasicCourseView 视图从数据库中被删除，由此视图导出的其他视图也将失效。

3.6.3　视图的使用

从上面的视图介绍，可以知道视图是一种从基础数据库表中获取数据所组成的虚拟表。在数据库中只需要存储视图的结构定义，而不存储视图所包含的数据。对视图的操作访问如同对表的操作访问。使用视图这种对象模式，用户可以获得如下好处。

1. 使用视图简化复杂 SQL 查询操作

通过视图，数据库开发人员可以将复杂的查询语句封装在视图内，使外部程序只需要使用简单方式访问该视图，便可获取所需要的数据。

【例 3-48】在选课管理系统数据库中，我们希望查询选修“数据库原理及应用”课程的学生名单。需要关联课程信息表（Course）、开课计划表（Plan）、选课注册表（Register）、学生信息表（Student），其查询 SQL 语句如下。

```
SELECT C.CourseName AS 课程名称, S.StudentID AS 学号, S.StudentName AS 姓名
FROM  Course AS C, Plan AS  P,  Register  AS  R, Student  AS  S
WHERE  C.CourseID=P.CourseID  AND  C. CourseName='数据库原理及应用'  AND
      P.CoursePlanID=R.CoursePlanID  AND  R.StudentID=S. StudentID;
```

这个 SQL 语句较复杂和冗长，为了让外部程序简单地实现该信息的查询，可以先定义一个名称为 DataBaseCourseView 视图，其视图创建 SQL 语句如下。

```
CREATE  VIEW  DataBaseCourseView  AS
SELECT  C.CourseName AS 课程名称, S.StudentID AS 学号, S.StudentName AS 姓名
```

```
    FROM  Course AS C, Plan AS  P,  Register  AS  R, Student  AS  S
    WHERE   C.CourseID=P.CourseID   AND   C. CourseName='数据库原理及应用'  AND
P.CoursePlanID=R.CoursePlanID  AND  R.StudentID=S.StudentID;
```

当 DataBaseCourseView 视图被创建完成后，外部程序就可以通过一个简单的 SELECT 语句查询视图数据，其操作语句如下。

```
SELECT  *  FROM  DataBaseCourseView;
```

这个语句执行后，其查询操作结果如图 3-49 所示。

	课程名称 character varying (20)	学号 character (13)	姓名 character varying (10)
1	数据库原理及应用	2017220201203	林卅
2	数据库原理及应用	2017220101102	李静
3	数据库原理及应用	2017220101101	赵东
4	数据库原理及应用	2017220101104	冯玫
5	数据库原理及应用	2017220101103	裴风
6	数据库原理及应用	2017220101107	谢云
7	数据库原理及应用	2017220101105	柳因
8	数据库原理及应用	2017220101108	刘亚
9	数据库原理及应用	2017220201202	唐明
10	数据库原理及应用	2017220201201	廖京

图 3-49　DataBaseCourseView 视图查询结果

从上面的视图使用可看到，视图访问操作可以获得与数据库表直接访问操作同样的结果，但视图可以让编程人员使用简单的 SQL 查询语句，而非编写复杂的 SQL 语句。

2. 使用视图提高数据访问安全性

通过视图可以将基础数据库表中部分敏感数据隐藏起来，外部用户无法得知数据库表的完整数据，降低数据库被攻击的风险。此外，通过视图访问，用户只能查询和修改他们所能见到的数据，可以保护部分隐私数据。

【例 3-49】在选课管理系统数据库中，除教务管理部门用户外，其他用户只能浏览教师基本信息，如教师编号、教师姓名、性别、职称、所属学院，教师其他信息被隐藏，可定义视图来处理信息，其视图创建 SQL 语句如下。

```
CREATE  VIEW  BasicTeacherInfoView  AS
SELECT  T.TeacherID AS 编号, T.TeacherName  AS 教师姓名, T.TeacherGender  AS 性别,
        T. TeacherTitle  AS 职称,  C.CollegeName  AS 所属学院
FROM  Teacher  AS  T,  College  AS  C
WHERE  T.CollegeID=C.CollegeID;
```

当 BasicTeacherInfoView 视图被创建完成后，外部程序就可以通过一个简单的 SELECT 语句查询视图数据，其操作语句如下。

```
SELECT  *  FROM  BasicTeacherInfoView
ORDER  BY  所属学院 , 编号;
```

这个语句执行后，其查询操作结果如图 3-50 所示。

上面的视图仅仅输出教师的基本信息，其他涉及隐私的信息被视图过滤掉了。在视图使用中，也可以对视图查询的列进行排序，如上例视图查询中，先按所属学院排序，再按编号排序。

	编号 character (4)	教师姓名 character varying (10)	性别 character (2)	职称 character varying (6)	所属学院 character varying (40)
1	T001	张键	男	副教授	计算机学院
2	T002	万佐	男	教授	计算机学院
3	T003	青迎	女	副教授	计算机学院
4	T004	马敬	男	教授	计算机学院
5	T005	赵微	女	讲师	计算机学院
6	T006	汪明	男	副教授	软件学院
7	T007	傅超	男	副教授	软件学院
8	T008	李力	男	教授	软件学院
9	T009	杨阳	女	副教授	软件学院
10	T010	楚青	女	副教授	软件学院

图 3-50　BasicTeacherInfoView 视图查询结果

3. 提供一定程度的数据逻辑独立性

视图可提供一定程度的数据逻辑独立性。当数据表结构发生改变，只要视图结构不变，应用程序可以不做修改。

【例 3-50】在选课管理系统数据库中，如果教师信息表（Teacher）的结构进行了改变，增加了“出生日期”字段，其表结构为(TeacherID,TeacherName,TeacherGende,BirthDay,TeacherTitle,CollegeID,TeacherPhone)。但只要定义教师基本信息的视图 BasicTeacherInfoView 结构不变，则使用该视图的外部程序不需要变动。

4. 集中展示用户所感兴趣的特定数据

视图可以将部分用户不关心的数据进行过滤，仅仅提供他们所感兴趣的数据。

【例 3-51】在选课管理系统数据库中，教务部门希望查询出没有被学生选修的课程名称及其教师信息。这里可以创建一个查询该信息的视图 NoSelCourseView，其视图创建 SQL 语句如下。

```
CREATE  VIEW  NoSelCourseView  AS
   SELECT C.CourseName AS 课程名称, T.TeacherName AS 教师,
     COUNT(R.CoursePlanID)  AS 选课人数
   FROM  Course  AS  C  JOIN  Plan  AS  P
     ON  C.CourseID=P.CourseID
     JOIN  Teacher  AS  T  ON  P.TeacherID=T.TeacherID
     LEFT  JOIN  Register  AS  R  ON  P.CoursePlanID=R.CoursePlanID
    GROUP  BY C.CourseName, T.TeacherName;
```

当 NoSelCourseView 视图创建完成后，外部程序就可以通过一个简单的 SELECT 语句查询视图数据，其操作语句如下。

```
   SELECT 课程名称, 教师 FROM  NoSelCourseView
     WHERE 选课人数=0;
```

这个语句执行后，其查询操作结果如图 3-51 所示。

	课程名称 character varying (20)	教师 character varying (10)
1	软件测试	李力
2	系统分析与设计	傅超

图 3-51　NoSelCourseView 视图查询结果

从上面的视图使用可看到，视图可以过滤掉用户不关心的数据，仅仅提供用户需要的

数据。

课堂讨论——本节重点与难点知识问题

1. 在 SQL 中，如何创建一个关联多表查询的视图对象？
2. 在 SQL 中，如何删除一个视图对象？
3. 在 SQL 中，如何使用视图对象提高数据访问安全性？
4. 在 SQL 中，如何使用视图集中展示用户感兴趣的数据？
5. 在 SQL 中，如何使用视图简化前端编程的复杂 SQL 查询？
6. 在 SQL 中，如何控制视图数据只读查询？

3.7 PostgreSQL 数据库 SQL 实践

PostgreSQL 是一种开源的、先进的、可扩展的、高性能的对象-关系数据库 DBMS 软件，广泛地应用在电子商务、办公管理和企业应用等信息系统中。本节结合一个“工程项目管理系统”项目案例来讲解 SQL 在 PostgreSQL 数据库中的编程操作，使读者深入理解本章所介绍的各类 SQL 语句的功能与使用。

3.7.1 项目案例——工程项目管理系统

某公司为了实现对各部门的工程项目进行业务信息管理，将开发一个工程项目管理系统，实现公司的工程项目管理目标。在该工程项目管理系统中，相关人员将使用 PostgreSQL 数据库管理系统工具创建一个工程项目数据库 ProjectDB。该数据库包含部门表（Department）、员工表（Employee）、项目表（Project）和任务表（Assignment）。各个数据库表的字段结构设计见表 3-10～表 3-13。

表 3-10 部门表（Department）

字段名称	字段编码	数据类型	字段大小	必填字段	备注
部门编号	DepartmentCode	char	3	是	主键
部门名称	DepartmentName	varchar	30	是	
部门简介	DepartmentIntro	varchar	200	否	
部门地点	DepartmentAddr	varchar	50	否	
部门电话	DepartmentTel	varchar	20	否	

表 3-11 员工表（Employee）

字段名称	字段编码	数据类型	字段大小	必填字段	备注
员工编号	EmployeeID	serial		是	主键
员工姓名	EmployeeName	varchar	10	是	
性别	Gender	char	2	是	默认值为“男”
所属部门	Department	char	4	是	外键
学历	Degree	char	4	否	“本科”“研究生”“其他”
出生日期	BirthDay	date		否	
联系电话	Phone	char	11	否	
邮箱	Email	varchar	20	是	取值唯一

表 3-12　　项目表（Project）

字段名称	字段编码	数据类型	字段大小	必填字段	备注
项目编号	ProjectID	serial		是	主键
项目名称	ProjectName	varchar	50	是	
所属部门	Department	char	4	是	外键
估算工时	EstimateHours	int		是	
开始日期	StartDate	date		否	
结束日期	EndDate	date		否	

表 3-13　　任务表（Assignment）

字段名称	字段编码	数据类型	字段大小	必填字段	备注
项目编号	ProjectID	int		是	主键，外键
员工编号	EmployeeID	int		是	主键，外键
完成工时	FishedHours	int		是	
工时成本	Cost	int		是	

以上数据表定义了各个数据库表的字段组成、字段名称、字段编码、字段数据类型、字段数据是否允许空，以及属性列的约束等信息，从而确定了数据库表结构及其数据完整性约束。

3.7.2　数据库的创建

在实现工程项目数据库表对象前，首先需要创建一个新的 PostgreSQL 数据库，并将它命名为 ProjectDB。其操作过程如下。

在 Windows 操作系统下，单击“开始→所有程序→pgAdmin4→pgAdmin4 v1”菜单命令。系统将启动 PostgreSQL 数据库管理工具，并打开 SQL 脚本程序编辑窗口，如图 3-52 所示。

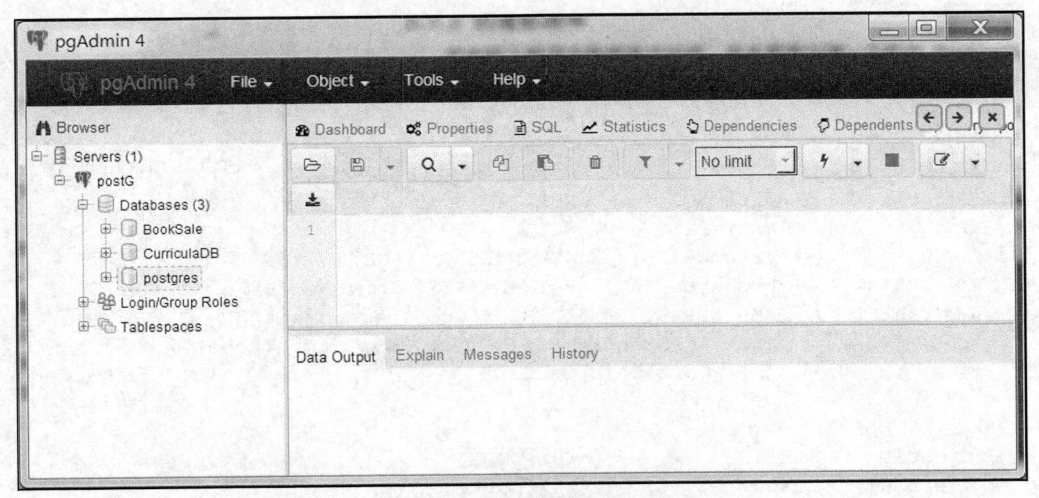

图 3-52　SQL 脚本程序编辑窗口

在该窗口中输入创建 ProjectDB 数据库的 SQL 语句“CREATE DATABASE ProjectDB;”，并单击执行命令按钮，即可新建一个名称为 ProjectDB 数据库，其结果如图 3-53 所示。

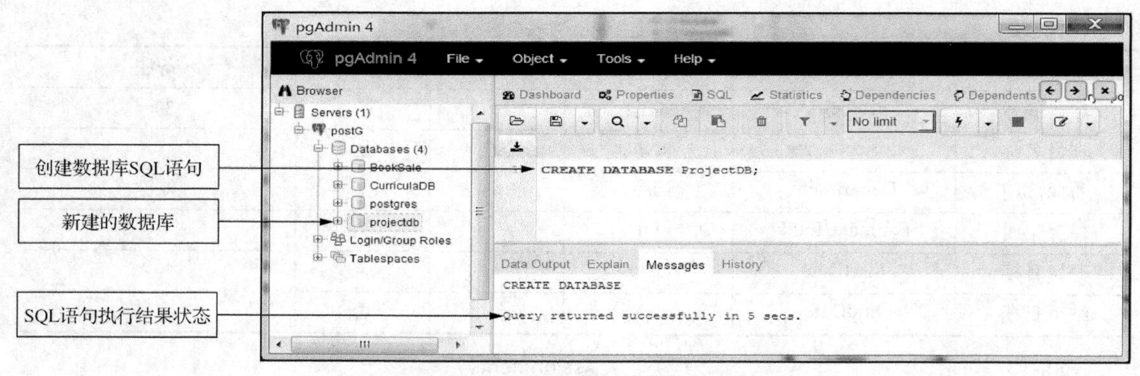

图 3-53　执行 SQL 语句创建数据库

在上述执行创建数据库的 SQL 语句中，系统使用默认参数创建 ProjectDB 数据库。在 pgAdmin 4 工具的左侧数据库目录中，选取 DataBase 目录的右键菜单命令“刷新（Refresh）”，我们将在数据库目录下看到所新键的 ProjectDB 数据库。

3.7.3　数据库表的定义

上面所创建的 ProjectDB 数据库仅仅是一个空数据库，该数据库内部还没有对象内容。按照项目设计要求，需在 ProjectDB 数据库中，创建部门表（Department）、员工表（Employee）、项目表（Project）、任务表（Assignment），其 SQL 程序如下。

```
CREATE  TABLE   Department (
  DepartmentCode    char(3)       NOT NULL,
  DepartmentName    varchar(30)   NOT NULL,
  DepartmentIntro   varchar(200)  NULL,
  DepartmentAddr    varchar(50)   NULL,
  DepartmentTel     varchar(20)   NULL,
  CONSTRAINT        Department_PK     PRIMARY KEY (DepartmentCode)
  );
CREATE  TABLE   Employee (
  EmployeeID       serial         NOT NULL,
  EmployeeName     varchar(10)    NOT NULL,
  Gender           char(2)    NOT NULL  DEFAULT '男',
  Department       char(3)        NOT NULL,
  Degree           char(6)        NULL  CHECK (Degree IN ('本科','研究生','其他')),
  BirthDay         date           NULL,
  Phone            char(11)       NULL,
  Email            varchar(20)    NOT NULL  UNIQUE,
  CONSTRAINT       Employee_PK    PRIMARY KEY (EmployeeID),
  CONSTRAINT       EMP_DEPART_FK  FOREIGN KEY (Department)
                       REFERENCES Department (DepartmentCode)
                       ON UPDATE CASCADE
   );
CREATE  TABLE  Project (
  ProjectID       serial          NOT NULL,
  ProjectName     varchar(50)     NOT NULL,
  Department      char(3)         NOT NULL,
  EstimateHours   int             NOT NULL,
  StartDate       date            NULL,
  EndDate         date            NULL,
  CONSTRAINT      Project_PK      PRIMARY KEY (ProjectID),
```

```
    CONSTRAINT      PROJ_DEPART_FK   FOREIGN KEY (Department)
                         REFERENCES Department (DepartmentCode)
                         ON UPDATE CASCADE
  );
CREATE  TABLE  Assignment (
  ProjectID       int              NOT NULL,
  EmployeeID      int              NOT NULL,
  FishedHours     int              NOT NULL,
  Cost            int              NOT NULL,
  CONSTRAINT      Assignment_PK    PRIMARY KEY (ProjectID, EmployeeID),
  CONSTRAINT      ASSIGN_PROJ_FK   FOREIGN KEY (ProjectID)
                     REFERENCES Project (ProjectID)
                     ON UPDATE NO ACTION
                     ON DELETE CASCADE,
  CONSTRAINT     ASSIGN_EMP_FK   FOREIGN KEY (EmployeeID)
                     REFERENCES Employee (EmployeeID)
                     ON UPDATE NO ACTION
                     ON DELETE NO ACTION
  );
```

将上述 SQL 程序输入 pgAdmin 工具的 SQL 编辑器，然后执行该脚本程序后，其运行结果结果如图 3-54 所示。

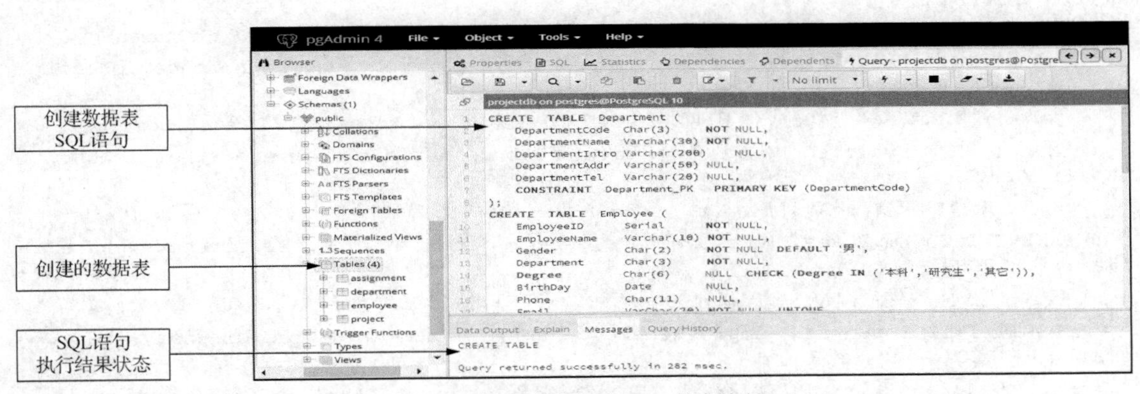

图 3-54　数据库表创建 SQL 程序执行

从运行窗口可看到，系统可以一起执行由多条 SQL 语句构成的程序，同时创建多个数据库表。需要注意：在创建多个有关联表的 SQL 程序中，需要按照一定的先后顺序完成数据表的创建。例如，在创建上面的 4 个表时，需要首先执行 SQL 语句创建 Department 表，然后再执行 SQL 语句创建 Employee、Project 表，最后执行 SQL 语句创建 Assignment 表。其原因是表之间有主表与子表约束关系，首先需要创建主表，然后才能创建其关联的子表。

到此为止，ProjectDB 数据库的 4 个数据表创建完成，可以提供给用户使用了。

3.7.4　数据的维护操作

当在 PostgreSQL 中创建完成数据库表后，可以在 DBMS 中执行由 INSERT INTO 语句构成的数据插入 SQL 程序，完成对 ProjectDB 数据库的 4 个表数据的插入操作。其数据插入 SQL 程序示例如下。

```
/***** Department 表数据插入***********************/
```

```
    INSERT INTO Department VALUES('A01', '人力资源',NULL, 'A区-100', '8535-6102');
    INSERT INTO Department VALUES('A02','法律部', NULL, 'A区-108', '8535-6108');
    INSERT INTO Department VALUES('A03','会计部', NULL, 'A区-201', '8535-6112');
    INSERT INTO Department VALUES('A04','财务部', NULL, 'A区-205', '8535-6123');
    INSERT INTO Department VALUES('A05','行政部', NULL, 'A区-301', '8535-6138');
    INSERT INTO Department VALUES('A06','生产部', NULL, 'B区-101', '8535-6152');
    INSERT INTO Department VALUES('A07','市场部', NULL, 'B区-201', '8535-6158');
    INSERT INTO Department VALUES('A08','IT部', NULL, 'C区-101', '8535-6162');
    /***** Employee 表数据插入*************************/
    INSERT  INTO  Employee(employeename,gender,department,degree,birthday,phone,email)
VALUES(
        '潘振', '男','A07', '本科', '1985-12-10','139********','PZ@ABC.com');
    INSERT INTO Employee (employeename,gender,department,degree,birthday,phone,
email) VALUES(
        '张志', '男','A02', '研究生', '1973-06-23','139********','ZZ@ABC.com');
    INSERT INTO Employee  (employeename,gender,department,degree,birthday,phone,
email) VALUES(
        '刘鸿', '女','A03', '本科', '1976-02-17','139********','LH@ABC.com');
    INSERT INTO Employee  (employeename,gender,department,degree,birthday,phone,
email) VALUES(
        '廖宇', '男','A04', '本科', '1989-11-13','139********','LY@ABC.com');
    INSERT INTO Employee  (employeename,gender,department,degree,birthday,phone,
email) VALUES(
        '刘梦', '女','A05', '其他', '1987-05-19','139********','LM@ABC.com');
    INSERT INTO Employee  (employeename,gender,department,degree,birthday,phone,
email) VALUES(
        '朱静', '女','A08', '本科', '1978-08-30','139********','ZJ@ABC.com');
    INSERT INTO Employee  (employeename,gender,department,degree,birthday,phone,
email) VALUES(
        '谢剑', '男','A03', '研究生', '1990-02-11','139********','XJ@ABC.com');
    INSERT INTO Employee  (employeename,gender,department,degree,birthday,phone,
email) VALUES(
        '丁成', '男','A06', '本科', '1982-09-23','139********','DC@ABC.com');
    INSERT INTO Employee  (employeename,gender,department,degree,birthday,phone,
email) VALUES(
        '严刚', '男','A07','本科', '1988-11-18','139********','YG@ABC.com');
    INSERT INTO Employee  (employeename,gender,department,degree,birthday,phone,
email) VALUES(
        '杨盛', '男','A06','本科', '1975-06-09','139********','YS@ABC.com');
    INSERT INTO Employee  (employeename,gender,department,degree,birthday,phone,
email) VALUES(
        '王伦', '男','A01', '本科', '1968-07-30','139********','WL@ABC.com');
    INSERT INTO Employee  (employeename,gender,department,degree,birthday,phone,
email) VALUES(
        '汪润', '女','A04', '本科', '1965-11-19','139********','WR@ABC.com');
    /***** Project 表数据插入******************************/
    INSERT  INTO  Project  (projectname,department,estimatehours,startdate,enddate)
VALUES(
        '新产品推荐', 'A07',220, '2014-03-12', '2014-05-08');
    INSERT  INTO  Project   (projectname,department,estimatehours,startdate,enddate)
VALUES(
```

```
        '第 2 季度经营分析', 'A04',150, '2014-06-05', '2014-07-10' );
    INSERT INTO Project  (projectname,department,estimatehours,startdate,enddate)
VALUES(
        '上年度增值税上报', 'A03', 80, '2014-02-12', '2014-03-01');
    INSERT INTO Project  (projectname,department,estimatehours,startdate,enddate)
VALUES(
        '产品市场分析', 'A07', 135, '2014-03-20', '2014-05-15');
    INSERT INTO Project  (projectname,department,estimatehours,startdate,enddate)
VALUES(
        '产品定型测试', 'A06', 185, '2014-05-12', '2014-07-15');
    /***** Assignment 表数据插入*************************/
    INSERT INTO Assignment VALUES(15,50, 50,50);
    INSERT INTO Assignment VALUES(15,52, 100,50);
    INSERT INTO Assignment VALUES(16,53, 60,50);
    INSERT INTO Assignment VALUES(16,55, 80,50);
    INSERT INTO Assignment VALUES(17,56 ,45,50);
    INSERT INTO Assignment VALUES(17,57, 75,50);
    INSERT INTO Assignment VALUES(18,58, 55,60);
    INSERT INTO Assignment VALUES(18,59, 70,60);
    INSERT INTO Assignment VALUES(19,50, 70,60);
    INSERT INTO Assignment VALUES(19,60, 30,60);
    /**********************************************************************/
```

当上述 SQL 程序在 pgAdmin 工具的 SQL 编辑器中执行后，其运行结果如图 3-55 所示。

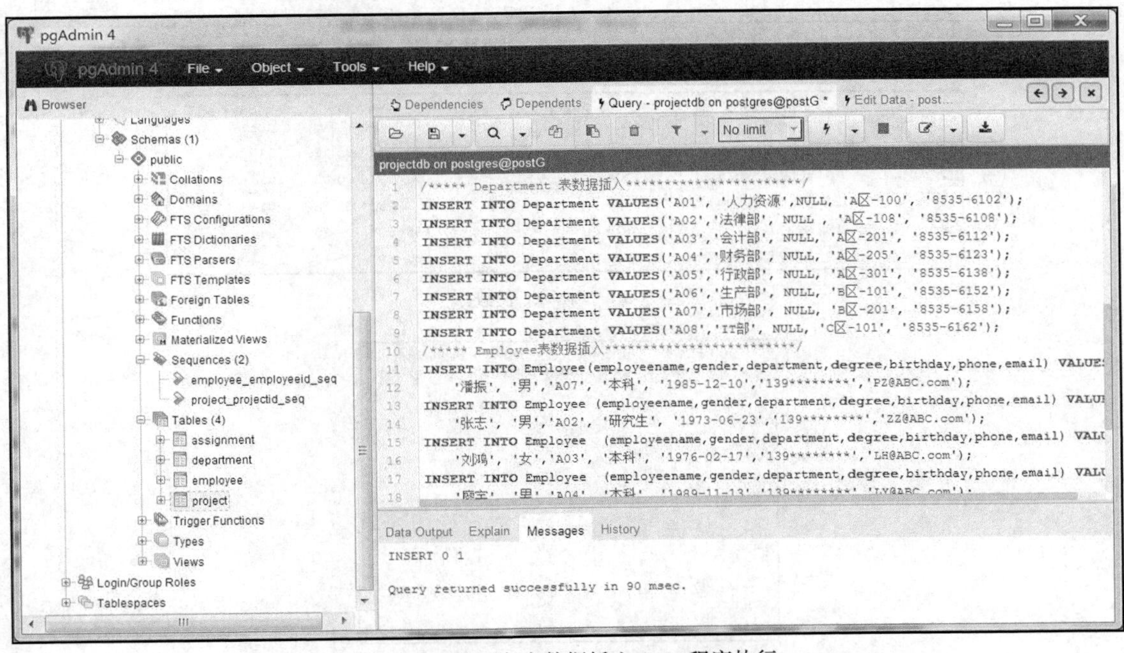

图 3-55　数据库表数据插入 SQL 程序执行

当这些由多条 INSERT 语句构成的 SQL 程序成功执行后，各个表将有数据内容。需要注意：在对多个有关联表进行数据插入时，需要按照一定的先后顺序执行 INSERT 语句操作。例如，在上面的 4 个表数据插入时，需要首先执行 Department 表数据插入语句，然后再执行 Employee、Project 表数据插入，最后执行 Assignment 表数据插入。

到此为止，ProjectDB 数据库的 4 个数据表都有了基本数据，如图 3-56～图 3-59 所示。

	departmentcode [PK] character (3)	departmentname character varying (30)	departmentintro character varying (200)	departmentaddr character varying (50)	departmenttel character varying (20)
1	A01	人力资源	[null]	A区-100	8535-6102
2	A02	法律部	[null]	A区-108	8535-6108
3	A03	会计部	[null]	A区-201	8535-6112
4	A04	财务部	[null]	A区-205	8535-6123
5	A05	行政部	[null]	A区-301	8535-6138
6	A06	生产部	[null]	B区-101	8535-6152
7	A07	市场部	[null]	B区-201	8535-6158
8	A08	IT部	[null]	C区-101	8535-6162

图 3-56 Department 表数据

	employeeid [PK] integer	employeename character varying (10)	gender character (2)	department character (4)	degree character (4)	birthday date	phone character (11)	email character varying (20)
1	49	潘振	男	A07	本科	1985-12...	139********	PZ@ABC.com
2	50	张志	男	A02	研究生	1973-06...	139********	ZZ@ABC.com
3	51	刘鸿	女	A03	本科	1976-02...	139********	LH@ABC.com
4	52	廖宇	男	A04	本科	1989-11...	139********	LY@ABC.com
5	53	刘梦	女	A05	其他	1987-05...	139********	LM@ABC.com
6	54	朱静	女	A08	本科	1978-08...	139********	ZJ@ABC.com
7	55	谢剑	男	A03	研究生	1990-02...	139********	XJ@ABC.com
8	56	丁成	男	A06	本科	1982-09...	139********	DC@ABC.com
9	57	严刚	男	A07	本科	1988-11...	139********	YG@ABC.com
10	58	杨盛	男	A06	本科	1975-06...	139********	YS@ABC.com
11	59	王伦	男	A01	本科	1968-07...	139********	WL@ABC.com
12	60	汪润	女	A04	本科	1965-11...	139********	WR@ABC.com

图 3-57 Employee 表数据

	projectid [PK] integer	projectname character varying (50)	department character (4)	estimatehours integer	startdate date	enddate date
1	15	新产品推荐	A07	220	2014-03-12	2014-05-08
2	16	第2季度经营分析	A04	150	2014-06-05	2014-07-10
3	17	上年度增值税上报	A03	80	2014-02-12	2014-03-01
4	18	产品市场分析	A07	135	2014-03-20	2014-05-15
5	19	产品定型测试	A06	185	2014-05-12	2014-07-15

图 3-58 Project 表数据

	projectid [PK] integer	employeeid [PK] integer	fishedhours integer	cost integer
1	15	50	50	50
2	15	52	100	50
3	16	53	60	50
4	16	55	80	50
5	17	56	45	50
6	17	57	75	50
7	18	58	55	60
8	18	59	70	60
9	19	50	70	60
10	19	60	30	60

图 3-59 Assignment 表数据

3.7.5 多表的关联查询

当 ProjectDB 数据库各个表都有数据后，可以实现工程项目管理的数据库信息查询处理。这里给出若干多表关联的数据库信息查询实例。

【例 3-52】在工程项目管理系统数据库 ProjectDB 中，管理部门希望了解各个项目参与员工的任务工时列表。实现该信息查询处理，需要关联 Employee 表、Project 表和 Assignment 表。查询输出内容应包含项目名称、员工姓名、实际工时，其 SQL 语句如下。

```
SELECT  ProjectName  AS 项目名称,  EmployeeName  AS 员工姓名,
FishedHours  AS 实际工时
FROM  Employee  AS  E,  Project  AS  P,  Assignment  AS  A
WHERE  E.EmployeeID =A.EmployeeID  AND  P.ProjectID=A.ProjectID
ORDER BY  P.ProjectID,  A.EmployeeID;
```

以上语句执行后，其查询结果如图 3-60 所示。

	项目名称 character varying (50)	员工姓名 character varying (10)	实际工时 integer
1	新产品推荐	张志	50
2	新产品推荐	廖宇	100
3	第2季度经营分析	刘梦	60
4	第2季度经营分析	谢剑	80
5	上年度增值税上报	丁成	45
6	上年度增值税上报	严刚	75
7	产品市场分析	杨盛	55
8	产品市场分析	王伦	70
9	产品定型测试	张志	70
10	产品定型测试	汪润	30

图 3-60　各项目员工实际完成任务工时

上面的多表关联 SELECT 查询分别使用 Employee 表的主键与 Assignment 表的外键、Project 表的主键和 Assignment 表的外键进行关联，找出符合条件的员工完成工时数据。其查询输出数据首先按项目编号进行排序，在同一项目中又按员工编号进行排序，采用默认升序输出。

【例 3-53】在工程项目管理系统数据库 ProjectDB 中，管理部门希望进一步了解各个参与员工的总工时数据。实现该信息查询统计，需要关联 Employee 表和 Assignment 表，输出内容包含员工编号、员工姓名、完成总工时，其 SQL 语句如下。

```
SELECT  E.EmployeeID  AS 员工编号,  EmployeeName  AS 员工姓名,
SUM(FishedHours)  AS 完成总工时
FROM  Employee  AS  E,  Assignment  AS  A
WHERE  E.EmployeeID =A.EmployeeID
GROUP  BY  E.EmployeeID, EmployeeName
ORDER  BY  E.EmployeeID;
```

以上语句执行后，其查询结果如图 3-61 所示。

	员工编号 integer	员工姓名 character varying (10)	完成总工时 bigint
1	50	张志	120
2	52	廖宇	100
3	53	刘梦	60
4	55	谢剑	80
5	56	丁成	45
6	57	严刚	75
7	58	杨盛	55
8	59	王伦	70
9	60	汪润	30

图 3-61　项目各员工完成总工时

上面的关联表 SELECT 查询使用 Employee 表的主键与 Assignment 表的外键进行关联，找出符合条件的员工完成工时数据，并按员工进行分组统计总工时。其列表数据按员工编号升序输出。

【例 3-54】在工程项目管理系统数据库 ProjectDB 中，管理部门还希望了解各个项目的预计成本和当前实际发生成本，并找出哪些项目成本超出预算。这需要关联 Project 表和 Assignment 表，统计输出各个项目的成本信息，其输出内容包含项目名称、预计成本、实际成本，其 SQL 语句如下。

```
SELECT  ProjectName  AS 项目名称,  (EstimateHours * Cost)  AS 预计成本,
SUM(FishedHours *Cost)  AS 实际成本
FROM   Project,  Assignment
WHERE  Project.ProjectID=Assignment.ProjectID
GROUP BY  ProjectName, EstimateHours, Cost;
```

以上语句执行后，其查询结果如图 3-62 所示。

	项目名称 character varying (50)	预计成本 integer	实际成本 bigint
1	新产品推荐	11000	7500
2	上年度增值税上报	4000	6000
3	产品市场分析	8100	7500
4	第2季度经营分析	7500	7000
5	产品定型测试	11100	6000

图 3-62　各项目的预计成本和实际成本

上面的多表关联 SELECT 查询使用 Project 表的主键和 Assignment 表的外键进行关联，找出匹配的数据进行计算。在计算实际成本数据中，按项目名进行分组求和统计。由计算结果可知，“上年度增值税上报”项目的实际成本超出了预算。

3.7.6　视图的应用

在工程项目管理系统中，为了降低程序编程人员使用查询 SQL 语句的复杂度，同时也为系统数据的安全使用，本节也将应用视图功能，从而更好地实现数据库信息的访问。

【例 3-55】在工程项目管理系统数据库 ProjectDB 中，管理部门希望查询输出员工通信录。为了保护员工的一些隐私信息，可以采用视图方式查询输出，其输出内容包含员工编号、员工姓名、手机、邮箱。该视图的创建 SQL 语句和视图查询 SQL 语句如下。

```
CREATE VIEW ContactView AS
SELECT EmployeeID AS 员工编号, EmployeeName AS 员工姓名, Phone AS 电话,
  Email AS 邮箱
 FROM   Employee;
SELECT *
 FROM   ContactView
 ORDER BY 员工编号;
```

当以上 SQL 语句在数据库中执行后，其查询操作结果如图 3-63 所示。

在上面的员工通信录生成中，首先创建员工通信录信息的视图 ContactView，然后对该视图进行查询，并按员工编号升序输出。

	员工编号 integer	员工姓名 character varying (10)	电话 character (11)	邮箱 character varying (20)
1	49	潘振	139********	PZ@ABC.com
2	50	张志	139********	ZZ@ABC.com
3	51	刘鸿	139********	LH@ABC.com
4	52	廖宇	139********	LY@ABC.com
5	53	刘梦	139********	LM@ABC.com
6	54	朱静	139********	ZJ@ABC.com
7	55	谢剑	139********	XJ@ABC.com
8	56	丁成	139********	DC@ABC.com
9	57	严刚	139********	YG@ABC.com
10	58	杨盛	139********	YS@ABC.com
11	59	王伦	139********	WL@ABC.com
12	60	汪润	139********	WR@ABC.com

图 3-63　员工通信录

【例 3-56】在工程项目管理系统数据库 ProjectDB 中，管理部门希望找出工期超出预期的项目信息。这时需要关联 Project 表和 Assignment 表进行查询处理，计算各个项目的实际开展工时，并与预期工时比较，找出工期超出预期的项目信息。输出内容包含项目名称、预期工时、实际工时，其 SQL 语句如下。

```
SELECT  ProjectName  AS 项目名称,  EstimateHours  AS 预期工时,
 SUM(FishedHours )  AS 实际工时
 FROM  Project  AS  P,  Assignment  AS  A
 WHERE  P.ProjectID=A.ProjectID  AND  SUM(FishedHours ) > EstimateHours
 GROUP BY  ProjectName;
```

当以上语句在 PostgreSQL 数据库中执行时，系统会提示错误，不允许将内置函数作为 WHERE 子句的一个部分。因此，直接使用 SELECT 语句无法完成上述查询操作。

这里，我们可以先构建一个包含该内置函数的视图，然后在视图查询 SQL 语句中使用 WHERE 子句条件，检索超期的项目，其视图创建 SQL 语句和视图查询 SQL 语句如下。

```
CREATE  VIEW  ProjectFishedHours  AS
SELECT  ProjectName  AS 项目名称,  EstimateHours  AS 预期工时,
 SUM(FishedHours )  AS 实际工时
 FROM  Project  AS  P,  Assignment  AS  A
 WHERE  P.ProjectID=A.ProjectID
 GROUP BY  ProjectName,EstimateHours;
SELECT  *
 FROM ProjectFishedHours
 WHERE  实际工时 > 预期工时
 ORDER BY 项目名称;
```

上述 SQL 语句执行后，其查询结果如图 3-64 所示。

	项目名称 character varying (50)	预期工时 integer	实际工时 bigint
1	上年度增值税上报	80	120

图 3-64　超期项目查询

在上面的超期项目信息查询中，首先创建计算项目实际工时的视图 ProjectFishedHours，然后对该视图进行条件查询，查询结果数据按项目名称升序输出。

课堂讨论——本节重点与难点知识问题

1. 在工程项目管理系统开发中，如何执行 SQL 语句创建 ProjectDB？
2. 在工程项目管理系统开发中，如何执行 SQL 语句创建各个数据库表？
3. 在工程项目管理系统开发中，如何对 ProjectDB 进行数据的插入、更新、删除？
4. 在工程项目管理系统开发中，如何关联多表以实现数据查询？
5. 在工程项目管理系统开发中，如何创建视图对象？
6. 在工程项目管理系统开发中，如何使用视图对象？

习　题

一、单选题

1. 在 SQL 中，实现数据查询的语句是（　　）。
   A. SELECT 语句　B. UPDATE 语句　C. CREATE 语句　D. DELETE 语句
2. 下面哪个关键词可以约束数据库表字段取值为唯一？（　　）
   A. SORT　B. DISTINCT　C. UNIQUE　D. ORDER BY
3. 在学生成绩表中，“成绩”字段取值类型一般应为（　　）。
   A. 字符串　B. 整数　C. 正整数　D. 浮点数
4. 在 SQL 中，下面哪种数据类型最适合作为身份证字段数据？（　　）
   A. int　B. text　C. char　D. varchar
5. 在 SQL 中，删除表中数据的语句是（　　）。
   A. DROP 语句　B. DELETE 语句　C. CLEAR 语句　D. REMOVE 语句

二、判断题

1. SQL 是一种数据操作语言，不能用于应用程序编程。（　　）
2. 除非 SELECT 查询结果是单个数据，否则结果应是一个关系。（　　）
3. 与表操作相同，视图也可以任意更新数据库中的数据。（　　）
4. 在 SELECT 查询语句中，可使用 SORT 子句来排序结果数据。（　　）
5. 在多表关联查询时，如果最终结果来自单表，可使用子查询实现。（　　）

三、填空题

1. SQL 在 20 世纪 70 年代被________________公司发明。
2. 在 SQL 中，能够在数据库表中添加数据的语句是____________。
3. 对已存在的数据库表进行修改，应使用________________语句。
4. 在 SQL 中，可使用______________内置函数实现数据列求和。
5. 在多表关联查询中，为实现左连接查询，需要使用___________关键词。

四、简答题

1. SQL 与程序设计语言有何区别？
2. 如何使用子查询与连接查询？
3. 数据完整性包含什么，SQL 中如何定义？
4. 什么是列约束？什么是表约束？它们在 SQL 中如何定义？
5. 什么是视图？它有哪些用途？

五、实践操作题

开发一个房产信息管理系统实现居民的房产信息管理。在该房产信息管理系统中，请设计一个数据库 EstateDB，其中包括业主表（Owner）、房产表（Estate）、产权登记表（Registration）。各数据表的字段结构定义见表 3-14～表 3-16。

表 3-14　　业主表（Owner）

字段名称	字段编码	数据类型	字段大小	必填字段	备注
身份证号	PersonID	char	18	是	主键
姓名	Name	varchar	20	是	
性别	Gender	char	2	是	
职业	Occupation	varchar	20	是	
身份地址	Addr	varchar	50	是	
电话	Tel	varchar	11	是	

表 3-15　　房产表（Estate）

字段名称	字段编码	数据类型	字段大小	必填字段	备注
房产编号	EstateID	char	15	是	主键
房产名称	EstateName	varchar	50	是	
房产楼盘	EstateBuildName	varchar	50	是	
房产地址	EstateAddr	varchar	60	是	
房产城市	EstateCity	varchar	60	是	
房产类型	EstateType	char	4	是	取值范围："住宅""商铺""车位""别墅"
产权面积	PropertyArea	numeric	(5,2)	是	
使用面积	UsableArea	numeric	(5,2)	是	
竣工日期	CompletedDate	date		是	
产权年限	YearLength	int		是	默认值为 70
备注	Remark	varchar	100	否	

表 3-16　　产权登记表（Registration）

字段名称	字段编码	数据类型	字段大小	必填字段	备注
登记编号	RegisterID	int		是	主键
身份证号	PersonID	char	18	是	外键
房产编号	EstateID	char	15	是	外键
购买金额	Price	money		是	
购买日期	PurchasedDate	date		是	
交付日期	DeliverDate	date		是	

以上数据表定义了各表的字段组成、字段名称、字段编码、字段数据类型、字段数据是否允许空及属性列的约束等信息，并确定了数据库表结构及其数据完整性约束。编写 SQL 语句完成对该数据库创建与数据操作处理，具体要求如下。

（1）编写并运行 SQL 语句，创建数据库 EstateDB。

（2）编写并运行 SQL 语句，在数据库 EstateDB 中创建上述 3 个数据库表，并定义其完整性约束。

（3）准备样本数据，编写并运行 SQL 语句，在上述 3 个数据库表中添加数据。

（4）编写并运行 SQL 语句，查询类别为“商铺”的房产信息。

（5）编写并运行 SQL 语句，查询竣工日期为 2018 年 12 月 1 日后，产权面积 90 平方米以上的“住宅”的房产信息。

（6）编写并运行 SQL 语句，查询个人在各地购买住宅两套以上的业主基本信息。

（7）编写并运行 SQL 语句，查询个人在特定城市购买住宅两套以上的业主基本信息。

（8）编写并运行 SQL 语句，统计 2018 年度某城市的各类房产销售面积。

（9）编写并运行 SQL 语句，统计 2018 年度某城市的各类房产销售金额。

（10）创建 SQL 视图，通过视图查询指定身份证号下，该业主的购置房产信息（房产编号、房产名称、房产类型、产权面积、购买金额、购买日期、房产楼盘、房产城市），并按日期降序排列。

（11）创建 SQL 视图，分组统计 2018 年度各城市的住宅销售套数与总销售金额。

第 4 章 数据库设计与实现

数据库设计与实现是数据库应用系统开发的重要内容。数据库设计质量不但决定了应用系统利用数据库管理数据的有效性，同时决定了应用系统处理业务的性能。在进行数据库开发时，我们需要采用软件工程方法设计与实现数据库。本章将介绍数据库设计与实现技术方法及其建模过程。

本章学习目标如下。

（1）了解数据库设计过程。

（2）理解 E-R 模型的原理及方法。

（3）掌握系统概念数据模型、逻辑数据模型、物理数据模型的设计方法。

（4）理解关系数据库规范化设计理论与方法。

（5）掌握数据库设计模型的实现方法。

（6）掌握数据库设计模型的验证方法。

4.1 数据库设计概述

任何信息系统都离不开数据库的应用。在数据库应用系统开发过程中，数据库设计是系统开发的一个核心内容。在 IT 领域，数据库设计是为满足用户数据需求的数据库方案设计过程，其设计方案支持系统的应用开发和数据管理。

4.1.1 数据库设计方案

数据库应用系统开发所需要的数据库设计方案主要体现为数据库设计报告及其设计模型。在数据库设计报告中，我们需要明确给出数据库任务目标、数据库设计思路、数据库设计约束、数据库命名规则、数据库应用架构、数据库应用访问方式、数据库设计模型等。数据库设计方案的核心内容就是各种设计模型，如数据库系统架构模型、系统概念数据模型、系统逻辑数据模型、系统物理数据模型等。典型的数据库设计方案框架如图 4-1 所示。

在开发复杂的数据库应用系统时，为了抓住系统本质及其关键要素，我们必须对系统及其数据库方案进行分析与设计建模。我们可以通过系统模型与数据模型实现对客观事物及其联系的抽象描述，从而有效地分析与设计数据库应用系统。在数据库设计中，我们需要创建不同层次的数据模型来抽象表示系统中的数据对象组成及其关系，即建立系统数据架构。系统数据架构可由概念数据模型、逻辑数据模型和物理数据模型组成。

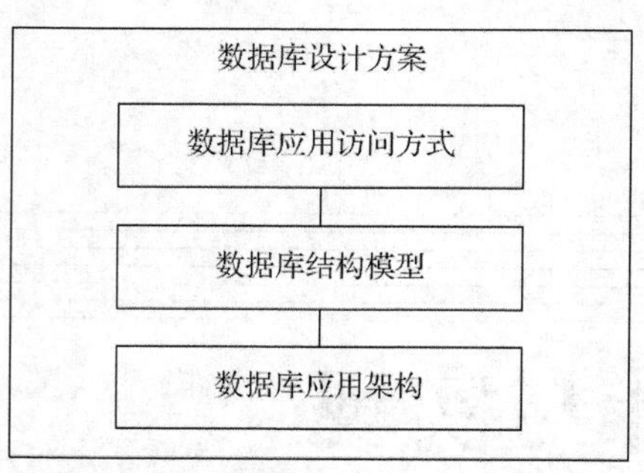

图 4-1 典型的数据库设计方案框架

1. 概念数据模型

概念数据模型（Conceptual Data Mode，CDM）是一种将业务系统的内在数据关系映射到信息系统数据实体联系的顶层抽象，同时也是数据库设计人员与用户之间进行交流的数据模型载体。它使数据库设计者的注意力能够从复杂业务系统的内在数据关系细节中解脱出来，关注业务系统最重要的信息数据结构及其处理模式。概念数据模型必须是用户与数据库设计人员都能理解的数据模型，并作为用户与数据库设计者之间的联系纽带。概念数据模型设计是数据库设计中非常关键的环节，它应确保数据模型满足用户数据需求。

在概念数据模型中，系统数据被抽象为“实体”，并以模型图形式反映业务领域的数据对象及其关系。该模型图仅仅反映业务领域的数据对象的内在联系，而不定义这些数据对象在数据库系统中如何表示。

2. 逻辑数据模型

逻辑数据模型（Logic Data Mode，LDM）是概念数据模型在系统设计角度的延伸，它使整个系统的实体联系更加完善及规范，以便于在特定类型数据库中实现，同时又不依赖于具体的 DBMS 产品。

在逻辑数据模型中，系统数据对象依然体现为“实体”和“联系”等形式，但该数据模型是从系统设计角度描述系统的数据对象组成及其结构关系，并考虑这些数据对象在数据库系统中的逻辑表示。

3. 物理数据模型

物理数据模型（Physical Data Model，PDM）是从系统设计实现角度描述数据模型在特定 DBMS 中的具体设计实现方案。

在实现系统数据库及其对象前，我们必须针对系统所选定的 DBMS 进行物理数据模型设计。在关系数据库系统的物理数据模型设计中，我们需要考虑实体如何转换为数据库表、实体联系如何转换为参照完整性约束，以及索引定义、视图定义、触发器定义、存储过程定义等设计内容。

从上面介绍的数据库设计方案可以看到，数据库设计分为概念数据模型设计、逻辑数据模型设计、物理数据模型设计 3 个层次。各层次数据模型元素之间的对应关系见表 4-1。

表 4-1 数据模型元素对应关系

概念数据模型	逻辑数据模型	物理数据模型
实体（Entity）	实体（Entity）	表（Table）
属性（Attribute）	属性（Attribute）	列（Column）
标识符（Identifier）	标识符（Primary Identifier/ Foreign Identifier）	键（Primary key/ Foreign key）
联系（Relationship）	联系（Relationship）	参照完整性约束（Reference）

由表 4-1 可知，各层次数据模型的基本元素有差别，但逻辑数据模型元素与概念数据模型元素差别不太。数据库设计就利用这些模型元素对系统数据结构进行设计建模。

无论是概念数据模型、逻辑数据模型，还是物理数据模型，它们都应满足数据库设计模型的 3 个基本原则：①真实地模拟现实世界的数据关系；②数据模型形式容易被用户理解；③数据模型便于在计算机上实现。单一层次的数据模型难以同时满足这 3 个方面要求。因此，在数据库设计中，我们需要分别在概念数据模型、逻辑数据模型和物理数据模型层次进行建模设计。

4.1.2　数据库设计过程与策略

1. 数据库设计过程

按照软件工程思想，数据库设计是依据用户在系统需求分析阶段的数据需求，开展数据库方案设计。数据库设计将经历概念设计、逻辑设计及物理设计 3 个阶段，其创建的系统数据模型分别被称为系统概念数据模型、系统逻辑数据模型和系统物理数据模型。当数据库设计完成后，便可开展数据库的实现。其系统数据库设计过程如图 4-2 中虚框部分所示。

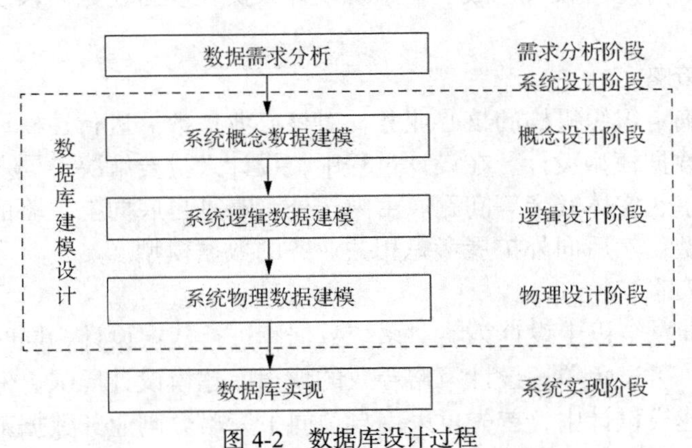

图 4-2　数据库设计过程

在数据库应用系统需求分析阶段，需求分析人员从业务分析中获取数据处理需求，从中抽象出数据实体，分析这些实体的数据特征及其约束关系，并采用数据字典等工程方法对系统数据需求进行描述。该系统数据需求文档将作为系统数据库设计的依据。

在数据库应用系统设计阶段，设计人员首先从业务领域角度，对系统数据架构进行概念设计，得到系统概念数据模型；在此基础上，再从系统软件设计角度，对构成系统的数据模型进行逻辑设计，得到系统逻辑数据模型。系统逻辑数据模型应反映本系统针对特定数据库类型设计的系统数据结构。此后，系统设计人员再基于所选型的 DBMS 实现要求，对构成系统的数据模型进行具体实现设计，得到系统物理数据模型。系统物理数据模型应反映本系统数据库在特定 DBMS 中的具体设计方案。

在数据库应用系统实现阶段，开发人员将依据系统物理数据模型实现数据库及其对象创建，并对所实现的数据库进行测试验证，以得到可运行的数据库系统。在这个阶段，开发人员应同时进行数据库后端程序开发，以及前端应用程序的数据库编程访问。

数据库应用系统开发是一个不断完善的迭代过程，上述各个阶段之间相互影响、相互依赖。因此，数据库设计需要不断迭代完善。

2. 数据库设计策略

数据库设计是为适应组织机构的信息数据处理需求和支持组织机构的业务数据管理而设计数据库方案及其数据模型的过程。数据库设计的目的是为数据库应用系统的实现提供设计蓝图。通常可采取如下数据库设计策略。

（1）自底向上策略

设计人员首先具体分析各业务数据需求，并抽象各业务的数据实体及其关系，然后设计各个业务的数据模型。在设计过程中，设计人员要不断地概括、分类与规范数据模型，并建立反映整个组织的全局数据模型。自底向上数据库设计策略比较适合于组织机构规模较小、业务数据关系较简单的数据库设计，而不太适合于具有大量业务机构、业务数据关系错综复杂的数据库设计。

（2）自顶向下策略

设计人员首先从组织机构全局角度，规划设计组织机构顶层的数据模型，然后分别对各部门所涉及的业务数据进行实体联系建模。在设计过程中，设计人员自顶向下逐步细化设计。自顶向下数据库设计策略适合于组织机构规模较大、业务数据关系错综复杂的数据库建模设计，但该设计策略的实施有较大挑战性，系统设计人员在项目初始阶段从全局规划设计数据模型是有难度的。

（3）由内至外策略

设计人员首先确定组织机构的核心业务，对核心业务数据进行建模设计，然后逐步扩展到其他外围业务的数据模型设计。在设计过程中，设计人员要解决不同业务数据模型之间的实体冲突、实体共享、实体冗余等问题。由内至外策略是自底向上策略的特例，它首先确定关键业务的数据模型，然后向外扩展考虑相关业务的数据模型。

（4）混合设计策略

混合设计策略即融合以上设计策略对系统数据库进行建模设计，同时应用多种设计策略进行系统数据建模，可避免单一设计策略导致的数据库建模设计局限。例如，在针对大型组织机构的复杂数据建模设计中，首先可采用自顶向下策略分割业务数据范围，每个业务建立一个数据模型，然后在每个业务数据模型设计中采用自底向上策略，最后解决各业务数据模型之间的实体冲突、实体共享、实体冗余等问题。

4.1.3 数据库建模设计工具

目前，常用的数据库建模设计工具主要有 PowerDesigner 和 ERwin。以下我们分别对这两个工具做简单介绍。

1. PowerDesigner 建模工具

PowerDesigner 是 SAP Sybase 公司的系统建模工具集，使用它可以方便地对信息系统进行分析与设计，并对系统开发过程进行建模管理。利用 PowerDesigner 进行数据库开发，可以构建系统数据流程图、概念数据模型、逻辑数据模型、物理数据模型，并可将设计模型转化为各类典型的 DBMS 数据库对象，创建 SQL 脚本程序，还可为数据仓库设计结构模型，也能对团队设计模型进行版本控制。

PowerDesigner 建模工具提供了一个完整的建模解决方案。业务人员、系统分析人员、系统设计人员、数据库管理人员和开发人员都可以在系统建模中得到满足他们特定需求的模型视图；其模块化的结构为系统扩展提供了极大的灵活性，从而使开发单位可以根据其项目的规模和范围来使用他们所需要的工具组件。PowerDesigner 灵活的分析和设计特性允许设计人员使用工程方法有效地创建数据库或数据仓库，而不要求严格遵循一个特定的方法学。PowerDesigner 提供了直观的符号，使数据库模型表示更加容易，并在项目组内实现团队开发的版本控制。

2. ERwin 建模工具

ERwin（ERwin Data Modeler）是 CA 公司 AllFuusin 品牌下的数据建模工具，该工具支持各主流数据库系统设计。

ERwin 是一种功能强大、易于使用的数据库设计工具。它极大地提高了设计、生成、维护数据库的工作效率。从描述信息需求和商务规则的逻辑模型，到针对特定目标数据库优化的物理模型，Erwin 均以可视化方式确定合理的结构、关键元素，以及数据库优化。

ERwin 是数据库设计工具，同时也是一个功能强大的数据库开发工具，能为所有主流的数据库自动生成数据库表、视图、存储过程和触发器等对象创建代码。ERwin 同样可支持以数据为中心的应用开发。

课堂讨论——本节重点与难点知识问题

1. 在数据库应用系统设计中，系统数据架构由哪几个部分组成？
2. 概念数据模型、逻辑数据模型、物理数据模型之间是什么关系？
3. 系统数据库设计过程为什么需要分 3 个阶段进行？
4. 在数据库应用系统实现阶段，针对数据库开发涉及哪些活动？
5. 针对特定数据库应用系统，如何确定数据库设计策略？
6. 在数据库应用系统开发中，数据库设计建模如何实施？

4.2　E-R 模型

E-R 模型是“实体-联系模型（Entity-Relationship Model）”的简称。它是一种描述现实世界概念数据模型、逻辑数据模型的有效方法。E-R 模型最早由 Peter Chen（陈品山）于 1976 年提出，该模型在数据库设计领域得到了广泛的使用。大部分数据库设计工具产品均支持使用 E-R 模型进行数据库概念数据模型与逻辑数据模型设计。

4.2.1　模型基本元素

E-R 模型主要定义了实体、属性、联系 3 种基本元素，并使用这些元素符号建模系统的数据对象组成及其数据关系。在系统 E-R 模型设计中，其模型图形主要有 Chen 氏表示法、Crow Feet 表示法和 UML 表示法。本书采用数据库建模工具普遍支持的 Crow Feet 表示法给出 E-R 模型元素符号。

1. 实体

实体（Entity）是对现实世界中描述事物数据对象的抽象概念。实体可以是人，如“客户”“读者”“经理”等；也可以是物品，如“图书”“商品”“设备”等；还可以是机构单位，如销售部门、配送部门、仓储部门等。总之，凡是包含数据特征的对象均可被定义为实体。

在 E-R 模型图中，实体符号通常使用两层矩形方框表示，并在顶层方框内注明实体的名称。实体名一般采用以大写字母开头的具有特定含义的英文名词表示。建议实体名在概念模型设计阶段使用中文表示，而在物理模型设计阶段转换成英文名形式，这样既便于设计人员与用户进行建模交流，也便于编程人员对设计模型进行开发实现。例如，“客户”实体表示如图 4-3 所示。

2. 属性

每个实体都有自己的一组数据特征，这些描述实体的数据特征被称为实体的属性（Attribute）。例如，“客户”实体具有客户编号、客户姓名、性别、手机等属性。不同实体的属性是不同的。

在 E-R 模型实体符号的两栏矩形框中，上栏区域显示实体名称，下栏区域显示实体属性。例如，“客户”实体的属性表示如图 4-4 所示。

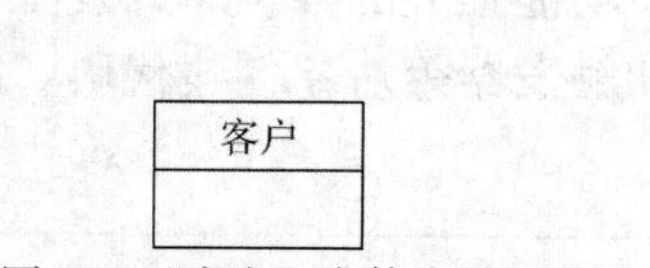

图 4-3 “客户”实体表示

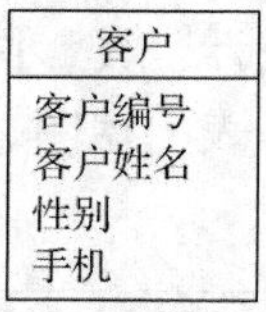

客户

客户编号
客户姓名
性别
手机

图 4-4 “客户”实体的属性表示

在实体中，能够唯一标识不同实体实例的属性或属性集被称为标识符。在图 4-4 所示的“客户”实体中，“客户编号”属性值可以唯一标识不同客户实例，它可以作为客户实体的标识符。如果实体中找不到任何单个属性可以做标识符，就必须选取多个属性的组合作为标识符，此时该标识符被称为复合标识符。例如，“订单明细”实体需要使用“订单编号”和“商品编号”属性作为复合标识符。

在图形表示上，作为标识符的属性需加上下画线。如果是复合标识符，则构成该复合标识符的所有属性都需加上下画线，如图 4-5 所示。

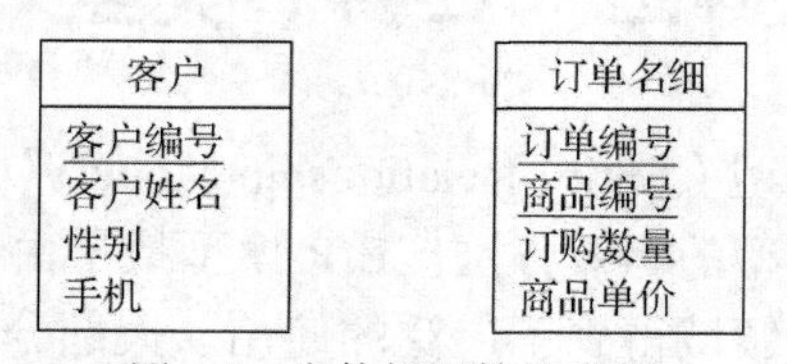

图 4-5 实体标识符的表示

3. 实体间的联系

可以使用联系（Relationship）表示一个或多个实体之间的关联关系。现实世界的事物总是存在着这样或那样的联系，这种联系必然要在信息世界中得到反映。联系是实体之间的一种行为，一般用动词来命名关系，如“管理”“查看”“订购”等。

在 Crow Feet 表示法的 E-R 模型图中，带有形似鸟脚的连线符号表示实体之间的联系，并在线上标记名称以表示联系的行为语义，如图 4-6 所示。

实体之间关联的数目被称为元。实体自己与自己之间的联系被称为一元联系，也被称为递归联系，即一个实体集内部实体之间的联系。例如，“员工”实体之间存在上下级管理关系，其一元联系表示如图 4-6（a）所示。两个实体之间的联系被称为二元联系。例如，“经理”实体与“库存”实体之间存在的查看联系，其二元联系表示如图 4-6（b）所示。3 个实体之间的联系被称为三元联系。例如，商品、图书、计算机 3 个实体存在一种分类关系，其三元联系表示如图 4-6（c）所示。虽然在现实世界中也存在三元以上的联系，但较少使用。

在实际应用中，二元联系是最常见的实体联系。

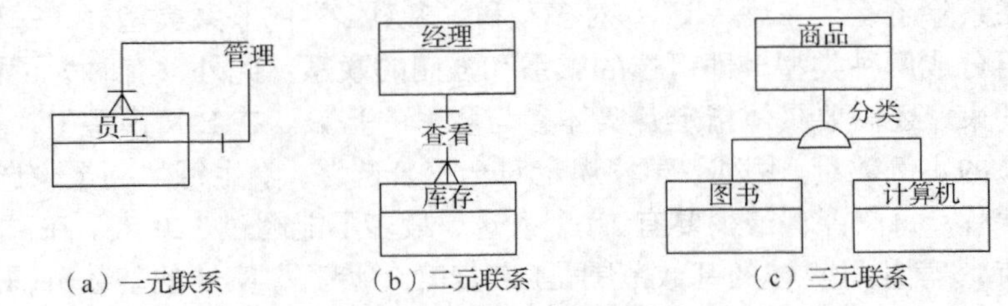

（a）一元联系　（b）二元联系　（c）三元联系

图 4-6　实体之间的联系示例

4.2.2　实体联系类型

实体联系类型指实体之间不同联系的形式。在 E-R 模型中，实体联系可以按多重性、参与性、继承性等特性进行分类。

1. 多重性分类

实体联系多重性指一个实体实例与另一个关联实体实例的数目对应关系。例如，二元实体联系类型按照多重性可以分为如下 3 种联系。

（1）一对一联系

如果实体 A 中的每一个实例在实体 B 中至多有一个实例与之联系，反之亦然，则称实体 A 与实体 B 具有一对一联系，记为 1:1。例如，一个学生只能办理一个学生证，而一个学生证也只能对应于一个学生，学生和学生证之间建立起对应联系，因此这个联系是一个“一对一”类型的联系，如图 4-7（a）所示。

（2）一对多联系

如果实体 A 中的每一个实例在实体 B 中有 N（$N \geqslant 1$）个实例与之联系，而实体 B 中的每一个实例在实体 A 中至多有一个实例与之联系，则称实体 A 与实体 B 具有一对多联系，记为 1:N。例如，一个班级有多名班级干部，而一个班级干部只能隶属于一个班级，则班级与班级干部之间建立起的这种“拥有”联系就是一个“一对多”类型的联系，如图 4-7（b）所示。

（3）多对多联系

如果实体 A 中的每一个实例在实体 B 中有 N（$N \geqslant 1$）个实体与之联系，而实体 B 中的每一个实例在实体 A 中有 M（$M \geqslant 1$）个实体与之联系，则称实体 A 与实体 B 具有多对多联系，记为 M:N。例如，一名教师可以讲授多门课程，一门课程也可以由多名教师讲授，因此课程和教师之间的这种“教学”联系就是“多对多”类型的联系，如图 4-7（c）所示。

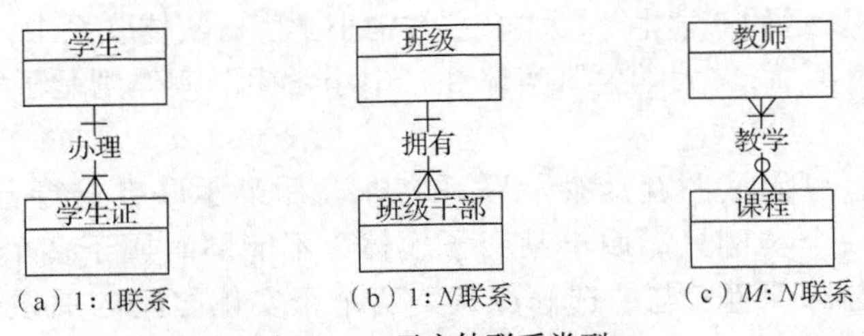

（a）1 : 1联系　（b）1 : N联系　（c）M : N联系

图 4-7　二元实体联系类型

2. 参与性分类

二元实体联系除了有“一对一”“一对多”和“多对多”的联系类型外，每种联系实体还可根据参与性再分成两种类型，即可选的联系和强制的联系。此外，有时为了更精确描述参与实例的数目约束，还需要具体指定各实体参与联系的基数。在 E-R 模型中，基数是关联实体可能参与联系的实例数量。例如，学校规定对全校公选课，学生每学期至少选修 1 门课程，最多选修 3 门课程；每门课程最少要有 10 个人选，最多不能超过 120 人。在“学生”“课程”实体的联系约束，“学生”实体的基数范围是[10,120]，“课程”实体的基数范围是[1,3]。实体联系的基数范围可用[min,max]形式表示，其中 min 表示最小基数，max 表示最大基数。如果最小基数为 0，则表示联系中的实体参与是可选的。如果最小基数为 1，则表示联系中的实体参与是强制性的。

在图 4-7 中，实体之间使用了不同的联系符号，并在连线中给出联系名称用于定义联系的语义，同时在实体两端分别标记联系的最小基数和最大基数。图 4-7（a）中的联系符号表示一个学生只能办理一个学生证，且最多只能有一个学生证，即“学生”“学生证”实体的最小基数均为 1，最大基数也均为 1。图 4-7（b）中的联系符号表示一个班级干部只能属于一个班级且必须属于一个班级，即“班级”实体的最大基数为 1，最小基数为 1；一个班级至少有一个学生，最多可以有 *N* 个学生，即“班级学生”实体的最小基数为 1，最大基数为 *N*。图 4-7（c）中的联系符号表示一个教师可以不授课或授课多达 *M* 门，即“教师”实体的最小基数为 0，最大基数为 *M*；一门课程至少有一个教师讲授，也可以有多个教师讲授，即“课程”实体的最小基数为 1，最大基数为 *N*。

总之，在 E-R 模型中可使用多种不同的符号表示实体联系的类型及其最大、最小基数，本书采用表 4-2 所示的图形符号表示它们。

表 4-2　不同二元联系的表示符号

联系符号	含义
——○ 0,1	实体联系为可选，最小基数为 0，最大基数为 1
——┼ 1,1	实体联系为强制，最小基数为 1，最大基数为 1
——○< 0,*N*	实体联系为可选，最小基数为 0，最大基数为 *N*
——┼< 1,*N*	实体联系为强制，最小基数为 1，最大基数为 *N*

3. 继承性分类

实体之间除了上述基本联系外，还可以有继承联系。继承联系用于表示实体之间的相似性关系。在实体继承联系中，一端是具有公共属性的实体，被称为父实体；另一端是与父实体具有相似属性，同时也具有特殊性的一个或多个实体，被称为子实体。

例如，在图 4-8 所示的“学生”“大学生”“中小学生”实体联系中，“学生”实体是父实体，它具有所有学生共性；“大学生”实体和“中小学生”实体则是子实体，它们代表不同类别学生。

在继承联系中，可以按照互斥继承联系与非互斥继承联系进行分类。在互斥继承联系中，父实体中的一个实例只能属于某个子实体，不能同时属于多个子实体。例如，“课程”父实体下的“必修课程”与“选修课程”两个子实体之间的关系是互斥的，如图 4-9 所示。

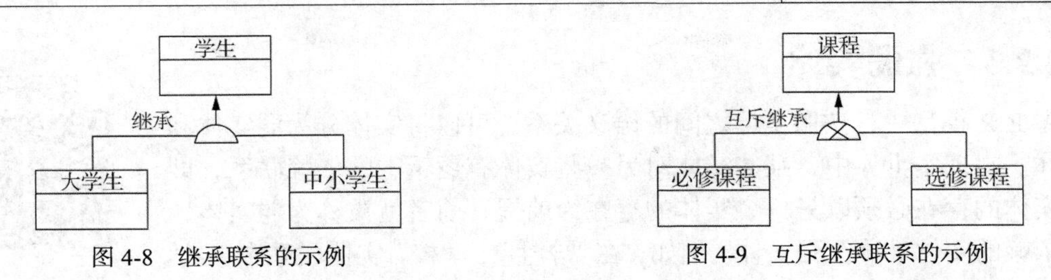

图 4-8　继承联系的示例　　图 4-9　互斥继承联系的示例

在非互斥继承联系中，父实体的一个实例可以属于多个子实体。例如，“教职工”父实体下的“干部”与“教师”子实体之间属于非互斥继承联系，其原因是某教职工有可能既是干部，同时也是教师，如图 4-10 所示。

除了互斥和非互斥继承联系分类外，继承联系还可以按照完整继承和非完整继承进行分类。如果父实体中的实例完整地被各个子实体分别继承，则为完整继承联系；否则为非完整继承联系。

例如，“研究生”实体有“硕士研究生”和“博士研究生”两个子实体。这两个子实体完整概括了研究生的类型，因此该继承联系为完整继承联系，如图 4-11 所示。

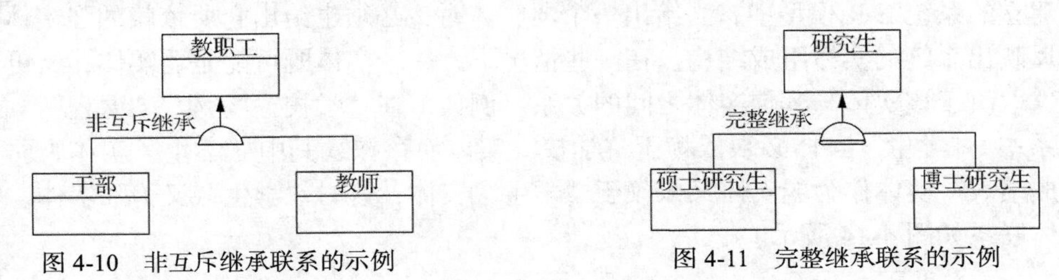

图 4-10　非互斥继承联系的示例　　图 4-11　完整继承联系的示例

另外，“大学生”实体有“本科生”和“研究生”两个子实体，每个“大学生”实体的实例可以是“本科生”或“研究生”，但是除了本科生和研究生，还有自考和网络教育等学生，因此该继承联系是非完整继承联系，如图 4-12 所示。

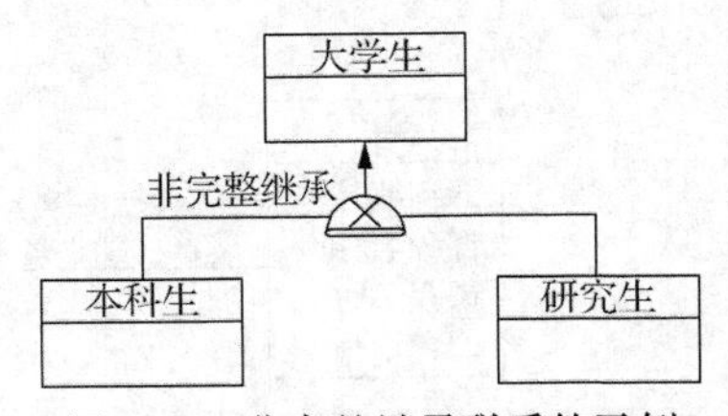

图 4-12　非完整继承联系的示例

总之，实体之间的继承联系按照互斥性与完整性的不同，一共可以分为 4 种，分别是非互斥继承联系、互斥继承联系、完整继承联系、非完整继承联系，其对应的模型符号见表 4-3。

表 4-3　4 种继承联系的模型符号

非互斥继承联系	
互斥继承联系	
完整继承联系	
非完整继承联系	

4.2.3　强弱实体

在E-R模型中，按照实体之间的语义关系，可以将实体分为弱实体和强实体。在现实世界中，某些实体对另一些实体有逻辑上的依赖联系，即一个实体的存在必须以另一个实体的存在为前提，前者就被称为弱实体，而被依赖的实体被称为强实体。例如，在“学生”“学校”实体联系中，“学生”实体必须依赖于“学校”实体而存在。因此，在该实体联系中，“学生”为弱实体，“学校”为强实体，其实体联系如图4-13所示。

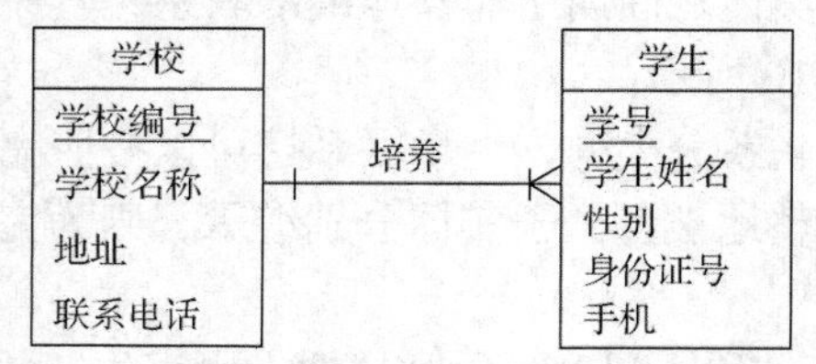

图4-13　强弱实体联系（1）

在建立的系统E-R模型中，当给出一个弱实体时，必须也给出它所依赖的强实体，从而完整地反映出系统的实体组成结构。在一些情况下，一个实体既可能是弱实体，又可能是强实体，这取决于该实体与其他实体之间的关系。例如，在“学校”“学生”“课程”“成绩表”实体联系中，“学生”实体必须依赖于“学校”实体而存在，其中“学生”实体为弱实体；不过“成绩表”实体作为弱实体又依赖于“学生”实体，这时“学生”又为强实体，它们之间的实体联系如图4-14所示。

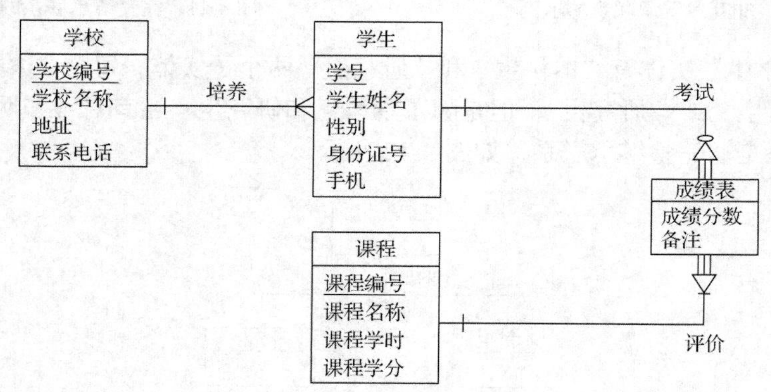

图4-14　强弱实体联系（2）

在E-R模型中，区分强弱实体是为了确定实体之间的依赖关系，同时也是为了在系统模型设计时确保模型实体的完整性。

4.2.4　标识符依赖实体

在E-R模型中，根据弱实体在语义上对强实体依赖程度的不同，弱实体又分为标识符（ID）依赖弱实体和非标识符（ID）依赖弱实体两类。

1．标识符（ID）依赖弱实体

如果弱实体的标识符含有所依赖实体的标识符，则该弱实体被称为标识符（ID）依赖弱实体。在图4-14中，“成绩表”实体在语义上依赖于“学生”“课程”实体而存在，如果没有“学生”“课程”实体，则不会有“成绩表”实体，因此“成绩表”实体是弱实体。同时，“成绩表”实体的标识符分别取决于“学生”“课程”实体的标识符，因此，“成绩表”实体是标识符（ID）依赖弱实体。

2. 非标识符（ID）依赖弱实体

在有依赖关系的弱实体中，并非所有弱实体都是标识符（ID）依赖弱实体，它们可以有自己的标识符，这样的弱实体即为非标识符（ID）依赖弱实体。例如，在图 4-15 所示的“客户”“订单”“商品”实体联系中，“订单”实体在语义上依赖于“客户”“商品”实体而存在。但在“订单”实体中，不需要将“客户”“商品”实体的标识符作为“订单”实体的标识符组成部分。因此，“订单”实体为非标识符依赖弱实体。

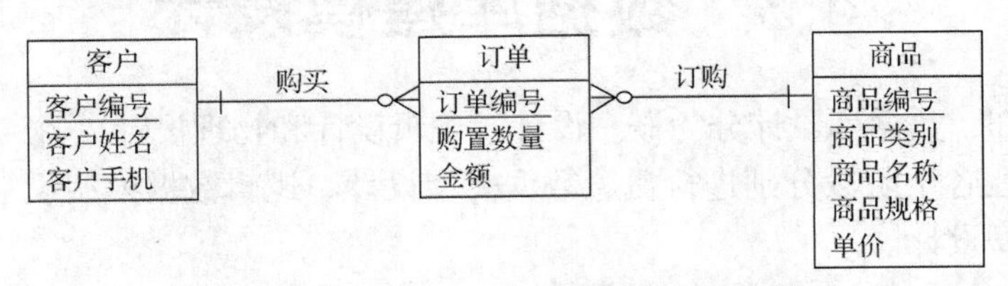

图 4-15　非标识符（ID）依赖弱实体示例

在以上示例给出的标识符依赖弱实体和非标识符依赖弱实体均为一对多联系。除此之外，标识符依赖弱实体和非标识符依赖弱实体在其他示例中也可为一对一联系或多对多联系。

在 E-R 模型中，标识符（ID）依赖弱实体和非标识符（ID）依赖弱实体的联系连线图形符号是不同的。对标识符（ID）依赖弱实体的联系连线图形符号，在弱实体一侧有一个三角形的符号，如图 4-14 所示。对非标识符（ID）依赖弱实体的联系连线图形符号，在弱实体一侧仅为基本鸟足符号，如图 4-15 所示。

4.2.5　E-R 模型图

采用 E-R 模型元素所描述的系统数据结构图形，被称为 E-R 模型图。使用以上 E-R 模型的各个元素符号，可以构建任何一个信息系统的数据模型，从而描述该系统的数据实体组成及实体之间的联系。

【例 4-1】使用 E-R 模型元素，构建设计图书馆业务系统的 E-R 模型图，如图 4-16 所示。

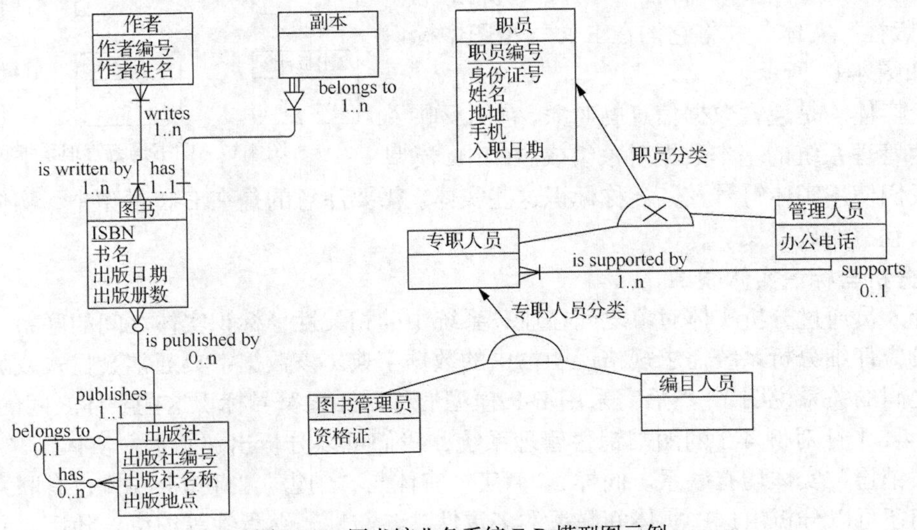

图 4-16　图书馆业务系统 E-R 模型图示例

课堂讨论——本节重点与难点知识问题

1. E-R 模型与概念数据模型、逻辑数据模型之间是什么关系？
2. 在 E-R 模型图中，如何理解实体、属性、联系？
3. 在 E-R 模型图中，如何表示实体之间的继承联系？
4. 在 E-R 模型图中，如何理解强弱实体？
5. 在 E-R 模型图中，如何理解标识符依赖弱实体和非标识符依赖弱实体？
6. 在 E-R 模型图中，如何表示系统的数据对象组成及其对象联系？

4.3 数据库建模设计

由 4.1 节可知，数据库设计分为概念设计、逻辑设计和物理设计 3 个阶段，设计人员在各个阶段分别进行概念数据模型设计、逻辑数据模型设计和物理数据模型设计。

4.3.1 概念数据模型设计

数据库设计第一阶段就是建立一个满足系统数据需求的概念数据模型。该数据模型是一种将现实世界数据及其关系映射到信息世界数据实体及其关系的顶层抽象，同时也是数据库设计人员与用户之间进行交流的数据模型载体。它使设计人员的注意力能够从复杂的应用系统数据的内在关系细节中解脱出来，关注应用系统最重要的信息数据架构。

在概念数据模型设计中，设计人员通常采用 E-R 模型来定义描述系统的数据对象组成结构，即采用 E-R 模型图的实体及其联系等模型符号，以可视化方式描述系统的数据结构关系。系统概念数据模型设计步骤如下。

1. 抽取与标识实体

设计人员分析系统需求规格说明书，从中抽取数据需求对象，并将它们标识为实体。

【例 4-2】针对一个图书销售管理系统数据需求，我们可以抽取出“图书”“商店”“销售”“折扣”“作者”“出版社”实体，并将它们在 E-R 模型图中标识出来，如图 4-17 所示。

图书　商店　销售
出版社　作者　折扣

图 4-17　图书销售管理系统实体

以上实体均是包含数据信息的对象，它们反映了图书销售管理系统的基本数据对象组成。在 E-R 模型图中，我们使用实体符号及其名称标识这些实体。需要注意的是在 E-R 模型中，实体名称必须唯一，且有明确意义。

2. 分析与标识实体联系

设计人员通过分析实体对象之间在业务系统中的相关性，标识实体之间的联系。数据库设计人员应仔细分析系统需求规格说明书中的数据字典（该数据字典通常会显式或隐式地给出数据之间的关系说明），然后需采用 E-R 模型的联系元素符号标识这些实体之间的联系。

【例 4-3】针对例 4-2 的图书销售管理系统，我们可以分析出“图书”实体与“出版社”“作者”“销售”实体均有联系。同样，“商店”实体与“销售”“折扣”实体也有联系。进一步，我们还可以分析出这些实体间联系的多重性、参与性、继承性等约束。随后，我们可使用 E-R 模型的联系元素符号将它们连接起来，如图 4-18 所示。

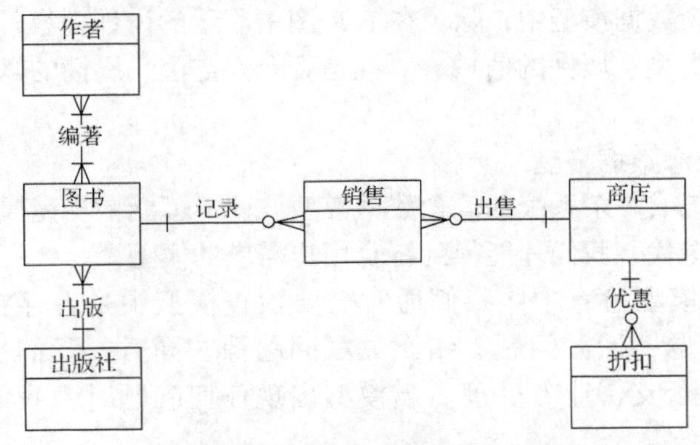

图 4-18　图书销售管理系统的实体联系

在标识实体联系时，我们不但需要给出实体之间的联系连接线，同时也需要给出该联系的名称，并准确反映实体间的语义。在 E-R 模型图中，实体联系符号需要体现出实体间的多重性、参与性、继承性等约束关系。此外，需要注意的是在 E-R 模型中，联系名称也必须唯一，并为有明确意义的名称。

3．定义实体属性与标识符

设计人员在以上概略的 E-R 模型图基础上进一步细化设计，确定各个实体的属性。具体来讲，设计人员要分析实体的数据特征，并将它们在模型图中定义出来。在进行属性定义时，设计人员需要给出属性名称、数据类型、取值约束等说明；同时，设计人员还需要从实体的各个属性中，选出一个代表性的属性作为实体的标识符。该标识符类似主键，其值要求唯一，且不允许空值。针对一些属性的取值业务规则，设计人员还需要定义属性值域，以限定属性的取值范围。

【例 4-4】针对例 4-3 中的图书销售管理系统，我们可以对各个实体进行实体属性定义，并确定其标识符，其细化后的模型如图 4-19 所示。

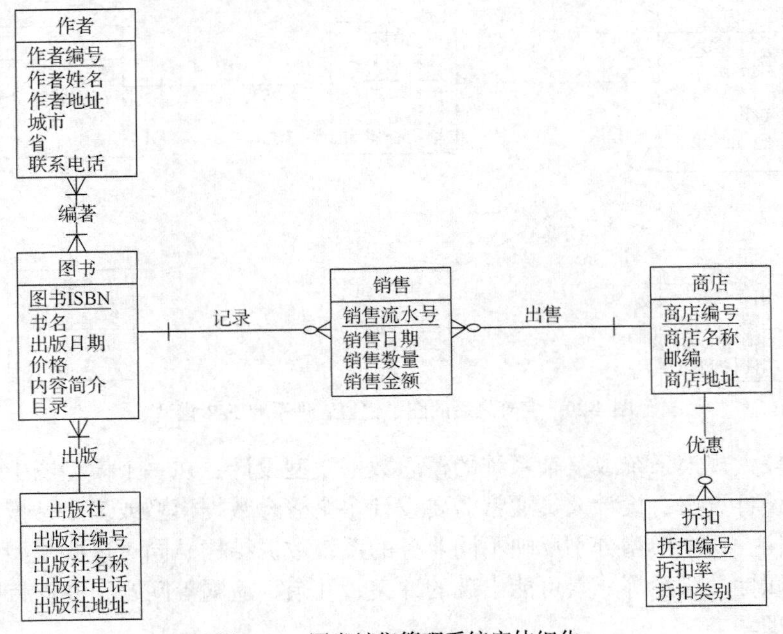

图 4-19　图书销售管理系统实体细化

当 E-R 模型中各个实体的属性及标识符都定义后，该系统的初步概念数据模型就设计出来了。在设计系统概念数据模型中，除了在 E-R 图中展示的设计内容外，还包括一些隐藏的信息，如属性的数据类型、属性的值域、属性是否允许空值、属性的默认值、属性值检查规则等。

4. 检查与完善概念数据模型

一个较大规模系统或复杂系统的概念数据模型设计不可能一步完成，只有通过设计、检查、完善工作的多次迭代，我们才能得到符合用户需求的模型。

在系统概念数据模型检查中，我们通常需要检查模型中是否存在实体、属性及联系的冲突问题、冗余问题、遗漏问题、错误关联问题等。同时，我们也需要从业务数据处理角度，检验模型是否支持业务处理。当模型出现任何问题时，我们都需要对模型进行完善。

【例 4-5】对图 4-19 所示的图书销售管理系统 E-R 模型，我们可以分析出该模型存在实体及联系遗漏情况，如用户在数据库中无法了解某商店有哪些图书，也无法了解各商店中图书的库存。因此，我们需要对该 E-R 模型进行完善，增加“库存”实体，并与“图书”“商店”实体建立联系。此外，为了便于客户按图书类别进行商品信息浏览或查询，在原数据模型基础上，我们需要增加“图书类别”实体，并将它与“图书”实体建立联系。完善之后的系统 E-R 模型如图 4-20 所示。

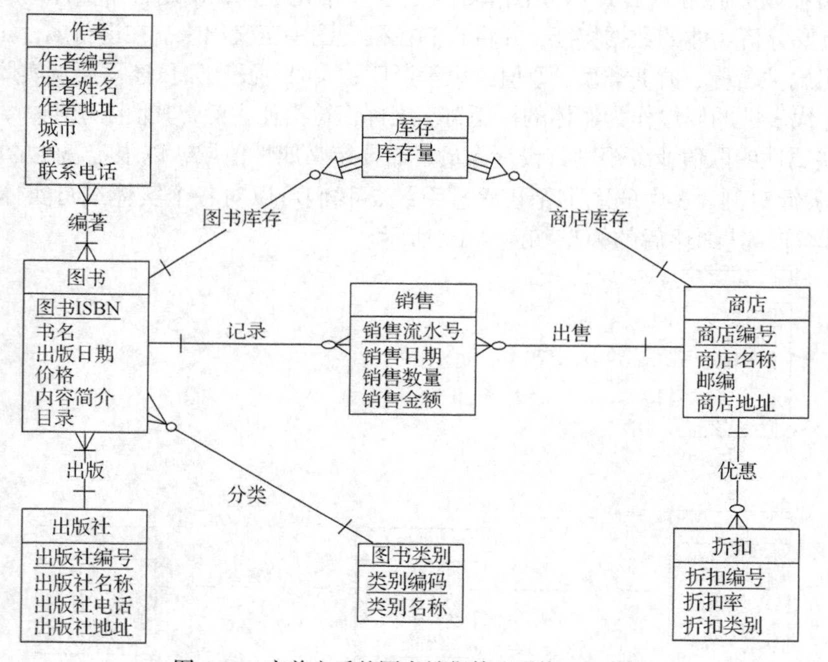

图 4-20 完善之后的图书销售管理系统 E-R 模型

针对一个较大规模系统或复杂系统的概念数据模型设计，在一个模型图中难以完整反映系统数据架构设计方案，设计人员通常需要设计多个概念数据模型或多个子模型，完整地描述系统数据架构，每个模型分别反映不同业务的系统数据结构。同时这些模型之间需要解决模型中实体、属性、联系等元素可能出现的冲突、冗余、遗漏等问题，并支持模型之间共享数据实体的处理。

4.3.2　逻辑数据模型设计

在面向用户视角的系统概念数据模型设计之后，设计人员接下来要从系统设计视角进行逻辑数据模型设计。逻辑数据模型是概念数据模型在系统设计角度的延伸，它使系统的 E-R 模型图体现数据库模型的针对性（如针对关系数据库设计），同时又不依赖于具体的 DBMS 产品。

在逻辑数据模型设计阶段，我们同样采用 E-R 模型来定义描述系统的逻辑数据模型，即采用 E-R 图的实体、属性、联系等模型符号以可视化方式描述系统的数据结构关系。系统逻辑数据模型设计步骤如下。

1. CDM/LDM 转换

逻辑数据模型（LDM）设计所要完成的基本任务是将概念数据模型（CDM）进一步转换设计为适合特定数据库类型的数据模型，并根据数据库设计的准则、数据的语义约束、规范化理论等要求对数据模型进行适当的调整和优化，形成符合设计规范的系统逻辑数据模型。逻辑数据模型与概念数据模型的主要区别如下。

（1）逻辑数据模型比概念数据模型对信息系统数据结构的描述更具体，不但有业务实体，也有新增的、便于信息化处理的数据实体。

（2）逻辑数据模型将概念数据模型的多对多实体联系转化为易于关系数据库实现的一对多实体联系。

（3）逻辑数据模型将概念数据模型中的标识符依赖实体进一步细化，并区分主键标识符和外键标识符，以便于数据模型规范化处理。

【例 4-6】将图 4-20 所示的图书销售管理系统概念数据模型转换设计为逻辑数据模型，如图 4-21 所示。

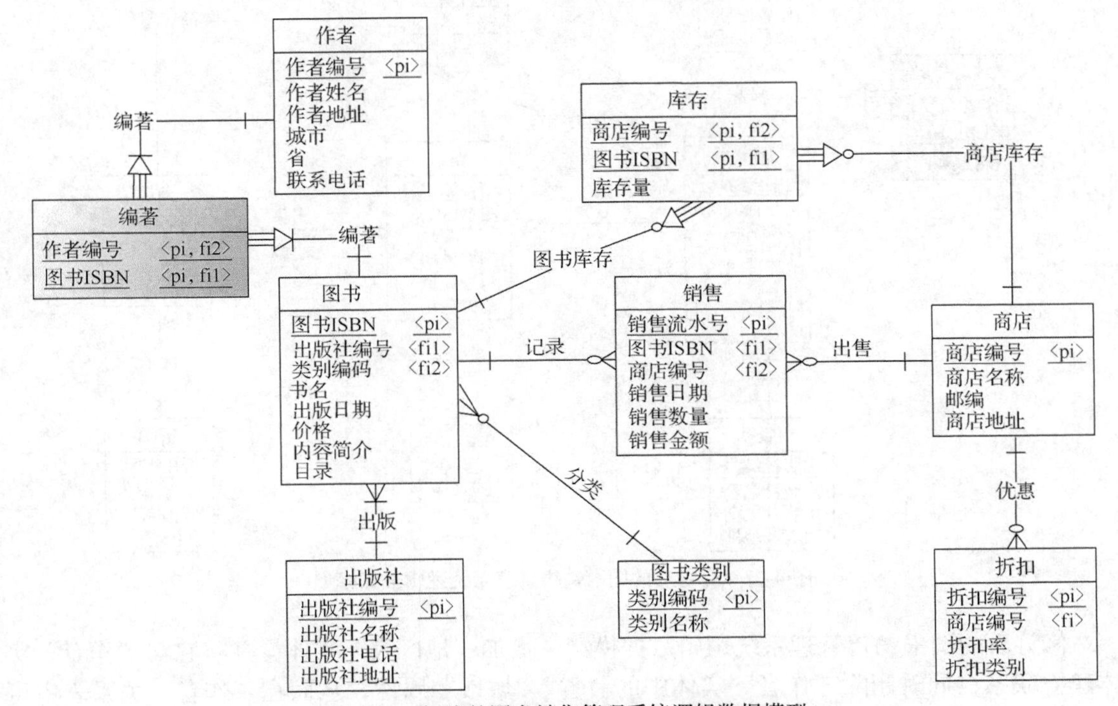

图 4-21　初步的图书销售管理系统逻辑数据模型

从图 4-21 可以看到，与概念数据库模型一样，图书销售管理系统逻辑数据模型也采用 E-R 模型图给出数据库设计。逻辑数据模型更加具体地给出实体属性定义，如在每个实体中分别标识主键标识符及外键标识符。此外，它将概念数据模型中存在的实体间多对多联系，转换为通过关联实体（如“编著”实体）与原实体（“作者”“图书”）之间的一对多联系，从而便于在关系数据库中实现。

2. 规范化与完善逻辑数据模型设计

按照概念数据模型与逻辑数据模型转换规则得到的系统逻辑数据模型，可能存在一些不规范的问题，如新导出的关联实体属性不完整、实体对应的关系表不符合数据库设计标准范式等。在逻辑数据模型设计中，一个重要工作就是对数据模型进行规范化完善设计，使其符合所采用数据库的数据模型要求。例如，针对关系数据库的逻辑数据模型设计，通常需要各个实体符合关系数据库设计规范的 3NF 范式，即实体中非键属性仅依赖于主键属性。否则，需要对实体进行规范化处理。

【例 4-7】通过分析图 4-21 所示的图书销售管理系统逻辑数据模型，可以看到该模型的“作者”实体不符合关系数据库设计规范的 3NF 范式，其中的“省”“城市”属性存在传递依赖。此外，新引入的关联实体“编著”的名称不太确切，其属性仅仅只有所依赖实体的标识符，缺少自身属性。因此，我们需要对该逻辑数据模型进行规范化完善设计，其设计结果如图 4-22 所示。

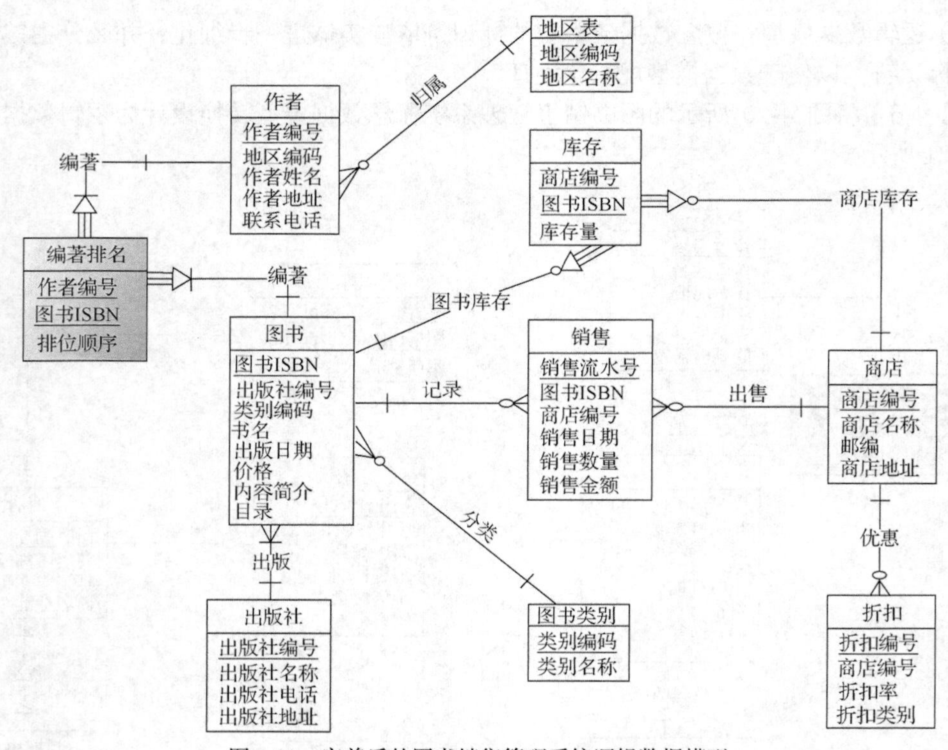

图 4-22　完善后的图书销售管理系统逻辑数据模型

修订后的图书销售管理系统逻辑数据模型，增加“地区表”实体，并将它与“作者”实体建立联系，同时删除“作者”实体中的“省”“城市”属性，从而在“作者”关系表中可通过地区编码方式实现一致的地区名称输入。此外，修订关联实体“编著”名称为“编著排名”，并增加“排位顺序”属性，从而使该实体数据具有实际意义。

4.3.3 物理数据模型设计

当确定系统所使用的具体 DBMS 软件后，设计人员就可以针对系统所选定的 DBMS 进行物理数据模型设计。在系统物理数据模型设计中，我们不再使用 E-R 图来描述数据模型结构，而需要考虑将实体如何转换为数据库表、实体联系如何转换为参照完整性约束，并进行数据库索引定义、视图定义、触发器定义、存储过程定义等设计。

在针对关系数据库的物理数据模型设计中，我们采用关系模型图元素符号如关系表、参照完整性、主键、外键、视图、触发器、存储过程等，来描述系统物理数据模型，其设计步骤如下。

（1）将 E-R 模型图中每一个实体对应转换成一个关系表，实体属性转换为对应表的列，实体标识符转换为对应表的主键。

（2）将实体联系转换为关系表之间的主、外键关系，并定义表之间的参照完整性约束。

（3）完善系统的关系模型图，并在模型中扩展定义视图、索引、存储过程及触发器等数据库对象。

以下分别对 E-R 模型转换到关系模型的各类处理进行设计说明。

1．实体到关系表的转换

将 E-R 模型转换为关系模型的基本方式是将实体转换为关系表。设计人员应首先为每个实体定义一个关系表，其表名与实体名相同；然后将实体的属性转换为表中的列，实体的标识符转换为表中的键，主键标识符转换为主键，外键标识符转换为外键。

【例 4-8】图 4-23（a）中的“学生”实体包含如下属性：学号、姓名、性别和专业。我们应将该实体对应转换为“学生”关系表，将实体的属性转换为表中的列，将实体的标识符转换为表中的主键，结果如图 4-23（b）所示。其中，<pk>表示主键。

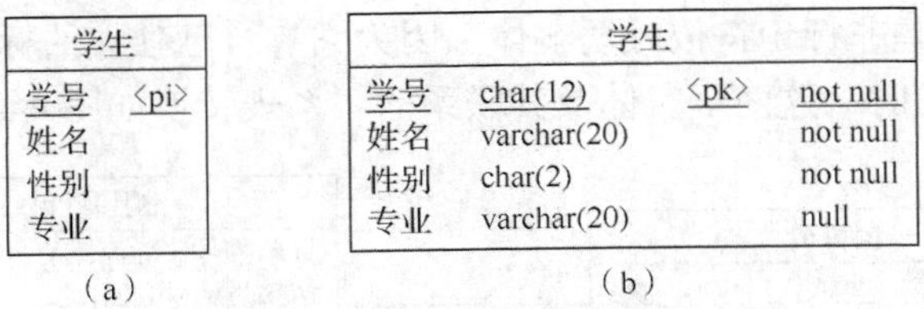

学生	
学号	<pi>
姓名	
性别	
专业	

（a）

学生			
学号	char(12)	<pk>	not null
姓名	varchar(20)		not null
性别	char(2)		not null
专业	varchar(20)		null

（b）

图 4-23 实体转换为关系表

我们在进行实体到关系表的转换时，可能还需要进行以下工作。

（1）代理键设置

在关系数据库设计中，当关系表中的候选键都不适合当主键时（例如，候选键的数据类型为复杂数据或者候选键由多个属性组成），就可以使用代理键作为主键。代理键由 DBMS 自动生成数字键值，且值永不重复，可以唯一标识关系表中不同的元组。

（2）列特性设置

我们在将实体的属性转换为关系表的列时，必须为每个列定义特性，包括数据类型、空值状态、默认值及取值约束。

数据类型：每个 DBMS 都有自己的数据类型定义，对每一列，我们应指明在该列中存储何种类型的数据。

空值状态：在表中插入新行时，某些列必须有值，对这样的列，我们将其标注为 not null；某些列可以允许不输入值，我们将其标注为 null。例如，在图 4-23（b）中，“学号”“姓名”和“性别”列必须有值，因此应标注 not null。“专业”列可以暂不输入值，标注为 null。

默认值：当关系表中某列设定了默认值后，如果用户没有在该列输入值，则由 DBMS 自动将预先设定的默认值放入该列。例如，对学生表的“性别”列，我们可以设置其默认值为“男”。当我们插入新的学生信息时，如果没有给出该学生的性别，系统将自动设置其值为“男”。需要注意的是，只有设置了 not null 标注，才可以设置默认值。

数据约束：一些列若有取值范围的限制，则可使用数据约束来实施限制。例如，学生的性别列数据只能是“男”或者“女”，我们可以在学生表的性别列使用 Check 约束来限制该列的数据范围。

2. 弱实体到关系表的转换

前面描述的实体转换为关系表的方式适用于 E-R 模型的所有实体类型，但弱实体转换关系表还需要特别的处理。当弱实体为非标识符依赖于一个强实体时，我们应在弱实体转换的关系表中加入强实体标识符作为外键列；而当实体为标识符依赖于一个强实体时，我们不但应在弱实体转换的关系表中加入强实体标识符作为外键列，同时也作为该表的主键列。

【例 4-9】图 4-24 中的“销售订单”实体在逻辑上依赖于“销售员”实体。它们之间的实体联系为一对多。

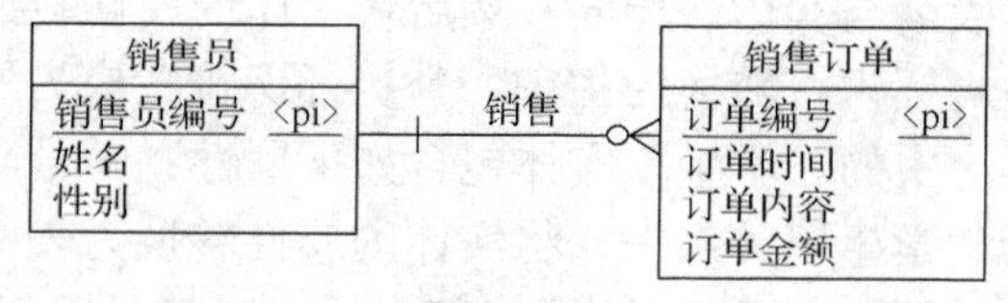

图 4-24 非标识符依赖弱实体

“销售订单”实体是非标识符依赖弱实体，因为它有自己独立的标识符“订单编号”。当进行物理数据模型设计时，这两个实体及其联系的关系表转换如图 4-25 所示。

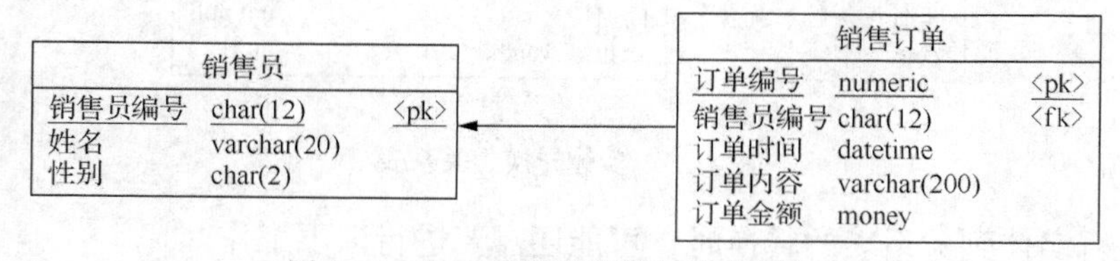

图 4-25 非 ID 依赖弱实体的关系表转换

在弱实体转换的“销售订单”关系表中，“订单编号”作为主键，而“销售员编号”作为外键，并参照约束于“销售员”表的主键“销售员编号”。

【例 4-10】图 4-26 中的“订单明细”实体标识符依赖于“销售订单”实体。它们之间的实体联系为一对多。

在弱实体“订单明细”实体转换为关系表时，它所标识符依赖的强实体标识符不但在“订单明细”关系表中作为主键，同时也作为外键，并与订单明细实体的标识符“订单明细编号”共同构成复合主键，如图 4-27 所示。

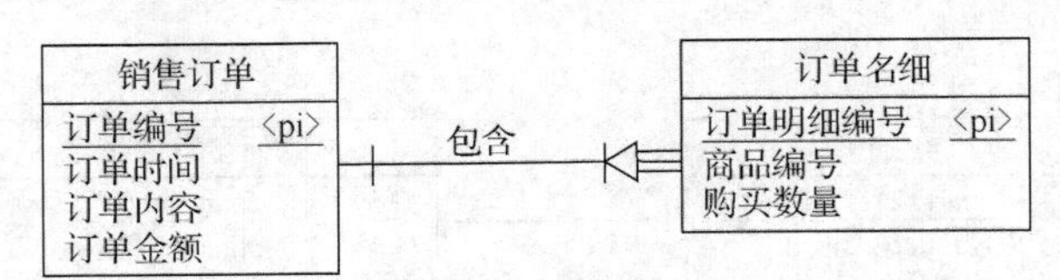

图 4-26　标识符依赖弱实体

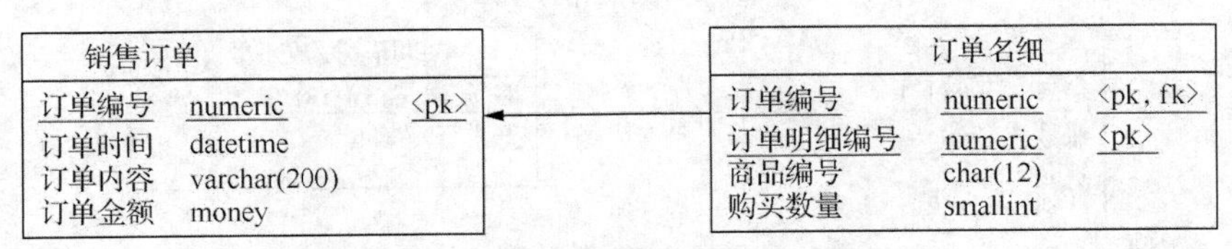

图 4-27　标识符依赖弱实体的表转换

3. 实体联系的转换

在 E-R 模型设计中，实体联系用来描述实体之间的语义关系。当将 E-R 模型转换设计为关系模型时，除了将实体转换为关系表外，我们还需要将实体联系转换为表之间的参照完整性约束。

由 4.2 节可知，实体之间除了存在一般的联系外，还可能存在继承联系和递归联系等形式。当这些实体联系转换为关系模型中表之间的参照完整性约束时，其转换方法有所不同。

（1）1:1 实体联系的转换

1:1 实体联系是二元实体联系中最简单的一种形式，即为一个实体的实例与另一个实体的实例一一对应相关。当将 E-R 模型转换到关系模型时，1:1 实体联系的实体分别转换为关系表，我们可将其中一个表的主键放入另一个表中作为外键。

【例 4-11】在图 4-28 所示的 E-R 模型中，“学生”实体与“助研金发放账号”实体存在 1:1 实体联系。

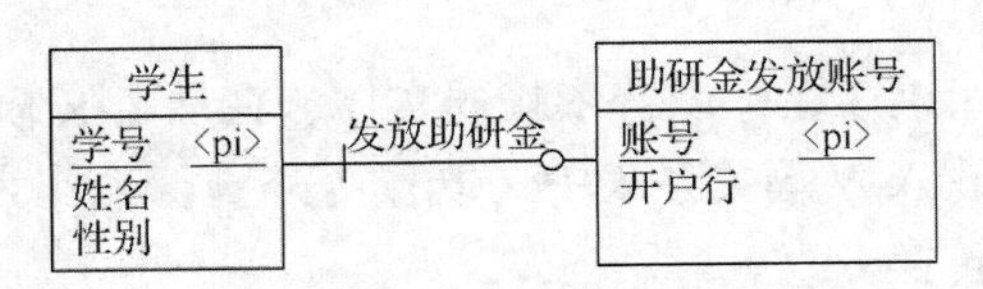

图 4-28　1:1 实体联系

当从 E-R 模型转换为关系模型时，我们将“学生”实体转换为“学生”关系表，再将“助研金发放账号”实体转换为“助研金发放账号”关系表，最后将一个表的主键放入另一个表中作为外键。

针对该例，可以有两种转换方案：一种是将“学生”表的主键“学号”放入“助研金发放账号”表中作为外键，如图 4-29（a）所示。另一种是将“助研金发放账号”表的主键“账号”放入“学生表”中作为外键，如图 4-29（b）所示。这两种方案均是可行的，设计人员可根据应用情况自主做出选择。

（2）1:*N* 实体联系的转换

1:*N* 实体联系是 E-R 模型中使用最多的一种联系。当将 E-R 模型转换到关系模型时，我们将 1:*N* 实体联系的实体分别转换为关系表，并将 1 端关系表的主键放入 *N* 端关系表中作为外键。

【例 4-12】在图 4-30 所示的 E-R 模型中，“班级”实体与“学生”实体存在 1:*N* 实体联系。

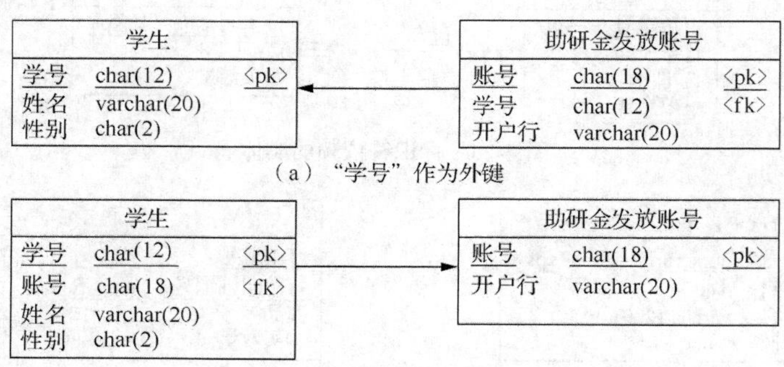

（a）"学号"作为外键

（b）"账号"作为外键

图 4-29　1:1 实体联系的关系转换

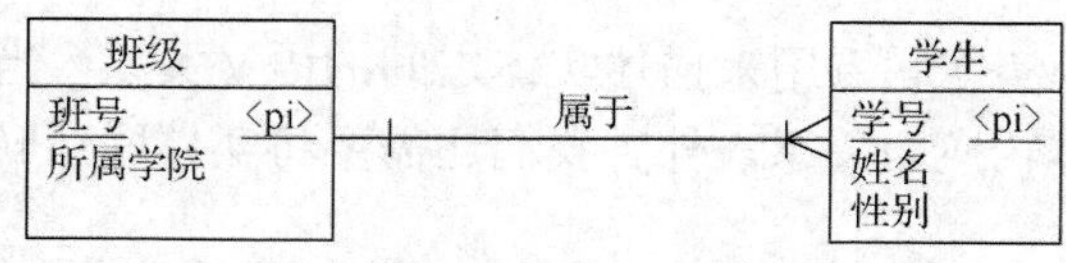

图 4-30　1:*N* 实体联系

当从 E-R 模型转换为关系模型时，我们将"班级"实体转换为"班级"关系表，然后将"学生"实体转换为"学生"关系表，最后将一个"班级"关系表的主键放入"学生"关系表中作为外键，如图 4-31 所示。

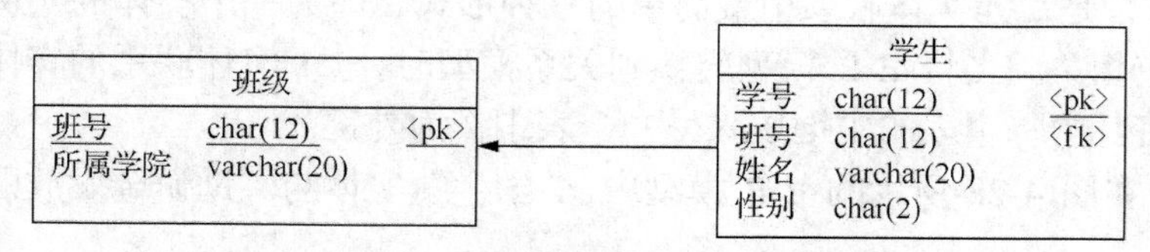

图 4-31　1:*N* 实体联系的关系转换

在 1:*N* 实体联系中，如果存在标识符依赖弱实体，在从 E-R 模型转换关系模型时，我们需要将 1 端关系表的主键放入 *N* 端关系表中，既作为外键，也作为主键。

（3）*M*:*N* 实体联系的转换

对 *M*:*N* 实体联系，关联的两个实体的实例在另一个实体中都有多个实体实例与之相对应。当将 E-R 模型转换到关系模型时，除了关联的实体均转换为对应的关系表外，我们还增加一个关系表，作为关联表与实体的关系表建立参照约束。

【例 4-13】在图 4-32 所示的 E-R 模型中，"课程"实体与"学生"实体存在 *M*:*N* 联系。

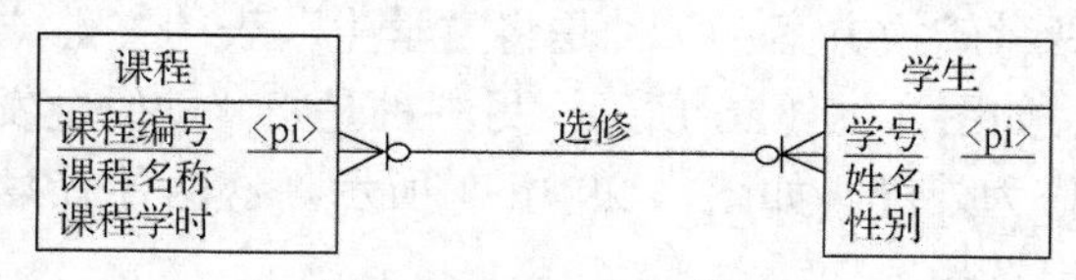

图 4-32　*M*:*N* 实体联系

M:*N* 实体联系不能像表示 1:1 和 1:*N* 实体联系那样直接转换关系表。将任意一个实体关系表的主键放置到另一个实体关系表中作为外键，均是不正确的。为此，我们需要增加一个关联表，用于与"学生"关系表和"课程"关系表建立参照关系。新增的关系表名称反映所关联实体的语义联系。本例转换的关系模型如图 4-33 所示。

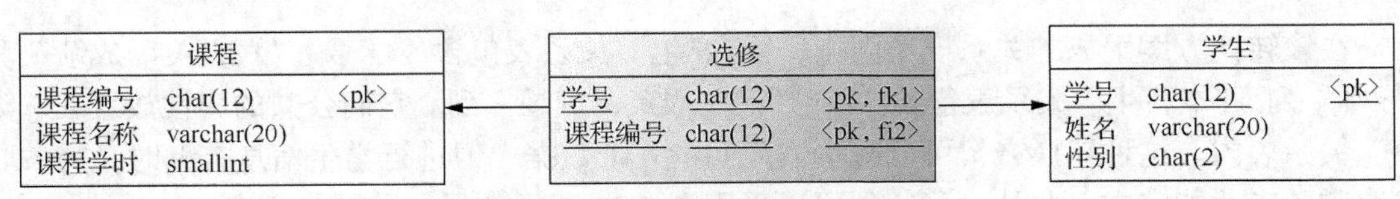

图 4-33　*M:N* 实体联系的关系转换

新增的关联表共有两个列，分别来自“学生”表的主键和“课程”表的主键。这两个列构成关联表的复合主键，同时它们也是外键。

在图 4-33 所示的关系模型中，我们可以将关联表命名为“选修”关系表，用于存放学生课程选修注册数据。同样，我们也可将关联表命名为“课程成绩”关系表，用于存放学生课程成绩数据。在使用关联表时，我们还必须对该表的属性列进行完善，如增加“成绩”列。

（4）实体继承联系的转换

在 E-R 模型中，实体继承联系用来描述实体之间的相似性关系。当 E-R 模型转换到关系模型时，父实体及其继承的子实体都各自转换为关系表，其属性均转换为表的列，并且父表属性应放到子表中作为外键。

【例 4-14】在图 4-34 所示的 E-R 模型中，“本科生”“研究生”实体与“学生”实体存在分类继承联系。

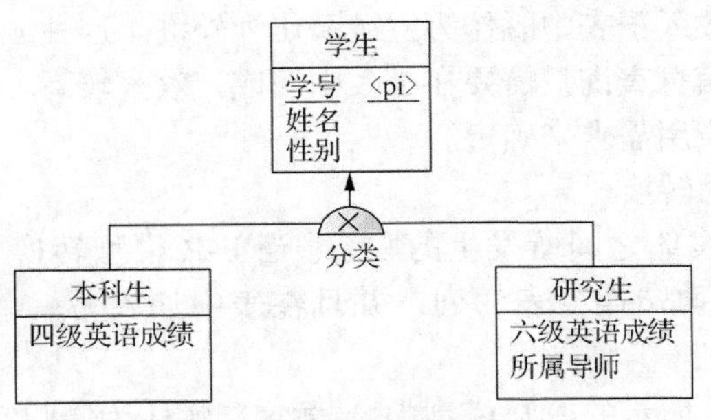

图 4-34　实体继承联系

当该 E-R 模型转换到关系模型时，“学生”实体转换为“学生”关系表，“研究生”实体和“本科生”实体转换为“研究生”关系表和“本科生”关系表，各个实体属性转换为关系表中的列。在处理继承联系转换时，我们将父表中的主键放置到子表中，既作为主键又作为外键。该实体继承联系转换成关系模型的一种方案如图 4-35 所示。

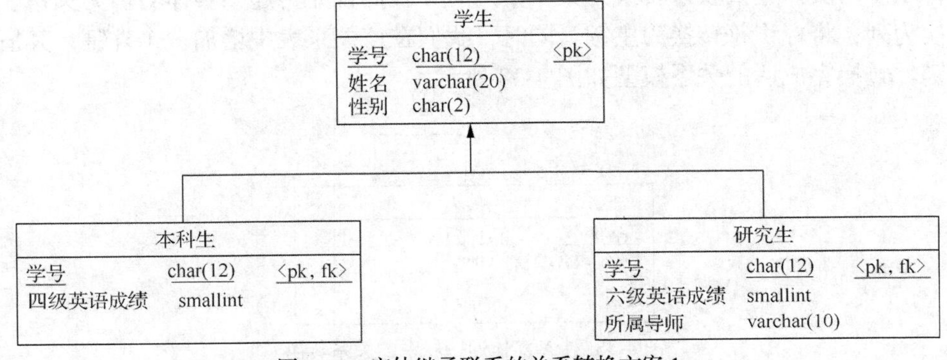

图 4-35　实体继承联系的关系转换方案 1

在该转换方案生成的关系模型图中，“研究生”关系表包含“学号”“六级英语成绩”和“导师”列，“本科生”关系表包含“学号”“四级英语成绩”列。它们公共的属性放置在“学生”关系表内。这种转换方案可以减少表之间的冗余数据，但进行学生信息查询时，需关联父表和子表才能完成。此外，我们还可以采用图4-36所示的另一种转换方案。

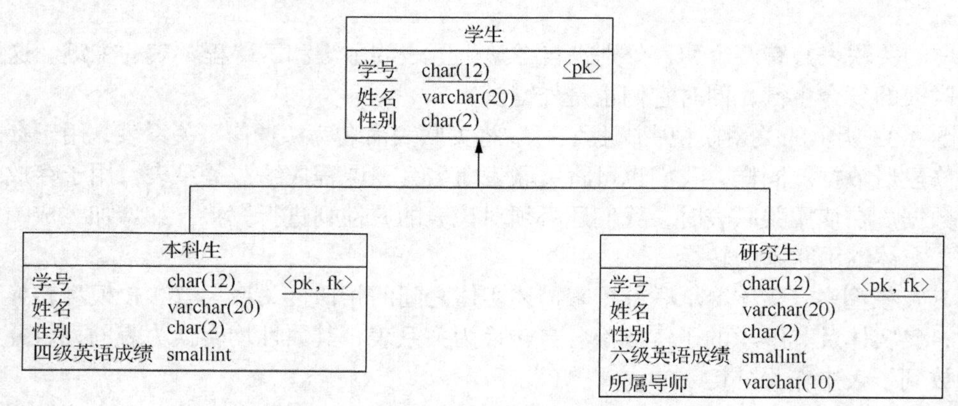

图4-36 实体继承联系的关系转换方案2

在该转换方案中，“学生”关系表的数据列同时也在“本科生”关系表和“研究生”关系表中出现。父表的主键放入子表中既作为主键又作为外键。这种方案存在表间数据冗余，但针对本科生或研究生的信息查询只需要在子表中完成，效率较高。以上实体继承联系转换方案的选择可以根据实际应用需求来确定。

（5）实体递归联系的转换

递归联系是同一类实体之间所发生的联系。当E-R模型转换到关系模型时，递归实体转换为关系表，其属性均转换为表的列，并且在表中加入另一个外键属性参照本表主键属性。

【例4-15】在图4-37所示的E-R模型中，“顾客”实体为递归实体，该递归实体之间为1:N实体联系。

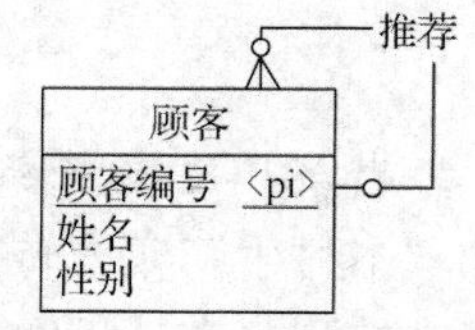

图4-37 1:N实体递归联系

该E-R模型描述了“顾客”实体之间存在的1:N递归联系，即每个顾客都可以推荐新顾客，推荐新顾客的数目不受限制。每个顾客最多只能为一个顾客所推荐。在很多会员制的消费场所，这种情况是比较普遍的。

当将1:N的实体递归联系转换为关系模型时，我们首先将递归实体转换为关系表，将其属性转换为列，将标识符转换为主键。同时，我们在该关系表中增加一个外键，其值参照约束于主键。转换完成后的关系模型如图4-38所示。

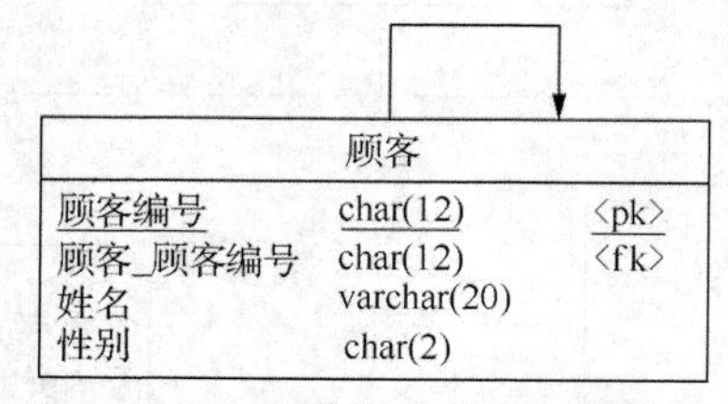

图4-38 1:N实体递归联系的关系转换

当将 *M:N* 的实体递归联系转换为关系模型时，我们需要增加关联表来参照约束原实体关系表。

【例 4-16】在图 4-39 所示的 E-R 模型中，“医生”实体为递归实体，该递归实体之间为 *M:N* 实体联系。

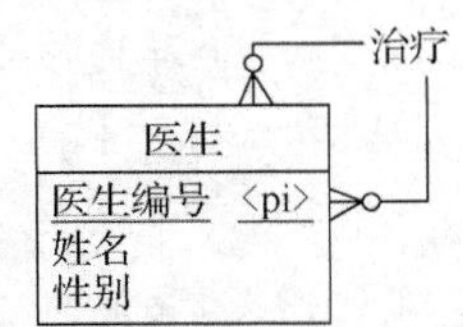

图 4-39　*M:N* 实体递归联系

该模型反映出医生相互之间有治疗的关系，即每个医生都会给其他医生看病，自己也可能接受其他医生的治疗，这是一个多对多的实体递归联系。按照前面对 *M:N* 实体联系的转换处理，我们将关系两端的实体分别转换为表，再派生出一个新的关联表，其表名是联系的名称。在递归联系的情况下，关系两端的表是同一张表，故只有一个实体转换形成的表。在本例中，医生实体被转换为“医生”表。多对多关系派生出一张以关系命名的新表，例如派生出“治疗”表。然后将关系两端表的主键共同加入派生表作为复合主键。递归关系两端是同一张表，因此我们将该表的主键加入派生表两次，以构成复合主键。在本例中，“医生”表的主键“医生编号”加入治疗表两次并构成复合主键。由于在同一个表中列名唯一，因此需要更改对应的列名。转换结果如图 4-40 所示。

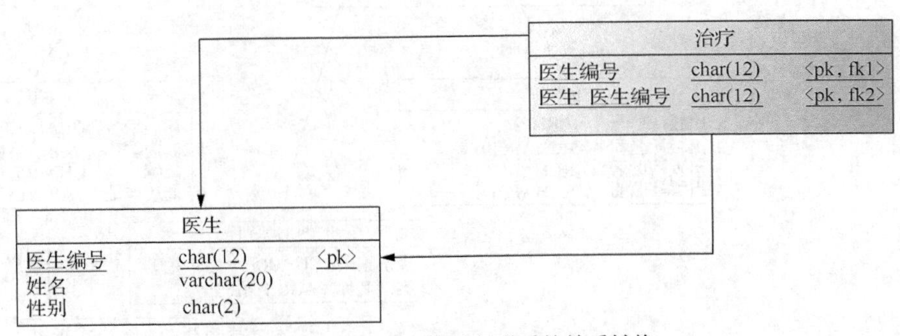

图 4-40　*M:N* 实体递归联系的关系转换

在以上的物理数据模型设计中，我们针对 E-R 模型转换为关系模型，给出了各个模型元素转换的基本原理及方案。为了展示一个完整的系统物理数据模型设计，下面将给出从一个 E-R 模型转换到关系模型的整体系统物理数据模型设计。

【例 4-17】在图 4-22 所示的图书销售管理系统逻辑数据模型基础上，进行 E-R 模型到关系模型转换，从而给出图书销售管理系统的物理数据模型设计方案，其设计结果如图 4-41 所示。

所设计的图书销售管理系统物理数据模型，只有两种模型符号“关系表”“参照完整性”符号，这些符号将数据库表对象的组成结构描述出来。该模型是数据库表对象的可视化展现。我们通过物理数据模型图可直观地了解数据库的表结构设计，以及表间关系。

课堂讨论——本节重点与难点知识问题

1. 针对复杂系统，如何设计概念数据模型？
2. 在 CDM/LDM 转换设计后，还需要对数据模型进行什么处理？
3. 在物理数据模型设计中，需要进行哪些完善设计工作？
4. 在物理数据模型设计中，如何处理 *M:N* 实体联系？
5. 在物理数据模型设计中，如何处理实体继承联系？
6. 在物理数据模型设计中，如何处理 1:*N* 实体递归联系？

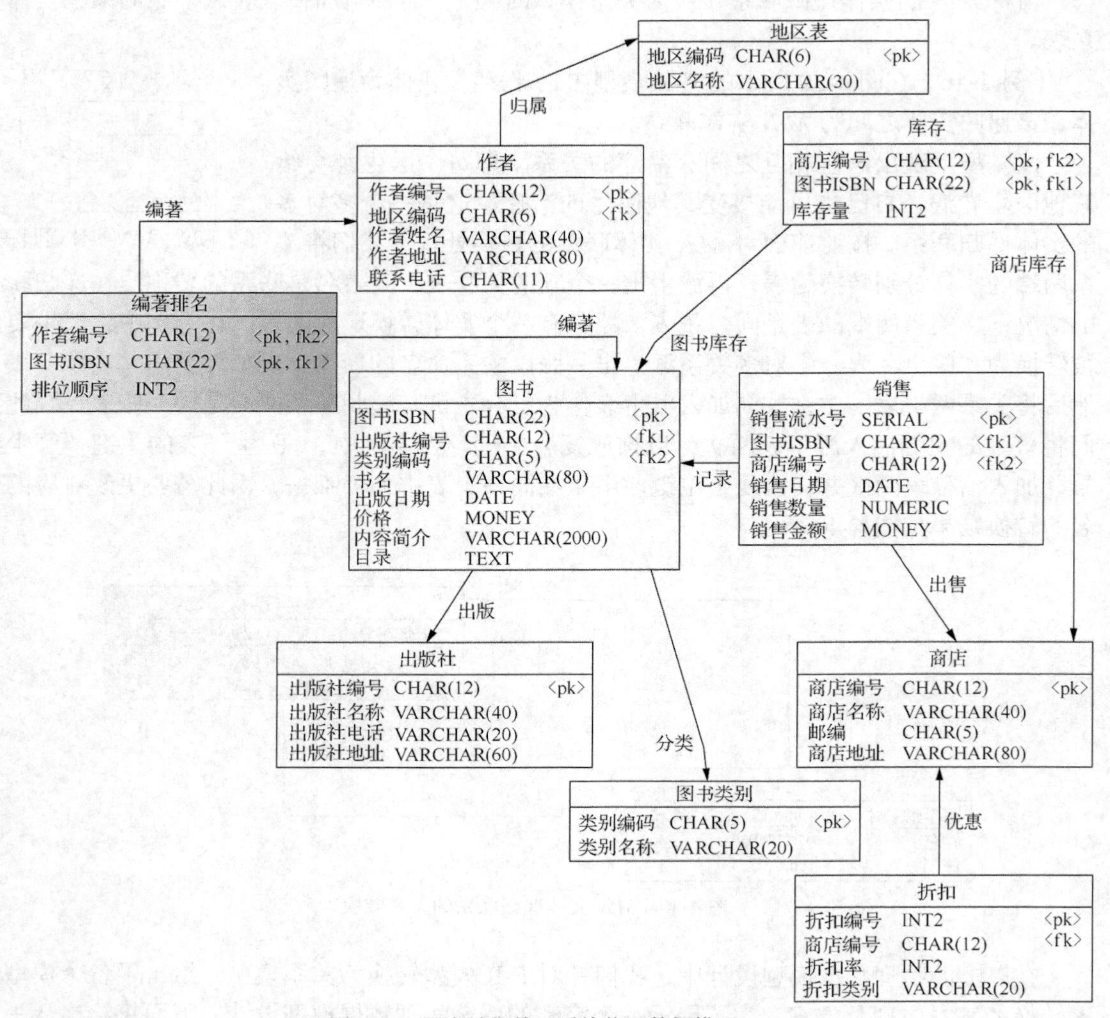

图 4-41　图书销售管理系统物理数据模型

4.4　数据库规范化设计

数据库规范化设计是在数据库中采用合理的数据结构组织与存储数据、减少数据冗余、实现数据完整性与一致性的设计活动。数据冗余指一组数据重复出现在数据库的多个表中。在数据库设计中，我们应尽量避免表间的重复数据列。例如，数据库中含有客户电话信息，客户电话信息不应该存储在多个表中，因为电话号码是客户表的属性之一，仅需存储于客户表中。

如果存在冗余数据，这首先就意味着会占用更多的存储空间，同时也带来保持数据一致性的维护成本。因为当电话号码发生变化时，冗余的那些号码必须同步改变，这就要求对多个表的数据进行更新，否则就会导致多个位置上数据的不一致。

规范化数据库设计为数据库系统带来如下好处。

（1）冗余数据被减少到最低程度，同一数据在数据库中仅保存一份，有效降低维护数据一致性的工作量。

（2）设计合理的表间依赖关系和约束关系，便于实现数据完整性和一致性。

（3）设计合理的数据库结构，便于系统对数据库的高性能访问处理。

4.4.1　非规范化关系表的问题

扫码预习

为了说明数据库规范化设计的必要性，这里将分析一个非规范化关系表在进行数据访问操作中存在的各类问题。

【例 4-18】要对机构人员信息管理，设计人员设计了一个“雇员”关系表，存放雇员信息及其所在部门信息，其关系表结构如下。

雇员（雇员编号，姓名，职位，工资，所属部门，部门地址）

以上的“雇员”关系表由反映雇员基本信息的多项属性组成，其中“雇员编号”作为该关系的主键。假如，“雇员”关系表已有表 4-4 所示数据。

表 4-4　“雇员”关系表数据

雇员编号	姓名	职位	工资	所属部门	部门地址
E0001	萧静	财务经理	8700	财务部	A 幢 202
E0002	赵玲	会计	6300	财务部	A 幢 202
E0003	汪力	产品经理	9200	产品部	D 区 1 栋
E0004	徐丰	工程师	8400	产品部	D 区 1 栋
E0005	黄刚	质检员	7500	质检部	A 幢 303
E0006	万里	销售经理	8300	营销部	A 幢 101
E0007	龚放	销售业务员	6500	营销部	A 幢 101
…	…	…	…	…	…

在对“雇员”关系表的数据进行插入、删除、修改时，有可能出现如下问题。

1. 插入数据异常

当在“雇员”关系表中插入一个新雇员数据时，同时也需要将该雇员所属部门及部门地址信息输入元组，并要求该雇员的部门信息必须输入正确，否则就会导致与已有部门信息不一致问题。例如，新入职的雇员“李青”被分配到“产品部”。当在“雇员”关系表中插入雇员“李青”的信息时，必须正确输入所属部门“产品部”、部门地址“D 区 1 栋”。这种要求对用户来讲是比较麻烦的，必须确保每个雇员的所属部门信息是正确的，否则就会导致数据不一致的状况。若数据库实施了数据一致性检查机制，系统就会拒绝不一致的数据插入数据库。不一致的数据插入数据库就是一种插入数据异常。

此外，还可能出现另一种插入数据异常：当公司增加一个部门（如售后部），其部门信息需要插入到“雇员”关系表进行存储，但此时由于该部门还没有雇员，“雇员编码”作为主键，其值不允许为空，因此，无法将带有空值的雇员数据及新增部门数据在关系表中插入。

2. 删除数据异常

当从“雇员”关系表中删除一个元组时，若该元组是唯一含有某部门信息的雇员元组，则删除该雇员后，对应部门信息也从关系表中删除掉了。例如，从表 4-4 所示的雇员关系表中，删除雇员编号为“E0005”的元组数据后，在该关系表中，“质检部”信息就再也没有了，这就是所谓的删除数据异常。

3. 修改数据异常

当修改“雇员”关系表中某部门的某个属性数据时，应将该表中所有包含该属性的数据同步修改，否则表中会出现数据不一致问题。为确保数据一致性的数据修改操作，还会带来数据库修改操作的复杂性及性能开销。例如，在“雇员”关系表中，修改“财务部”地址为新地址“A 幢 201”。为了避免数据修改遗漏，必须对关系表所有元组进行“所属部门”列值与“财务部”比较，凡是相同数据的元组都需要将“部门地址”列值修改为“A 幢 201”。若有遗漏，则“财务部”部门的地址数据将不一致，这就是所谓的修改数据异常。

以上非规范化关系存在问题的根本原因是一个关系表中存在两个或多个主题信息数据，如“雇员”关系表既包含“雇员”自身主题属性数据，也包含“部门”主题相关属性数据。在包含多个主题数据的关系表中，无论进行数据插入、数据删除，还是进行数据修改，均会导致数据操作异常问题。此外，该关系表还存在不少冗余数据，如相同部门的雇员元组均重复存储了该部门的地址数据，这会在修改元组地址数据时，可能导致数据不一致问题，同时也浪费了系统存储空间。

在关系数据库设计中，要想避免以上数据库操作问题，就必须消除关系表中存在的多个主题数据及冗余数据，同时还需要确保数据一致性、数据完整性，这就是数据库规范化设计需要解决的基本问题。

4.4.2 函数依赖理论

数据库规范化技术的本质是分析数据属性之间的依赖关系，使用一定的范式规则确定数据属性的组合，从而实现尽力减少冗余数据、实现数据完整性与一致性的数据库设计目标。函数依赖是关系中一个属性或属性集与另外一个属性或属性集之间的依赖，亦即属性或属性集之间的约束。在关系数据库规范化设计中，我们用函数依赖（Functional Dependency）理论来描述一个关系表中属性（列）之间在语义上的联系。

在函数依赖理论中，定义下列符号：R 表示一个关系的模式，$U=\{A_1, A_2, \cdots, A_n\}$是 R 所有属性的集合，F 是 R 中函数依赖的集合，r 是 R 所取的值，$t[X]$表示元组 t 在属性 X 上的取值。数据库设计者根据对关系 R 中属性的语义理解，确定关系 R 所有元组 r 的函数依赖集，并获知属性间的语义关联。

1. 函数依赖的定义

定义：设有一关系模式 $R(U)$，X 和 Y 为其属性 U 的子集，即 $X \subseteq U$，$Y \subseteq U$。设 t、s 是关系 R 中的任意两个元组，如果 $t[X]=s[X]$，且 $t[Y]=s[Y]$，那么称 Y 函数依赖于 X，或称 X 作为决定因子决定 Y 函数，即称 $X \to Y$ 在关系模式 $R(U)$上成立。

一个函数依赖要能成立，不但要求关系的当前值都能满足函数依赖条件，而且还要求关系的任一可能值都能满足函数依赖条件。对当前关系 r 的任意两个元组，如果 X 值相同，则要求 Y 值也相同，即有一个 X 值就有一个 Y 值与之对应，或者说，Y 值由 X 值决定，因而这种依赖称为函数依赖。

函数依赖的左部称为决定因子，右部称为函数依赖。决定因子和函数依赖都是属性的集合。如果属性 Y 函数依赖于属性 X，用数学符号表示为 $X \to Y$。函数依赖的图形表示方式法：用矩形表示属性，用箭头表示依赖。$X \to Y$ 的函数依赖如图 4-42 所示。

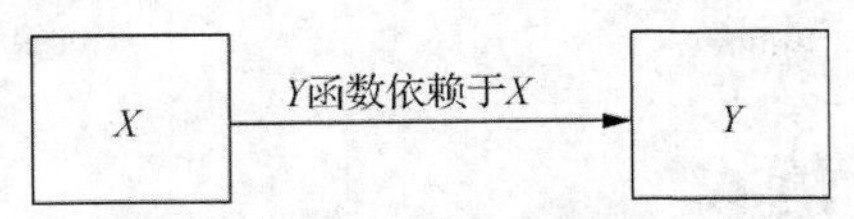

图 4-42　函数依赖关系的图形表示

确认一个函数依赖，需要弄清属性数据间的语义，而语义是现实世界的客观反映，不是主观的臆断。如果 $Y \subseteq X$ ，显然 $X \to Y$ 成立，将该依赖称为平凡函数依赖（Trivial Functional Dependency）。平凡函数依赖必然成立，它不反映新的语义。例如，$\{X,Y\} \to \{X\}$。

所有关系都满足平凡函数依赖。例如，包含属性 X 的所有关系都满足 $X \to X$ 。平凡函数依赖在实际的数据库模式设计中是不使用的。通常消除平凡函数依赖可以减少函数依赖的数量。我们平常所指的函数依赖一般都指非平凡函数依赖(Nontrivial Functional Dependency)。

如果 Y 不依赖于 X，则记为 $X \nrightarrow Y$ 。如果 $X \to Y$ 且 $Y \to X$ ，则 X 与 Y 一一对应，可记为 $X \leftrightarrow Y$ 。

2. 部分函数依赖

定义：设 X、Y 是某关系的不同属性集，如 $X \to Y$ ，且不存在 $X' \subset X$ ，使 $X' \to Y$ ，则 Y 称完全函数依赖（Full Function Dependency）于 X，记为 $X \xrightarrow{f} Y$；否则称 Y 部分函数依赖（Partial Functional Dependency）于 X，记为 $X \xrightarrow{p} Y$。

完全函数依赖用来表明函数依赖决定因子的最小属性集。也就是说，如果满足下列两个条件，则属性集 Y 完全函数依赖于属性集 X，反之则称属性集 Y 部分函数依赖于属性集 X。

（1）Y 函数依赖于 X。

（2）Y 函数不依赖于 X 的任何真子集。

【例 4-19】 对关系 $R(\underline{X}, \underline{Y}, N, O, P)$，其中 $\{X,Y\}$ 是主键，故 $\{X,Y\} \to N$ ，则该关系中属性间约束为完全函数依赖，反之，如果有 $X \to N$ ，则 $\{X, Y\} \xrightarrow{p} N$ ，即该关系中属性间约束为部分函数依赖。

3. 传递函数依赖

定义：设 X、Y、Z 是某关系的不同属性集，如果 $X \to Y$ ，$Y \nrightarrow X$ ，$Y \to Z$ ，则称 Z 对 X 存在函数传递依赖（Transitive Functional Dependency）。

在上述定义中，由于有了条件 $Y \nrightarrow X$ ，说明 X 与 Y 不是一一对应的；否则，$X \leftrightarrow Y$ ，Z 就直接函数依赖于 X，而不是传递函数依赖于 X 了。

【例 4-20】 对关系 $R(\underline{X}, N, O, P)$，如果有 $X \to N$ ，$N \nrightarrow X$ ，$N \to O$ ，则 O 对 X 存在函数传递依赖。

4. 多值依赖

定义：设 U 是关系模式 R 的属性集，X 和 Y 是 U 的子集，$Z=U-X-Y$，xyz 表示属性集 XYZ 的值。对 R 的关系 r，在 r 中存在元组(x, y_1, z_1)和(x, y_2, z_2)时，也存在元组(x, y_1, z_2)和(x, y_2, z_1)，那么称多值依赖（Multi Valued Dependency，MVD），即 $X \to\to Y$ 在模式 R 上成立。

【例 4-21】 关系 Teaching(Course,Teacher,Book)的属性有课程、教师和参考书，其属性间约束的语义：一门课程可以有多个任课教师，也可以有多本参考书；每个任课教师可以任意选择他的参考书。例如，存在(课程 A,教师 1,参考书 1)、(课程 A,教师 2,参考书 2)、(课程 A,教师 1,参考书 2)和(课程 A,教师 2,参考书 1)等元组，即该关系存在多值依赖 Course→→Teacher，Course→→Book。简单来说，对任意确定的课程都有一组教师的取值与之对应，同样每个课程都有一组参考书与之对应，而教师的取值与参考书的取值是相互独立的。

4.4.3 规范化设计范式

关系规范化是一种基于函数依赖理论对关系进行分析及分解处理的形式化技术，它将一个有异常数据操作的关系分解成更小的、结构良好的关系，使该关系有最小的冗余或没有冗余。关系规范化给设计者提供了对关系属性进行合理定义的指导。有了规范化关系设计，我们对数据库可以实现高效的、正确的操作。

关系规范化技术涉及一系列规则，实施这些规则，可以确保关系数据库被规范到相应程度。规范化范式（Normal Forma，NF）是关系表符合特定规范化程度的模式。规范化范式的种类与函数依赖有着直接的联系。在关系中存在函数依赖时就有可能存在数据冗余，引出数据操作异常现象。数据冗余不仅浪费存储空间，而且会使数据库难以保持数据的一致性。实施某种范式的规范化处理，可以确保关系数据库中没有各种类型的数据操作异常和数据不一致性。

目前，关系数据库的规范化有 6 种范式：第一范式（1NF）、第二范式（2NF）、第三范式（3NF）、巴斯-科德范式（BCNF）、第四范式（4NF）和第五范式（5NF）。满足最低规则要求的范式是第一范式（1NF）。在第一范式的基础上进一步满足更多规则要求的称为第二范式（2NF），其余范式依次类推。高级范式包含低级范式的全部规则要求。

在数据库应用中，一般只需满足第三范式（3NF）或巴斯-科德范式（BCNF）就足够了，而使用第四范式（4NF）和第五范式（5NF）的情形很少。下面分别介绍这 5 种范式。

1. 第一范式

在关系数据库中，第一范式（1NF）是对关系表的基本要求，不满足第一范式的二维表不是关系。第一范式指关系表的属性列不能重复，并且每个属性列都是不可分割的基本数据项。若一个关系表存在重复列或可细分属性列，则该关系表不满足规范化的 1NF 范式，该表存在冗余数据，对该表进行数据操作访问也必然会出现异常。解决非规范化关系的基本方法就是对关系进行分解处理，直到分解后的每个关系都满足规范化为止。

【例 4-22】在图 4-43（a）所示的“学生”关系表中，关系表中的“联系方式”属性是一个不明确的数据项，用户可以填写电话数据，也可以填写邮箱数据，即该属性列可以再细分“电话”“电子邮件”等。因此，该关系不满足关系规范化的 1NF 范式。

若要使该关系表符合 1NF 范式，则必须对“联系方式”属性列进行拆分处理，如将“联系方式”拆分为“电话”“Email”属性后，“学生”关系将满足第一范式，如图 4-43（b）所示。

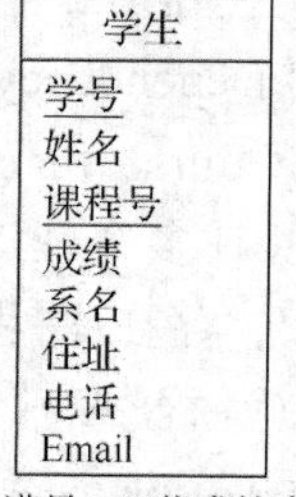

学生
学号 姓名 课程号 成绩 系名 住址 电话 Email

（a）原始的表　　（b）满足1NF范式的表

图 4-43 “学生”关系表

2. 第二范式

如果关系满足第一范式，并消除了关系中的属性部分函数依赖，该关系满足第二范式。第二范式规则要求关系表中所有数据都要和该关系表的主键有完全函数依赖。如果一个关系中某些属性数据只和主键的一部分存在依赖关系，该关系就不符合第二范式。例如，关系(A,B,N,O,P)的复合主键为(A,B)，那么 N、O、P 这 3 个非键属性都不存在只依赖 A 或只依赖 B 的情况，则该关系满足第二范式。反之，该关系不满足第二范式。为了使关系满足第二范式，必须为那些部分依赖表主键的属性创建单独的关系表。

【例 4-23】在图 4-43（b）所示的“学生”关系表中，其主键为复合键(学号,课程号)，非键属性与主键的依赖关系如下。

除成绩属性完全依赖复合主键外，姓名、系名、住址、电话、Email 属性只依赖于复合主键中的学号，即该关系存在部分函数依赖，不满足第二范式。

为了将图 4-43（b）所示的“学生”关系规范化为满足 2NF 范式，其处理办法就是消除该关系中的部分函数依赖，将部分函数依赖的属性从原关系中移出，并放入一个新关系中，同时将这些属性的决定因子作为主键放到新关系中。将原“学生”关系分解为“学生”“课程成绩”关系，每个关系均满足 2NF 范式，如图 4-44 所示。

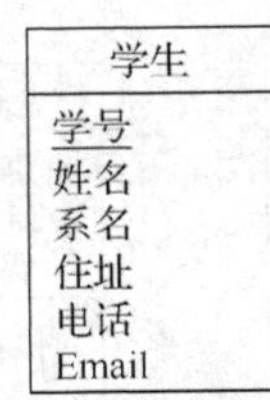

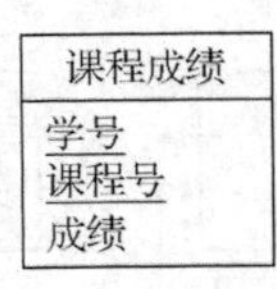

图 4-44　满足 2NF 范式的“学生”关系表和“课程成绩”关系表

3. 第三范式

满足 2NF 范式的关系表在进行数据访问操作时，依然可能存在数据操作异常问题。例如，对图 4-44 中“学生”关系中某学生的“住址”进行更新，而其他同系学生的住址没有修改，则会出现数据不一致问题。此时的数据更新异常是因为“学生”关系表中存在属性传递函数依赖，该表不满足 3NF 范式导致的。

第三范式（3NF）要求关系先满足 2NF 范式，并且所有非主键属性均不存在传递函数依赖。例如，关系(A,N,O,P)的主键为 A，那么非键属性 N、O 或 P 都不能由单个的 N、O、P 或它们的组合所决定。该关系满足 3NF 范式。

【例 4-24】图 4-44 所示的“学生”关系虽然满足 2NF 范式，但存在如下属性传递依赖。

学号→系名，系名→住址，故学号→住址

因此，该“学生”关系不满足 3NF 范式。若要使“学生”关系达到 3NF 范式，则需要对该关系进行拆分处理，并使每个关系均不存在属性传递函数依赖。现将原“学生”关系拆分为“学生”“系信息”新关系。由于“课程成绩”关系本身不存在传递函数依赖，它不需进行分解处理。图 4-45 所示的关系表均满足 3NF 范式。

4. 巴斯–科德范式

一个关系即使满足第三范式，也仍然有可能存在一些会引起数据冗余的属性依赖。因此，需要进一步将关系规范化提升到更高程度的范式，即巴斯-科德（Boyce-Codd）范式，也可称为 BCNF 范式。该范式是在 3NF 范式基础上，要求关系中所有函数依赖的决定因子必须是候选键。

学生
学号
姓名
系编号
电话
Email

系信息
系编号
系名称
学生住址
办公电话

课程成绩
学号
课程号
成绩

图 4-45　满足 3NF 范式的关系表

【例 4-25】 在图 4-45 所示的“学生”“系信息”“课程成绩”关系表中，所有属性之间的函数依赖决定因子均是该关系的主键，因此，它们均满足 BCNF 范式。

5. 第四范式

一个满足 BCNF 范式的关系，可能存在多值依赖情况，从而导致数据冗余。当一个关系满足 BCNF 范式并消除了多值依赖时，该关系就满足 4NF 范式。

【例 4-26】 图 4-45 所示的“学生”“系信息”“课程成绩”关系表均满足 BCNF 范式。但在“系信息”关系表中，存在如下多值依赖：系编号→→办公电话，系编号→→学生住址。系办公电话与学生住址不相关，故该关系存在多值依赖，不满足 4NF 范式。为使“系信息”关系满足 4NF 范式，需要将其拆分为“系编码”“电话目录”和“学生住址”关系。图 4-46 所示的关系表均满足 4NF 范式。

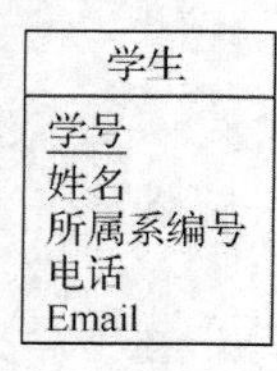

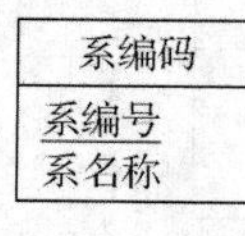

电话目录
办公电话
所属系编号

学生住址
住址编号
住址名称
所属系编号

课程成绩
学号
课程号
成绩

图 4-46　满足 4NF 范式的关系表

6. 第五范式

如果一个关系为消除其中连接依赖，进行投影分解，所分解的各个关系均包含原关系的一个候选键，则这些分解后的关系满足 5NF 范式。连接依赖是函数依赖的一种形式，其定义如下：对关系 R 及其属性的子集 $A,B,C,\cdots,Z$，当且仅当 R 的每个合法元组都与其在 $A,B,C,\cdots,Z$ 上投影的连接结果相同时，则称关系 R 满足连接依赖。

【例 4-27】 图 4-45 所示的“系信息”关系表满足 BCNF 范式。但该关系中存在连接依赖(系编号,系名称)、(系编号,办公电话)、(系编号,学生住址)。为该关系消除连接依赖，进行关系投影分解，得到图 4-47 所示关系表。

系编码
系编号
系名称

电话目录
办公电话
所属系编号

学生住址
住址编号
住址名称
所属系编号

图 4-47　满足 5NF 范式的关系表

从关系分解的结果来看，它们既满足 4NF 范式，同时又满足 5NF 范式。

4.4.4　逆规范化处理

数据库规范化可以最大限度地减少数据冗余，并确保数据完整性与一致性，但规范化也会因多表关联查询导致数据库的访问性能降低，因此，在数据库规范化设计时要平衡两者的关系。

在某些情况下，为了优化数据库操作访问性能，在满足业务需求前提下，适当降低关系表的规范化程度，允许数据库有一定的数据冗余性，这就需要进行逆规范化处理。

1. **逆规范化处理的方案**

逆规范化处理本质是实现数据库优化，主要有如下几种方案。

（1）关系表的合并

针对 1:1 实体联系的两个关系表，如果它们在业务中经常一起被访问，可以将它们合并为一个关系表。对单个表的查询处理比关联两个表的查询处理效率更高。

（2）冗余列的增加

如果数据库查询操作中需要关联其他表中的数据输出，则在进行表设计时，可将关联表的相应列放入当前表中，使其冗余存在，但此后数据库查询只需要对包含冗余列的单表进行操作访问。例如，在 1:*N* 实体联系中，我们可以复制非键属性到子表中，以减少连接操作。同样，在 *M*:*N* 实体联系中，我们可以复制属性，以减少连接操作。

（3）抽取表的创建

为了避免在业务高峰访问时段运行涉及多个关系连接操作的报表，减少对数据库访问开销，我们可以将一些时效性要求不高的报表数据提前放进独立创建的抽取表中。此后，用户访问报表可以直接对抽取表进行操作访问，而不用去关联多表实时运行报表，这样可以提高报表数据访问的速度，并减少数据库性能的开销。

（4）关系表分区的创建

针对一些数据量特别巨大的关系，如表中元组数据有百万条以上，即便该表创建了索引，从中查询一个特定的元组也会非常耗时。这时可以利用 DBMS 提供的关系表分区机制，对大型关系表创建水平分区或垂直分区。当进行数据访问时，我们可以仅在指定分区中进行，从而缩短数据库访问的时间。此外，关系表分区机制还具有改善数据库负载平衡、提高可用性、安全访问控制等优点。

2. **逆规范化处理的问题**

逆规范化处理可以优化数据库访问的性能，但也会给数据库带来以下问题。

（1）存在冗余数据

逆规范化使一个关系表中存在多个主题，不同主题数据混合在一起导致关系表更加复杂，增加了用户理解的难度，并且会导致数据描述问题上的困难，增加编程上正确处理的风险。同时，应用数据库的耦合程度会提高，这不利于日后应用版本的演进和功能提升。

（2）降低数据库完整性

逆规范化设计的最大问题是导致了维持数据库中数据一致性的难度，存在破坏数据一致性的风险，而这也是要进行规范化设计的基本原因。规范化设计不但避免了数据冗余，而且确保了数据库的完整性。

（3）降低数据库更新操作的性能

逆规范化设计可以优化数据库的查询访问速度，但因关系表复杂或不规范，数据更新操作速度反而变慢。

由以上数据库设计的介绍可知，关系规范化设计和关系逆规范化设计都存在着利与弊。在数据库设计中，我们应根据需解决问题的场景进行合理设计，一般遵循如下设计原则。

（1）在进行数据库设计时要以设计范式为基础，力争建立一个符合规范化设计、具有完整性的物理数据模型。在大多数联机事务处理（On-Line Transaction Processing，OLTP）类型的数据库应用场景下，第三范式或 BCNF 范式就足以达到规范化设计需求。

（2）不要把数据库的规范化设计与逆规范化设计对立起来。策略是以规范化设计手段对具体功能模块数据库关系表结构进行调整，以达到局部优化效果，再通过逆规范化有效地减少数据访问的复杂度及关系表的连接操作次数。

（3）对联机分析处理（On-Line Analysis Processing，OLAP）类型数据库应用，采用低程度规范化的星形模式或雪花模式设计数据库；对 OLTP 类型数据库应用，采用较高程度的规范化设计数据库。

课堂讨论——本节重点与难点知识问题

1. 如何理解完全函数依赖与部分函数依赖？
2. 如何理解传递函数依赖与多值函数依赖？
3. 一个非规范关系表在数据操作中会出现哪些问题？
4. 出现非规范关系表的主要原因是什么？
5. 如何理解不同程度的规范化设计范式？
6. 为解决数据库访问性能，可采取哪些逆规范化处理方案？

4.5 数据库设计模型的 SQL 实现

完成数据库设计方案后，我们就可以在选定的 DBMS 中实现数据库及其对象。具体到关系型 DBMS，需要创建数据库、数据库表、索引、视图、存储过程、触发器等对象。

4.5.1 确定数据库设计的实现方式

在 DBMS 中实现数据库的方式有如下两种。

1. GUI 方式创建数据库

通常每个 DBMS 软件都提供了一个自身的数据库管理工具。用户使用数据库管理工具可以连接到数据库服务器，在数据库服务器中实现数据库及其对象创建与管理操作。所有这些功能操作均可在数据库管理工具的界面中通过 GUI 操作方式实现。除此之外，我们也可以使用第三方数据库管理工具，连接数据库服务器，完成同样功能的数据库管理及访问。GUI 方式创建数据库及其对象的优点：直观的可视化操作，不需要记忆繁杂的 SQL 语句，操作过程有导航及提示。因此，这种方式非常适合初学者使用。

2. 执行 SQL 脚本程序创建数据库

基于数据库管理工具的 GUI 操作可以容易地、直观地实现数据库创建及其管理，但所有对象的操作都必须通过用户操作完成。当需要创建的数据库对象很多时，通过用户 GUI 方式操作是很耗时的，其效率较低，并且难以将数据库设计模型直接进行实现。为此，在这种情况下，可以采用执行 SQL 脚本程序的方式实现数据库及其对象的创建。专业的数据库建模设计工具均可以将数据库物理数据模型直接转换为指定 DBMS 支持的 SQL 脚本程序。在 DBMS 服务器中执行该 SQL 脚本程序，可以自动创建数据库及其对象，其操作高效、快速。

4.5.2 设计模型转换为 SQL 脚本程序

在数据库设计模型中，物理数据模型是数据库实现的可视化图形表示。我们通过将物理数据模型转换为 SQL 脚本程序，程序便可执行该 SQL 脚本程序实现数据库对象的创建。因此，数据库设计模型与数据库实现可有机联系起来。实现数据库设计模型与数据库对象有机联系的纽带是 SQL 脚本程序。该 SQL 脚本程序由物理数据模型转换得到，DBMS 执行该 SQL 脚本程序实现数据库及其对象。

【例 4-28】4.3.3 节所设计的图书销售管理系统物理数据模型如图 4-41 所示。当该设计模型转换为 PostgreSQL 数据库实现时，可使用建模设计工具自动将物理数据模型转换为图 4-48 所示的 SQL 脚本程序。

当在 DBMS 执行该 SQL 脚本程序后，图书销售管理系统数据库对象将被创建实现，如图 4-49 所示。

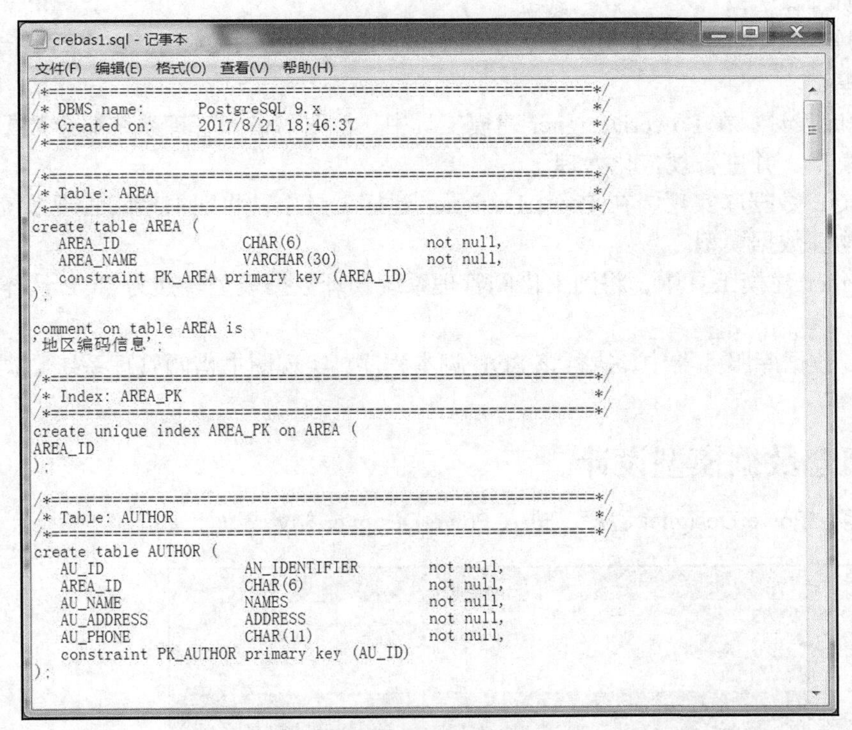

图 4-48 SQL 脚本程序

图 4-49 图书销售管理系统数据库对象

课堂讨论——本节重点与难点知识问题

1. 数据库设计实现有哪些方式？
2. GUI 方式创建数据库与执行 SQL 程序创建数据库有何不同？
3. 物理数据模型转换为 SQL 脚本程序需要注意哪些问题？
4. 在执行 SQL 脚本程序创建数据库对象时，如何解决原有对象冲突问题？
5. 当 DBMS 改变后，如何重新将设计模型转换为 SQL 脚本程序？
6. 在执行 SQL 脚本程序创建数据库对象后，如何验证数据库对象的正确性？

4.6 基于 PowerDesigner 的数据库设计建模实践

利用系统建模工具进行应用系统数据库模型设计是开发数据库应用的基本方法。本节将使用主流的系统建模工具——PowerDesigner 设计一个具体信息系统的数据库设计模型。

扫码预习

4.6.1 项目案例——图书借阅管理系统

本节我们将通过对图书借阅管理业务的基本数据需求进行分析，使用 PowerDesigner 系统建模工具创建图书借阅管理系统的数据库设计模型，并将该系统的物理数据模型转换为 SQL 脚本程序，在 PostgreSQL 数据库系统中实现图书借阅管理数据库。基本设计与实现步骤如下。

- 分析图书借阅管理业务的基本数据需求，使用 PowerDesigner 建模工具，建立图书借阅管理系统概念数据模型。
- 针对关系数据库设计，在 PowerDesigner 建模工具中，将图书借阅管理系统概念数据模型转换为逻辑数据模型，并进行规范化处理。
- 针对 PostgreSQL 数据库实现，在 PowerDesigner 建模工具中，将图书借阅管理系统逻辑数据模型转换为物理数据模型。
- 在 PowerDesigner 建模工具中，将图书借阅管理系统物理数据模型转换为 SQL 脚本程序。
- 在 PostgreSQL 数据库服务器中，执行该 SQL 脚本程序，实现图书借阅管理系统数据库对象的创建。

4.6.2 系统概念数据模型设计

在操作系统中，运行 PowerDesigner 程序，进入 PowerDesigner 初始界面，如图 4-50 所示。

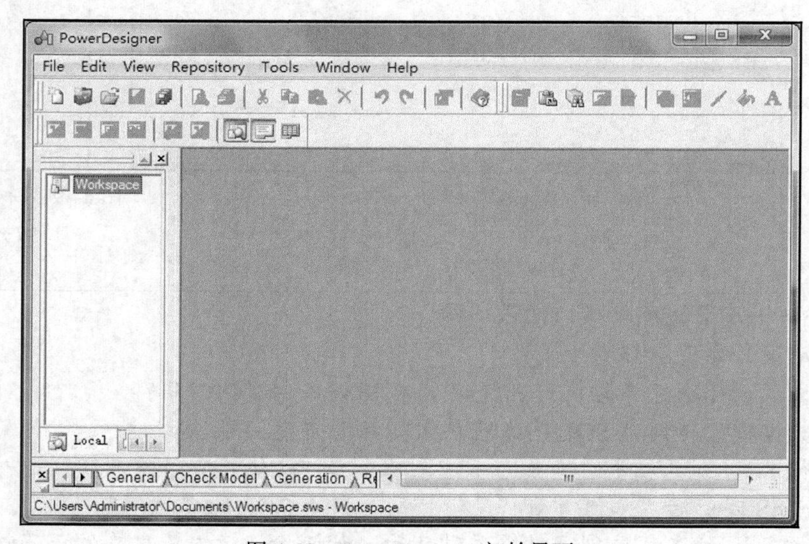

图 4-50 PowerDesigner 初始界面

单击 File（文件）中的“New Model（新建模型）”菜单项，弹出模型定义对话框。选取概念数据模型类型，并定义模型名称，如图 4-51 所示。

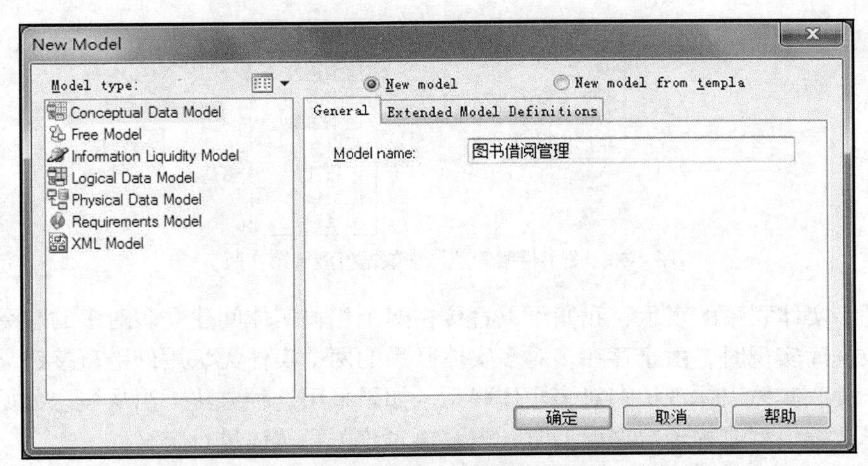

图 4-51　创建概念数据模型

概念数据模型设计建模基本步骤如下。

（1）从业务中抽取实体。

（2）确定实体的属性。

（3）确定实体的标识符。

（4）确定所抽取实体与模型中原有实体间的关系。

（5）重复步骤（1）直到所有实体都已被抽取出。

分析图书借阅管理业务的数据需求，其中“图书”和“借阅者”是两个最基本数据对象。因此，首先可以抽取出这两个实体。

对“借阅者”实体，其基本属性信息包括借阅者姓名、借阅者地址、借阅者电话和身份证号，其中身份证号可以唯一标识每个借阅者，可选取该属性作为标识符。

对“图书”实体，其基本信息包括图书名称、图书 ISBN、作者、出版社、出版日期、价格。由于同一本图书在图书馆中可能被收藏多本，以上各个属性都不适合唯一标识每本图书，为此引入一个新的属性“图书编号”作为图书实体的标识符。

在 PowerDesigner 模型空间中，创建这两个实体及其属性，如图 4-52 所示。

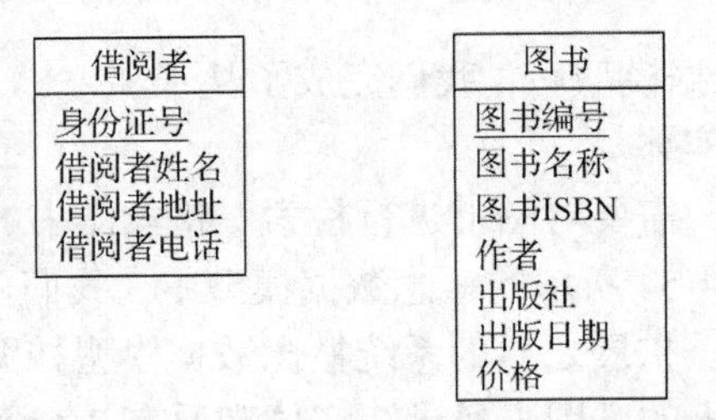

图 4-52　图书借阅管理概念数据模型（第 1 版）

接下来确定“图书”实体与“借阅者”实体之间的联系。从业务领域来看，每个借阅者可以从图书馆借阅多本书，也可能一本书都没有借阅。每本图书可以被多个借阅者借阅，也可能没有被任何借阅者借阅过。因此，“图书”和“借阅者”这两个实体之间是多对多的联系。“图书”实体的最小基数为 0，最大基数为多。“借阅者”实体的最小基数为 0，最大基数为多。因此，我们可以将这两个实体的多对多联系在模型图中表示出来，如图 4-53 所示。

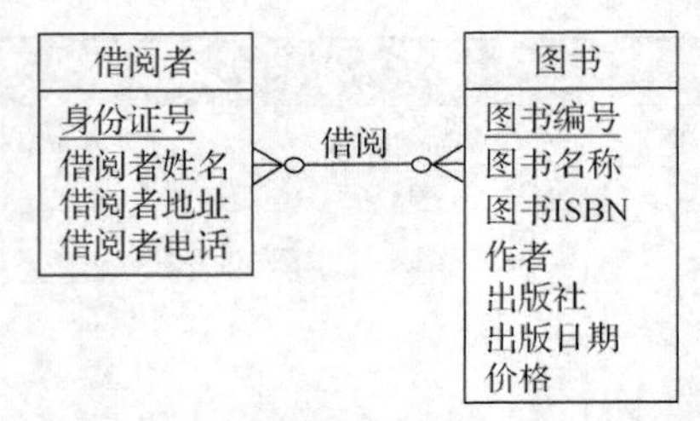

图 4-53　图书借阅管理概念数据模型（第 2 版）

对多对多实体联系的表示，我们可以直接在两个相关实体间建立多对多的联系连线，但是在最终数据库实现时，由于存在多对多实体联系的两个实体无法用外键直接建立关联，会派生出一个关联实体以体现该多对多实体联系。如果采用这种方法，当从概念数据模型进一步生成逻辑数据模型或物理数据模型时，需要再对该关联实体进行定义。

在本系统概念数据模型设计中，“图书”和“借阅者”之间的这种多对多实体联系是通过图书借还来建立的。每次图书借还都会形成相应的操作记录，即借阅记录，因此，我们可以从这种多对多实体联系中抽取出借阅记录实体。进一步完善图 4-53 所示模型，加入“借阅记录”实体，并关联该实体，如图 4-54 所示。

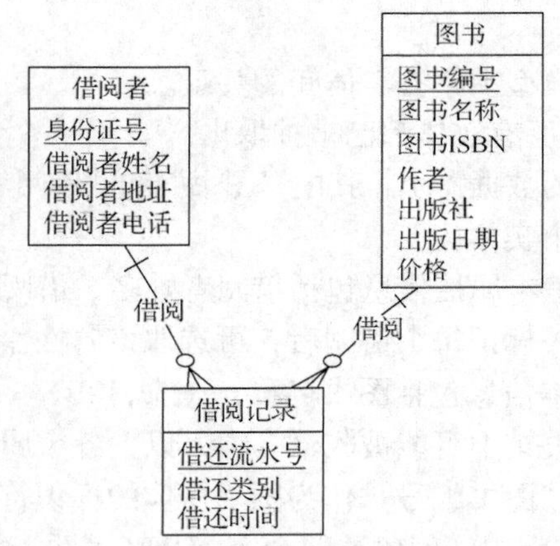

图 4-54　图书借阅管理概念数据模型（第 3 版）

在得到图 4-54 的概念数据模型后，我们完成了从步骤（1）到步骤（4）的完整过程，接着继续通过需求分析来抽取实体。

借阅者到图书馆借书时，需要对图书进行检索，检索图书的方式通常通过图书的类别及书名进行查找。因此，在图 4-54 所示的概念数据模型中，我们可抽取出新的“图书目录”实体，并确定其属性和标识符。扩展之后的系统概念数据模型如图 4-55 所示。

接着我们需要确定新加入的“图书目录”实体和原有 3 个实体之间的联系。通过对业务的数据需求分析，“图书目录”实体只与“图书”实体之间存在联系。每本图书属于某个图书书目类别，且只能属于该图书书目类别。一个图书书目至少有一本书，可以有任意多本图书。因此，这两个实体间是一对多的关系。将该关系添加到概念数据模型后得到图 4-56 所示的概念数据模型。

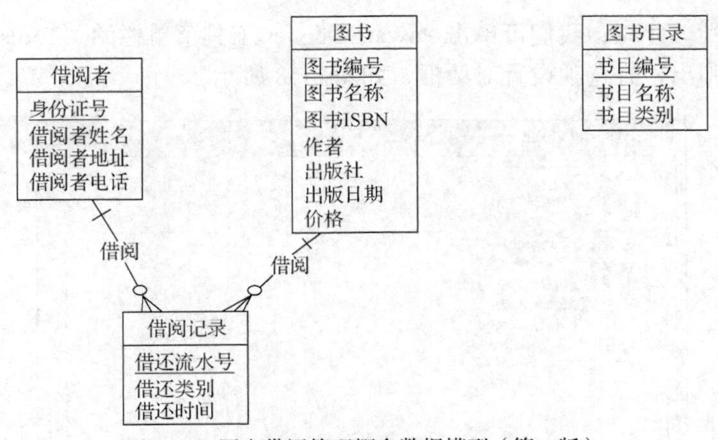

图 4-55　图书借阅管理概念数据模型（第 4 版）

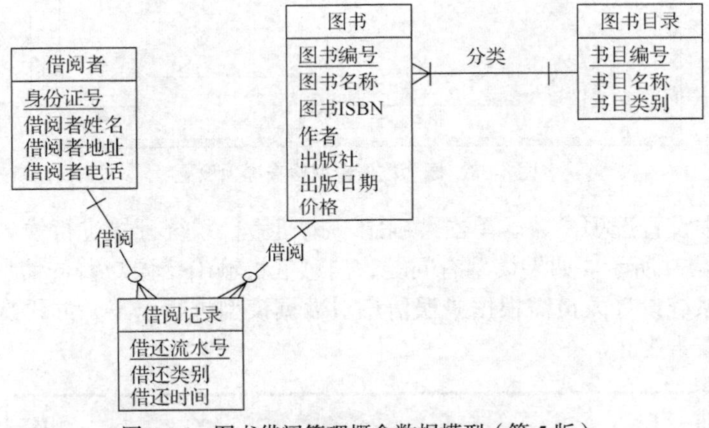

图 4-56　图书借阅管理概念数据模型（第 5 版）

进一步分析系统需求，我们了解到读者在图书借阅系统中可以有预定图书功能。一本图书可以被多次预定，借阅者可以预定多本图书。在处理图书借阅和预定时，我们还需要标记图书是否在库。因此，在系统概念数据模型设计中，我们可以定义“借阅者”实体与“图书”实体之间为多对多实体联系，并命名为“预定”关系。至此，系统概念数据模型如图 4-57 所示。

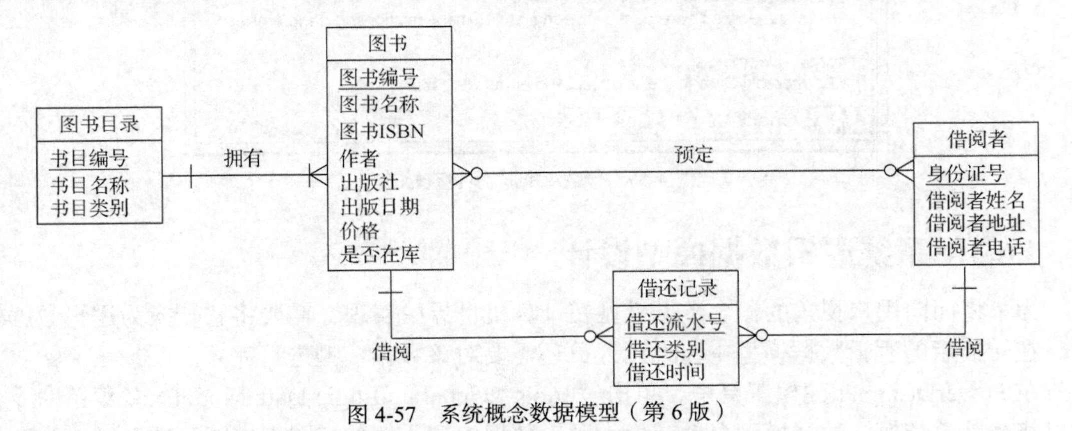

图 4-57　系统概念数据模型（第 6 版）

在完成图 4-57 所示的概念数据模型设计后，我们需要对其进行模型检查，确保概念数据模型的定义正确性。此时，我们可单击 PowerDesigner 工具菜单栏的“Tools->Check Model”菜单命令，系统弹出检查选项设置对话框，如图 4-58 所示。

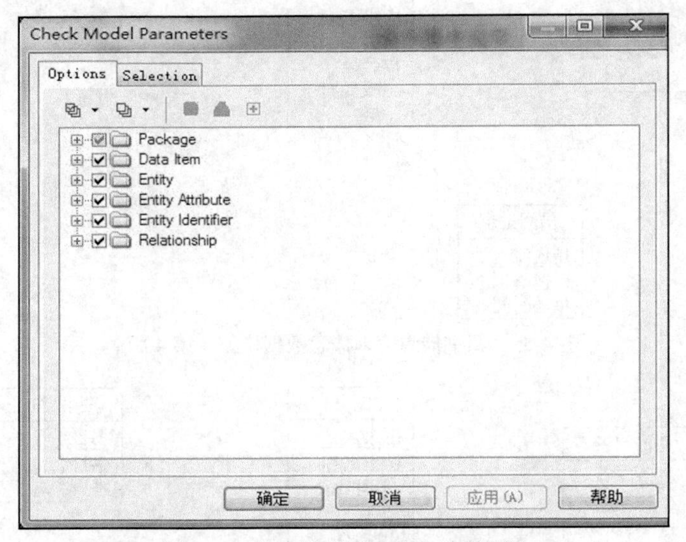

图 4-58　概念数据模型检查选项设置

在该对话框中设置选项参数。单击“确定”按钮后，系统开始进行模型检查，并输出结果消息框，如图 4-59 所示。如果模型有问题，消息框将输出错误与警告信息。当模型检查反馈错误信息后，系统设计人员需根据错误信息对数据模型进行修正，并再次进行检查，直到没有任何错误和警告为止。

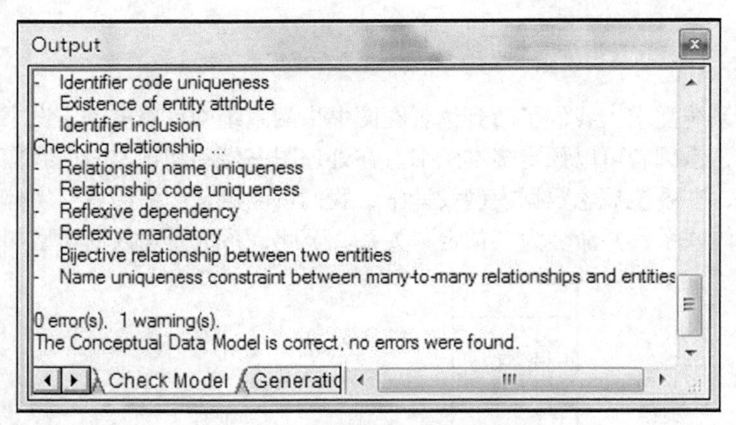

图 4-59　概念数据模型检查输出

4.6.3　系统逻辑数据模型设计

为了将面向用户视角的概念数据模型在计算机世界中实现，需要将它转换为逻辑数据模型。在转换后的逻辑数据模型中，设计人员还需要对该数据模型进行完善。

在 PowerDesigner 建模工具中，单击“Tools->Generate Logic Data Model…”菜单命令，可以将当前系统概念数据模型自动转换为逻辑数据模型。例如，图书借阅管理系统概念数据模型（CDM）转换到逻辑数据模型（LDM），如图 4-60 所示。

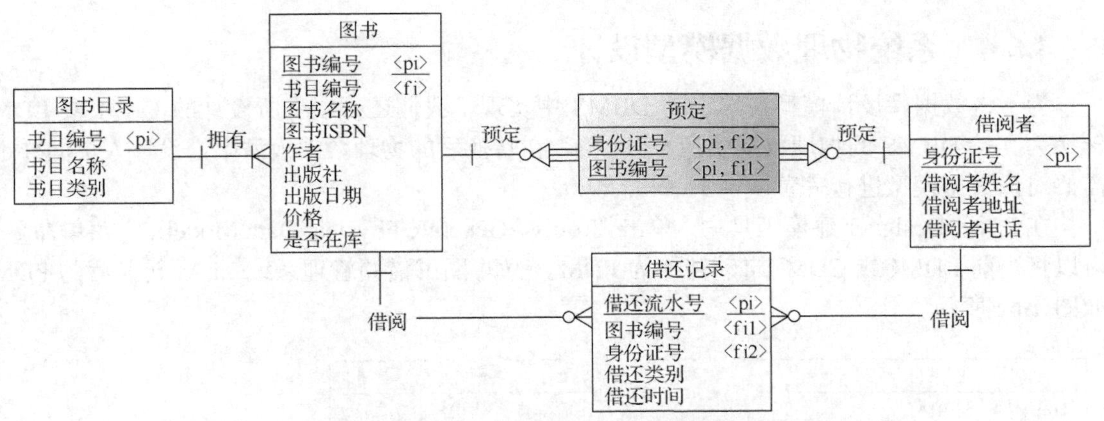

图 4-60　自动转换的图书借阅管理系统逻辑数据模型

从图 4-60 可以看到，LDM 与 CDM 都是使用 E-R 图符号描述模型设计的，但 LDM 与 CDM 存在区别，主要体现在两个方面：①LDM 不再有实体之间的多对多实体联系，而是将 CDM 的多对多实体联系转换为一对多实体联系，并在 LDM 中增加一个关联实体，与原有两个实体建立一对多实体联系。②在 LDM 中，各个实体需要明确标识符类型，即区分主键标识符与外键标识符。

由建模工具将 CDM 自动转换得到的 LDM，并不一定是理想的逻辑数据模型。例如，在图 4-60 所示的图书借阅管理系统 LDM 中，自动产生的“预定”关联实体仅仅只有“身份证号”和“图书编号”属性，缺少必要的属性数据，如“预定时间”等。因此，系统设计人员还需要对自动转换得到的 LDM 进行完善。

对 LDM 进一步优化完善，可对“预定”实体重新定义一个代理键“预定流水号”作为标识符，并增加“预定时间”属性。此外，“预定”实体与“图书”实体、“借阅者”实体的联系被修改为非标识符依赖关系。此外，按照关系数据库规范化设计要求，我们需要对“图书”实体进行分解，将出版社和作者信息从中分解出来，单独作为“出版社”“作者”实体，并建立相应关联。最后得到改进后的 LDM，如图 4-61 所示。

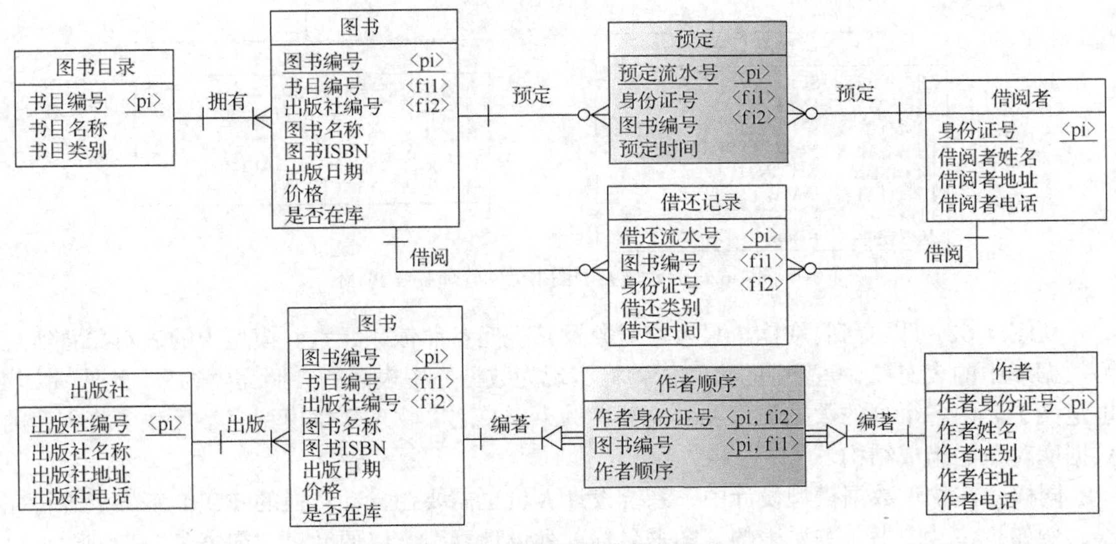

图 4-61　改进后的图书借阅管理系统 LDM

4.6.4 系统物理数据模型设计

为了将数据库设计模型在选定的 DBMS 中实现，我们还必须将所设计的 CDM 或 LDM 转换为支持 DBMS 的物理数据模型（PDM）。在转换后的物理数据模型中，设计人员同样也需要对该数据模型进行完善。

在 PowerDesigner 建模工具中，单击“Tools->Generate Physical Data Model...”菜单命令，可以将当前 LDM（或 CDM）自动转换为 PDM。例如，图书借阅管理系统 LDM 转换后的 PDM 如图 4-62 所示。

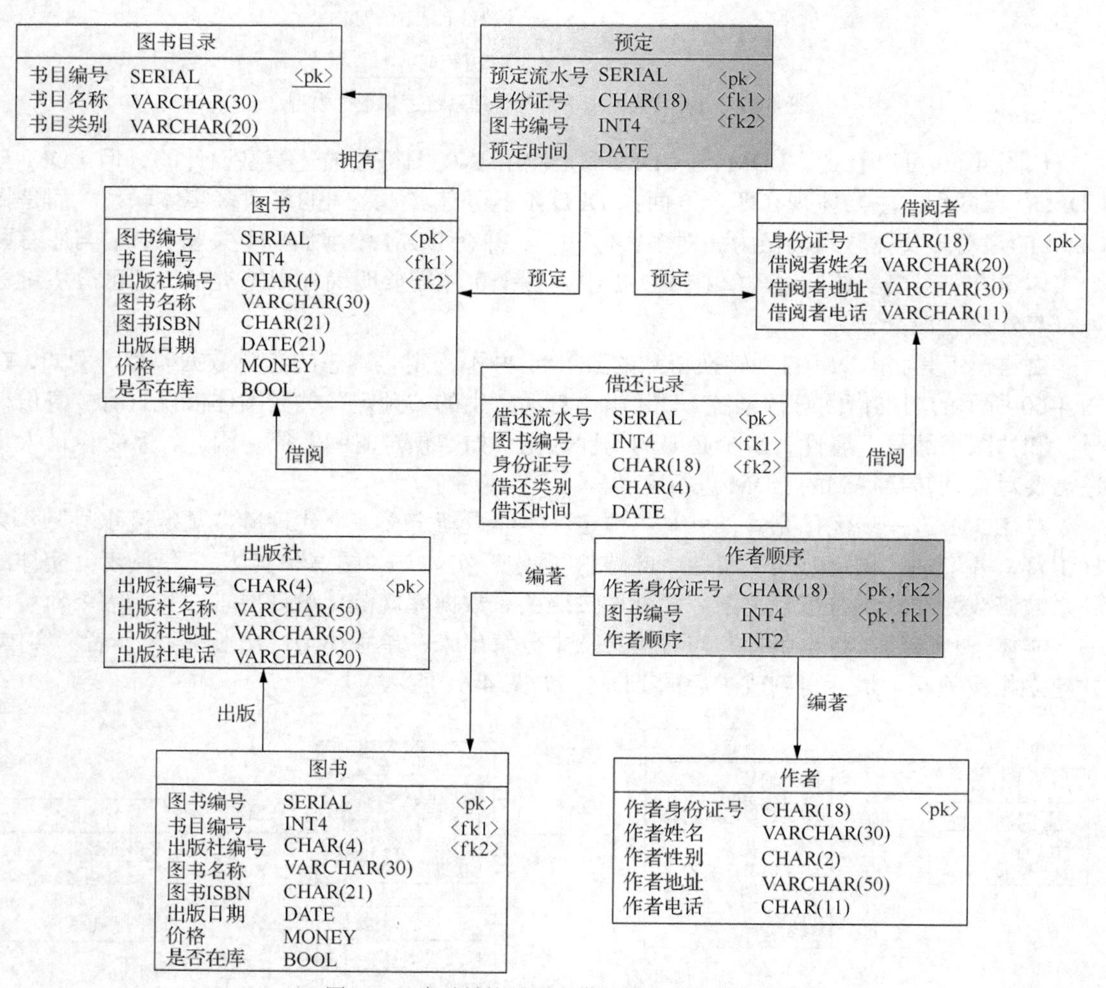

图 4-62 自动转换的图书借阅管理系统 PDM

从图 4-62 可以看到，PDM 只有表对象及其表间参照依赖元素。模型中的表对象将实现为数据库中的表对象，模型中的表间依赖将实现为数据库中表间的参照完整约束。此外，PDM 也定义了表内各个列的数据类型及其完整性约束。总之，物理数据模型完整反映了将创建的数据库对象的组成结构。

同样，在物理数据模型设计中，系统设计人员也需要在自动转换的 PDM 基础上进行完善。例如，在“图书”关系表的“图书名称”列设计索引，以便针对“图书名”查询时，可以使数据库有较高的查询速度。另外，设计人员还可以设计定义“触发器”“存储过程”“视图”“约束”等对象，实现业务中数据功能的处理及规则要求。

在将系统物理数据模型在数据库中实现前，需要对所设计的系统的 PDM 进行设计验证检查，以发现系统 PDM 设计中的错误，如模型中可能存在的表中列没有定义数据类型、表间主外键依赖关系不合适等。

单击 PowerDesigner 工具菜单栏的“Tools->Check Model”菜单命令对该 PDM 设计进行检查，系统弹出的对话框如图 4-63 所示。

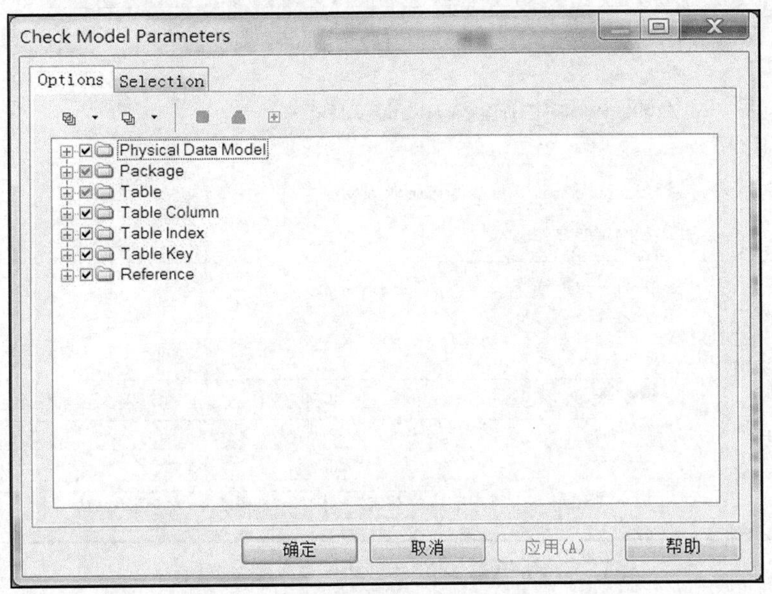

图 4-63　PDM 检查选项设置

在该对话框中设置选项。单击“确定”按钮后，即可开始进行模型检查，并输出结果消息框，如图 4-64 所示。如果模型有问题，消息框将输出错误和警告信息。当模型检查反馈错误信息后，系统设计人员则需根据错误信息对数据模型进行修正，并再次进行检查，直到没有任何错误和警告为止。

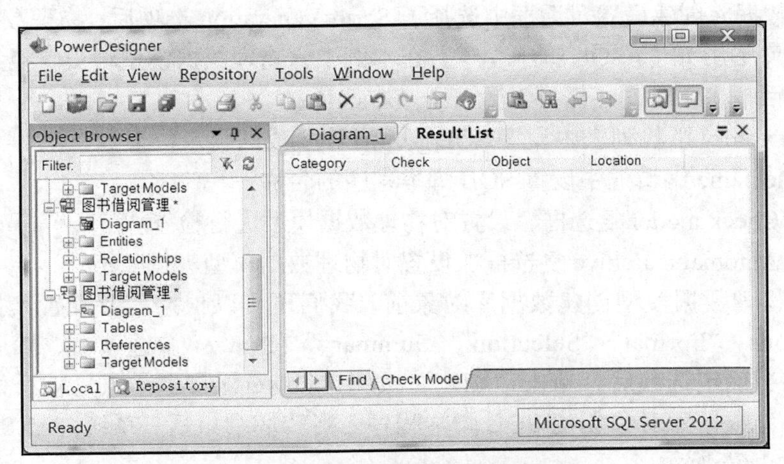

图 4-64　物理数据模型检查输出

4.6.5 PostgreSQL 数据库实现

当完成系统物理数据模型检查后，我们可以将该模型在特定 DBMS 中创建成数据库对象，如在本例所使用 PostgreSQL 数据库中实现对象创建。在 PowerDesigner 建模工具的菜单栏中，单击“Database->Generate Database...”菜单命令执行数据库创建操作。当单击该菜单命令后，系统弹出数据库创建设置对话框，如图 4-65 所示。

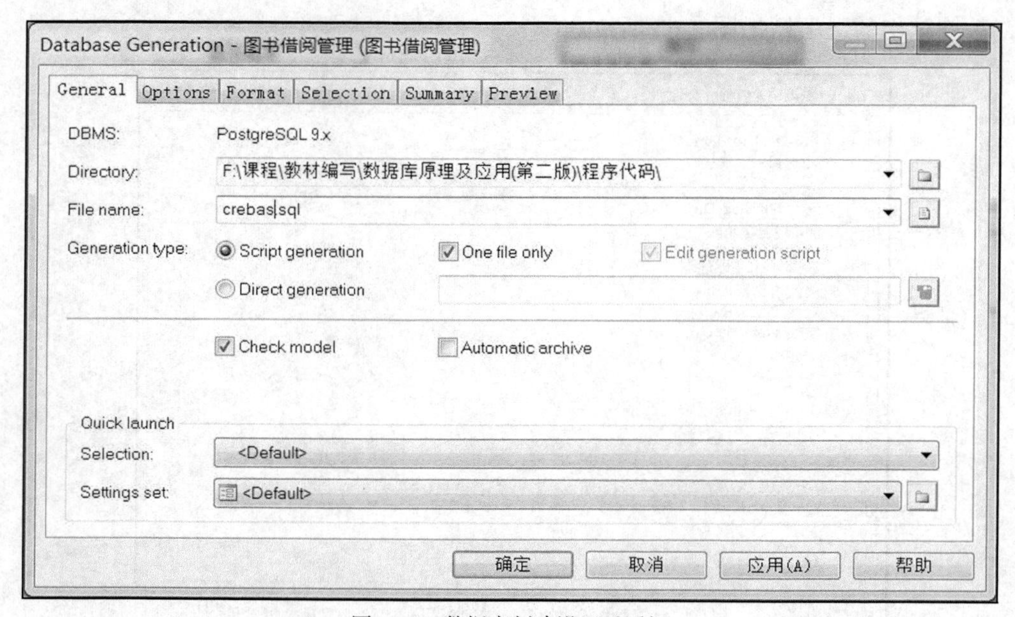

图 4-65　数据库创建设置对话框

在该对话框中，用户首先需要选择物理数据模型实现数据库创建的方式是 Script generation（SQL 脚本程序创建），还是 Direct generation（直接创建）。

1. SQL 脚本程序创建

SQL 脚本程序创建是一种简单的数据库设计模型实现方式。该方式所设计的系统物理数据模型被转换为 SQL 脚本程序，随后在 DBMS 中运行该 SQL 脚本程序，实现数据库对象的创建。当用户在数据库创建设置对话框中选择了 Script generation 选项后，物理数据模型将被转换为指定数据库 DBMS 的 SQL 脚本程序。在本例中，物理数据模型将被转换为 PostgreSQL 数据库。在对话框中，用户还需要设置若干基本选项。

（1）在 Directory 下拉列表中设置 SQL 脚本程序生成的目录位置。

（2）在 File name 编辑框中设置 SQL 脚本程序的名称。

（3）选择 Check model 复选框，设置对物理数据模型进行检查。

（4）选择 Automatic archive 复选框，设置对物理数据模型进行归档。

此外，在物理数据模型创建数据库对象前，我们还可以根据需要设置其他选项。可分别选择“Options”“Format”“Selection”“Summary”“Preview”选项页，然后对其中的选项进行设置。当确定选项后，单击“确定”按钮，PowerDesigner 工具就开始将系统物理数据模型转换为数据库对象创建 SQL 脚本程序。当转换结束后，系统弹出 SQL 脚本程序对话框，如图 4-66 所示。

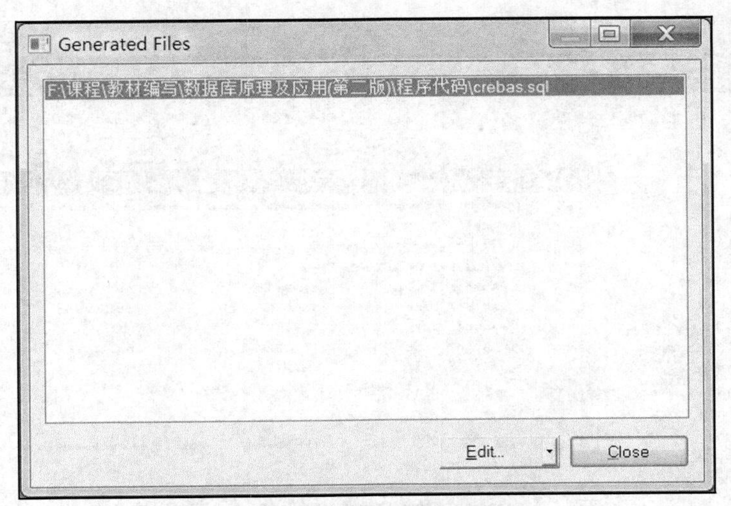

图 4-66　SQL 脚本程序对话框

单击“Edit...”按钮，可直接打开生成的 SQL 脚本程序，如图 4-67 所示。

crebas.sql - 记事本

文件(F)　编辑(E)　格式(O)　查看(V)　帮助(H)

```
/*==============================================================*/
/* Table: AUTHOR                                                */
/*==============================================================*/
create table AUTHOR (
   Author_ID            CHAR(18)             not null,
   Author_Name          VARCHAR(30)          not null,
   Author_Sex           CHAR(2)              null,
   Author_Addr          VARCHAR(50)          null,
   Author_Tel           CHAR(11)             null,
   constraint PK_AUTHOR primary key (Author_ID)
);

/*==============================================================*/
/* Index: AUTHOR_PK                                             */
/*==============================================================*/
create unique index AUTHOR_PK on AUTHOR (
Author_ID
);

/*==============================================================*/
/* Table: AUTHOR_ORDER                                          */
/*==============================================================*/
create table AUTHOR_ORDER (
   Author_ID            CHAR(18)             not null,
   Book_ID              INT4                 not null,
   constraint PK_AUTHOR_ORDER primary key (Author_ID, Book_ID)
);

/*==============================================================*/
/* Index: Relationship_6_PK                                     */
/*==============================================================*/
create unique index Relationship_6_PK on AUTHOR_ORDER (
Author_ID,
```

图 4-67　SQL 脚本程序

在 DBMS 中，我们执行该 SQL 脚本程序后，便可实现数据库对象的创建。例如，在 pgAdmin 4 工具中，打开载入该 SQL 脚本程序，如图 4-68 所示。

当执行该 SQL 脚本程序后，系统将在数据库 LibDB 中创建图书借阅管理数据库对象，如图 4-69 所示。

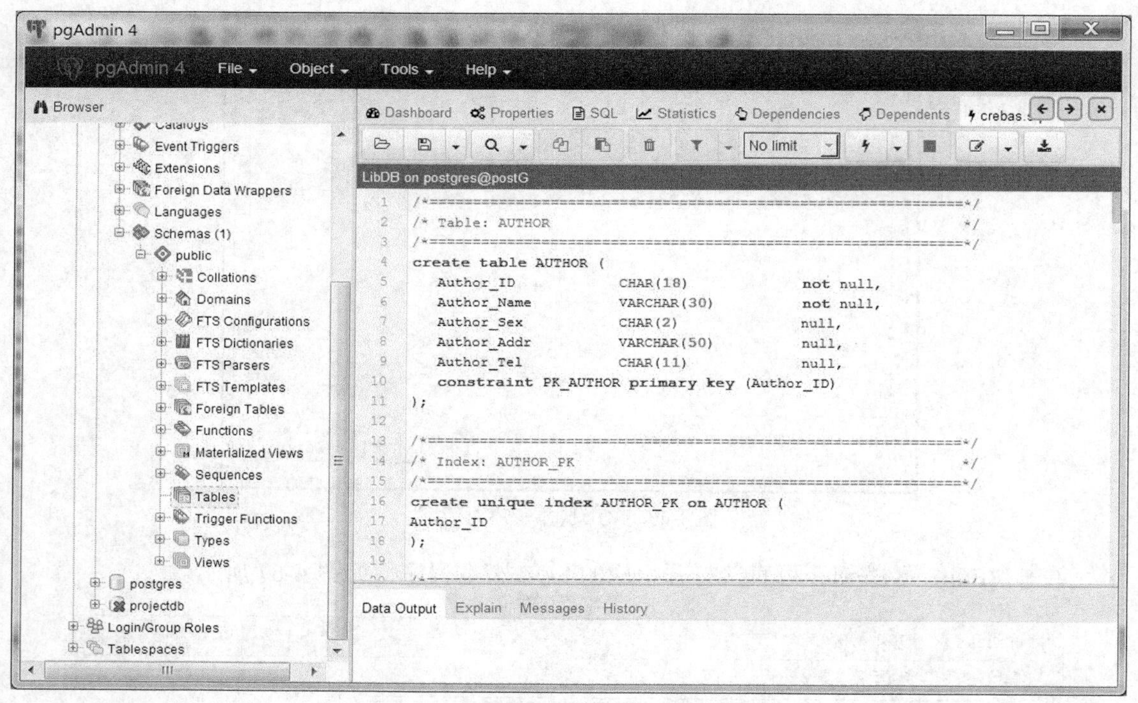

图 4-68　打开 SQL 脚本程序

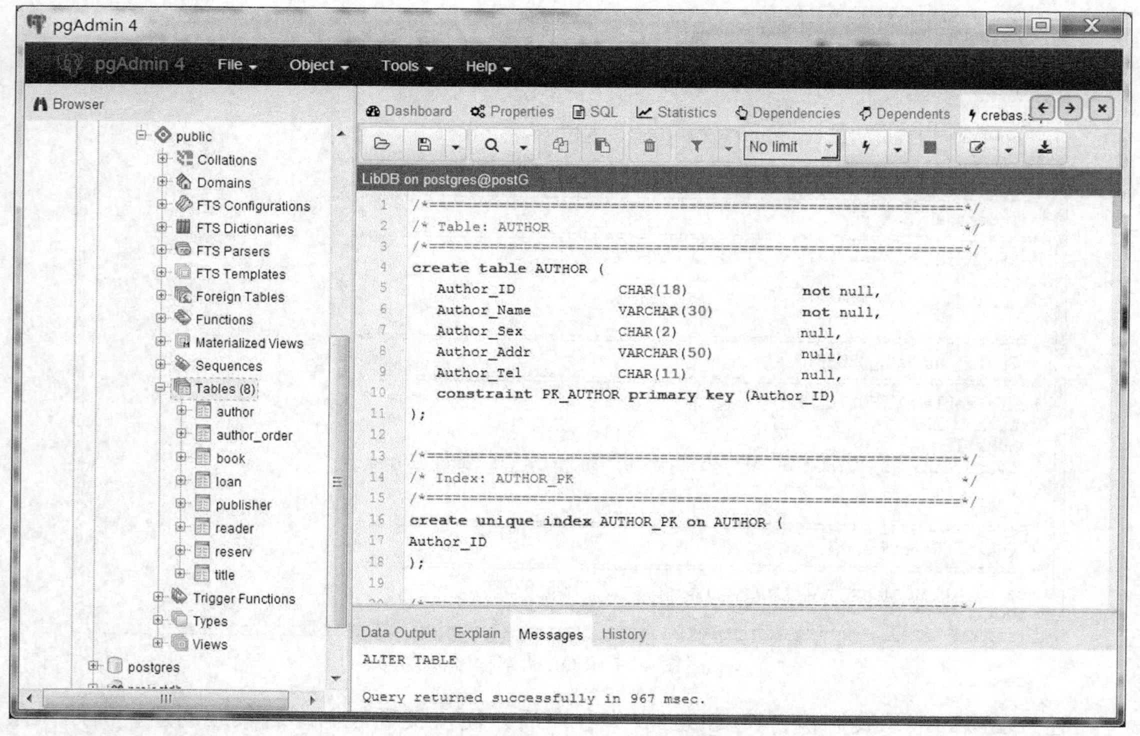

图 4-69　SQL 脚本执行结果

从 SQL 脚本程序执行结果可以看到，系统已经在图书借阅管理数据库 LibDB 中创建了模型中所定义的数据库对象。数据库建模开发可以到此结束，随后便是数据库应用程序的编写开发工作。

2. 直接创建

直接创建是一种方便的数据库设计模型实现方式。在该方式下，我们通过 ODBC 数据源将建模设计工具与数据库建立连接，随后可将所设计的系统物理数据模型直接在数据库中创建数据库对象。在数据库创建设置对话框中，用户选择 Direct generation 选项，即可选择直接创建方式，其步骤如下。

（1）在数据库创建设置对话框中，单击右侧的“连接数据源”图标按钮，系统弹出连接数据源对话框，如图 4-70 所示。

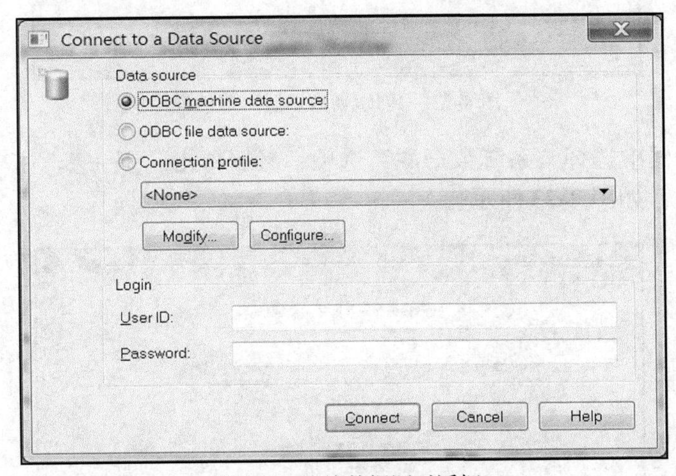

图 4-70　连接数据源对话框

（2）在该对话框中，由于还没有图书借阅管理数据库 LibDB 的数据源连接，需要单击“Configure”按钮，打开连接数据源目录对话框，如图 4-71 所示。

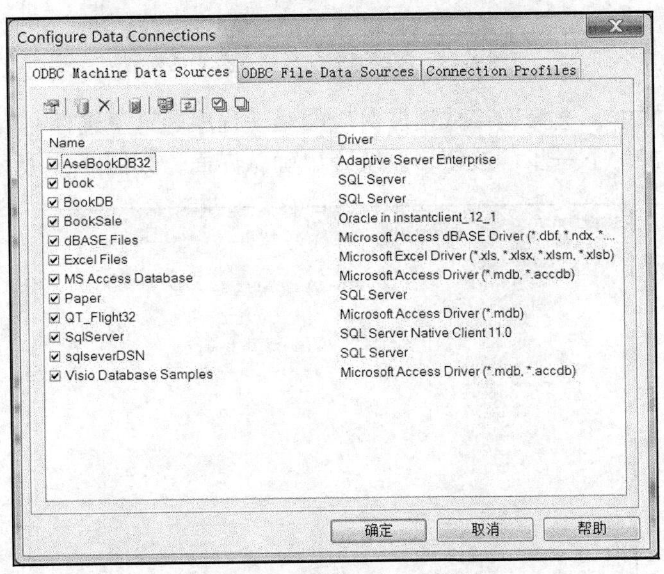

图 4-71　连接数据源目录对话框

（3）在图 4-71 所示的对话框中，单击添加连接数据源按钮，打开图 4-72 所示的对话框。

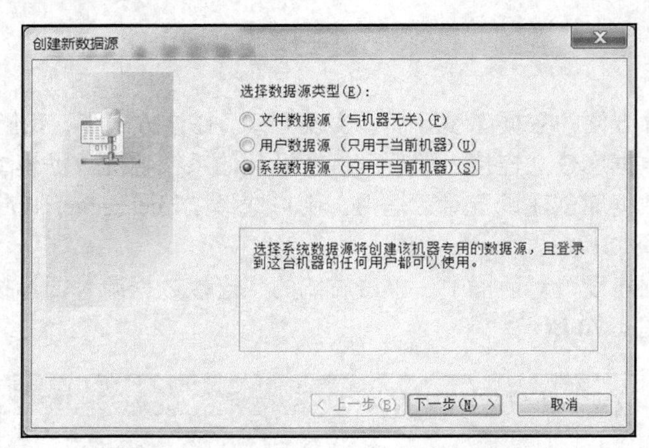

图 4-72 “创建新数据源”对话框

（4）在该对话框中选择“系统数据源”选项，然后单击“下一步”按钮，打开数据源驱动程序选择对话框，如图 4-73 所示。

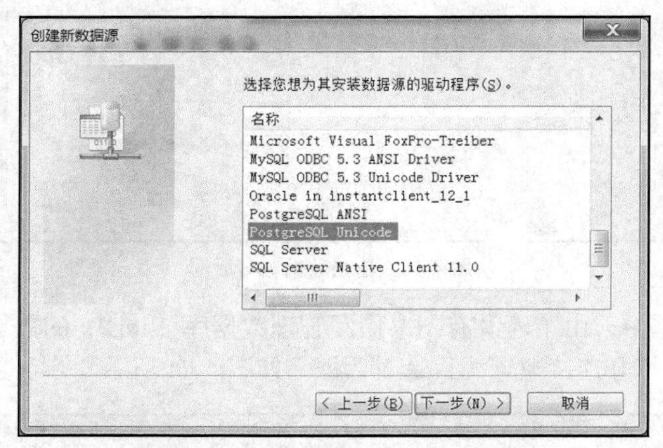

图 4-73 数据源驱动程序选择对话框

（5）在该对话框中，选择连接数据源对应的驱动程序。这里选择“PostgreSQL Unicode”驱动程序，然后单击“下一步”按钮，系统弹出确认界面，如图 4-74 所示。

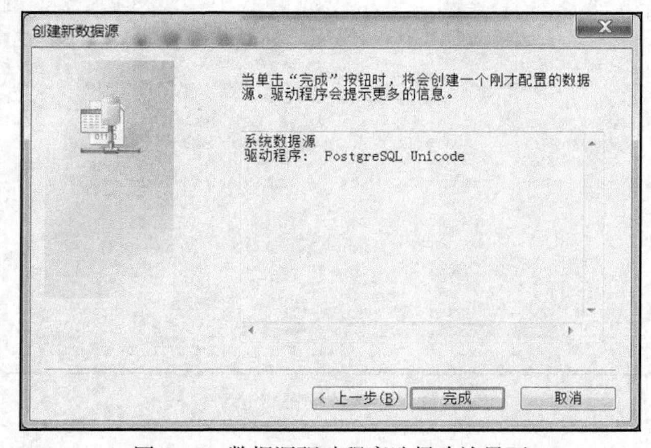

图 4-74 数据源驱动程序选择确认界面

（6）当单击“完成”按钮后，系统弹出数据源命名对话框。在该对话框中输入相应参数，如图 4-75 所示。

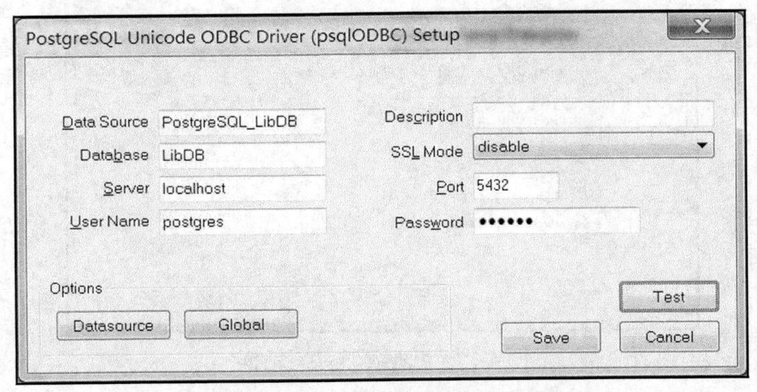

图 4-75 ODBC 系统数据源命名

（7）在图 4-75 所示的数据源设置对话框中单击“Test”按钮对设置的数据库连接参数进行测试。只有当输入正确的数据库连接参数，才能实现数据源与该数据库连接。连接成功后，可单击“Save”按钮，将定义的连接数据源参数进行保存，新建的连接数据源 PostgreSQL_LibDB 将出现在系统数据源目录对话框中，如图 4-76 所示。

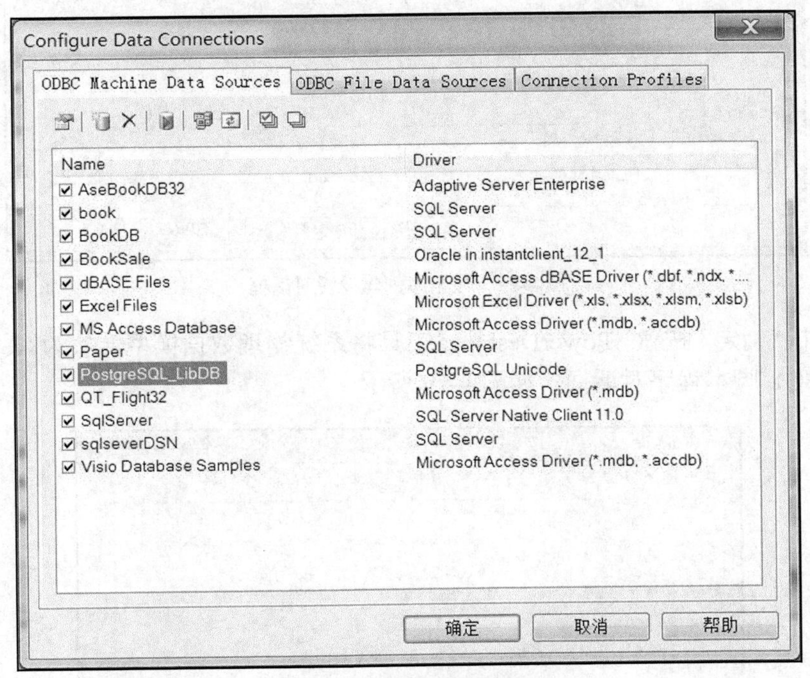

图 4-76 数据源目录对话框

（8）在数据源连接对话框中选择 PostgreSQL_LibDB 数据源，作为系统物理数据模型与 LibDB 数据库的连接，如图 4-77 所示。

（9）在数据源连接对话框中，我们还需要输入该数据库的用户账号、密码，单击“Connect”按钮后，PowerDesigner 与数据库 LibDB 就建立了连接。系统回到数据库创建设置对话框，如图 4-78 所示。

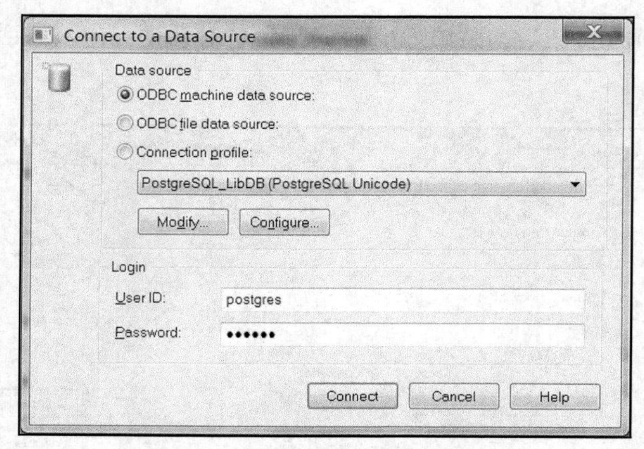

图 4-77　数据源连接对话框

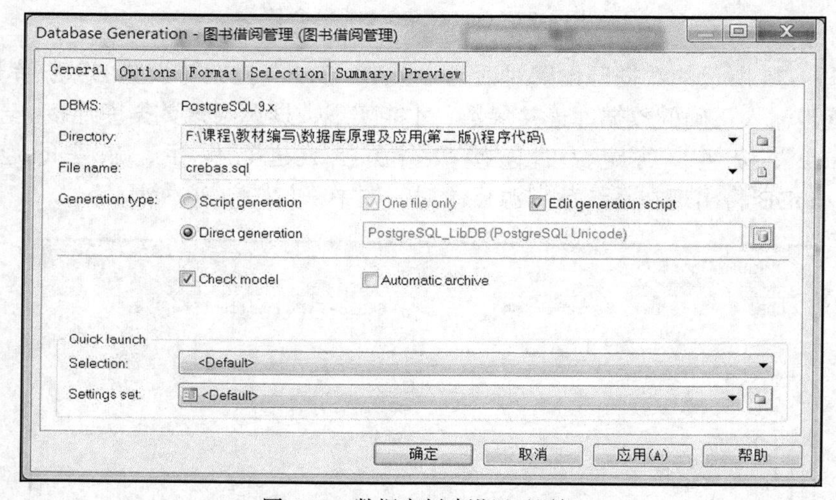

图 4-78　数据库创建设置对话框

（10）单击“确定”按钮，PowerDesigner 工具将系统物理数据模型转换为 SQL 脚本程序，并弹出执行 SQL 脚本程序对话框，如图 4-79 所示。

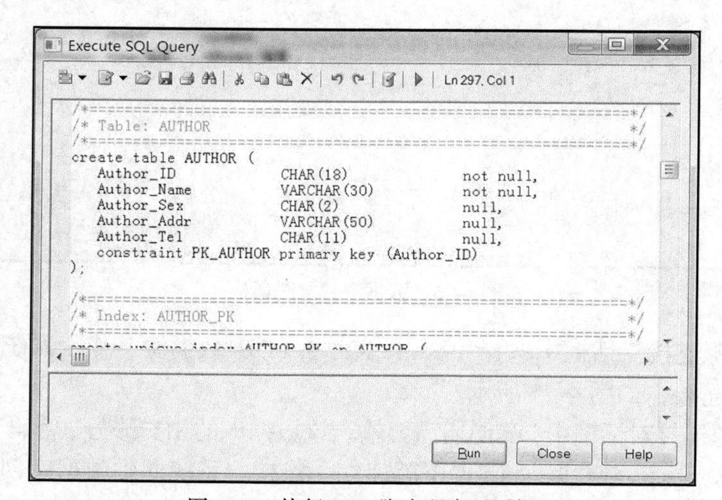

图 4-79　执行 SQL 脚本程序对话框

（11）单击“RUN”按钮，DBMS 执行 SQL 脚本程序，并在数据库 LibDB 中创建数据库对象，其 SQL 脚本程序运行结果如图 4-80 所示。

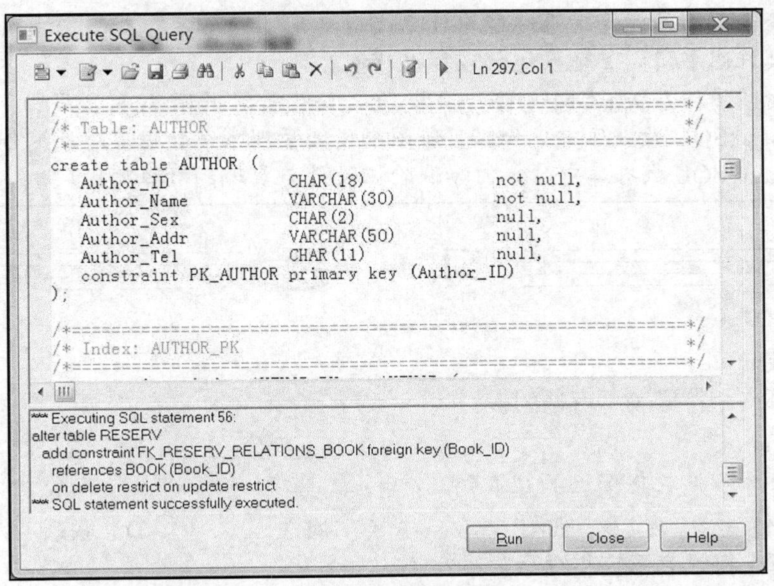

图 4-80　SQL 脚本程序执行结果

当这个 SQL 脚本程序成功执行后，在数据库 LibDB 中，系统成功创建数据库对象，如图 4-81 所示。

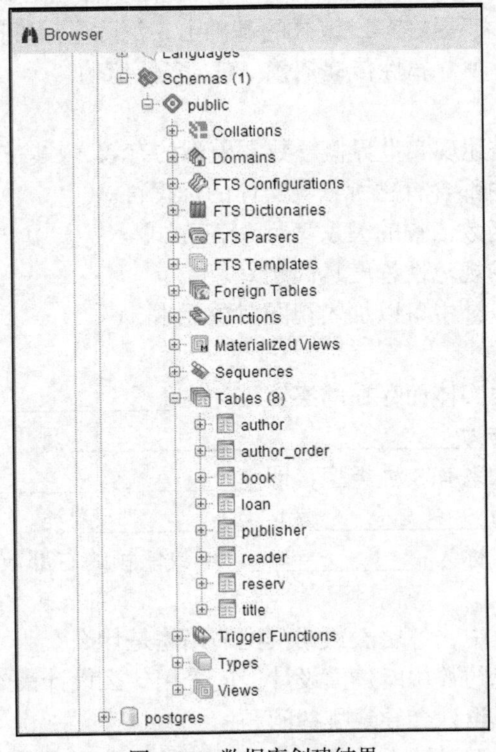

图 4-81　数据库创建结果

课堂讨论——本节重点与难点知识问题

1. 如何设计图书借阅管理系统概念数据模型？
2. 如何设计图书借阅管理系统逻辑数据模型？
3. 如何设计图书借阅管理系统物理数据模型？
4. 图书借阅管理系统 PDM 如何转换为 PostgreSQL 数据库 SQL 程序？
5. 在 PostgreSQL 数据库中，如何实现图书借阅管理系统数据库对象的创建？
6. 在 PostgreSQL 数据库中，如何测试验证设计与实现的数据库？

习　题

一、单选题

1. 下面哪一个符号表示可选的多？（　　）

   A. ——0,1——○—　　B. ——1,1——|—　　C. ——0,N——○<　　D. ——1,N——|<

2. 下面哪个不是 E-R 模型的基本元素？（　　）

   A. 实体　　B. 视图　　C. 属性　　D. 联系

3. 下面哪个符号表示完整继承联系？（　　）

   A.　　B.　　C.　　D.

4. 自底向上的概念数据模型设计策略的第一个步骤是（　　）。

   A. 分析设计系统局部概念数据模型　　B. 综合局部模型构建全局概念数据模型

   C. 抽取实体　　D. 确定实体间的关系

5. 满足第三范式的关系是在第二范式的基础上，消除了属性间哪种函数依赖？（　　）

   A. 属性部分依赖　B. 属性传递依赖　C. 多值依赖　D. 平凡函数依赖

二、判断题

1. E-R 模型是一种描述现实世界概念数据模型的有效方法。（　　）
2. 弱实体的标识符中都含有它所依赖实体的标识符。（　　）
3. 消除属性间传递函数依赖的关系满足 3NF 范式。（　　）
4. 关系数据库设计的规范性程度越高越好。（　　）
5. 在逻辑数据模型设计中可以加入视图对象元素。（　　）

三、填空题

1. 逻辑上依赖于其他实体而存在的实体被称为____________。
2. 数据库设计过程分为____________、____________及____________3 个阶段。
3. 二元实体之间的联系有 3 种类型，即__________、__________和__________。
4. 弱实体又可以分为____________和____________两类。
5. 函数依赖的左部被称为____________，函数依赖的右部被称为____________。

四、简答题

1. 在数据库设计过程中，各层次数据模型的用途是什么？
2. 针对复杂信息系统的数据库建模设计，应采用什么设计策略？
3. 非规范化的数据库设计会导致哪些问题？
4. 在系统物理数据模型设计中，需要设计哪些数据库要素？

5. 为解决数据库性能优化问题，数据库应如何设计？

五、实践操作题

针对房屋租赁管理系统，设计该系统数据库，实现业务数据管理。

（1）分析房屋租赁管理系统业务的基本数据需求，使用 PowerDesigner 建模工具，建立房屋租赁管理系统概念数据模型。

（2）针对关系数据库设计，在 PowerDesigner 建模工具中，将房屋租赁管理系统概念数据模型转换为系统逻辑数据模型，并进行规范化处理。

（3）针对 PostgreSQL 数据库实现，在 PowerDesigner 建模工具中，将房屋租赁管理系统逻辑数据模型转换为系统物理数据模型。

（4）在 PowerDesigner 建模工具中，将房屋租赁管理系统物理数据模型转换为 SQL 脚本程序。

（5）在 PostgreSQL 数据库服务器中，执行该 SQL 脚本程序，实现房屋租赁管理系统数据库对象的创建。

第 5 章 数据库管理

数据库管理是保障数据库系统正常运行的重要技术手段。数据库管理涉及用户对数据库系统的运行维护、事务管理、性能调优、安全管理、故障恢复等功能管理。本章将介绍实现数据库管理的基本技术原理、系统管理方法、管理工具应用方法。

本章学习目标如下。

（1）了解数据库管理的目标与内容。

（2）理解数据库管理的实现原理。

（3）掌握数据库管理方法。

（4）能够应用主流数据库管理工具实现数据库管理任务。

5.1 数据库管理概述

数据库系统规模越大，其内部构成关系就越复杂。特别是分布式数据库系统，各个结点之间存在数据分布、计算处理分布，数据库系统内部关系变得更加复杂，需要解决的关键技术问题就越多。若没有一个系统化的数据库管理机制，数据库系统就难以稳定地运行。数据库管理（DataBase Management，DBM）指为保证数据库系统的正常运行和服务质量，有关人员必须进行的系统管理。负责数据库系统管理任务的人员被称为数据库管理员（DataBase Administrator，DBA)。

5.1.1 数据库管理的目标与内容

在大型数据库应用系统运维中，需要有专门的数据库管理部门及其 DBA 来保障数据库系统的正常运行。DBA 进行数据库管理的目标如下。

（1）保障数据库系统正常稳定运行。

（2）充分发挥数据库系统的软硬件处理能力。

（3）确保数据库系统安全和用户数据隐私性。

（4）有效管理数据库系统用户及其角色权限。

（5）解决数据库系统性能优化、系统故障与数据损坏等问题。

（6）最大限度地发挥数据库对其所属机构的作用。

数据库管理的主要内容包括 DBMS 运行管理、数据库性能监控、事务并发控制、数据库索引管理、数据库调优、数据库重构、数据库角色管理、数据库用户管理、对象访问权限管理、数据安全管理、数据库备份、数据库故障恢复处理等。

5.1.2　数据库管理工具

DBA 除需了解数据库系统实现机制与管理技术方法外，还需要借助 DBMS 的相应管理工具才能完成数据库管理任务。几乎每种 DBMS 产品系统都提供了相应管理工具。这些管理工具大都是基于 GUI 的可视化工具，也有一些是采用命令行的工具。例如，微软公司的 SQL Server Management Studio、ISQL，甲骨文公司的 Oracel SQL Developer、PL/SQL Plus 等。此外，还有不少第三方数据库管理工具，如 PowerStudio for Oracle、Navicat Premium、CoolSQL、Aqua Data Studio、pgAdmin 等。

5.1.3　DBMS 管理功能

DBMS 是实现数据库运行与管理的系统软件，它不但提供了数据库服务引擎，还提供了不少实用工具程序和 GUI 管理工具。DBA 进行数据库管理时，需要借助 DBMS 的这些工具来完成，同时还需要了解 DBMS 的功能。典型的 DBMS 功能结构如图 5-1 所示。

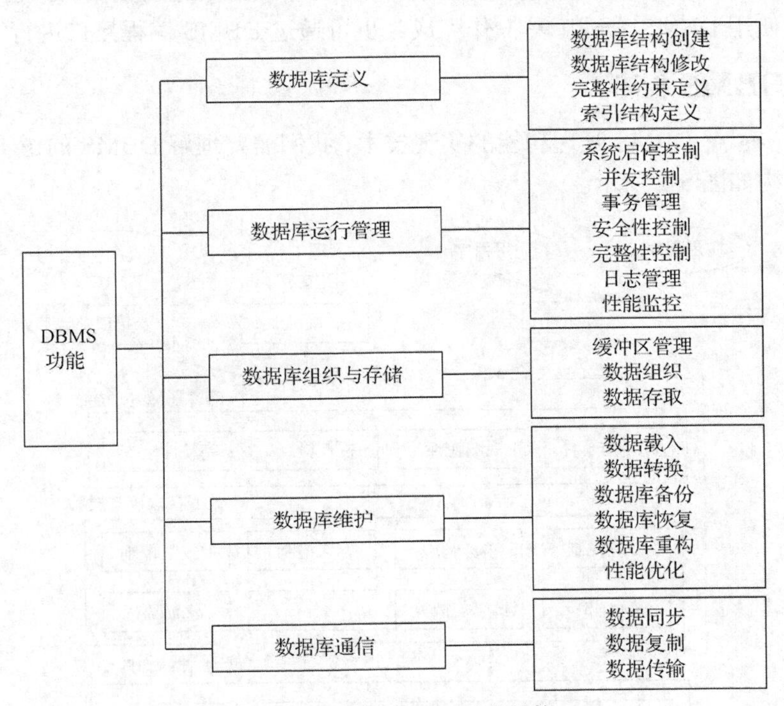

图 5-1　典型的 DBMS 功能结构

DBMS 的功能如下。

（1）数据库定义：DBMS 提供 DBA 对数据库及其对象（表、索引、视图、约束、主键、外键等）进行创建与修改的功能。DBA 可以通过 DBMS 执行数据定义语言（DDL）语句完成各种数据库对象的创建、修改、删除等功能处理，也可通过使用 DBMS 管理工具的 GUI 操作完成这些功能处理。

（2）数据库运行管理：DBMS 提供 DBA 对数据库运行控制管理功能，主要包括数据库实例的运行启停控制、多用户环境下事务并发控制、数据库事务管理、访问操作安全性检查、访问操作存取控制、访问操作完整性检查、系统运行日志管理、系统运行性能监控等管理功能。使用这些管理功能可保证数据库系统的正常运行。数据库运行管理主要通过使用 DBMS 管理工具操作完成。

（3）数据组织与存储：DBMS 实现数据库的数据组织与存储管理，主要包括数据库文件组织、数据分区存储、数据索引组织、数据存取管理、缓冲区管理、存取路径管理等功能。DBA 使用这些管理功能可确保存储空间利用率和数据存取效率。数据组织与存储管理主要通过使用 DBMS 管理工具操作完成。

（4）数据库维护：DBMS 为 DBA 提供数据库维护管理功能，主要包括数据载入、数据转换、数据导出、数据库重构、数据库备份、数据库恢复、数据库性能优化等管理功能。DBA 使用这些管理功能可保障数据库系统正常高效运行。数据库维护管理主要通过使用 DBMS 管理工具操作完成。

（5）数据库通信：DBMS 为 DBA 提供数据库通信管理功能，主要包括数据库客户端与数据服务器连接、不同数据库之间数据复制、不同分区之间数据同步等管理功能。DBA 使用这些管理功能可确保数据库连接、访问通信，以及分布式数据库的数据一致性。数据库通信管理主要通过使用 DBMS 管理工具操作完成，也可通过 DBMS 编程接口进行操作。

5.1.4 DBMS 结构

为了进一步了解 DBMS 管理功能的实现技术，我们需要理解 DBMS 的逻辑结构。DBMS 的基本逻辑结构如图 5-2 所示。

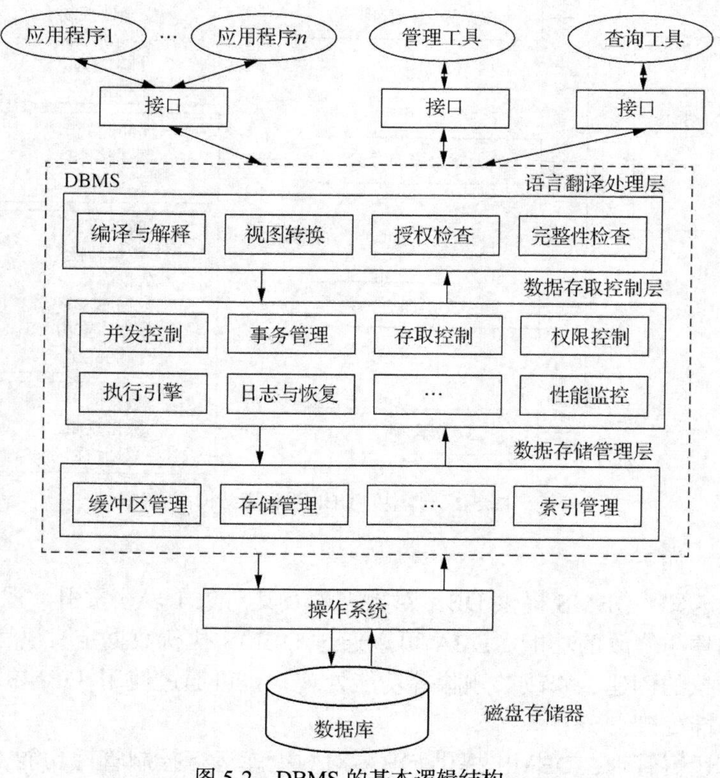

图 5-2　DBMS 的基本逻辑结构

在数据库系统中，应用程序、数据库管理工具、查询工具都需要通过接口访问 DBMS。在接口通信中，客户端传送 SQL 语句或操作命令，DBMS 执行 SQL 语句和管理命令，实现对数据库的操作与管理。同时，DBMS 本身还需要通过操作系统的系统调用，才能实现对数据库文件的存取访问。DBMS 对数据库操作处理结果或读取数据也将通过接口返回客户端。所有数据库访问操作和管理操作均需要通过这些接口来实现调用控制和消息传送。除管理工具与接口外，DBMS 本身由如下 3 个层次组成。

1. 语言翻译处理层

语言翻译处理层由 SQL 语句编译、视图转换、授权检查、完整性检查及事务命令解释等功能模块组成。

2. 数据存取控制层

数据存取控制层负责上层翻译处理的 SQL 命令执行，对各种数据库对象进行逻辑存取操作访问，并实现多用户环境事务并发访问控制、数据库事务管理、执行引擎操作、权限控制、系统日志管理、数据库恢复管理、性能监控等功能操作。本层各功能模块处理的结果数据和状态将返回语言翻译处理层。

3. 数据存储管理层

数据存储管理层负责对数据库对象的文件、索引、记录进行物理存取操作访问，并对数据块与系统缓冲区进行管理，通过操作系统的系统调用接口对数据库文件进行 I/O 操作。本层各功能模块处理的结果数据和状态将返回数据存取控制层。

课堂讨论——本节重点与难点知识问题

1. 数据库管理目标是什么？
2. 数据库管理的主要内容有哪些？
3. 数据库管理工具有哪几种类型？
4. DBMS 有哪些基本功能？
5. DBMS 结构有何特点？
6. DBMS 本身由哪几个层次组成？

5.2 事务管理

在数据库应用系统中，通常需要允许多个用户的程序并发地访问同一数据库或同一数据库对象，甚至同一数据记录。若不对这些并发用户程序的数据库访问操作进行管理控制，就可能造成存取不正确的数据，从而破坏数据一致性。在 DBMS 中，我们通常采用事务管理机制来约束并发用户程序的数据库访问操作，确保并发用户程序访问操作数据库对象后，数据库仍能保持正确状态和数据一致性。

5.2.1 事务的概念

在数据库中，事务（Transaction）指由构成单个逻辑处理单元的一组数据库访问操作，这些操作的 SQL 语句被封装在一起，它们要么都被成功执行，要么都不被执行。数据库事务管理是为了在多用户环境中事务程序共享访问数据库对象时，DBMS 确保数据库处于正常状态与数据一致性。即使在数据库事务程序运行中遇到异常或错误，数据库事务管理机制也应保证事务程序的正确执行，让数据库始终处于正常状态。例如，在银行转账业务处理程序中，客户 A 转账一笔资金到客户 B。银行业务系统执行转账事务程序的数据库操作语句要么都被正常执行，要么所有语句都不被执行，以确保账户数据库中资金数据的正常状态。

在数据库系统中，事务是 DBMS 执行的最小任务单元。同时，事务也是 DBMS 最小的故障恢复任务单元和并发控制任务单元。在 DBMS 中，并发任务执行以事务为单元运行。当事务未正常完成数据库操作，而需要恢复数据时，任务仍然是以事务为单元进行的。

数据库事务程序是实现特定业务功能处理的一组数据库操作语句序列，它们构成一个不可分割的工作单元，要么完整地被成功执行，要么完全不被执行。如果某一事务程序执行成功，则在该事务中进行的所有数据修改均会提交（Commit）数据库，其数据成为数据库中的持久数据。如果事务程序中某操作语句执行遇到异常或错误，则必须进行撤销或回滚（Rollback）操作处理，将该事务引发的所有数据修改都恢复，以确保数据库的正确状态与数据一致性。

在关系数据库中，一个事务程序可以由一条 SQL 语句组成，也可以由一组 SQL 语句组成。一个数据库应用程序可以包含一个事务程序，也可以包含多个事务程序。

在数据库系统中，事务具有生命周期，从事务开始到事务终止可以分为若干状态。DBMS 自动记录每个事务的生命周期状态，以便在不同状态下进行不同的操作处理。事务生命周期状态变迁如图 5-3 所示。

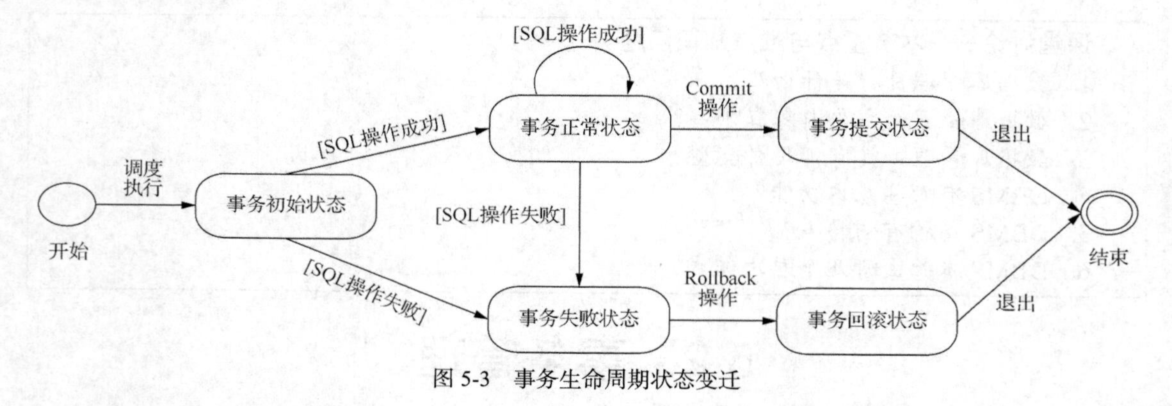

图 5-3　事务生命周期状态变迁

事务被 DBMS 调度执行后，就进入事务初始状态。当事务的 SQL 操作语句被成功执行后，事务就进入事务正常状态。如果事务的所有 SQL 操作语句都成功执行，事务将执行 Commit（提交）操作语句，并进入事务提交状态。在事务提交状态下，系统将所有操作语句对数据的修改都更新到数据库文件中，并将所有数据操作记录到数据库事务日志（Log）文件中，以便数据库出现故障时，事务所做的更新操作能通过日志数据进行恢复。当事务提交操作完成后，事务程序退出并结束。

事务在执行期间，即使进入事务正常状态后，仍有可能遇到意外事件导致事务中的某 SQL 操作语句执行失败。这时事务进入事务失败状态。在事务失败状态下，事务将执行 Rollback（回滚）操作语句，并进入事务回滚状态。在回滚状态下，系统撤销该事务对数据库所有的数据修改或删除操作，使数据库恢复到事务执行之前的数据状态。当事务回滚操作完成后，事务程序退出并结束。

5.2.2　事务的特性

为了确保多个事务对数据库共享访问的数据正确性，要求 DBMS 的事务管理机制维护事务的 ACID 特性，即原子性（Atomicity）、一致性（Consistency）、隔离性（Isolation）、持续性（Durability）。

1．原子性

事务原子性指事务的数据库操作序列必须在一个原子的工作单元中，即事务中 SQL 语句对数据的修改操作，要么全都被正确地执行，要么全都不被执行。在事务的 SQL 语句操作失败后，DBMS 事务管理机制应撤销该事务 SQL 语句对数据库的变更操作，从而保证事务的原子性。

2．一致性

事务一致性指事务执行的结果使数据库从一种正确数据状态变迁到另一种正确数据状态。例如，在银行转账业务操作中，从 A 账户转账 100 元到 B 账户。不管业务操作是否成功，A 账户和 B 账户的存款总额是不变的。如果 A 账户转账成功，而 B 账户入账因某种原因失败，就会使业务数据与数据库产生不一致状态。因此，事务管理应确保事务在执行前后，必须使数据库的数据都保持正确性。

3．隔离性

事务隔离性指当多个事务并发执行时，一个事务的执行不能被其他事务干扰，即一个事务对数据所做的修改对其他并发事务是隔离的，各个并发事务之间不能相互影响。

4．持续性

事务持续性指一个事务一旦提交，它对数据库中数据的改变应该是永久性的。这是因为事务提交后，数据修改被写入数据文件中，可持久保存。

因此，确保事务具有 ACID 特性是 DBMS 事务管理的重要任务。

5.2.3　事务的并发执行

在数据库系统中，如果各个事务按串行方式执行，DBMS 很容易实现事务的 ACID 特性。这是因为 DBMS 串行执行事务程序，不会导致数据不一致性、事务相互干扰等问题。但是，在实际数据库应用中，需要 DBMS 并发执行多个事务，其主要原因如下。

1．改善系统的资源利用率

一个事务是由多个操作组成的，它们在不同的执行阶段需要不同的资源，有时涉及 I/O 资源，有时需要 CPU 资源或需要网络资源。在计算机系统中，I/O 部件与 CPU 部件可以并行运行。因此，I/O 资源可以与 CPU 资源并行使用。当多个事务串行执行时，这些资源只能依次使用，系统资源利用率较低。如果这些事务能并发执行，如一个事务在某磁盘上读/写时，另一个事务可在 CPU 上运行，还有的事务可以在另外的磁盘上进行读/写。这样，它们则可以并行利用这些资源，从而提高系统的资源利用率，并增加系统的吞吐量。因此，为了充分利用系统资源，提高系统处理的吞吐能力，应该尽可能在 DBMS 中允许多个事务并发执行。

2．减少事务执行的平均等待时间

在数据库系统运行中，时刻都有各种各样事务等待调度执行。有些事务执行时间较长，有些事务执行时间较短。如果将这些事务串行执行，则排在后面的各个事务可能要等待较长的时间才能得到系统响应。因此，为减少事务执行平均等待时间，应尽可能让这些事务并发执行。

在数据库系统中，事务并发执行的动机在本质上与操作系统进程或线程并发执行的动机是一样的，它们都是为了提高系统的运行性能和资源利用率。

5.2.4 事务 SQL 语句

在关系数据库系统中，我们可以利用 SQL 提供的事务控制语句及其他 SQL 操作语句编写事务程序。SQL 事务控制语句如下。

- BEGIN 或 START TRANSACTION 为事务开始语句。
- ROLLBACK 为事务回滚语句。
- COMMIT 为事务提交语句。
- SAVEPOINT 为事务保存点语句。

每个事务 SQL 程序由事务开始语句（BEGIN 或 START TRANSACTION）定义事务操作语句块的开始。COMMIT 语句用于事务中数据变更的提交处理，即该语句执行后，将事务中所有对数据库的数据修改写回到数据文件中永久保存。ROLLBACK 语句用于事务的回滚处理，即当事务中的某 SQL 语句操作失败后，事务不能继续执行，该语句将事务中的所有已完成 SQL 操作全部撤销，数据库被恢复到事务执行之前的状态。SAVEPOINT 语句用于事务中部分 SQL 操作的结果数据保存，即将本语句之前的数据修改保存到数据文件中，以便事务回滚时仅取消保存点后面的数据更改操作。

使用上述的事务 SQL 语句可以编写事务程序，其 SQL 事务处理语句块基本框架如下。

```
BEGIN;
SQL 语句 1;
SQL 语句 2;
…
SQL 语句 n;
COMMIT;(或 ROLLBACK;)
```

在上面的事务处理语句块中，仅能使用 DML 或 DQL 类型的 SQL 语句（如 INSERT、UPDATE、DELETE 和 SELECT），不能使用 DDL 类型 SQL 语句，因为这类操作语句会在数据库中自动提交，导致事务中断。

【例 5-1】在选课管理数据库 CurriculaDB 中，使用事务程序实现对学院信息表 College 的数据插入，其事务 SQL 程序如下。

```
BEGIN;
INSERT  INTO  college( collegeID, collegename)
VALUES ('004', '外语学院');
INSERT  INTO  college( collegeID, collegename)
VALUES ('005', '数学学院');
INSERT  INTO  college( collegeID, collegename)
VALUES ('006', '临床医学院');
COMMIT ;
```

在该事务程序中，每个 INSERT 数据插入语句执行后，并不立即提交数据库，而是在执行 COMMIT 语句后，才将事务语句块的所有数据插入操作结果一起提交数据库。该事务程序执行结果如图 5-4 所示。

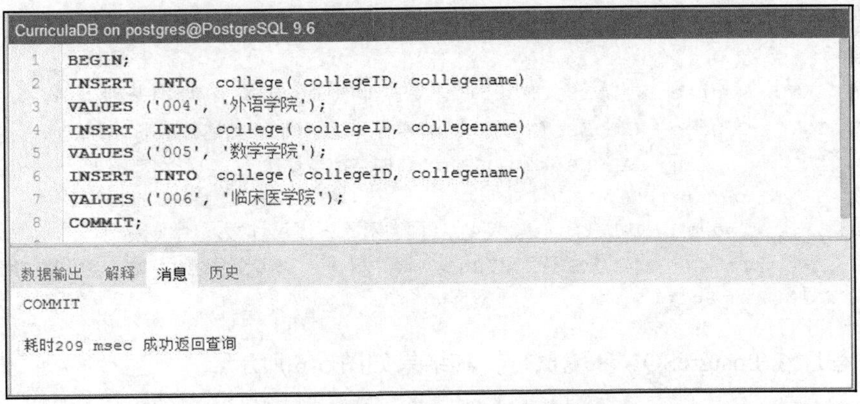

CurriculaDB on postgres@PostgreSQL 9.6

```
1  BEGIN;
2  INSERT  INTO  college( collegeID, collegename)
3  VALUES ('004', '外语学院');
4  INSERT  INTO  college( collegeID, collegename)
5  VALUES ('005', '数学学院');
6  INSERT  INTO  college( collegeID, collegename)
7  VALUES ('006', '临床医学院');
8  COMMIT;
```

数据输出　解释　消息　历史

```
COMMIT

耗时209 msec 成功返回查询
```

图 5-4　事务 SQL 程序执行结果

当事务程序成功执行后，再对 College 表进行查询，将见到上述 3 个记录数据已被写入 College 表中，如图 5-5 所示。

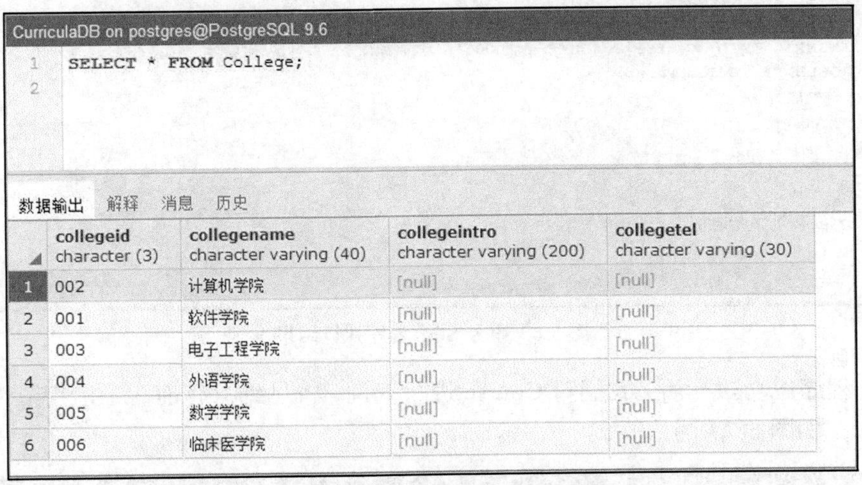

CurriculaDB on postgres@PostgreSQL 9.6

```
1  SELECT * FROM College;
2
```

数据输出　解释　消息　历史

	collegeid character (3)	collegename character varying (40)	collegeintro character varying (200)	collegetel character varying (30)
1	002	计算机学院	[null]	[null]
2	001	软件学院	[null]	[null]
3	003	电子工程学院	[null]	[null]
4	004	外语学院	[null]	[null]
5	005	数学学院	[null]	[null]
6	006	临床医学院	[null]	[null]

图 5-5　College 表数据

此外，在事务程序中，还可使用保存点语句来定义事务回滚的位置，其 SQL 事务程序基本框架如下。

```
BEGIN;
SQL 语句 1;
SQL 语句 2;
…
SAVEPOINT  保存点名;
SQL 语句 n;
…
ROLLBACK  保存点名;
```

在上面的 SQL 事务程序框架中，我们使用 SAVEPOINT 语句定义一个保存点名称。当后续 SQL 语句执行失败时，系统执行 ROLLBACK 语句后，事务回滚操作到该保存点，即取消该保存点之后的所有数据库操作。这样，可以避免取消过多的事务数据操作。

【例 5-2】在选课管理数据库 CurriculaDB 中，使用事务程序对课程表 Course 插入数据，并在事务处理语句中加入保存点语句，其事务 SQL 程序如下。

```
BEGIN;
INSERT  INTO  Course  VALUES ( 'C001','数据库原理及应用', '学科基础', 4, 64, '考试' );
INSERT  INTO  Course  VALUES ( 'C002','操作系统基础', '学科基础', 4, 64, '考试' );
INSERT  INTO  Course  VALUES ( 'C003','数据结构与算法' , '学科基础', 4, 64, '考试');
SAVEPOINT  TempPoint;
INSERT  INTO  Course  VALUES ( 'C004','面向对象程序设计' , '学科基础', 3, 48, '考试' );
INSERT  INTO  Course  VALUES ( 'C005','软件测试', '专业核心', 3, 48, '考试' );
ROLLBACK TO TempPoint;
COMMIT;
```

该事务程序在 PostgreSQL 环境执行，其结果如图 5-6 所示。

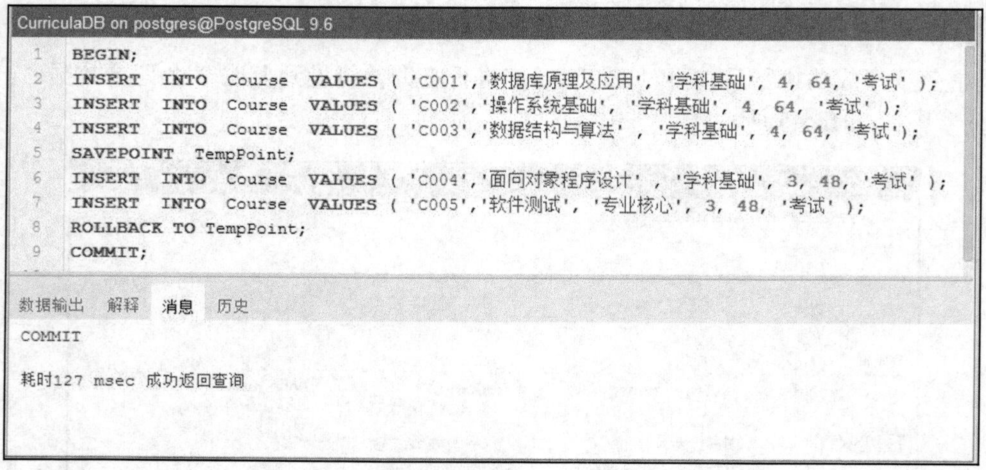

CurriculaDB on postgres@PostgreSQL 9.6

```
1  BEGIN;
2  INSERT  INTO  Course  VALUES ( 'C001','数据库原理及应用', '学科基础', 4, 64, '考试' );
3  INSERT  INTO  Course  VALUES ( 'C002','操作系统基础', '学科基础', 4, 64, '考试' );
4  INSERT  INTO  Course  VALUES ( 'C003','数据结构与算法' , '学科基础', 4, 64, '考试');
5  SAVEPOINT  TempPoint;
6  INSERT  INTO  Course  VALUES ( 'C004','面向对象程序设计' , '学科基础', 3, 48, '考试' );
7  INSERT  INTO  Course  VALUES ( 'C005','软件测试', '专业核心', 3, 48, '考试' );
8  ROLLBACK TO TempPoint;
9  COMMIT;
```

数据输出 解释 消息 历史

COMMIT

耗时127 msec 成功返回查询

图 5-6 事务 SQL 程序执行结果

当事务程序成功执行后，我们对 Course 进行查询，将见到只有前 3 个语句数据被插入到该数据表中，如图 5-7 所示。

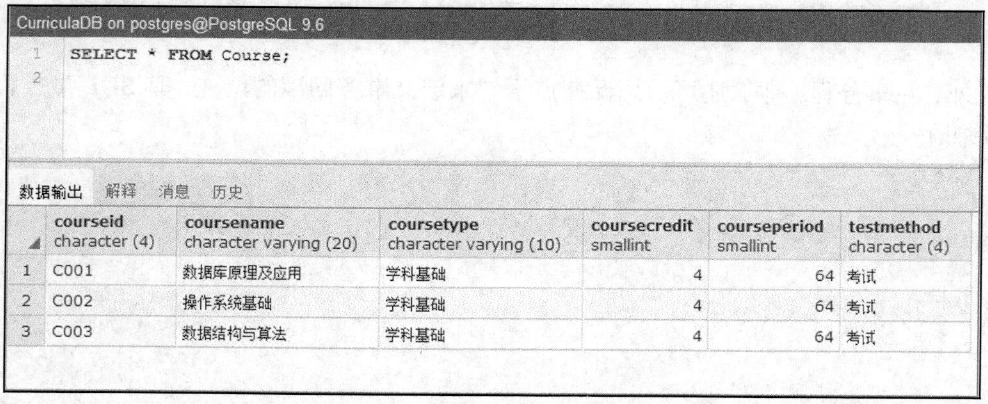

CurriculaDB on postgres@PostgreSQL 9.6

```
1  SELECT * FROM Course;
2
```

数据输出 解释 消息 历史

	courseid character (4)	coursename character varying (20)	coursetype character varying (10)	coursecredit smallint	courseperiod smallint	testmethod character (4)
1	C001	数据库原理及应用	学科基础	4	64	考试
2	C002	操作系统基础	学科基础	4	64	考试
3	C003	数据结构与算法	学科基础	4	64	考试

图 5-7 Course 表数据

需要特别说明：不是所有 SQL 语句都可以放在事务程序中执行，例如，以下 SQL 语句是不能在事务中执行的。

- 创建数据库（CREATE DATABASE）。

- 修改数据库（ALTER DATABASE）。
- 删除数据库（DROP DATABASE）。
- 恢复数据库（RESTORE DATABASE）。
- 加载数据库（LOAD DATABASE）。
- 备份日志文件（BACKUP LOG）。
- 恢复日志文件（RESTORE LOG）。
- 授权操作（GRANT）。

事务除了按上述显示方式控制 SQL 操作语句序列执行外，还可以使用 DBMS 默认方式执行 SQL 操作语句，即在 DBMS 默认设置下，每条 SQL 操作语句都单独构成一个事务，不需要使用专门的事务控制语句标记事务开始与事务结束。

课堂讨论——本节重点与难点知识问题

1. 在特定数据库应用处理中，为什么需要事务机制？
2. 如何理解数据库事务的 ACID 特性？
3. 在数据库系统中，为什么事务程序通常需要并发运行？
4. 在 SQL 中，如何编写一个事务程序？
5. 在数据库系统中，事务程序与一般 SQL 程序有何区别？
6. 在 DBMS 中，如何设置显式事务和隐式事务模式？

5.3　并发控制

在 DBMS 中，只有采用并发事务程序运行方式，才能改善系统的资源利用率、吞吐率，以及减少事务执行的平均等待时间。不过，当多个事务程序同时在 DBMS 中运行时，它们可能会对一些共享数据库对象进行各种数据操作，如一些事务修改共享表数据，另一些事务读取共享表数据，还有一些事务删除共享表数据。在这种事务并发运行情况下，如果 DBMS 没有一定的控制管理，可能会带来数据库操作的数据不一致问题。因此，在 DBMS 中，需要进行并发控制管理。

📖 并发控制指在 DBMS 运行多个并发事务程序时，为确保各个事务独立正常运行，并防止相互干扰、保持数据一致性，所采取的控制与管理。

并发控制的目的是在 DBMS 并发运行多个事务时，确保一个事务的执行不对另一个事务的执行产生不合理的影响，并解决可能产生的数据不一致、事务程序死锁等问题。

5.3.1　并发控制问题

在 DBMS 中，如果不对多个事务并发运行进行控制管理，数据库可能会产生若干数据不一致问题，如脏读、不可重复读、幻像读、丢失更新等问题。

1. 脏读

脏读（Dirty Read）指当多个事务并发运行，并操作访问共享数据，其中一个事务读取了被另一个事务所修改后的共享数据，但修改数据的事务因某种原因失败，数据未被提交到数据库文件，而读取共享数据的事务则读取得到一个垃圾数据，即脏数据。脏数据是对未提交的修改数据的统称。如果某事务读取了脏数据，则可能导致其使用错误数据，也造成不同应用的数据不一致问题。图 5-8 给出事务并发运行时，可能出现脏读的一个示例。

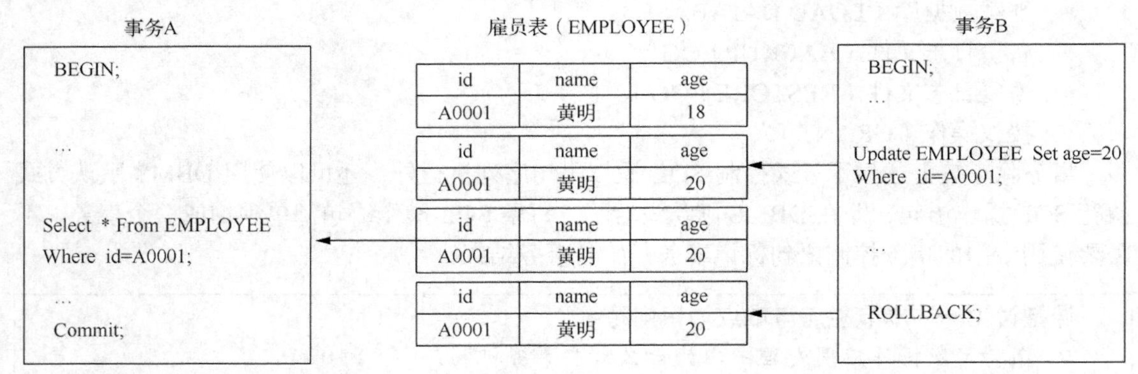

图 5-8　脏数据读取示例

在本例中，事务 A 程序和事务 B 程序共享访问雇员表（EMPLOYEE）数据。其中，事务 B 程序先将雇员编号为 A0001 的年龄从 18 修改成 20。事务 A 程序在事务 B 程序修改共享数据后，读取了雇员编号为 A0001 的数据，获得该雇员的年龄数据为 20。但事务 B 程序在结束前，因故又回滚了该数据操作，即 A0001 的年龄数据恢复为 18，从而导致事务 A 程序获得一个脏数据。

在实际应用中，如果脏数据对事务所处理的业务逻辑带来错误信息，就必须通过一定的方法进行解决。但有的事务程序仅仅是读取了脏数据，并没有进行后续加工处理或使用，可以不理会它。这样可以提高事务处理的并发性，减少事务的等待时间。

2. 不可重复读

不可重复读（Unrepeatable Read）指一个事务对同一共享数据先后重复读取两次，但是发现原有数据改变或丢失。出现这种问题的原因：多个事务并发运行时，一些事务对共享数据进行多次读操作，但其中一个事务对共享数据进行了修改或删除操作。图 5-9 给出事务并发运行可能出现不可重复读的一个示例。

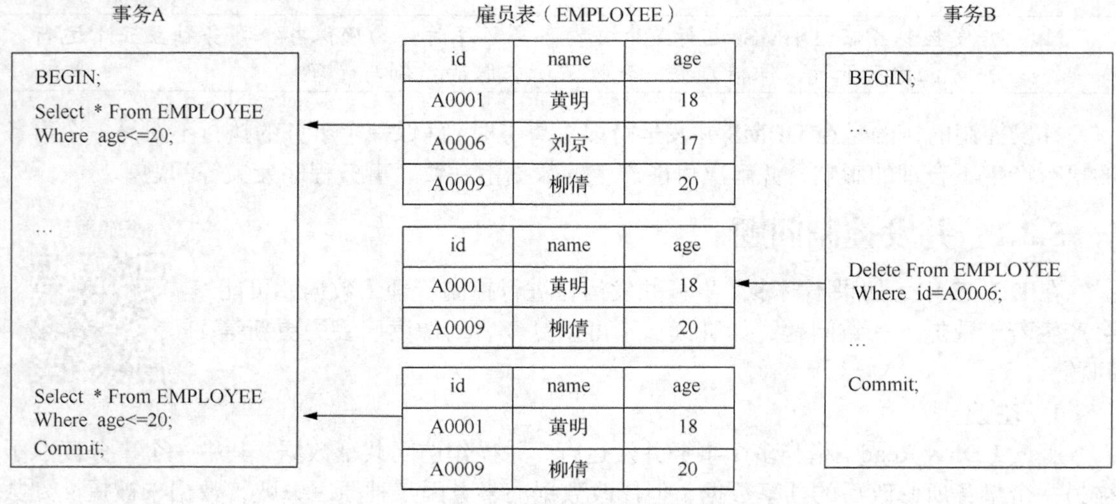

图 5-9　不可重复读示例

在本例中，事务 A 程序和事务 B 程序共享访问雇员表（EMPLOYEE）。事务 A 程序第 1 次读取雇员年龄小于等于 20 的数据为 3 条。其后，事务 B 程序将雇员编号为 A0006 的数据删除。事务 A 程序再次读取雇员年龄小于等于 20 的数据时，数据变为 2 条，事务 A 程序前后两次进行相同查询操作，但其查询结果数据不一致，即出现所谓不可重复读问题。

3. 幻像读

幻像读（Phantom Read）指一个事务对同一共享数据重复读取两次，但是发现第 2 次读取比第 1 次读取的结果中新增了一些数据。出现这种问题的原因：多个事务并发运行，其中一个事务同时在对共享数据进行添加操作。图 5-10 给出事务并发运行可能出现幻像读的一个示例。

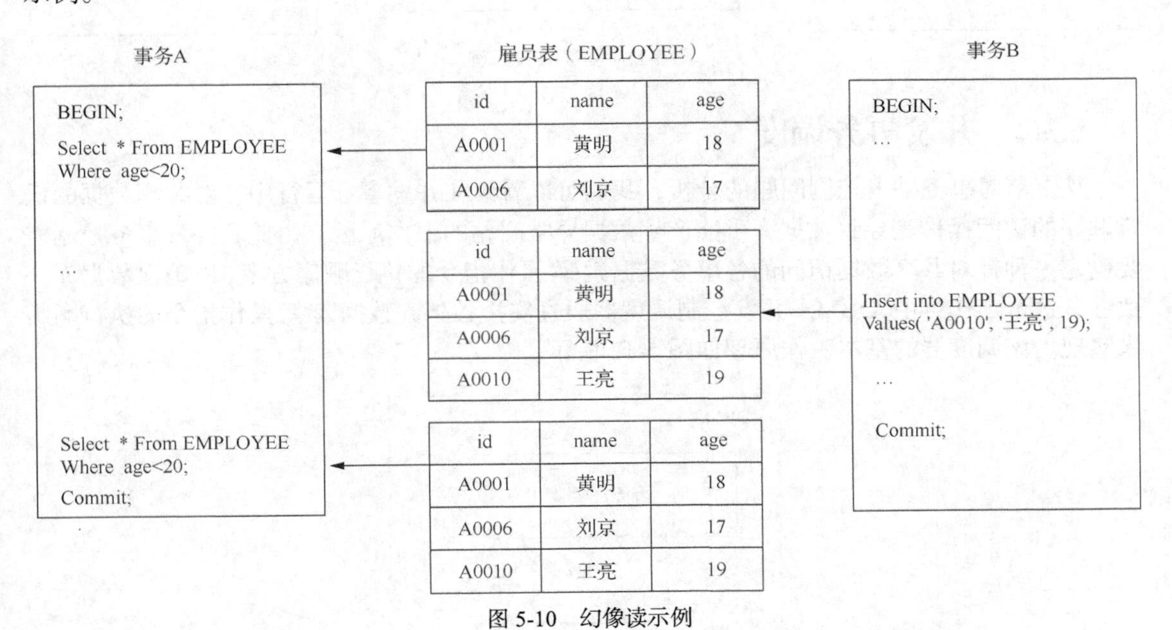

图 5-10　幻像读示例

在本例中，事务 A 程序和事务 B 程序共享访问雇员表信息。事务 A 程序第 1 次读取雇员年龄小于 20 的数据为 2 条。其后，事务 B 程序在雇员表中新插入雇员编号为 A0010 的数据。事务 A 程序再次读取雇员年龄小于 20 的数据时，数据变为 3 条，事务 A 程序前后两次读取同一数据时出现不一致，即出现所谓幻像读问题。

4. 丢失更新

丢失更新（Lost Update）指一个事务对一共享数据进行更新处理，但是以后查询该共享数据值时，发现该数据与自己的更新值不一致。出现这种问题的原因：多个事务并发执行，其中一个事务对共享数据进行了更新，并改变了前面事务的更新值。图 5-11 给出事务并发执行可能出现丢失更新的一个示例。

在本例中，事务 A 程序和事务 B 程序共享访问雇员表（EMPLOYEE）。事务 A 程序对雇员编号为 A0001 的年龄修改为 19。其后，事务 B 程序也对雇员编号为 A0001 的年龄进行了修改，其值被修改为 20。当事务 A 程序再次读取雇员编号为 A0001 的数据时，其年龄数据不再是 19，而是 20，发现与此前修改的数据不一致，即出现所谓丢失更新问题。

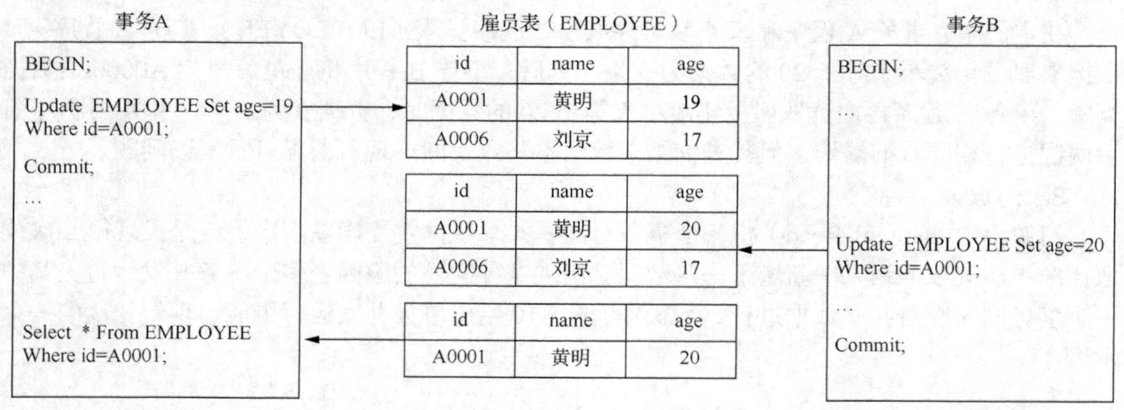

图 5-11　更新丢失示例

5.3.2　并发事务调度

从上节对事务并发控制问题的分析，我们可以看到在并发事务运行中，对共享数据的任意顺序的访问操作是导致数据库可能产生数据异常问题的根本原因。由此，并发事务控制需要确定一种针对共享数据访问的各事务数据读/写操作指令的执行顺序方案，以确保数据库一致性。这个工作可由 DBMS 并发控制调度器通过安排各事务数据读/写操作指令的执行顺序来实现。该调度器的基本工作原理如图 5-12 所示。

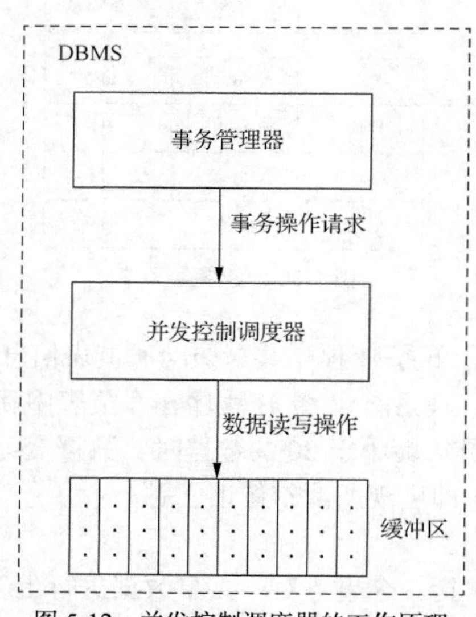

图 5-12　并发控制调度器的工作原理

在 DBMS 中，事务管理器将并发运行事务的数据读/写操作请求提交给并发控制调度器。并发控制调度器将各个事务的数据读/写指令按照一定顺序进行调度执行，并完成对数据库缓冲区的读/写操作。事务并发控制调度器确保在这些事务执行结束后，数据库始终处于一致性状态。

📖　事务并发控制调度器控制各个事务的数据读/写操作指令按照特定顺序执行。

在 DBMS 中，假定有 n 个事务并发运行，这些事务在并发控制调度器中，有 $n!$ 种串行调度执行顺序。当不同事务的数据读/写操作指令以交替顺序执行时，其调度顺序数比 $n!$种大得多。在这么多事务操作调度顺序下，哪些调度顺序可以保证数据库始终处于一致性状态，哪些调度顺序不能保证数据库处于一致性状态，是我们需要研究解决的问题。

以下通过一个银行转账业务的示例来说明不同事务的数据操作调度顺序对数据库一致性的影响。

【例 5-3】银行客户 A 的账户当前余款为 1000 元，客户 B 的账户当前余款为 1500 元。现在有两个事务 T1 和 T2，其中 T1 事务将从客户 A 转账 200 元到客户 B，T2 事务也将从客户 A 转账 400 元到客户 B。它们执行的示例语句如图 5-13 所示。

T1	T2
Read(A);	Read(A);
A:=A-200;	A:=A-400;
Write(A);	Write(A);
Read(B);	Read(B);
B:=B+200;	B:=B+400;
Write(B);	Write(B);

图 5-13　T1 和 T2 的转账事务程序

这里给出 T1 和 T2 事务并发运行的 4 种调度顺序，具体如图 5-14 所示。

T1	T2
Read(A);	
A:=A-200;	
Write(A);	
Read(B);	
B:=B+200;	
Write(B);	
	Read(A);
	A:=A-400;
	Write(A);
	Read(B);
	B:=B+400;
	Write(B);

（a）调度1：T1先执行，T2后执行

T1	T2
	Read(A);
	A:=A-400;
	Write(A);
	Read(B);
	B:=B+400;
	Write(B);
Read(A);	
A:=A-200;	
Write(A);	
Read(B);	
B:=B+200;	
Write(B);	

（b）调度2：T2先执行，T1后执行

T1	T2
Read(A);	
A:=A-200;	
Write(A);	
	Read(A);
	A:=A-400;
	Write(A);
Read (B);	
B:=B+200 ;	
Write (B);	
	Read(B);
	B:=B+400;
	Write(B);

（c）调度3：T1、T2交替执行的一种情形

T1	T2
Read(A);	
A:=A-200;	
	Read(A);
	A:=A-400;
	Write(A);
	Read(B);
Write(A);	
Read(B);	
B:=B+200;	
Write(B);	
	B:=B+400;
	Write(B);

（d）调度4：T1、T2交替执行的另一种情形

图 5-14　4 种事务调度顺序

在上面的 4 种事务调度顺序中，调度 1（T1 先执行，T2 后执行）执行后，账户 A 的余款为 400 元，账户 B 的余款为 2100 元，账户 A 和账户 B 的余款数据均正确，并且账户 A 与账户 B 之和在事务执行前后均为 2500 元，即数据库处于一致性状态。调度 2（T2 先执行，T1 后执行）执行后，账户 A 的余款为 400 元，账户 B 的余款为 2100 元，账户 A 和账户 B 的余款数据均正确，并且账户 A 与账户 B 之和在事务执行前后均为 2500 元，即数据库处于一致性状态。调度 3（T1、T2 交替执行）执行后，账户 A 的余款为 400 元，账户 B 的余款为 2100 元，账户 A 和账户 B 的余款数据均正确，并且账户 A 与账户 B 之和在事务执行前后均为 2500 元，即数据库始终处于一致性状态。调度 4（T1、T2 交替执行）执行后，账户 A 的余款为 800 元，账户 B 的余款为 1900 元，账户 A 和账户 B 的余款数据均不正确，并且账户 A 与账户 B 之和在事务执行前为 2500 元，而在事务执行后为 2700 元，即数据库处于不一致性状态。

从上面不同事务调度顺序的执行结果，可以得出结论：在事务并发运行中，只有当事务调度顺序的执行结果与事务串行执行的数据结果一样时，该并发事务调度才能保证数据库的一致性。在事务调度管理中，符合这样效果的调度被称为可串行化调度。因此，DBMS 的并发控制调度器应确保并发事务调度是一种可串行化调度。

5.3.3 数据库锁机制

扫码预习

从 5.3.2 节的并发事务调度示例可以看到，当多个并发事务以不同顺序对共享数据进行数据修改操作时，可能会带来数据不一致问题和并发事务之间的相互干扰问题。解决这些问题的基本办法是在每个事务更新、删除、新增共享数据时，禁止其他事务同时访问共享数据副本，这种方法被称为资源锁定。实现数据库资源锁定的技术原理如图 5-15 所示。

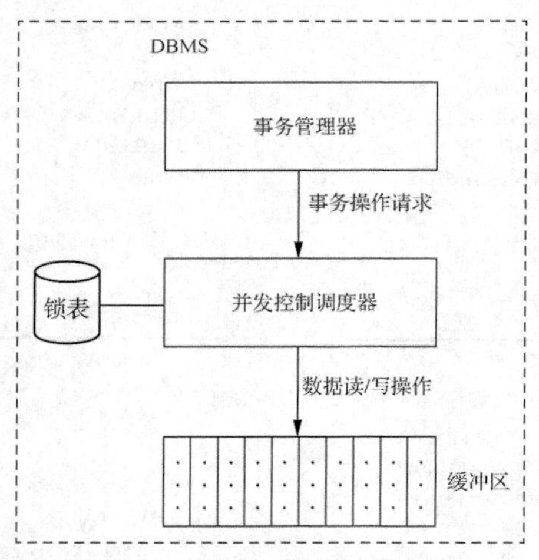

图 5-15　基于锁表的事务调度器

在 DBMS 中，锁表机制与并发控制调度器结合，实现共享资源的锁定访问。例如，当任何事务进行共享数据修改操作前，需要通过在锁表中对共享数据进行加锁处理，以禁止其他事务同时修改或删除该共享数据。当本事务修改共享数据结束并在锁表中进行解锁处理后，其他事务才被允许修改或删除该共享数据。这样可以解决事务之间访问共享数据的相互干扰问题。

在 DBMS 中，锁定资源的类型可以分为排他锁定（Exclusive Lock）和共享锁定（Shared

Lock）两类。排他锁定可以封锁其他事务对共享数据的任何加锁操作，限制其他事务对共享数据的修改、删除、读取操作，记作 Lock-X。共享锁定只封锁其他事务对加锁数据的修改或删除操作，但可以允许其他事务对加锁数据进行共享数据读操作，记作 Lock-S。

数据库锁机制可以在多种粒度上对共享数据资源进行锁定处理。在典型 DBMS 产品中，一般可以在数据库、表、页面、行的粒度级别上进行资源锁定。锁定的粒度越大，DBMS 管理就越容易，但系统并发数据处理能力就越差。锁定的粒度越小，DBMS 管理就越复杂，但系统并发数据处理能力就越强。在实际应用中，我们要根据应用处理需求来确定各个资源的锁定粒度。

5.3.4　基于锁的并发控制协议

在并发事务运行中，事务可串行化调度是确保数据库一致性的基本方法。为了实现并发事务在共享访问数据时可以被串行化调度执行，需要约束事务对共享数据的操作访问必须以互斥方式进行。这时，可通过基于锁机制的并发控制调度器执行一定的协议来实现。

在 DBMS 中，我们可以使用共享锁和排他锁来解决共享数据的互斥访问。假定命名 D 为共享数据，事务通过执行 Lock-S（D）指令来申请对数据 D 的共享锁定。类似地，事务通过执行 Lock-X（D）指令来申请对数据 D 的排他锁定。当共享数据访问结束时，事务通过执行 Unlock（D）指令来释放对数据 D 的锁定。

1．锁操作的相容性

当有多个事务对共享数据 D 执行加锁指令时，是否允许立刻执行，取决于不同类型锁的相容性。不同类型锁之间的相容性见表 5-1。

表 5-1　不同类型锁之间的相容性

类型	排他锁	共享锁	无锁
排他锁	否	否	是
共享锁	否	是	是
无锁	是	是	是

从表 5-1 可以看到，当一个共享数据已经被一个事务实施了排他锁后，其他事务不能再对该数据进行任何锁定操作，必须等待原有锁定解除后，本事务才能对共享数据施加锁定。当一个共享数据已经被一个事务实施了共享锁，其他事务对该数据只能施加共享锁定，不能再添加排他锁定。若一个共享数据没有被锁定，则事务可以添加任何锁定。

2．加锁协议

在对共享数据进行加锁访问时，我们还需要按照一些规则实施锁定。例如，何时申请排他锁或共享锁、持锁时长、何时解锁等，这些规则被称为加锁协议。不同规则的加锁协议，所能解决的数据库一致性问题是不一样的。

（1）一级加锁协议

任何事务在修改共享数据对象之前，必须对该共享数据单元执行排他锁定指令，直到该事务处理完成，才执行解锁指令。该加锁协议可以防止“丢失更新”的数据不一致问题。

【例 5-4】假定某航班当前的空余机票数据 A 为 100 张。现有分别来自不同售票点的两个并发事务 T1 和 T2 进行销售处理，其中 T1 事务将售出 1 张机票，T2 事务将售出 2 张机票。

它们在不加锁和按一级加锁协议的并发事务调度运行情况，如图 5-16 所示。

在图 5-16（a）所示的 T1 和 T2 并发事务执行调度中，我们没有使用锁定。该调度流程的执行结果为 A=99。这个结果是不正确的，正确结果应该为 A=97，出错原因是该并发事务调度执行存在更新丢失问题。在图 5-16（b）所示的 T1 和 T2 并发执行调度中，执行顺序与图 5-16（a）相同，但两个事务都使用了一级加锁协议，其调度执行结果为 A=97。这个结果之所以正确，是因为它们使用了一级加锁协议，可避免出现更新丢失问题。

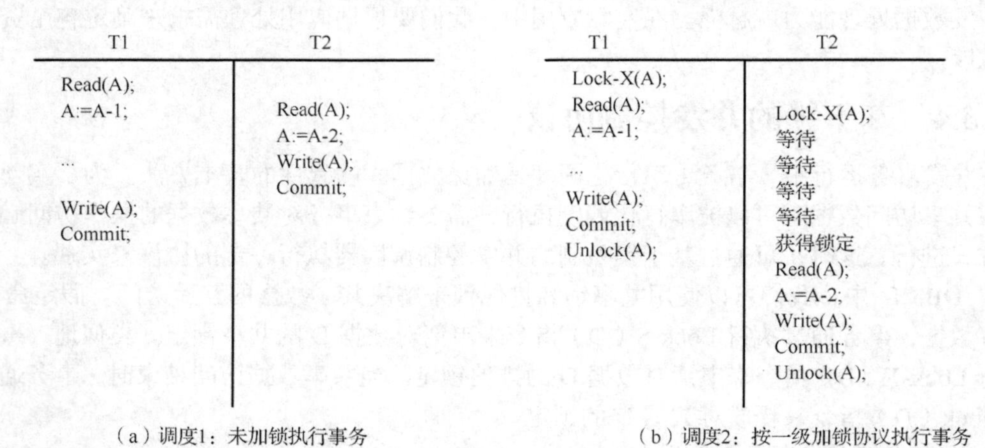

图 5-16　事务并发运行情况

在一级加锁协议中，只有当修改数据操作（更新、删除）时，才需要进行加锁。如果仅仅读数据，可以不加锁。但一级加锁协议不能解决“不可重复读”“脏读”等数据不一致问题。

（2）二级加锁协议

在一级加锁协议基础上，针对并发事务对共享数据进行读操作前，必须对该数据执行共享锁定指令，读完数据后即可释放共享锁定。该加锁协议不但可以防止“丢失更新”的数据不一致问题，还可防止出现脏读数据问题。

【例 5-5】假定某航班当前的空余机票数据 A 为 100 张。现有分别来自不同售票点的两个并发事务 T1 和 T2 进行销售处理，其中 T1 事务将售出 1 张机票，T2 事务进行机票空余数查询。它们在按一级加锁协议执行和按二级加锁协议的事务调度执行情况，如图 5-17 所示。

在图 5-17（a）所示的 T1 和 T2 并发事务执行调度中，T1 事务因涉及修改数据需要按一级加锁协议执行，而 T2 事务因仅仅读数据，不需要加锁操作。该调度流程的执行结果是 T2 事务读取了脏数据 A=99，其原因是 T1 事务操作失败，对数据操作进行了回退处理，而 T2 事务读取了脏数据。在图 5-17（b）所示的 T1 和 T2 并发事务执行调度中，执行顺序与图 5-17（a）相同，但事务执行使用了二级加锁协议。该调度执行结果是 T2 事务读取了正确数据，空余机票数为 100。这个结果之所以正确，因为它们使用了二级加锁协议，避免了出现脏读数据问题。

在二级加锁协议中，读完数据后即可释放共享锁，但它有可能出现“不可重复读”的数据不一致问题。

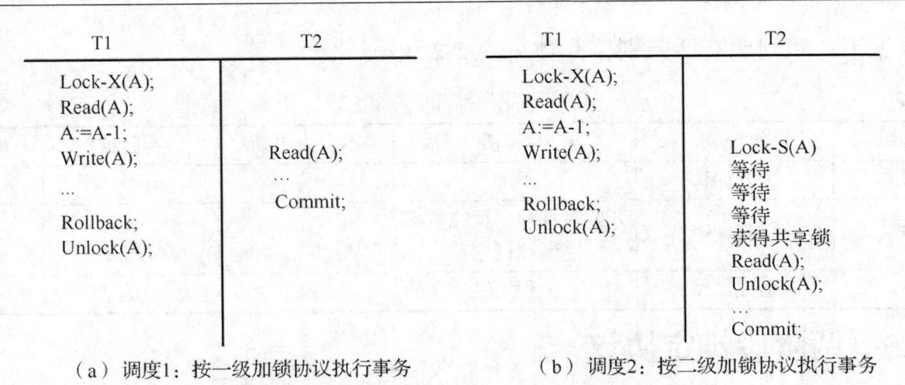

（a）调度1：按一级加锁协议执行事务　　（b）调度2：按二级加锁协议执行事务

图 5-17　事务并发运行情况

（3）三级加锁协议

在一级加锁协议基础上，针对并发事务对共享数据进行读操作前，必须先对该数据执行共享锁定指令，直到该事务处理结束才释放共享锁定。该加锁协议不但可以防止“丢失更新”“脏读”的数据不一致性问题，还可防止出现“不可重复读取”的数据一致性问题。

【例 5-6】假定某航班当前的空余机票数据 A 为 100 张。现有分别来自不同售票点的两个并发事务 T1 和 T2 进行销售处理，其中 T1 事务将售出 1 张机票，T2 事务进行机票余数查询。它们在按二级加锁协议执行和按三级加锁协议的并发事务调度执行情况，如图 5-18 所示。

T1	T2
	Lock-S(A); Read(A); Unlock(A); …
Lock-X(A); 等待 获得排他锁定 Read(A); A:=A-1; Write(A); Commit; Unlock(A);	
	Lock-S(A); Read(A); Unlock(A); Commit;

（a）调度1：按二级加锁协议执行事务

T1	T2
	Lock-S(A); Read(A); …
Lock-X(A); 等待 等待 等待 等待	Read(A); Commit; Unlock(A);
获得排他锁定 Read(A); A:=A-1; Write(A); Commit; Unlock(A);	

（b）调度2：按三级加锁协议执行事务

图 5-18　事务并发运行情况

在图 5-18（a）所示的 T1 和 T2 并发执行调度中，按二级加锁协议执行事务。T1 事务因 T2 事务先共享锁定了数据 A，它不能执行排他锁定指令，因此处于等待状态。当 T2 事务完成第 1 次数据读取后，释放共享锁定。T1 事务获得排他锁定，开始执行售票处理，提交结果数据 A=99，然后释放锁定。若 T2 事务在结束前再次读取数据 A，其读取值与第 1 次读取的值不一致，即出现“不可重复读”的数据不一致问题。在图 5-18（b）所示的 T1 和 T2 并发执行调度中，执行顺序与图 5-18（a）相同，但事务执行使用了三级加锁协议。T2 事务在完成第 1 次读取数据后，并不释放锁定，直到该事务执行结束才释放锁定。T1 事务则因 T2 事务在执行中，不能获取排他锁定。直到 T2 事务结束，T1 事务才能获得排他锁定，进行售票处理。这种三级加锁协议处理，避免了“不可重复读”的数据不一致问题。

在上述的 3 个级别加锁协议中，由于各自的加锁类型、持锁时长、解锁时刻不同，其可解决的数据不一致问题有所差别，具体见表 5-2。

表 5-2　不同级别的加锁协议比较

加锁协议级别	排他锁	共享锁	不丢失更新	不脏读	可重复读
一级	全程加锁	不加	是	否	否
二级	全程加锁	开始时加锁，读完数据释放锁定	是	是	否
三级	全程加锁	全程加锁	是	是	是

5.3.5　两阶段锁定协议

在 5.3.2 节中，我们已经得出结论：当并发事务调度的执行结果与这些事务串行执行的结果相同时，才能保证并发事务执行的数据结果是正确的。实现这个要求的前提是并发事务可串行化调度。那么，如何使并发控制调度器针对任意的事务请求顺序实现并发事务操作可串行化调度呢？这需要调度器按照两阶段锁定协议执行操作调度。

两阶段锁定协议指所有并发事务在进行共享数据操作处理时，必须按照两个阶段（增长阶段、缩减阶段）对共享数据进行加锁和解锁申请。在增长阶段，事务可以对共享数据进行加锁申请，但不能释放已有的锁定；在缩减阶段，事务可以对已有的锁定进行释放，但不能对共享数据提出新的加锁申请。

实践证明，在并发事务运行中，若所有事务都遵从两阶段锁定协议，则这些事务的任何并发调度都是可串行化调度，即这些并发调度执行结果可以保证数据库一致性。

【例 5-7】假定两个事务 T1 和 T2，均可将客户 A 转账 200 元到客户 B 账户。但它们针对账户访问的加锁申请和解锁申请时机不一样，具体如图 5-19（a）和图 5-19（b）所示。

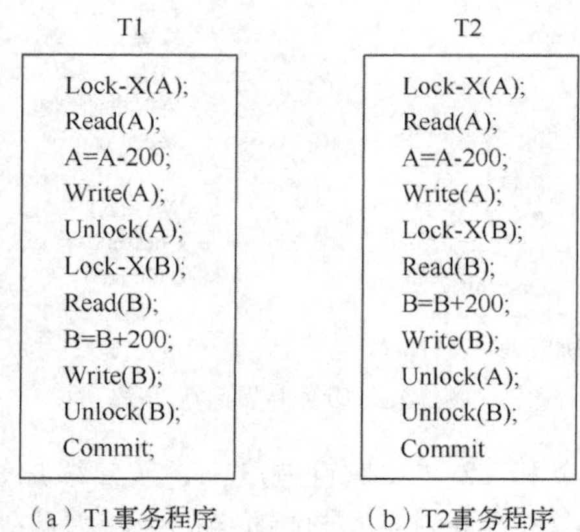

（a）T1事务程序　　（b）T2事务程序

图 5-19　转账事务程序

在图 5-19（a）中，T1 事务程序首先对客户 A 账户加锁，获得锁定后进行账户付款操作，并将结果写入账户，保存操作结束后进行解锁处理。随后 T1 事务程序继续对客户 B 账户加锁，获得锁定后进行账户付款操作，并将结果写入账户，保存操作结束后进行解锁处理。T1 事务程序在并发控制调度器处理中，因其执行锁定申请和释放锁定操作时机不满足两阶段锁定协议，该事务可能无法实现可串行调度。在图 5-19（b）中，T2 事务程序对账户 A 和账户 B 的锁定申请和释放锁定操作时机符合两阶段锁定协议，则该事务在并发控制调度器处理中，可以实现事务可串行化调度。

5.3.6　并发事务死锁解决

在基于锁机制的并发事务运行中，如果这些事务同时锁定两个及以上资源时，可能会出现彼此都不能继续运行的状态，即事务死锁状态。

【例 5-8】假定两个事务 T1 和 T2，它们都需要加锁访问数据库表 Table1 和 Table2，其事务程序如图 5-20（a）所示。当这两个事务程序调度执行时，若操作语句推进不当，则它们在执行时因相互等待锁定资源释放而出现死锁状态，具体如图 5-20（b）所示。

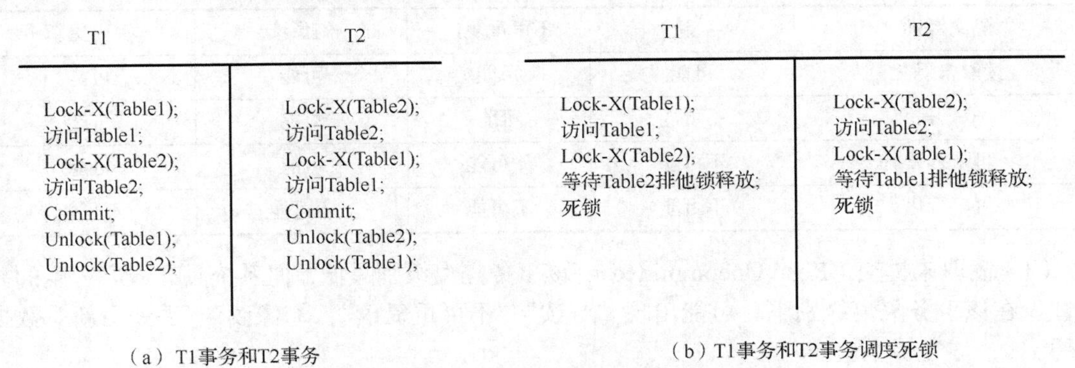

（a）T1事务和T2事务　　（b）T1事务和T2事务调度死锁

图 5-20　事务并发运行的死锁情况

在图 5-20（b）所示的 T1 和 T2 并发执行调度中，T1 事务对 Table1 进行排他锁定，同时 T2 事务对 Table2 进行排他锁定。然后它们对这两个表分别进行访问操作。当 T1 事务完成 Table1 访问处理后，将锁定访问 Table2，但因 Table2 资源仍被 T2 事务锁定，T1 事务处于等待状态。同样，当 T2 事务完成 Table2 访问处理后，将锁定访问 Table1，但因 Table1 资源仍被 T1 事务锁定，T2 事务也处于等待状态。由于 T1 事务和 T2 事务都在等待对方释放自己所需的共享资源锁定后，才能继续执行，因此，出现了谁也执行不下去的死锁状态。

并发事务在运行过程中出现死锁的必要条件如下。

（1）互斥条件：指事务对所分配到的资源进行排他性使用，即在一段时间内某资源只由一个事务占用。如果此时还有其他事务请求资源，则请求者只能等待，直至占有资源的事务解锁释放资源。

（2）请求和保持条件：指事务已经保持至少一个资源，但又提出了新的资源请求，而该资源已被其他事务占有，此时请求事务被阻塞，但又对自己已获得的其他资源保持不放。

（3）不剥夺条件：指事务占用已获得的资源，在未使用完之前，不能被剥夺，只能在使用完时由自己释放。

（4）环路等待条件：指在发生死锁时，必然存在一个事务-资源的等待环路，即事务集合{T0, T1, T2, …, Tn}中，T0 正在等待一个 T1 占用的资源，T1 正在等待 T2 占用的资源，依此类推，Tn 正在等待已被 T0 占用的资源。

在数据库系统中，解决死锁问题主要有两类策略：①在并发事务执行时，预防死锁；②在死锁出现后，其中一个事务释放资源以解除死锁。在并发事务执行时，如果能使产生死锁的 4 个必要条件之一不成立，就可以最大限度地预防死锁。在并发事务执行时，一般采用超时法或事务等待图法检测系统是否出现死锁。如果出现了死锁，就需要将被死锁的事务进行资源解除处理。为了降低解除死锁带来的开销，通常选择一个处理死锁代价最小的事务进行撤销，释放该事务持有的所有锁定，使其他事务能够继续运行下去。

5.3.7 事务隔离级别

为了避免事务并发运行中可能出现的读脏、不可重复读、幻像读和丢失更新问题，可在 DBMS 中设置事务隔离级别（Isolation Level）选项参数。典型的 DBMS 支持 4 种事务隔离级别设置。不同的隔离级别可避免不同的事务并发问题，具体见表 5-3。

表 5-3 事务隔离级别

隔离级别	脏读	不可重复读	幻像读	丢失更新
读取未提交	可能	可能	可能	可能
读取已提交	不可能	可能	可能	可能
可重复读	不可能	不可能	可能	可能
可串行化	不可能	不可能	不可能	不可能

（1）读取未提交（Read Uncommitted）：该事务隔离级别最低，但系统具有最高程度的并发性。在该事务隔离级别下，可能出现“脏读”“不可重复读”“幻像读”“丢失更新”数据问题。

（2）读取已提交（Read Committed）：该事务隔离级别较低，但系统具有较高程度的并发性，并解决“脏读”数据问题。在该事务隔离级别下，仍可能出现“不可重复读”“幻像读”“丢失更新”数据问题。

（3）可重复读取（Repeatable Read）：该事务隔离级别较高，但系统具有一般程度的并发性，可解决“脏读”“不可重复读”数据问题。在该事务隔离级别下，仍可能出现“幻像读”“丢失更新”数据问题。

（4）可串行化（Serializable）：该事务隔离级别最高，但系统具有最低并发性。在该事务隔离级别下，不可能出现“脏读”“不可重复读”“幻像读”“丢失更新”数据问题。

由此可见，隔离级别越高，DBMS 越能保证数据的完整性和一致性，但是对并发性能的影响也越大。

课堂讨论——本节重点与难点知识问题

1. 当多个数据库事务并发运行时，可能会出现哪些数据不一致问题？
2. 并发事务调度解决什么问题？
3. 不同级别的加锁协议，可以分别解决哪些数据不一致问题？
4. 两阶段锁协议将解决什么问题？
5. 并发事务在运行过程中出现死锁的条件有哪些？
6. 在 DBMS 中，事务隔离级别应如何设置？

5.4 安全管理

安全性是任何系统都必须解决的关键技术问题，特别是数据库系统存储了组织机构最重要的信息数据，如客户资料数据、账务数据、交易数据、经营数据等。数据库系统发生数据被篡改、泄露、窃取、破坏等安全事件，均会给组织机构带来严重影响，甚至导致重大社会问题。因此，实施数据库安全管理是十分重要的工作。

5.4.1　数据库系统安全概述

数据库系统安全（DataBase System Security）指为数据库系统采取安全保护措施，防止数据库系统及其数据遭到破坏、篡改和泄漏。

数据库安全（DataBase Security）指采取各种安全措施对数据库及其相关文件进行保护，以确保数据库的数据安全。数据库安全主要通过 DBMS 的安全机制来实现，如 DBMS 的用户标识与鉴别、存取控制、视图过滤，以及数据加密存储等技术。

典型的数据库安全问题如下。

- 黑客利用系统漏洞，攻击数据库系统运行，窃取与篡改系统数据。
- 内部人员非法地泄露、篡改、删除系统的用户数据。
- 系统运维人员操作失误导致数据被删除或数据库服务器系统宕机。
- 系统软硬件故障导致数据库的数据损坏、数据丢失、数据库实例无法启动。
- 意外灾害事件（火灾、水灾、地震等自然灾害）导致系统被破坏。

因此，我们必须采用完善的安全管理措施和安全控制技术手段来确保数据库系统安全。针对数据库系统的运维机构及其管理人员，应制定严格的系统安全与数据安全管理制度，并在运营管理中实施规范的操作流程和权限控制；针对数据库用户，可以采取用户身份认证、权限控制、数据加密等技术方法来进行安全控制；针对意外的灾害事件，可以采取高可靠性系统容错技术、数据备份与恢复方法、系统异地容灾等技术手段来保证数据库系统安全。

5.4.2　数据库系统安全模型

为保障数据库系统的安全，我们一般采取多层安全控制体系进行安全控制与管理，其安全体系模型如图 5-21 所示。

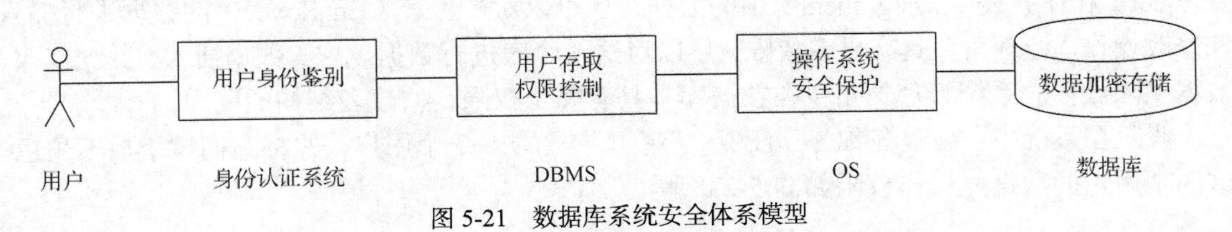

图 5-21　数据库系统安全体系模型

当用户进行数据库系统访问时，系统首先根据用户输入的账号和密码进行身份鉴别，只有合法的用户才允许进入系统操作。身份鉴别处理功能，可以在数据库应用系统中实现，也可采用单独的身份认证系统实现。对于已进入数据库系统的用户，DBMS 将根据该用户的角色进行访问权限控制，即该用户只允许在授权范围内对数据库对象进行操作访问。当用户进行数据操作时，DBMS 将会验证其是否具有这种操作权限。只有用户拥有该权限，才能被允许进行操作，否则拒绝用户操作。数据库操作的实现还需要操作系统对数据文件访问来实施。同样，操作系统也会根据自己的安全措施来管理用户操作对数据文件的安全访问。针对数据安全要求很高的应用系统，通常还需要对数据库中的数据进行加密存储处理。

在数据库系统安全模型中，最基本的安全管理技术手段就是 DBMS 提供的用户授权与访问权限控制功能，该功能用来限制特定用户对特定对象进行授权操作，其数据库存取控制安全模型如图 5-22 所示。

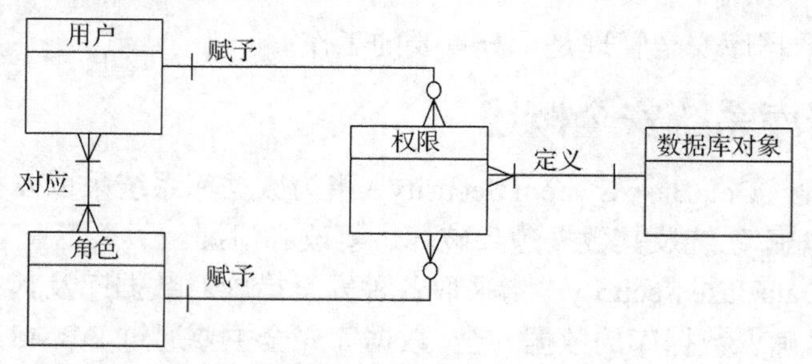

图 5-22　数据库存取控制安全模型

在数据库存取控制安全模型中，每个数据库对象被定义若干操作访问权限。每个用户可以对应多个角色，每个角色也可对应多个用户。用户、角色均可以被赋予若干数据库对象的操作访问权限。一旦用户通过系统身份认证，DBMS 就限制该用户在权限许可的范围内针对特定数据库对象进行访问操作。

【例 5-9】在 3.7.1 节的工程项目管理系统中，数据库用户有 3 类角色，即员工、经理和系统管理员。各角色对数据库表对象的访问权限见表 5-4。

表 5-4　角色权限表

表	员工	经理	系统管理员
Department	读取	读取、插入、修改、删除	赋予权限、修改表结构
Employee	读取、插入、修改	读取、插入、修改、删除	赋予权限、修改表结构
Project	读取	读取、插入、修改、删除	赋予权限、修改表结构
Assignment	读取	读取、插入、修改、删除	赋予权限、修改表结构

在该系统中，员工角色可以读取部门表（Department）、员工表（Employee）、项目表（Project）和任务表（Assignment）中的数据，还可以对员工表（Employee）的数据进行插入和修改操作。经理角色具有更多权限，可以对这 4 个表进行数据读取、数据插入、数据修改、数据删除操作。系统管理员角色在数据库中具有赋予权限、修改表结构的能力。

假定在系统中，新建名称为“汪亚”“赵萧”“青明”3 个用户，并将它们赋予员工角色。这 3 个用户的数据库操作权限如图 5-23 所示。

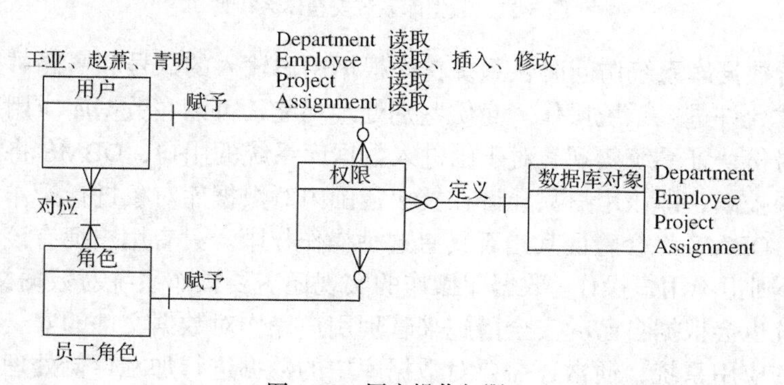

图 5-23　用户操作权限

在图 5-23 中，“汪亚”“赵萧”“青明”3 个用户拥有员工角色，他们都具有部门表（Department）、员工表（Employee）、项目表（Project）和任务表（Assignment）的读取数据的操作权限，同时还具有对员工表（Employee）数据的插入和修改数据的操作权限。

5.4.3　用户管理

用户要访问数据库，必须先在 DBMS 中创建其用户账号，并成为数据库的用户。此后，用户每次连接访问数据库时，都需要在 DBMS 中进行身份鉴别，只有合法用户才能进入数据库系统，访问操作数据库对象。例如，在 PostgreSQL 数据库系统中，用户访问数据库需要用户账号及密码。DBA 在数据库中为该用户创建用户账号及初始密码，同时还为用户赋予特定角色及其操作权限。当该用户连接数据库后，便可进行相应角色权限的数据库访问操作。这就如同读者进入大学图书馆借书，首先需要使用一卡通在图书馆门禁进行身份识别，通过门禁后，再进入图书馆查阅图书。当读者办理借书手续时，还需要根据该读者拥有的会员权限，确定可借图书的数量及时长。

扫码预习

在数据库安全管理中，DBMS 需要对每个进入数据库系统的用户进行身份属性管理，如用户创建、用户修改、用户删除等。

1. 用户创建

在数据库系统中，用户创建有如下两种方式。

（1）SQL 命令创建

标准 SQL 提供了专门创建用户的 SQL 操作命令语句。在数据库中，只能通过特定权限的用户创建其他用户，如系统管理员用户或超级用户可以执行创建用户的 SQL 操作命令语句，创建其他用户。创建用户的 SQL 语句基本格式为

```
CREATE USER <用户账号名> [ [WITH] option […]];
```

其中，CREATE USER 为创建用户语句的关键词；<用户账号名>为将被创建的用户名称，option 为用户的属性选项。在 PostgreSQL 数据库用户创建中，允许有如下 option 属性选项。

```
SUPERUSER | NOSUPERUSER：指定创建的用户是否为超级用户。
CREATEDB | NOCREATEDB：指定创建的用户是否具有创建数据库的权限。
CREATEROLE | NOCREATEROLE：指定创建的用户是否具有创建角色的权限。
INHERIT | NOINHERIT：指定创建的用户是否具有继承角色的权限。
LOGIN | NOLOGIN：指定创建的用户是否具有登录权限。
REPLICATION | NOREPLICATION：指定创建的用户是否具有复制权限。
BYPASSRLS | NOBYPASSRLS：指定创建的用户是否具有绕过行安全策略权限。
CONNECTION LIMIT connlimit：指定创建的用户访问数据库连接的数目限制。
[ ENCRYPTED | UNENCRYPTED ] PASSWORD 'password'：指定创建的用户密码是否需要加密。
VALID UNTIL 'timestamp'：指定创建的用户密码失效时间。
IN ROLE role_name [, ...] ：指定创建的用户成为哪些角色的成员。
```

【例 5-10】创建一个新用户，其账号名为“userA”，密码为“123456”。该用户具有登录权限（Login）和角色继承权限，但它不是超级用户，不具有创建数据库权限、创建角色权限、数据库复制权限，此外数据库连接数不受限制。该用户创建的 SQL 语句如下。

```
CREATE USER "userA" WITH
  LOGIN
  NOSUPERUSER
  NOCREATEDB
  NOCREATEROLE
```

```
    INHERIT
    NOREPLICATION
    CONNECTION LIMIT -1
    PASSWORD '123456';
```

当该 SQL 语句在 PostgreSQL 数据库服务器中执行后，系统将创建出“userA”用户。SQL 执行结果界面如图 5-24 所示。

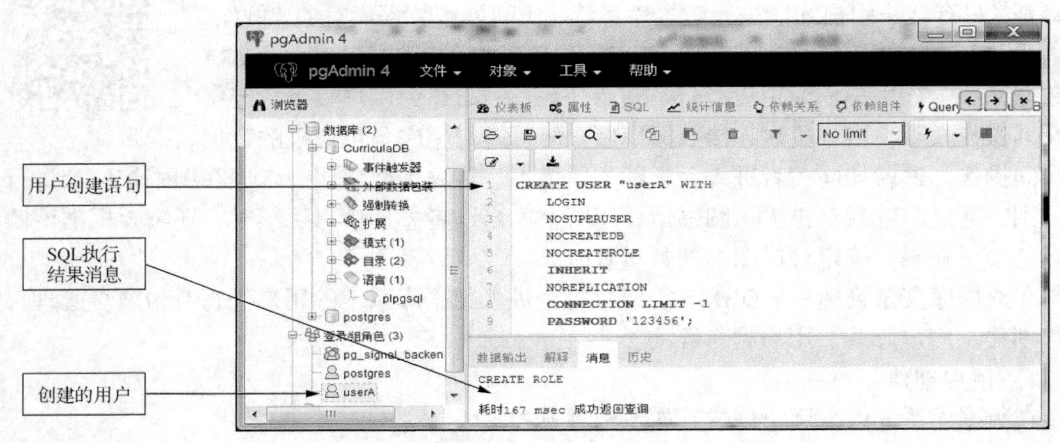

图 5-24　用户创建 SQL 语句执行

当 DBA 用户创建了“userA”用户后，该用户便可登录访问默认数据库（postgres）。为了验证“userA”用户是否真可以访问默认数据库，可以运行命令行工具 psql 执行用户登录操作命令，其操作界面如图 5-25 所示。

图 5-25　userA 用户登录访问 postgres 数据库

（2）基于管理工具 GUI 方式创建

基于 DBMS 提供的数据库管理工具，我们可以采用 GUI 操作方式创建新用户。例如，在 pgAdmin 4 管理工具中，创建“userA”用户，其主要操作界面如图 5-26 所示。

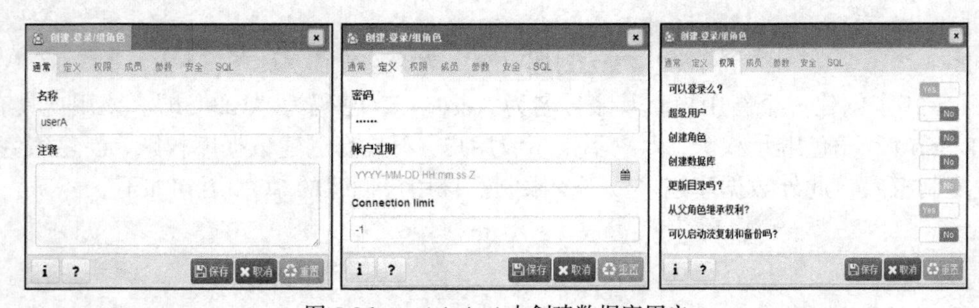

图 5-26　pgAdmin 4 中创建数据库用户

在用户创建界面中，需要定义用户的账户名称、密码、账户期限、连接数限制、是否允许登录、是否为超级用户、是否允许创建角色、是否允许创建数据库、是否允许更新目录、是否可继承父角色权限、是否允许启动流复制和备份等权限。

在 pgAdmin 4 管理工具中，数据库“用户”对象与“角色”对象创建的界面是一样的。区分“用户”与“角色”创建主要根据 SQL 语句的关键词是“CREATE USER”，还是“CREATE ROLE”。此外，在“用户”创建中，默认具有登录权限（Login），而在“角色”创建中，默认不具有登录权限（Login）。

2. 用户修改

在数据库系统中，我们还可对数据库已有用户进行属性修改，如修改用户密码、账户期限、连接数限制，以及用户的角色与权限等。同样，修改用户可以有两种方式，即执行 SQL 命令修改用户账号和基于管理工具 GUI 操作修改用户账号。

修改用户有多种 SQL 语句，其基本格式为

```
ALTER USER <用户名> [ [ WITH ] option [ ... ] ];                  修改用户的属性
ALTER USER <用户名> RENAME TO <新用户名>;                          修改用户的名称
ALTER USER <用户名> SET <参数项> { TO | = } { value | DEFAULT };修改用户的参数值
ALTER USER <用户名> RESET <参数项>;                                重置用户参数值
```

其中，ALTER USER 为创建用户语句的关键词；<用户名>为将被修改的用户名称；<新用户名>为将被修改后的新用户名称；option 为用户账号的属性选项；<参数项>为将被修改用户的某个属性参数名称。

【例 5-11】修改用户“userA”的账号密码，新密码为“gres123”，同时也限制该用户的数据库连接数为 10。我们可以通过执行如下 SQL 语句实现用户属性修改。

```
ALTER USER "userA"
  CONNECTION LIMIT 10
  PASSWORD 'gres123';
```

同样，我们也可在数据库管理工具中，通过 GUI 操作方式实现用户属性修改。如在 pgAdmin 4 管理工具中修改本例的用户属性，其操作界面如图 5-27 所示。

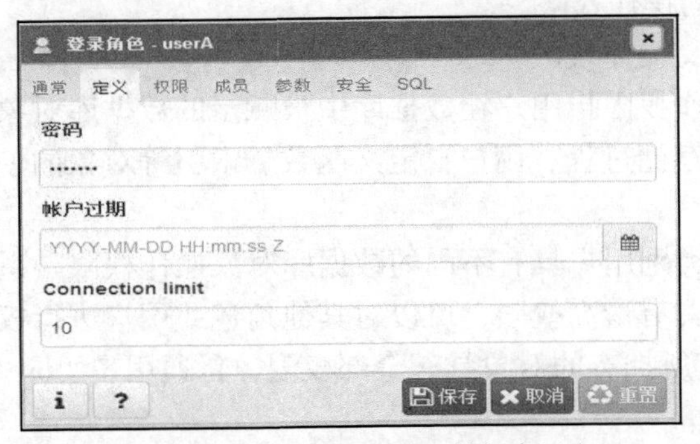

图 5-27　pgAdmin 4 中修改数据库用户

3. 用户删除

在数据库用户管理中，除了可以新建用户、修改用户外，还可以对不再需要的用户进行删除处理。同样删除用户可以有两种方式，即执行 SQL 命令删除用户账号和基于管理工具 GUI 操作删除用户账号。

删除用户的 SQL 语句格式为

```
DROP  USER  <用户名>;
```

其中，DROP USER 为删除用户语句的关键词；<用户名>为将被删除的用户名称。

【例 5-12】在数据库中，删除用户“userA”，我们可以通过执行如下用户删除 SQL 语句实现。

```
DROP  USER  userA;
```

同样，我们也可在数据库管理工具中，通过 GUI 操作方式实现用户删除。如在 pgAdmin 4 中删除本例的用户 userA。选取“userA”用户后，单击右键，在弹出的菜单命令中单击“删除/移出”，并在确认操作界面中单击“OK”按钮，即可删除该用户。其主要操作界面如图 5-28 所示。

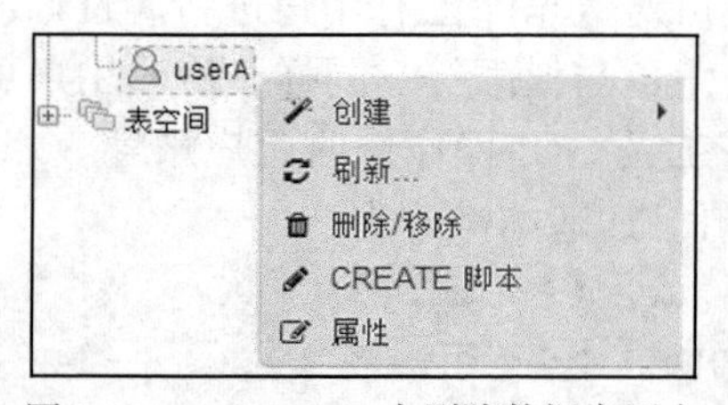

图 5-28　pgAdmin 4 中删除数据库用户

5.4.4　权限管理

当用户登录数据库服务器和连接数据库后，它应具有一定的数据库对象操作权限，这样才能操作访问数据库对象。用户的数据库对象访问权限由系统管理员进行授予。若系统管理员没有给数据库用户赋予一定的数据库对象操作权限，用户仅仅只能进行基本访问操作。

1．权限类别

DBMS 一般将用户权限定义为如下两类。

（1）数据库对象访问操作权限

数据库对象访问操作权限指用户在数据库中被赋予的特定数据库对象的数据访问操作权限，如对数据库表 Department 进行 SELECT（查询）、INSERT（添加）、UPDATE（更新）和 DELETE（删除）数据的操作权限。

（2）数据库对象定义操作权限

数据库对象定义操作权限指用户在数据库中被赋予的数据库对象创建、删除和修改权限，如对数据库表、视图、存储过程、用户自定义函数、索引等对象的创建、删除和修改的操作权限。

在数据库中，不同类别用户具有不同的数据库对象操作权限。系统管理员（超级用户）在数据库服务器系统中具有最高权限，可以对其他角色或用户进行权限分配和管理。数据库对象拥有者（dbo）对其所拥有的对象具有全部权限，普通用户（user）只具有被赋予的数据库访问操作权限。

2．权限管理

数据库权限管理指 DBA 或数据库对象拥有者对其所拥有对象进行权限控制设置。权限管理的基本操作包括授予权限、收回权限和拒绝权限。在 DBMS 中，我们可以通过执行权限控制 SQL 语句或通过运行数据库管理工具实现用户权限的管理。

（1）执行 SQL 控制语句进行权限管理

在 SQL 中，用于权限管理的控制语句有 GRANT 授权语句、REVOKE 收回权限语句和

DENY 拒绝权限语句。这些语句的基本语法格式详见 3.5 节。

【例 5-13】 在 3.7.1 节的工程项目管理系统中，DBA 赋予员工用户（userA）对部门表（Department）、员工表（Employee）、项目表（Project）和任务表（Assignment）的读取数据权限。实现用户授权的 SQL 程序如下。

```
GRANT  SELECT  ON  Department  TO  "userA";
GRANT  SELECT  ON  Employee    TO  "userA";
GRANT  SELECT  ON  Project     TO  "userA";
GRANT  SELECT  ON  Assignment  TO  "userA";
```

将上述 SQL 程序输入 pgAdmin 4 管理工具的编辑窗口执行，其执行结果如图 5-29 所示。

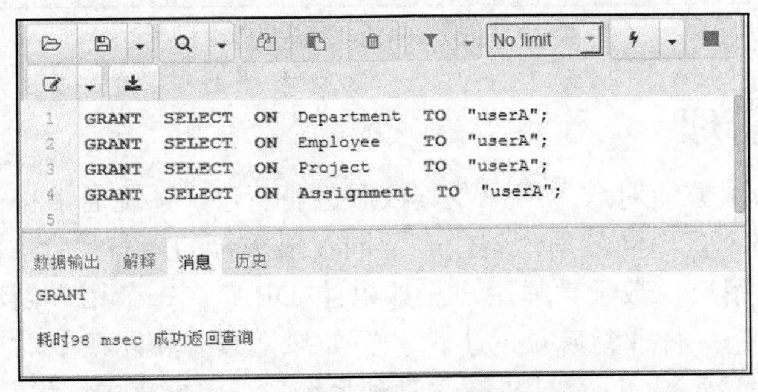

图 5-29　用户授权 SQL 语句执行

当上述用户授权 SQL 程序在 DBMS 执行成功后，我们可以在管理工具 pgAdmin 4 的对象安全属性界面中看到用户的对象访问权限。例如，选取 Deparment 表对象的属性修改对话框，单击“安全”属性页，即可看到该对象的各用户访问权限，如图 5-30 所示。

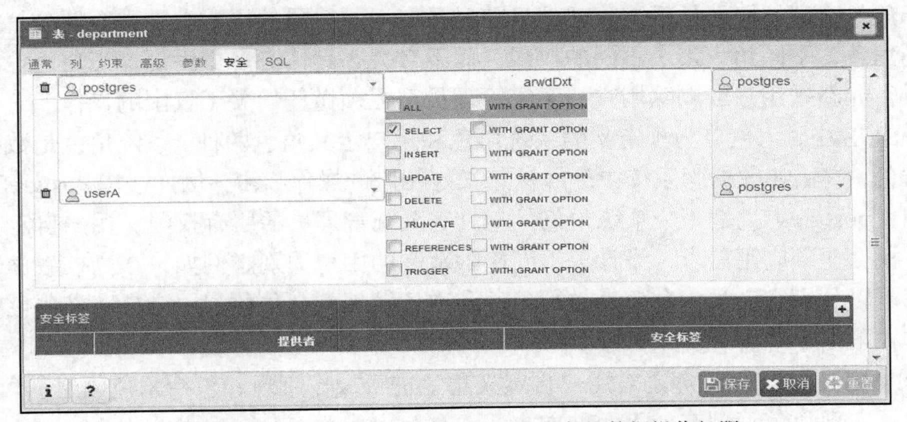

图 5-30　用户 userA 的 Department 表对象的数据操作权限

从图 5.30 可以看到，用户 userA 在 Department 表对象上具有“SELECT”查询数据权限。用户 userA 的对象访问权限是由超级用户（postgres）赋予的。

（2）运行数据库管理工具进行权限管理

在进行数据库权限管理时，也可采用 pgAdmin 4 管理工具直接对用户操作权限进行管理。

【例 5-14】 在 3.7.1 节的工程项目管理系统中，员工用户 userA 具有对员工表（Employee）的数据进行插入、更新和查询操作权限。采用 pgAdmin 4 管理工具对用户 userA 进行权限设置，其操作界面如图 5-31 所示。

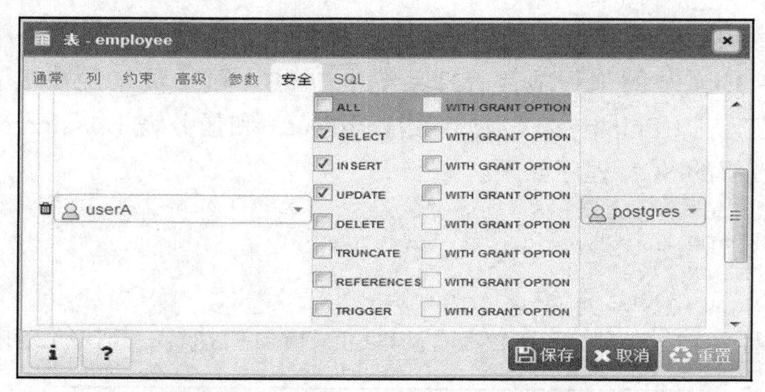

图 5-31　在 pgAdmin 4 中设置用户权限

5.4.5　角色管理

在 DBMS 中，为了方便对众多用户及其权限进行管理，系统通常将一组具有相同权限的用户定义为角色（Role）。不同的角色就代表不同权限集合的用户集合。例如，高校教学管理系统通常有数万学生用户、数千教师用户。如果让 DBA 在每个用户创建时都分别赋予数据库对象操作权限，则是一件非常麻烦的事情。但如果把具有相同权限的用户集中在角色中进行权限管理，则会方便很多。针对高校教学管理系统，在数据库中，我们可以创建学生角色、教师角色、教务管理角色，它们被赋予不同的数据库对象操作访问权限。当新建教师用户时，只需要将该教师用户设定为教师角色，即可获得教师角色的数据库对象操作访问权限。同样，当新建学生用户时，只需要将该学生用户设定为学生角色，即可获得学生角色的数据库对象操作访问权限。

进行角色管理的好处是系统管理员只需对具有不同权限的用户类别进行划分，并将其定义为不同角色，不同角色授予不同的权限，而不必关心具体有多少用户。当角色中的成员发生变化时，如新增用户或删除用户，系统管理员都无须做任何关于权限的操作。

在 DBMS 中，角色分为预定义的系统角色和用户定义角色两种。系统角色是数据库系统内建的角色，它们在数据库系统中已经被定义好相应的操作权限。例如，在 PostgreSQL 数据库系统中，postgres 就是一个系统角色，它具有系统管理员的所有权限。用户自定义角色则是 DBA 根据业务应用需求，设计了不同权限范围的用户类别。例如，在高校教学管理系统中，我们可以分别定义学生角色、教师角色和教务管理人员角色。用户自定义角色的数据库访问操作权限由系统管理员来赋予。

在 DBMS 中，角色管理是对用户自定义角色进行操作管理，包括角色创建、角色修改、角色删除。实现角色管理有如下两种方式。

1．执行 SQL 语句管理角色

在 SQL 中，可以执行专门的角色管理 SQL 语句实现用户自定义角色管理，其基本格式为

```
CREATE  ROLE  <角色名>  [ [ WITH ] option [ ... ] ];        创建角色
ALTER  ROLE  <角色名>  [ [ WITH ] option [ ... ] ];         修改角色属性
ALTER  ROLE  <角色名> RENAME TO <新角色名>;                   修改角色名称
ALTER  ROLE  <角色名>  SET <参数项> { TO | = } { value | DEFAULT };  修改角色参数值
ALTER  ROLE  <角色名>  RESET <参数项>;                        复位角色参数值
DROP  ROLE  <角色名>;                                         删除指定角色
```

其中，option 为角色属性，在 PostgreSQL 数据库的角色创建中，允许有如下 option 属性选项。

```
SUPERUSER | NOSUPERUSER：指定创建的角色是否为超级用户。
CREATEDB | NOCREATEDB：指定创建的角色是否具有创建数据库的权限。
CREATEROLE | NOCREATEROLE：指定创建的用户是否具有创建角色的权限。
INHERIT | NOINHERIT：指定创建的角色是否具有继承父角色的权限。
LOGIN | NOLOGIN：指定创建的角色是否具有登录权限。
REPLICATION | NOREPLICATION：指定创建的角色是否具有复制权限。
BYPASSRLS | NOBYPASSRLS：指定创建的角色是否具有绕过行安全策略权限。
CONNECTION LIMIT connlimit：指定创建的角色访问数据库连接的数目限制。
[ ENCRYPTED | UNENCRYPTED ] PASSWORD 'password'：指定创建的角色密码是否需要加密。
VALID UNTIL 'timestamp'：指定创建的角色密码失效时间。
IN ROLE role_name [, ...] ：指定创建的角色成为哪些角色的成员。
ROLE role_name [, ...] ：指定创建的角色成为哪些角色的组角色。
USER role_name [, ...] ：指定创建的角色成为哪些用户的角色。
```

【例 5-15】在 3.7.1 节的工程项目管理系统中，假定需要在 ProjectDB 数据库内创建经理角色 Role_Manager。该角色具有登录权限（Login）和角色继承权限，但它不是超级用户，不具有创建数据库权限、创建角色权限、数据库复制权限，此外数据库连接数不受限制。经理角色 Role_Manager 的创建 SQL 语句如下。

```
CREATE  ROLE  "Role_Manager"  WITH
 LOGIN
 NOSUPERUSER
 NOCREATEDB
 NOCREATEROLE
 INHERIT
 NOREPLICATION
 CONNECTION LIMIT -1;
```

上述 SQL 语句执行结果如图 5-32 所示。

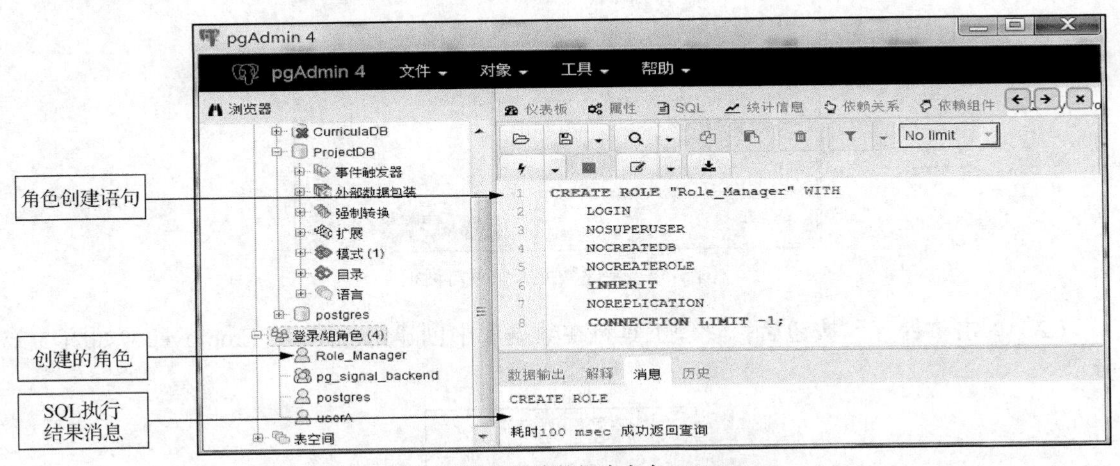

图 5-32　SQL 语句创建数据库角色 Role_Manager

当 DBA 创建了 Role_Manager 角色后，该角色便具有访问数据库的基本权限。为了使 Role_Manager 角色还具有操作访问数据库 ProjectDB 中的数据库表权限（具体见表 5-4 中的经理角色权限），DBA 需要执行如下授权 SQL 语句。其操作界面如图 5-33 所示。

```
GRANT  SELECT,INSERT,UPDATE,DELETE  ON  Department  TO  "Role_Manager";
GRANT  SELECT,INSERT,UPDATE,DELETE  ON  Employee  TO  "Role_Manager";
GRANT  SELECT,INSERT,UPDATE,DELETE  ON  Project  TO  "Role_Manager";
GRANT  SELECT,INSERT,UPDATE,DELETE  ON  Assignment  TO  "Role_Manager";
```

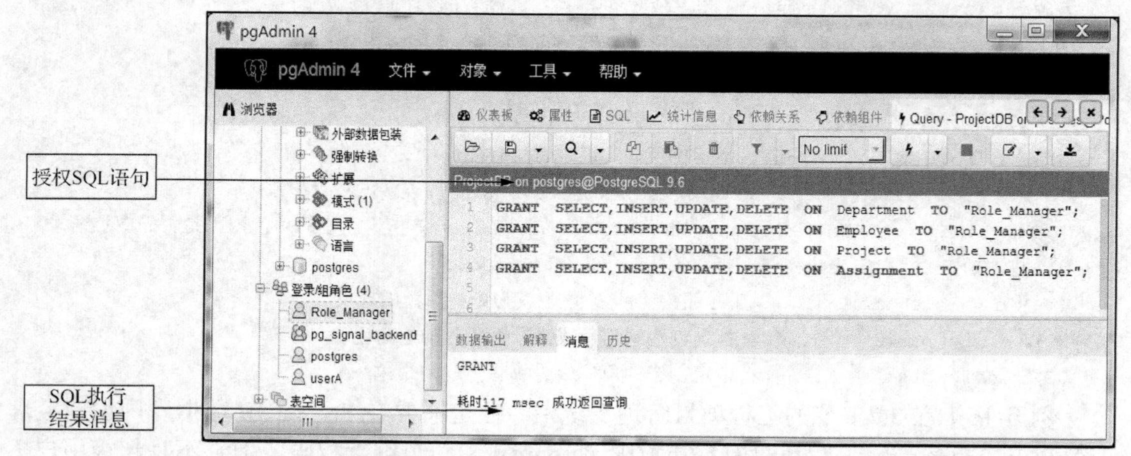

图 5-33　执行 SQL 语句赋予角色 Role_Manager 的对象访问权限

2. 使用管理工具 GUI 操作方式管理角色

【例 5-16】在 3.7.1 节的工程项目管理系统中，按照表 5-4 所设计的角色权限表，在 ProjectDB 数据库内创建员工角色 Role_Employee，其操作步骤如下。

（1）在管理工具 pgAdmin 4 运行界面的浏览器栏目中，选择“登录/组角色”目录，单击鼠标右键，单击“创建->登录/组角色”选项，弹出对话框。输入角色名称 Role_Employee（见图 5-34），并在其他页界面中输入相应的属性。

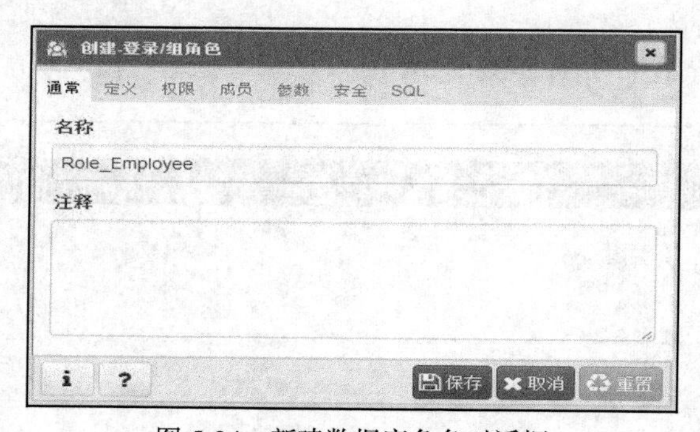

图 5-34　新建数据库角色对话框

（2）单击“保存”按钮后，管理工具将在数据库中创建角色 Role_Employee，如图 5-35 所示。

图 5-35　数据库角色 Role_Employee 创建完成

（3）DBA 需要执行如下授权 SQL 语句，将员工的数据库对象访问权限赋予给 Role_Employee 角色，其操作界面如图 5-36 所示。

```
GRANT SELECT ON Department TO "Role_Employee";
GRANT SELECT,INSERT,UPDATE ON Employee TO "Role_Employee";
GRANT SELECT ON Project TO "Role_Employee";
GRANT SELECT ON Assignment TO "Role_Employee";
```

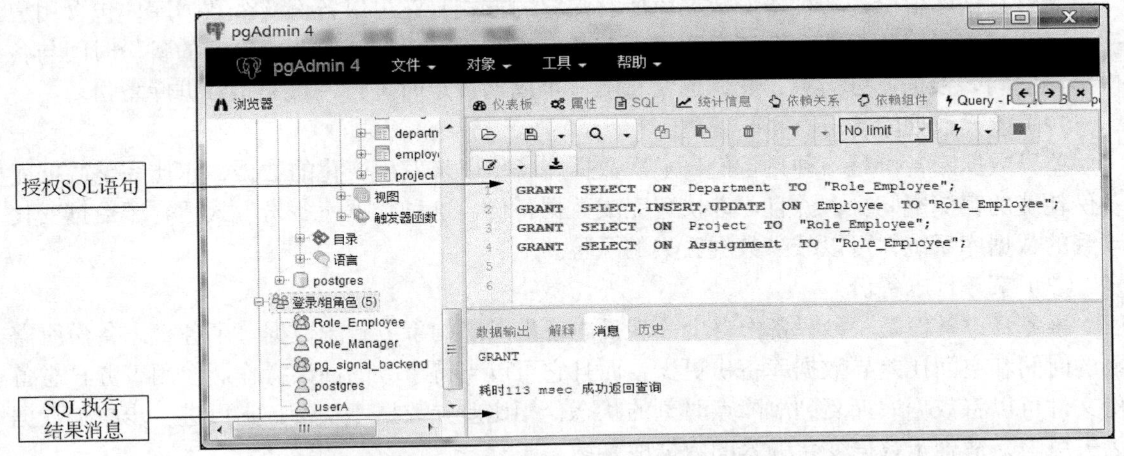

图 5-36　执行 SQL 语句赋予角色 Role_Employee 的对象访问权限

课堂讨论——本节重点与难点知识问题

1. 数据库系统可能面临哪些安全风险？
2. 如何构建一个完整的数据库系统安全体系？
3. 如何应用数据库存取控制安全模型？
4. 数据库用户管理的内容有哪些？
5. 数据库角色管理的内容有哪些？
6. 如何针对角色或用户进行数据库对象访问的权限管理？

5.5　备份与恢复

对任何机构，数据库中的数据资源都是重要的资产。在数据库应用系统中，我们需要采取一定的技术手段来确保数据库中的数据不被损坏或丢失。在数据库管理中，数据库备份与数据库恢复技术是一种重要的处理技术手段。

5.5.1　数据库备份

数据库备份指将数据库中的数据保存到备份数据文件，以备数据库出现故障时，可以基于备份数据文件进行数据库恢复。

1. 备份内容

在数据库系统中，除了用户数据库外，还有保存数据库结构和系统参数的系统数据库。

在进行数据库备份时，不但要备份用户数据库，也要备份系统数据库。这样可以确保在系统出现故障后，完全恢复数据库系统。

2. 备份方式

典型的 DBMS 大都支持如下 4 种备份方式。

（1）完整数据库备份

完整数据库备份是一种备份数据库所有内容的方式，它可以备份整个数据库，包含用户表、系统表、索引、视图和存储过程等所有数据库对象。但它需要花费更多的备份时间与备份存储空间。根据业务需求，我们通常每隔一个周期，定时进行一次完整数据库备份。

（2）差异数据库备份

差异数据库备份是一种只备份自上次数据库备份以来发生变化的数据，它比完整数据库备份耗费的存储空间少，并且可以快速完成数据备份。这种数据库备份方式适合于数据变化频繁的数据库系统，可以减少数据丢失的风险。

（3）事务日志备份

事务日志备份是一种只备份自上一次日志备份以来的事务日志数据。事务日志备份所需要的时间和空间比差异数据库备份更少，而且它可以支持事务的回滚操作。使用事务日志备份文件可以将数据库恢复到故障点时刻的状态，相比差异数据库备份，它可进一步减少数据丢失风险，适合于数据变化频繁的数据库系统。

（4）文件备份

数据库通常由存储在磁盘上的若干数据文件构成。可以直接通过复制数据库文件方式实现数据库备份。这种文件备份方式与事务日志备份方式结合才有实际意义。

此外，数据库备份还可以按照数据库备份时刻是否需要停止实例运行，分为如下两种。

（1）冷备份

当数据库实例处于关闭状态时，进行的数据库备份被称为冷备份。这种备份方式能够很好地保证数据库完整性备份，不会出现丢失数据的情况，但数据库实例必须停止运行。因此，基于数据库的业务系统会被暂时终止工作。

（2）热备份

在数据库实例处于运行状态下，进行的数据库备份被称为热备份。这种备份方式能够较好地实现实时数据备份，但会对数据库服务器、备份服务器及网络系统带来处理的复杂性，并且影响生产系统的性能。

3. 备份设备

实现数据库备份的存储设备被称为备份设备。典型的数据库备份设备有磁盘阵列、磁带库、光盘库等。

（1）磁盘阵列

磁盘阵列是一种由多个硬磁盘介质组成的阵列存储设备，它具有存取速度快、可靠性高、稳定性好等特点，同时其存储容量相对于其他存储设备而言也是较大的。这类存储设备通常作为中央存储系统或作为备份系统。

（2）磁带库

磁带库是一种具有自动加载磁带介质的备份系统，它由多个驱动器、多个带槽、机械手臂组成，并可由机械手臂自动实现磁带的拆卸和装填。它能够提供基本的自动备份和数据恢复功能，同时具有存储容量大、单位存储成本低等特点，但它只能实现顺序存储且读/写速度较慢。我们通常将它作为海量数据存储的备份设备。

（3）光盘库

光盘库是一种带有自动换盘机构的光盘存储设备。由于光盘技术发展迅速，单张光盘的存储容量大大增加，光盘库相对于常见的存储设备（如磁盘阵例、磁带库等）在性价比上的优势越来越显露出来。目前，光盘库作为一种备份存储设备，已运用于很多领域。

5.5.2 PostgreSQL 数据库的备份方法

PostgreSQL 数据库系统既可以使用实用程序工具进行数据库备份，也可以使用管理工具 GUI 操作进行数据库备份。

1. 使用实用程序工具进行数据库备份

PostgreSQL 数据库软件本身提供了两个实用程序工具 pg_dump 和 pg_dumpall 实现数据库备份。pg_dump 实用程序工具用于备份单个数据库，或者数据库中的 Schema、数据库表。pg_dumpall 实用程序工具用于备份整个数据库集群及系统全局数据库。它们备份转储的文件可以是 SQL 文件格式，也可以是用户自定义压缩文件格式、TAR 包格式或目录格式。

（1）使用 pg_dump 实用程序工具进行数据备份

pg_dump 实用程序工具可用于选定数据库对象的数据备份，如既可以选定某数据库进行数据备份，也可以选定某数据库中的指定 schema 或选择的某数据库表进行数据备份。pg_dump 实用程序工具在操作系统下运行，并需要指定相应的选项参数，其程序运行的命令格式为

```
pg_dump [连接选项][一般选项][输出控制选项] 数据库名称
```

pg_dump 命令在操作系统中执行时，可使用如下 3 类选项参数进行相应的备份操作。

① 连接选项

```
-d, --dbname=DBNAME          指定需备份的数据库名 DBNAME
-h, --host=主机名             数据库服务器的主机名或套接字目录
-p, --port=端口号             数据库服务器的端口号
-U, --username=名称           以指定的数据库用户连接
-w, --no-password            永远不提示输入口令
-W, --password               强制口令提示（自动）
--role=ROLENAME              在转储前运行 SET ROLE
```

② 一般选项

```
-f, --file=FILENAME          输出文件或目录名
-F, --format=c|d|t|p         输出文件格式（定制|目录| tar|纯文本）
-j, --jobs=NUM               执行多个并行任务进行备份转储工作
-v, --verbose                详细信息模式
-V, --version                输出版本信息，然后退出
-Z, --compress=0-9           被压缩格式的压缩级别
--lock-wait-timeout=TIMEOUT  在等待锁表超时后操作失败
-?, --help                   显示此帮助，然后退出
```

③ 输出控制选项

```
-a, --data-only              只转储数据，不包括 schema
-b, --blobs                  在转储中包括大对象
```

```
  -c, --clean                        在重新创建之前清除（删除）数据库对象
  -C, --create                       在转储中包括命令，以便创建数据库
  -E, --encoding=ENCODING            转储以 ENCODING 格式编码的数据
  -n, --schema=SCHEMA                只转储指定名称的 schema
  -N, --exclude-schema=SCHEMA        不转储指定名称的 schema
  -o, --oids                         在转储中包括 OID
  -O, --no-owner                     在纯文本格式跳过对象所属者的恢复
  -s, --schema-only                  只转储 schema，不包括数据
  -S, --superuser=NAME               在纯文本格式中使用指定的超级用户名
  -t, --table=TABLE                  只转储指定名称的表
  -T, --exclude-table=TABLE          不转储指定名称的表
  -x, --no-privileges                不要转储权限（GRANT/REVOKE）
  --binary-upgrade                   仅提供升级工具使用
  --column-inserts                   以带有列名的 INSERT 命令形式转储数据
  --disable-dollar-quoting           禁用美元（符号）引号，使用 SQL 标准引号
  --disable-triggers                 在仅恢复数据的过程中禁用触发器
  --enable-row-security              启用行安全性（只转储用户能够访问的内容）
  --exclude-table-data=TABLE         不转储指定名称的表中数据
  --if-exists                        当删除对象时使用 IF EXISTS
  --inserts                          以 INSERT 命令而不是 COPY 命令的形式转储数据
  --no-security-labels               不转储安全标签的分配
  --no-synchronized-snapshots        在并行工作集中不使用同步快照
  --no-tablespaces                   不转储表空间分配信息
  --no-unlogged-table-data           不转储没有日志的表数据
  --quote-all-identifiers            所有标识符加引号，即使不是关键字
  --section=SECTION                  备份命名的节（数据前、数据中及数据后）
  --serializable-deferrable          等待直到转储正常运行为止
  --snapshot=SNAPSHOT                为转储使用给定的快照
  --strict-names                     要求每个表和/或 schema 包括模式以匹配至少一个实体
  --use-set-session-authorization    使用 SESSION AUTHORIZATION 命令代替
                                     ALTER OWNER 命令来设置所有权
```

【例 5-17】将 ProjectDB 数据库备份到磁盘文件 g:\ProjectDB.sql，执行的 pg_dump 命令如下。

```
pg_dump  -h localhost  -p 5432  -U postgres  -f g:\ProjectDB.sql  ProjectDB
```

当该语句在 Windows 操作系统的 DOS 命令窗口中执行后，可将 ProjectDB 数据库备份到磁盘设备的 g:\ProjectDB.sql 文件中，如图 5-37 所示。

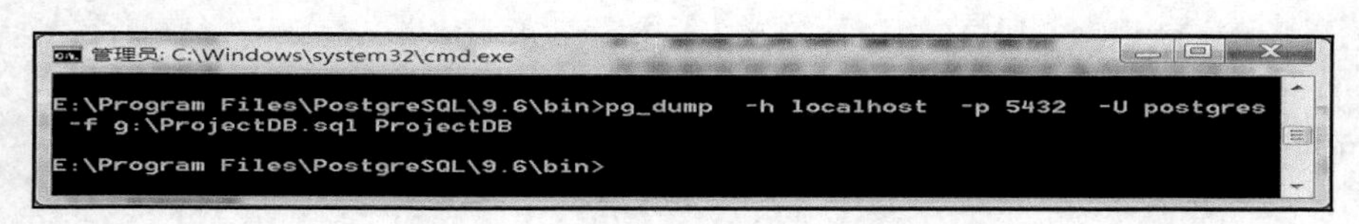

图 5-37　pg_dump 执行数据库备份操作

在默认选项参数下，pg_dump 工具将数据库备份为纯文本格式的 SQL 程序。因此，使用编辑器可打开 g:\ProjectDB.sql 文件，可看到图 5-38 所示的内容。

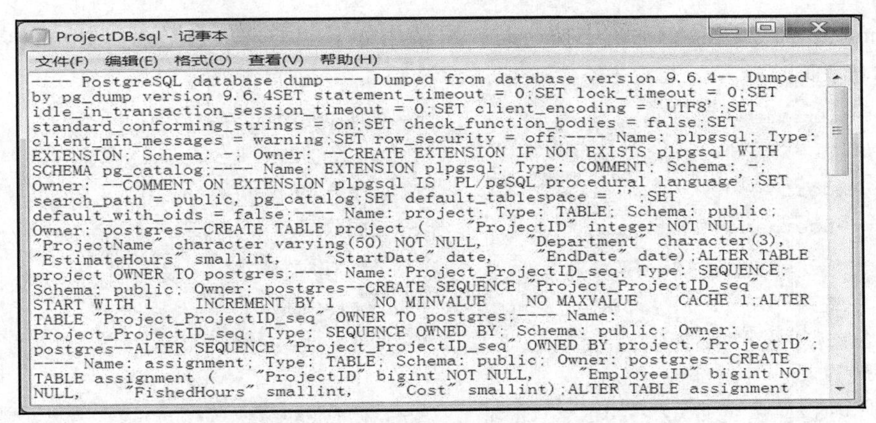

图 5-38　g:\ProjectDB.sql 文件内容

【例 5-18】将 ProjectDB 数据库的 public 模式下的对象备份到磁盘文件 g:\ProjectDB-public.sql，执行的 pg_dump 命令如下。

```
pg_dump -h localhost -p 5432 -U postgres -n public -f g:\ProjectDB-public.sql
ProjectDB
```

当该语句在 Windows 操作系统的 DOS 命令窗口中执行后，可将 ProjectDB 数据库的指定 Schema 对象备份到磁盘设备的 g:\ProjectDB-public.sql 文件中，如图 5-39 所示。

图 5-39　pg_dump 执行数据库 schema 备份操作

在默认选项参数状态下，pg_dump 工具将数据库 schema 备份为纯文本格式的 SQL 程序。因此，使用编辑器可打开 g:\ProjectDB-public.sql 文件，可看到图 5-40 所示的内容。

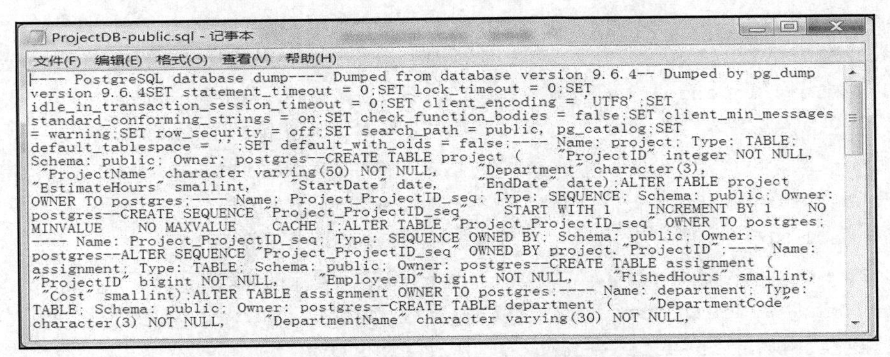

图 5-40　g:\ProjectDB-public.sql 文件内容

（2）使用 pg_dumpall 实用程序工具进行数据备份

pg_dumpall 实用程序工具用于全库数据备份，即将当前 postgreSQL 服务实例中的所有数据库进行数据备份，同时也将数据库中的表空间和角色备份到数据文件中。pg_dumpall 实用程序工具在操作系统下运行，并需要指定相应的选项参数，其程序运行的命令格式为

```
pg_dumpall [连接选项][一般选项][输出控制选项]
```

pg_dumpall 命令在操作系统中执行时，可使用如下 3 类选项参数进行相应的备份操作。

① 连接选项

```
-d, --dbname=CONNSTR              连接数据库使用的连接串
-h, --host=主机名                 数据库服务器的主机名或套接字目录
-p, --port=端口号                 数据库服务器的端口号
-U, --username=名称               以指定的数据库用户连接
-w, --no-password                 永远不提示输入口令
-W, --password                    强制口令提示（自动）
--role=ROLENAME                   在转储前运行 SET ROLE
```

② 一般选项

```
-f, --file=FILENAME               输出文件或目录名
-v, --verbose                     详细信息模式
-V, --version                     输出版本信息，然后退出
--lock-wait-timeout=TIMEOUT       在等待锁表超时后操作失败
-?, --help                        显示此帮助，然后退出
```

③ 输出控制选项

```
-a, --data-only                   只转储数据，不包括 schema
-c, --clean                       在重新创建数据库前清除（删除）数据库
-g, --globals-only                只转储全局对象，不包括数据库
-o, --oids                        在转储中包括 OID
-O, --no-owner                    不恢复对象所属者
-r, --roles-only                  只转储角色，不包括数据库或表空间
-s, --schema-only                 只转储模式，不包括数据
-S, --superuser=NAME              在转储中使用指定的超级用户名
-t, --tablespaces-only            只转储表空间，而不转储数据库或角色
-x, --no-privileges               不要转储权限（GRANT/REVOKE）
--binary-upgrade                  只能由升级工具使用
--column-inserts                  以带有列名的 INSERT 命令形式转储数据
--disable-dollar-quoting          取消美元（符号）引号，使用 SQL 标准引号
--disable-triggers                在只恢复数据的过程中禁用触发器
--if-exists                       当删除对象时使用 IF EXISTS
--inserts                         以 INSERT 命令而不是 COPY 命令的形式转储数据
--no-security-labels              不转储安全标签的分配
--no-tablespaces                  不转储表空间分配信息
--no-unlogged-table-data          不转储没有日志的表数据
--quote-all-identifiers           所有标识符加引号，即使不是关键字
--use-set-session-authorization   使用 SESSION AUTHORIZATION 命令代替
                                  ALTER OWNER 命令来设置所有权
```

【例 5-19】将当前数据库实例 PostgreSQL Server 9.6 中的各个数据库备份到磁盘文件 g:\PostgreAllDB.sql，执行的 pg_dumpall 命令如下。

```
pg_dumpall -h localhost -p 5432 -U postgres -f g:\PostgreAllDB.sql
```

当该语句在 Windows 操作系统的 DOS 命令窗口中执行后，可将该实例下各个数据库备份到磁盘设备的 g:\PostgreAllDB.sql 文件中，如图 5-41 所示。

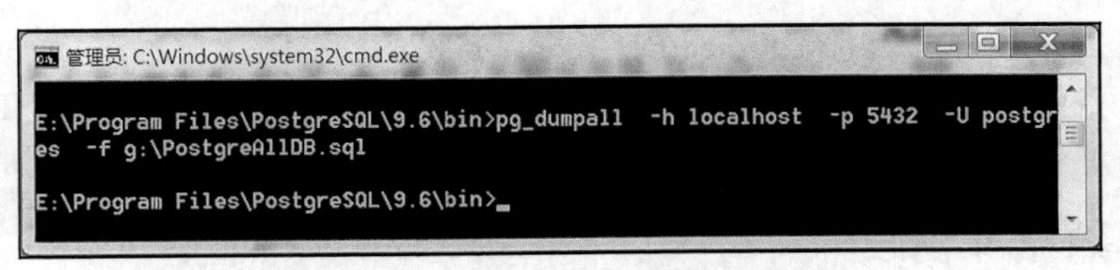

图 5-41　pg_dumpall 执行数据库备份操作

在默认选项参数下，pg_dumpall 工具将数据库备份为纯文本格式的 SQL 程序。因此，使用编辑器可打开 g:\PostgreAllDB.sql 文件，可看到图 5-42 所示的内容。

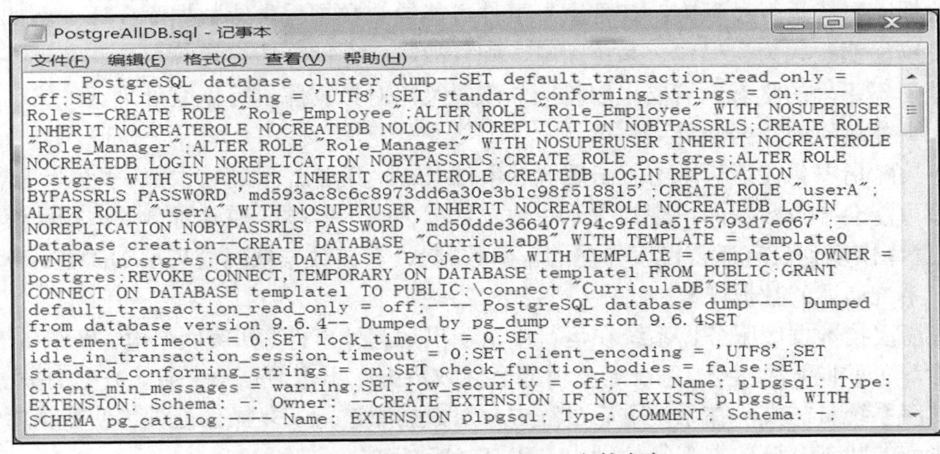

图 5-42　g:\PostgreAllDB.sql 文件内容

2. 使用管理工具 GUI 操作进行备份

在 PostgreSQL 数据库中，除了运行实用程序工具备份数据库外，还可以使用数据库管理工具（如 pgAdmin 4）以 GUI 操作方式备份数据库。创建一个数据库备份的步骤如下。

（1）当 DBA 使用 pgAdmin 4 工具登录 DBMS 服务器后，在数据库目录列表中，选择需要备份的数据库（如 ProjectDB），单击鼠标右键，在弹出的菜单中选择“备份”命令，系统弹出数据库备份设置窗口界面，如图 5-43 所示。

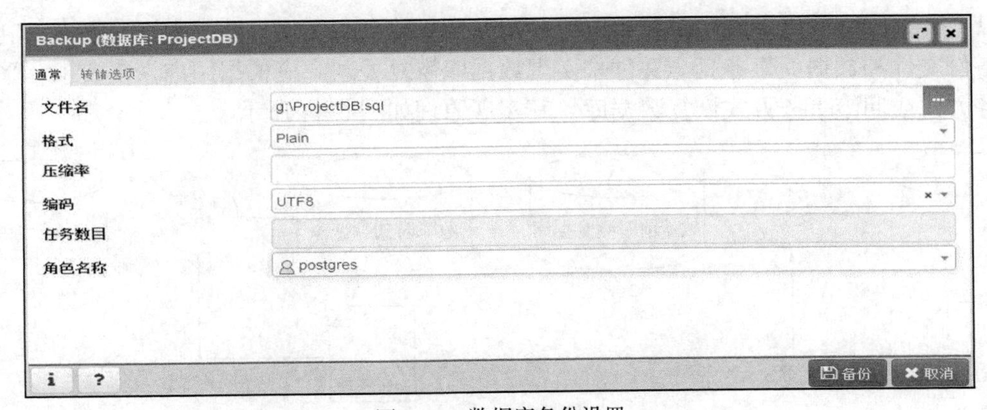

图 5-43　数据库备份设置

（2）在数据库备份设置界面中，命名数据库备份文件（如 g:\ProjectDB.sql），选取备份文件格式（如文本格式 Plain），以及设置压缩率、编码、角色名称等选项参数。然后，单击“备份”按钮后，DBMS 将自动进行 ProjectDB 数据库备份。

当数据库备份结束后，数据被备份到指定目录的数据库备份文件 g:\ProjectDB.sql 中。同样，使用数据库管理工具 GUI 操作还可以对数据库 schema、数据库表等对象进行数据备份。

5.5.3 数据库恢复

数据库恢复指当数据库出现数据丢失或数据库本身损坏情况后，采取一定技术手段对数据库进行重建和数据复原处理，使数据库系统恢复到故障发生前的备份时刻状态。

1. 恢复时机

在数据库系统运行过程中，各种意外事件可能导致数据丢失或数据库损坏。例如，事务故障、系统崩溃、人为误操作、系统断电、硬件故障、存储介质损坏等。这些意外事件会使数据库处于不正确的状态，需要采取相应的恢复策略对数据库进行恢复处理。

（1）事务故障的数据恢复

事务故障指事务在运行中由于出现意外事件（如计算溢出、事务死锁等）而非正常终止。事务故障可能会导致数据库出现数据不一致、数据丢失等问题，需要对事务进行回滚操作处理，使数据库恢复到没有运行该事务前的正确数据状态。该数据恢复处理由 DBMS 自动完成。

（2）系统崩溃的数据恢复

系统崩溃指数据库服务器系统在运行中由于出现意外事件（如突然断电、操作系统故障、硬件故障等）而非正常终止。系统崩溃可能会导致数据库出现数据不一致、数据丢失等问题，需要数据库系统日志文件在系统重启过程中，对数据库进行恢复操作处理，使数据库恢复到系统崩溃前的状态。该数据恢复处理由 DBMS 自动完成。

（3）存储介质损坏的数据恢复

存储介质损坏指数据库系统所在存储系统介质意外损坏，导致数据库损坏或数据丢失。当这类事件出现后，只能通过在新介质上重建数据库系统，并将最近一次的数据库完整备份文件版本进行基本数据恢复，然后使用该版本之后的数据库差异备份版本和事务日志备份文件逐一进行数据库恢复处理，直到使数据库系统恢复到介质损坏前的状态。该处理需要系统管理员使用专门恢复工具和备份文件来完成。

2. 恢复技术

以上数据库恢复处理策略都需要应用数据库恢复技术来实现。数据库恢复技术是利用数据库备份文件和数据库事务日志文件来实现数据库恢复处理。应根据用户恢复要求，采用前滚事务方式或回滚事务方式恢复数据库。其实现原理如图 5-44 所示。

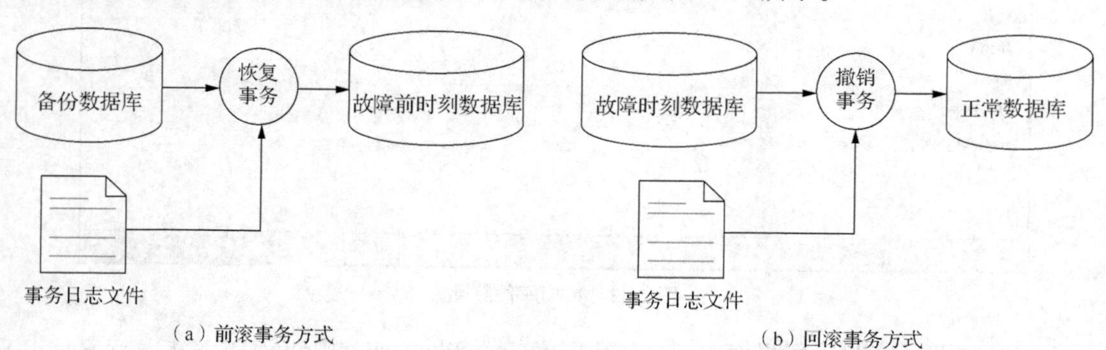

图 5-44　利用事务日志的数据库恢复技术

如果用户希望使用故障前的数据库备份文件进行恢复处理，可采用前滚事务恢复方式将数据库恢复到故障发生前一时刻的数据库状态。这是在数据库备份版本基础上，通过系统执行事务日志文件中记录的操作命令来实现数据库恢复处理，即将系统记录的后像数据重新应用到数据库中，从而将数据库恢复到故障发生前一时刻的状态。

📖 后像数据是数据库备份时刻到故障时刻期间所记录的事务修改数据。

当用户希望使用故障后的数据库进行恢复处理时，可采用回滚事务恢复方式将数据库恢复到故障发生前一时刻的数据库状态。这是在故障后的数据库基础上，通过系统回滚事务操作来实现的。在恢复处理时，取消错误执行或部分完成的事务对数据库的修改，将系统记录的前像数据恢复到数据库中，从而将数据库恢复到故障发生前一时刻的状态。

📖 前像数据是数据库故障时刻之前所记录的事务修改数据。

5.5.4 PostgreSQL 数据库的恢复方法

在 PostgreSQL 数据库系统中，我们既可以使用实用程序工具操作方式进行数据备份恢复，也可以管理工具 GUI 操作方式进行数据备份恢复。

1. 使用实用程序工具操作方式恢复数据备份

PostgreSQL 数据库系统提供了两种实用程序操作方式恢复数据备份：使用 psql 程序工具来恢复 pg_dump 或 pg_dumpall 工具创建的 SQL 文本格式数据备份文件；使用 pg_restore 程序工具来恢复 pg_dump 工具创建的自定义压缩格式、TAR 包格式或目录格式的数据备份文件。

（1）使用 psql 实用程序工具恢复 SQL 文本格式的数据备份

若数据库备份是以 SQL 文本格式存储的文件，其备份数据内容均为 SQL 语句。当进行数据备份恢复时，使用 psql 程序工具执行备份数据文件中的 SQL 语句，即可实现数据库恢复处理。psql 程序工具恢复数据备份文件的基本语句格式为

```
psql  [连接选项]  -d 恢复的数据库 -f 备份文件
```

在操作系统中执行 psql 时，可使用如下选项参数进行相应的备份数据恢复。

```
-h, --host=主机名            数据库服务器主机
-p, --port=端口              数据库服务器的端口（默认为“5432”）
-U, --username=用户名        指定数据库用户名（默认为“postgres”）
-w, --no-password            永远不提示输入口令
-W, --password               强制口令提示（自动）
```

【例 5-20】当 ProjectDB 数据库被破坏后，使用此前备份的 SQL 数据文件 g:\ProjectDB.sql 对 ProjectDB 数据库进行恢复处理，执行的 psql 命令为

```
psql -h localhost -p 5432 -U postgres -d ProjectDB -f g:\ProjectDB.sql
```

当该语句在 Windows 操作系统的 DOS 命令窗口中执行后，可完成对 ProjectDB 数据库的恢复处理，如图 5-45 所示。

当 psql 程序完全正确执行备份文件 g:\ProjectDB.sql 的所有语句之后，ProjectDB 数据库将被恢复到备份时刻状态。

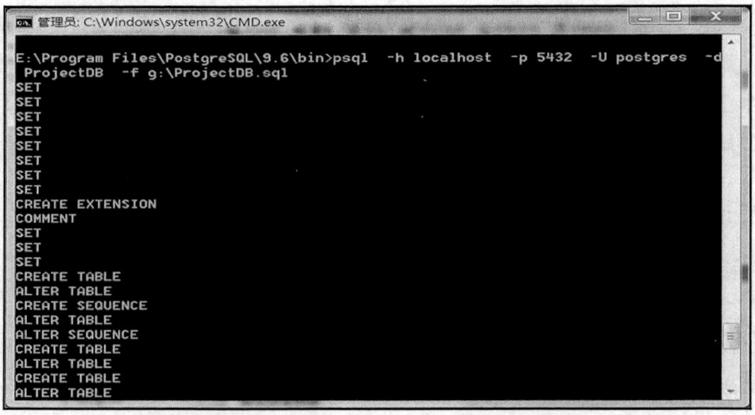

```
E:\Program Files\PostgreSQL\9.6\bin>psql  -h localhost  -p 5432  -U postgres  -d
 ProjectDB  -f g:\ProjectDB.sql
SET
SET
SET
SET
SET
SET
SET
SET
CREATE EXTENSION
COMMENT
SET
SET
SET
CREATE TABLE
ALTER TABLE
CREATE SEQUENCE
ALTER TABLE
ALTER SEQUENCE
CREATE TABLE
ALTER TABLE
CREATE TABLE
ALTER TABLE
```

图 5-45　psql 执行备份文件 SQL 语句实现数据库恢复处理

（2）使用 pg_restore 实用程序工具恢复其他格式的数据备份

若数据库备份以自定义压缩格式、TAR 包格式或目录格式存储数据备份文件，则需要使用 pg_restore 实用程序工具进行数据备份恢复处理。pg_restore 实用程序工具恢复数据备份文件的基本语句格式为

```
pg_restore  [连接选项] [一般选项] [恢复控制选项]  备份文件
```

pg_restore 时，可使用如下选项参数进行相应的备份数据恢复。

① 连接选项

```
-h, --host=主机名            数据库服务器主机
-p, --port=端口              数据库服务器的端口（默认为“5432”）
-U, --username=用户名        指定数据库用户名（默认为“postgres”）
-w, --no-password            永远不提示输入口令
-W, --password               强制口令提示（自动）
```

② 一般选项

```
-d, --dbname=名称            连接数据库名称
-f, --file=文件名            输出文件名
-F, --format=c|d|t           备份文件格式（应该自动进行）
-l, --list                   打印归档文件的 TOC 概述
-v, --verbose                详细模式
-V, --version                输出版本信息，然后退出
-?, --help                   显示此帮助，然后退出
```

③ 恢复控制选项

```
-a, --data-only              只恢复数据，不包括模式
-c, --clean                  在重新创建之前清除（删除）数据库对象
-C, --create                 创建目标数据库
-e, --exit-on-error          发生错误时退出，默认为继续
-I, --index=NAME             恢复指定名称的索引
-j, --jobs=NUM               执行多个并行任务，进行恢复工作
-L,--use-list=FILENAME       文件中指定的内容表排序输出
-n, --schema=NAME            在这个模式中只恢复对象
-O, --no-owner               不恢复对象所属者
```

```
-P, --function=NAME(args)          恢复指定名称的函数
-s, --schema-only                  只恢复模式，不包括数据
-S, --superuser=NAME               使用指定的超级用户来禁用触发器
-t, --table=NAME                   restore named relation (table, view, etc.)
-T, --trigger=NAME                 恢复指定名称的触发器
-x, --no-privileges                跳过处理权限的恢复（GRANT/REVOKE）
-1, --single-transaction           作为单个事务恢复
--disable-triggers                 在只恢复数据的过程中禁用触发器
--enable-row-security              启用行安全性
--if-exists                        当删除对象时使用 IF EXISTS
--no-data-for-failed-tables        对那些无法创建的表不进行数据恢复
--no-security-labels               不恢复安全标签信息
--no-tablespaces                   不恢复表空间的分配信息
--section=SECTION                  恢复命名节（数据前、数据中及数据后）
--strict-names                     要求每个表和/或 schema 包括模式，以匹配至少一个实体
--use-set-session-authorization使用 SESSION AUTHORIZATION 命令代替
                                   ALTER OWNER 命令来设置所有权
```

【例 5-21】当 ProjectDB 数据库被破坏后，使用此前备份的自定义压缩格式文件 g:\ProjectDB.bak 对 ProjectDB 数据库进行恢复处理，执行的 pg_restore 命令如下。

```
pg_restore  -h localhost  -p 5432  -U postgres  -d ProjectDB  -c  g:\ProjectDB.bak
```

当该语句在 Windows 操作系统的 DOS 命令窗口中执行后，可对 ProjectDB 数据库进行恢复处理，如图 5-46 所示。

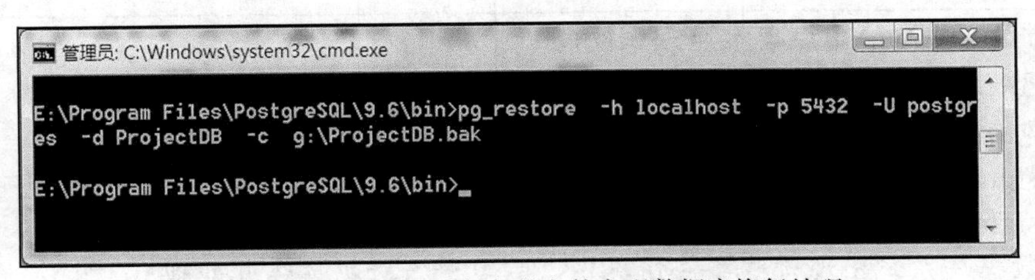

图 5-46　pg_restore 执行备份文件实现数据库恢复处理

当 pg_restore 实用程序完全正确执行备份文件 g:\ProjectDB.bak 的所有语句之后，ProjectDB 数据库将被恢复到备份时刻状态。

2. 使用管理工具 GUI 操作方式恢复数据备份

在 PostgreSQL 数据库系统中，除了运行实用程序工具恢复数据库外，还可以使用数据库管理工具（如 pgAdmin 4）以 GUI 操作方式恢复数据库。恢复一个数据库的步骤如下。

（1）当 DBA 使用 pgAdmin 4 工具登录 DBMS 服务器后，在运行界面的数据库目录列表中选择需要恢复的数据库（如 ProjectDB），单击鼠标右键，在弹出的菜单中选择“还原”命令，系统弹出数据库恢复设置界面，如图 5-47 所示。

（2）在数据库恢复设置界面中输入数据库备份文件名（如 g:\ProjectDB.bak），选取备份文件格式（如 Custom），设置任务进程数目、角色名等选项参数。然后单击“还原”按钮，DBMS 进行数据库恢复处理，其运行结果界面如图 5-48 所示。

当数据库恢复处理成功完成后，原被破坏的数据库 ProjectDB 被恢复到备份时刻的正确状态。

图 5-47　数据库恢复设置

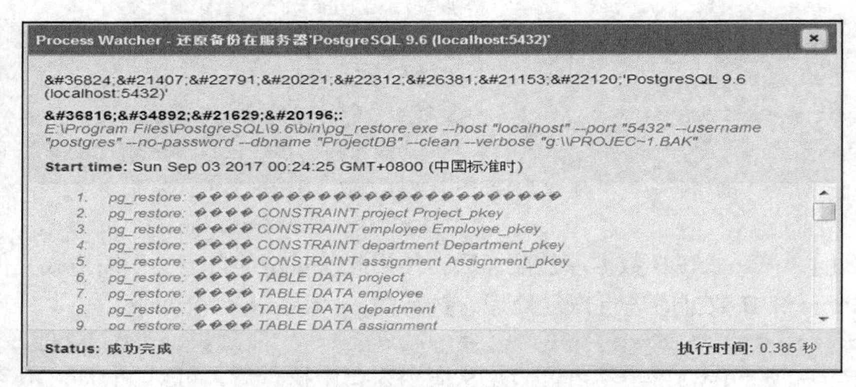

图 5-48　数据库恢复运行结果

课堂讨论——本节重点与难点知识问题

1. 典型 DBMS 通常支持哪些数据库备份类型？
2. 针对特定数据库应用系统，如何确定数据库备份方案？
3. PostgreSQL 数据库备份方法有哪些？
4. PostgreSQL 数据库备份内容的范围有哪些？
5. 在数据库系统出现哪些事件情况下，需要进行数据库恢复处理？
6. PostgreSQL 数据库恢复方法有哪些？

5.6　PostgreSQL 数据库管理项目实践

PostgreSQL 数据库管理系统是一种开源的面向对象-关系数据库 DBMS。该系统提供一些实用程序用于数据库管理，如 psql、pg_dump、pg_dumpall 等，这些实用程序作为命令行工具可在操作系统下直接运行。同时，PostgreSQL 数据库管理系统也提供一种图形化的数据库服务器管理工具 pgAdmin 4，它被用于 PostgreSQL 数据库开发与管理。本节结合一个“成绩管理系统”项目案例，介绍 PostgreSQL 数据库管理操作。

5.6.1　项目案例——成绩管理系统

在学校教学管理中，为了方便学生课程学习成绩管理，我们将开发一个成绩管理系统。

该系统为学校师生提供学生课程学习的成绩记录、成绩发布、成绩查询、成绩打印等服务功能。学生成绩管理系统有学生、教师、教务人员 3 类用户。学生用户可通过该系统进行课程成绩查询、课程成绩单打印等操作。教师用户负责课程成绩录入、成绩修订、成绩表发布、成绩表打印等功能操作。教务人员用户负责成绩单模板管理、成绩查询、课程成绩分析、课程信息管理和学生信息管理等功能操作。

假定该系统使用 PostgreSQL 数据库,其名称为 GradeDB,其中包括学生信息表(Student)、教师信息表（Teacher）、课程信息表（Course）、成绩记录表（Grade）。该数据库的概念数据模型如图 5-49 所示。

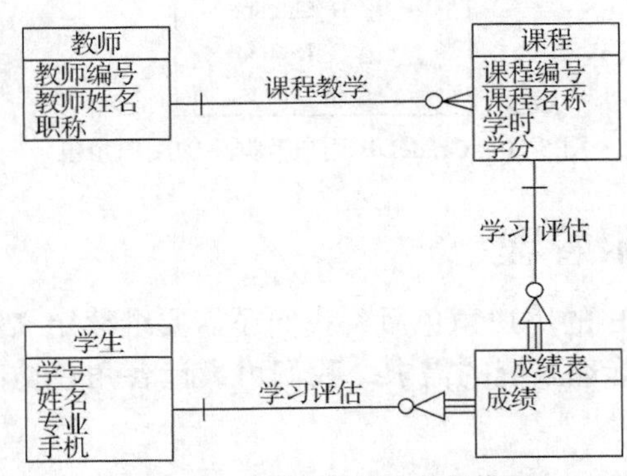

图 5-49　成绩管理概念数据模型

DBA 维护成绩管理数据库 GradeDB，分别进行角色管理、用户管理、权限管理，同时定期进行数据库的备份与恢复管理。

5.6.2　数据库角色管理

根据成绩管理系统的需求，本系统设计 3 类数据库角色：学生（R_Student）、教师（R_Teacher）和教务人员（R_TAdmin）。

在 PostgreSQL 数据库管理工具中，可以执行 SQL 程序，分别创建各个用户角色，其 SQL 程序如下。

```
CREATE  ROLE  "R_Student"  WITH   --创建学生角色
 LOGIN
 NOSUPERUSER
 NOCREATEDB
 NOCREATEROLE
 INHERIT
 NOREPLICATION
 CONNECTION LIMIT -1;
CREATE  ROLE  "R_Teacher"  WITH    --创建教师角色
 LOGIN
 NOSUPERUSER
 NOCREATEDB
 NOCREATEROLE
 INHERIT
 NOREPLICATION
 CONNECTION LIMIT -1;
CREATE  ROLE  "R_TAdmin"  WITH    --创建教务人员角色
 LOGIN
```

```
NOSUPERUSER
NOCREATEDB
NOCREATEROLE
INHERIT
NOREPLICATION
CONNECTION LIMIT -1;
```

当这些角色创建的 SQL 语句成功执行后，我们可以在数据库的登录/角色组中看到这些角色对象，如图 5-50 所示。

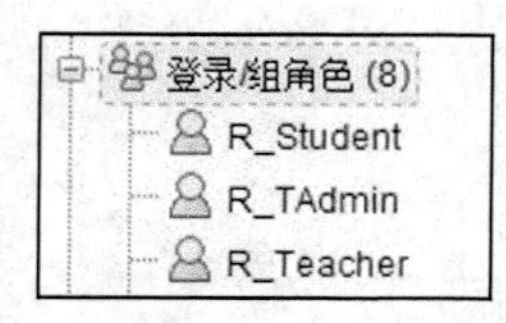

图 5-50　GradeDB 用户数据库的用户角色

5.6.3　数据库权限管理

当创建数据库 GradeDB 的用户角色后，我们还需要继续定义它们在数据库中访问数据库对象的权限。根据成绩管理系统的需求，我们可设计各角色访问数据库表对象的权限，见表 5-5。

表 5-5　角色权限表

表	学生（R_Student）	教师（R_Teacher）	教务人员（R_TAdmin）
Student	读取	读取	读取、插入、修改、删除
Teacher	读取	读取	读取、插入、修改、删除
Course	读取	读取	读取、插入、修改、删除
Grade	读取	读取、插入、修改、删除	读取、插入、修改、删除

在成绩管理系统中，学生角色（R_Student）可以读取学生信息表（Student）、教师信息表（Teacher）、课程信息表（Course）、成绩记录表（Grade）中数据。教师角色（R_Teacher）除了对这些表进行读取外，还可以对成绩记录表（Grade）进行数据插入、修改和删除操作。教务人员角色（R_TAdmin）具有更多权限，可以对这些数据库表进行数据读取、数据插入、数据修改、数据删除操作。

在 GradeDB 数据库中，为了实现学生角色（R_Student）、教师角色（R_Teacher）和教务人员角色（R_TAdmin）赋予表 5-5 所定义的对象访问权限，系统管理员（postgres）需要在数据库中执行相应的角色权限赋予 DCL 语句，其语句组成的 SQL 程序如下。

```
GRANT  SELECT  ON  Student  TO  "R_Student";
GRANT  SELECT  ON  Teacher  TO  "R_Student";
GRANT  SELECT  ON  Course  TO  "R_Student";
GRANT  SELECT  ON  Grade  TO  "R_Student";
GRANT  SELECT  ON  Student  TO  "R_Teacher";
GRANT  SELECT  ON  Teacher  TO  "R_Teacher";
GRANT  SELECT  ON  Course  TO  "R_Teacher";
GRANT  SELECT,INSERT,UPDATE,DELETE  ON  Grade  TO  "R_Teacher";
GRANT  SELECT,INSERT,UPDATE,DELETE  ON  Student  TO  "R_TAdmin";
GRANT  SELECT,INSERT,UPDATE,DELETE  ON  Teacher  TO  "R_TAdmin";
GRANT  SELECT,INSERT,UPDATE,DELETE  ON  Course  TO  "R_TAdmin";
```

```
GRANT  SELECT,INSERT,UPDATE,DELETE  ON  Grade  TO  "R_TAdmin";
```

将以上 SQL 程序输入数据库管理工具 pgAdmin 4 的 SQL 编辑器中执行，其运行结果如图 5-51 所示。

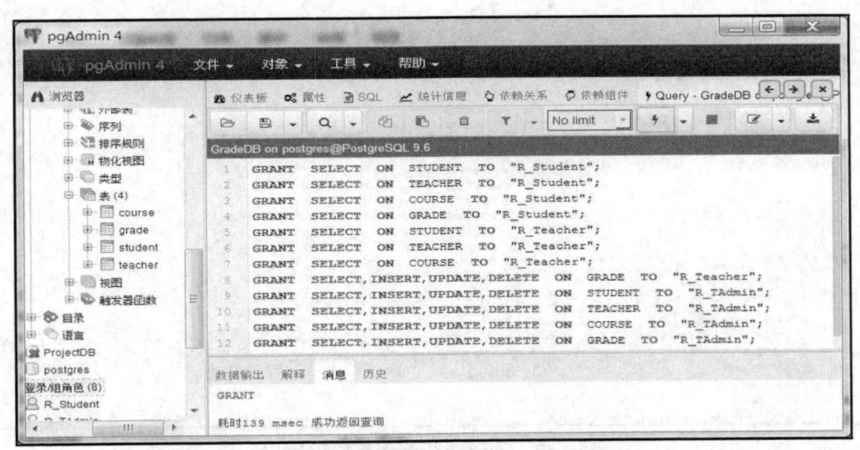

图 5-51　用户角色的对象访问权限赋予

当以上 SQL 程序成功执行后，数据库中的学生角色（R_Student）、教师角色（R_Teacher）和教务人员角色（R_TAdmin）就具有了表 5-5 所定义的对象访问权限。

5.6.4　数据库用户管理

从 5.4 节可知，一个在数据库中创建的新用户，只有被赋予角色及权限后，该用户才能访问数据库中的对象。因此，在成绩管理系统 GradeDB 数据库中，还需要创建数据库用户，并赋予角色及其权限。例如，创建一个学生用户（StudentUser）和一个教师用户（TeacherUser），并分别赋予学生角色和教师角色，其创建用户的 SQL 程序如下。

```
CREATE USER  "StudentUser"  WITH
  LOGIN
  NOSUPERUSER
  NOCREATEDB
  NOCREATEROLE
  INHERIT
  NOREPLICATION
  CONNECTION LIMIT -1
  IN ROLE "R_Student"
  PASSWORD '123456';
CREATE USER  "TeacherUser"  WITH
  LOGIN
  NOSUPERUSER
  NOCREATEDB
  NOCREATEROLE
  INHERIT
  NOREPLICATION
  CONNECTION LIMIT -1
  IN ROLE "R_Teacher"
  PASSWORD '123456';
```

将以上 SQL 程序输入数据库管理工具 pgAdmin 4 的 SQL 编辑器中执行，其运行结果如图 5-52 所示。

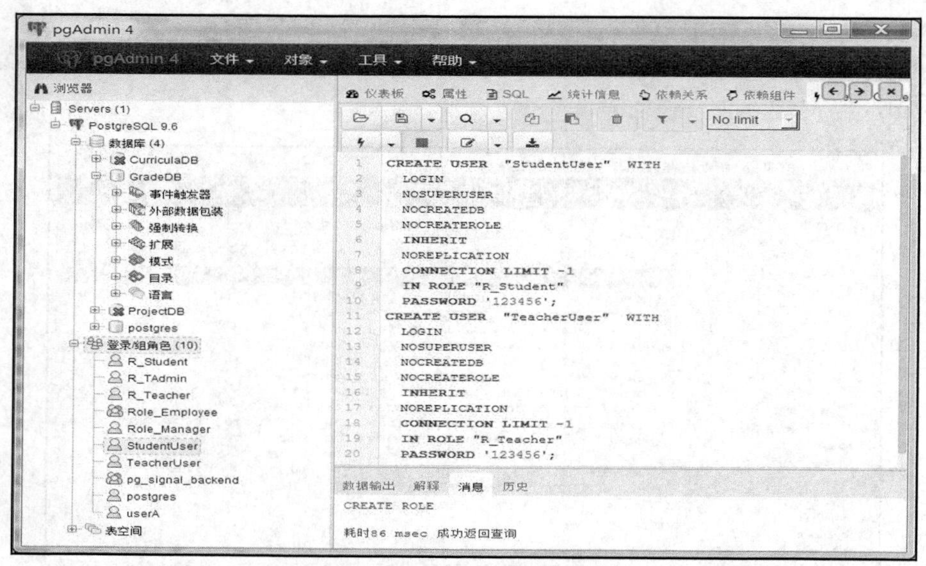

图 5-52　创建成绩管理数据库用户

当以上 SQL 程序成功执行后，数据库便有了学生用户（StudentUser）和教师用户（TeacherUser）。此后，他们便可登录访问成绩管理数据库，进行数据访问操作。

5.6.5　数据库备份与恢复管理

1．数据库备份管理

DBA 在数据库管理工具 pgAdmin 4 中，执行备份功能，可创建数据库备份，其操作步骤如下。

（1）DBA 在数据库管理工具 pgAdmin 4 运行界面的数据库目录中，选择需要备份的 GradeDB 数据库，单击鼠标右键，在弹出的菜单中选择“备份”命令，系统弹出数据库备份设置界面，如图 5-53 所示。

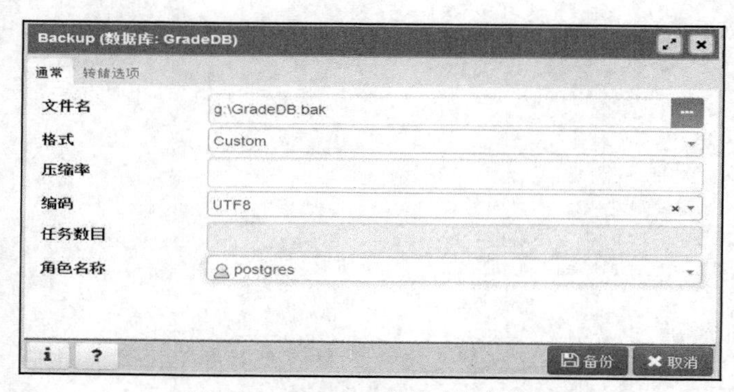

图 5-53　GradeDB 数据库备份设置

（2）在数据库备份设置界面中，命名备份数据文件 g:\GradeDB.bak，选取备份文件格式（如自定义压缩格式 Custom），输入压缩率、编码、角色名称等选项参数并存储选项页参数，然后单击“备份”按钮，DBMS 便可对 GradeDB 数据库进行数据备份。

当数据库备份结束后，数据被备份到指定的数据备份文件 g:\GradeDB.bak 中，如图 5-54 所示。

GradeDB.bak	2018/2/23 11:00	BAK 文件	77 KB

图 5-54　GradeDB 数据库备份文件

2. 数据库恢复管理

当成绩管理数据库 GradeDB 遇到故障或损坏后（为了验证，本例将该数据库的表删除），可以使用该数据库的备份文件进行还原恢复处理，其操作步骤如下。

（1）DBA 登录 DBMS 后，在 pgAdmin 4 运行界面的数据库目录中，选择 GradeDB 数据库，单击鼠标右键，在弹出的菜单中选择“还原”命令，系统弹出数据库还原设置界面，如图 5-55 所示。

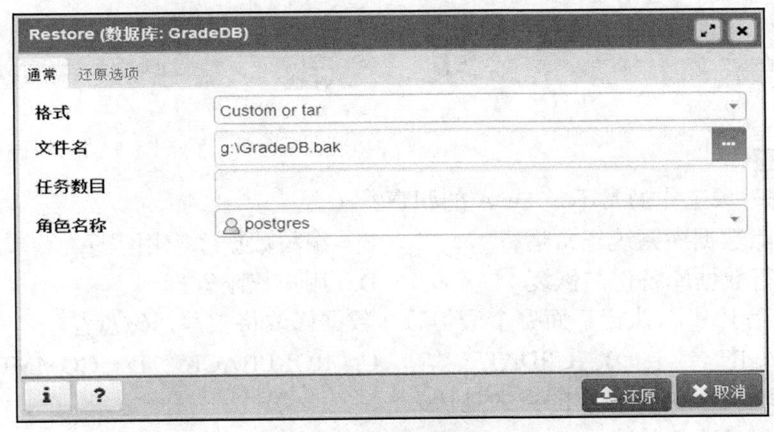

图 5-55　数据库还原设置

（2）在数据库还原设置界面中，输入备份文件路径及名称，选取文件格式、角色等参数项，并在还原选项页中选择“恢复之前清空”选项。单击“还原”按钮，DBMS 将对备份文件进行还原处理。如果成功执行，系统将显示图 5-56 所示的界面。

图 5-56　数据库还原运行结果

在数据库还原操作正确完成后，重新打开成绩数据库表目录，可以发现数据库中原先被删除的表已经被恢复。

课堂讨论——本节重点与难点知识问题

1. 在 PostgreSQL 数据库中，如何设计实现成绩管理系统数据库角色？
2. 在 PostgreSQL 数据库中，如何给数据库角色赋予对象访问权限？
3. 在 PostgreSQL 数据库中，如何创建成绩管理系统数据库用户并赋予角色？
4. 在 PostgreSQL 数据库中，如何验证用户的数据库访问权限？
5. 在 PostgreSQL 数据库中，如何采用命令执行方式实现成绩管理系统数据库备份？
6. 在 PostgreSQL 数据库中，如何采用命令执行方式实现成绩管理系统数据库恢复？

习　题

一、单选题

1. 以下哪一项工作通常不是 DBA 的职责？（　　）

A. 保障数据库系统正常运行　　B. 编写数据库应用程序
C. 进行数据库备份与恢复　　D. 用户权限管理

2. 在事务程序中，执行下面哪个语句后，数据修改将被写回磁盘？（　　）

A. BEGIN　　B. UPDATE　　C. ROLLBACK　　D. COMMIT

3. 在数据库中，并发控制的目的是什么？（　　）

A. 实现多事务并行执行　　B. 一个事务执行不影响其他事务
C. 减少事务执行等待时间　　D. 提高 DBMS 执行事务的性能

4. 下面哪种级别的锁协议可以同时解决“脏读”“不可重复读”和“丢失更新”问题？（　　）

A. 一级加锁协议　　B. 二级加锁协议
C. 三级加锁协议　　D. 均不可以

5. 下面哪种备份文件是恢复数据库到故障点时刻状态必不可少的？（　　）

A. 数据库完整备份文件　　B. 数据库差异备份文件
C. 事务日志备份文件　　D. 数据库文件备份

二、判断题

1. 数据库性能调优是 DBA 进行数据库管理的工作之一。（　　）
2. 只要是事务程序，它就能够保证数据一致性。（　　）
3. 在数据库系统中，一旦用户登录数据库后，就可以访问该数据库。（　　）
4. 若所有事务遵从两阶段加锁协议，则这些事务的任何并发调度都是可串行化调度。（　　）
5. 只要有数据库备份文件，就可以将数据库恢复到故障点状态。（　　）

三、填空题

1. 事务 ACID 特性包括原子性、一致性、__________和__________。
2. 在数据库中，用户能够锁定的最大粒度资源是________________。
3. 能够解决各类数据不一致问题的事务隔离级别是______________。

4. 权限管理的基本操作包括授予权限、____________和____________。
5. 典型的数据库备份设备有磁盘阵列、____________和____________等。

四、简答题

1. DBMS 一般应具有哪些主要的数据库管理功能？
2. 在数据库系统中，事务程序主要解决什么问题？
3. 在数据库系统中，如何预防事务死锁状况的出现？
4. 数据库系统基本安全模型是什么？它如何实现数据安全访问？
5. 实现数据库恢复的技术原理是什么？

五、实践操作题

在一个汽车租赁管理系统中，假定其数据库 CarRentDB 包括客户表（Client）、汽车信息表（Car）、租赁价目表（Rent_price）、租赁登记表（Rent_reg）、租赁费用表（Rent_fee）。系统用户角色有客户、业务员、经理、系统管理员。

在 PostgreSQL 数据库中，完成角色管理、权限管理、用户管理，以及数据库备份与恢复管理等操作，具体要求如下。

（1）在数据库 CarRentDB 中，创建 R_Clinet（客户）、R_SalesMan（业务员）、R_Manager（经理）、R_Adminstrator（系统管理员）角色。

（2）在数据库 CarRentDB 中，分别定义各个角色对数据库表对象的访问权限。

（3）创建用户 ClinetUser 为客户角色用户，用户 SalesManUser 为业务员角色用户，用户 ManagerUser 为经理角色用户，用户 AdminstratorUser 为系统管理员角色用户。

（4）分别以不同用户登录访问数据库，尝试进行不同类型的访问操作。

（5）以管理员身份进行 CarRentDB 数据库备份处理，分别创建数据库备份、schema 备份、数据库表备份。

（6）当破坏数据库 CarRentDB 后，使用备份文件进行数据库恢复处理。

第6章 数据库应用编程

数据库应用编程是实现数据库应用系统的重要环节，是数据库基础知识的综合运用，主要包括数据库的连接与访问技术、嵌入式SQL编程技术、存储过程编程技术、触发器编程技术及游标技术等。本章将介绍数据库编程的基本技术及应用示例。

本章学习目标如下。

（1）了解数据库连接的几种常用方式。

（2）理解数据库存储过程、触发器、游标的特点及工作原理。

（3）掌握ODBC数据库连接的工作原理及配置方式。

（4）掌握JDBC数据库连接的工作原理及程序结构。

（5）掌握数据库存储过程、触发器、游标的程序结构。

（6）掌握数据库数据Web呈现技术及MyBatis数据访问技术。

6.1 数据库连接技术

各种高级语言都采用了各自不同的数据库访问接口，并通过这些接口，执行SQL语句，进行数据库管理。提供数据库接口的中间件主要有：①ODBC（Open DataBase Connectivity，开放数据库连接），使用SQL作为访问数据的标准，提供了最大限度的互操作性，应用程序可以通过ODBC访问不同的数据库管理系统（DBMS），使应用程序对数据库的操作独立于DBMS，所有的数据库操作由对应的DBMS的ODBC驱动程序完成。②JDBC（Java DataBase Connectivity，Java数据库连接），用于Java应用程序连接数据库的标准方法，是一种用于执行SQL语句的Java API，可以为多种关系数据库提供统一的访问，它由一组用Java语言编写的类和接口组成。③ADO.NET，是微软公司在.NET框架下开发设计的一组用于和数据库进行交互的面向对象类库。ADO.NET提供了对关系数据、XML和应用程序数据的访问，允许和不同类型的数据源及数据库进行交互。④PDO（PHP Data Object，PHP数据对象），为PHP访问数据库定义了一个轻量级的、一致性的接口。它提供了一个数据库访问抽象层，能执行统一的函数接口查询和获取数据。下面将较为详细地介绍ODBC和JDBC两种主要的数据库连接技术。

扫码预习

6.1.1 ODBC技术

ODBC是Windows下的开放数据库连接，是微软公司Windows开放服务结构（Windows

Open Services Architecture，WOSA）中有关数据库的组成部分。由于不同的数据库有不同的API（Application Programming Interface，应用程序编程接口），编程应用相对比较复杂，为了解决这种问题，ODBC 建立了一组规范，并为多种数据库的开发提供了统一的 API 接口，可以为不同数据库的客户端应用程序提供服务。

ODBC 技术为应用程序提供了一套 CLI（Call Level Interface，调用层接口）函数库和基于 DLL（Dynamic Link Library，动态链接库）的运行支持环境。使用 ODBC 开发数据库应用程序时，在应用程序中调用标准的 ODBC 函数和 SQL 语句，通过可加载的驱动程序将逻辑结构映射到具体的数据库存储结构。连接数据库和存取数据的低层操作是由驱动程序驱动数据库管理系统（OBMS）完成。

ODBC 为数据库提供了标准访问接口，使不同的数据库接口标准转换为通用的接口。ODBC 驱动程序是应用程序与 DBMS 的中间转换层或翻译层，应用程序可以访问任何安装了 ODBC 驱动程序的 DBMS，ODBC 使应用程序具有良好的互用性和可移植性，ODBC 驱动程序屏蔽掉了不同的 DBMS 的差异，实现了 ODBC 接口与 DBMS 的无关性。目前大多数关系数据库管理系统为用户提供了 ODBC 数据库的驱动程序，应用程序可通过使用 ODBC 接口方便地访问和操作数据库的数据。如果应用程序需要访问数据库，必须用 ODBC 管理器注册一个数据源，管理器根据数据源提供的数据库位置、数据库类型及 ODBC 驱动程序等信息，建立起 ODBC 与具体数据库的联系。只要应用程序将数据源名提供给 ODBC，ODBC 就能建立起与相应数据库的连接。

ODBC 软件采用分层体系结构，这样可保证其标准性和开放性，如图 6-1 所示。

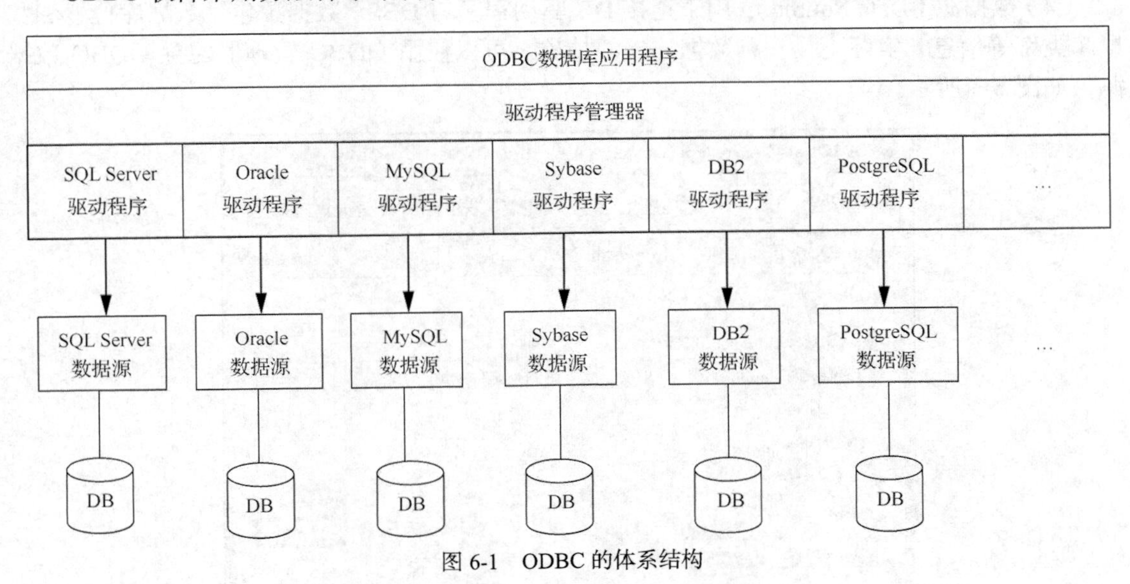

图 6-1　ODBC 的体系结构

ODBC 的体系结构由 4 个部分构成，其主要功能如下。

（1）ODBC 数据库应用程序（Application）：是用高级语言和 ODBC 函数编写的应用程序，用于访问数据库。其主要任务是向 BMS 发出请求和处理数据库返回的结果。

（2）驱动程序管理器（Driver Manager）：驱动程序管理器包含在 ODBC32.dll 中，对用户是透明的。其任务是管理 ODBC 驱动程序，为应用程序加载、调用和卸载 DB 驱动程序，是 ODBC 中最重要的部件。

（3）DBMS 驱动程序（DBMS Driver）：提供了 ODBC 和数据库之间的接口，PostgreSQL 驱动程序封装在 psqlodbc*xx*.dll 文件中。可在 ODBC 管理器中查看数据库驱动程序，如图 6-2 所示。

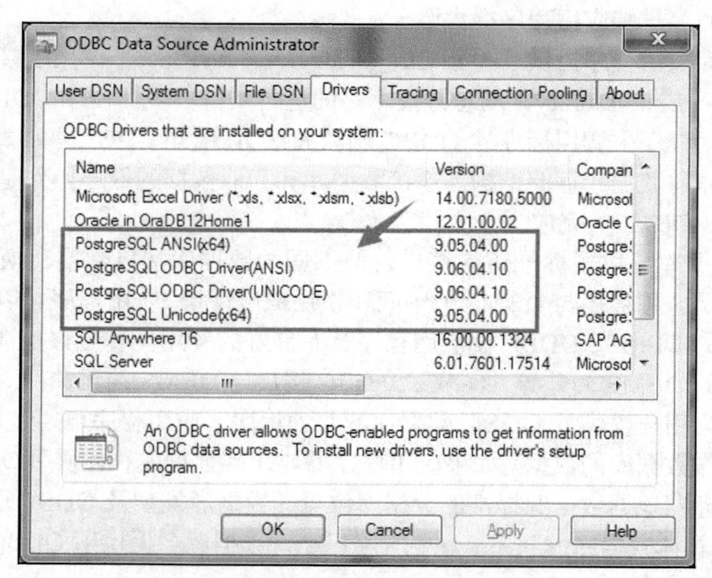

图 6-2　ODBC 数据库驱动程序

（4）数据源（Data Source）：用于连接 DB 驱动程序与 DBS。数据源包含数据库位置和数据库类型等信息，实际上是一种数据连接的抽象。可以使用 ODBC 管理器配置 ODBC 数据源，如图 6-3 所示。

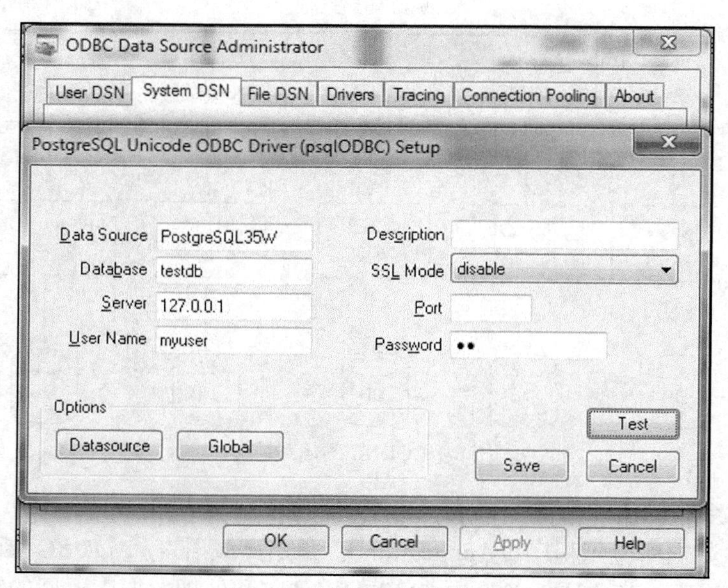

图 6-3　配置 ODBC 数据源

微软公司对 ODBC 规程进行了规范，它为应用层的开发者和用户提供标准的函数、语法和错误代码等，微软公司还提供了驱动程序管理器，它在 Windows 中是一个动态链接库，即

ODBC32.dll。驱动程序层由微软公司、DBMS 厂商或第三方开发商提供，它必须符合 ODBC 的规程。例如，对 PostgreSQL，它的 64 位驱动程序是 psqlodbc35w.dll，32 位驱动程序是 psqlodbc30a.dll。驱动程序可以从 PostgreSQL 官方网站的 ODBC 数据源管理的驱动程序页下载。

6.1.2 JDBC 技术

JDBC 即 Java 数据库连接，SUN 公司（现已被 Oracle 公司收购）为使 Java 语言支持 SQL 功能而提供的与数据库相连的用户接口。JDBC 包括一组用 Java 语言书写的接口和类，独立于特定的 DBMS，统一对数据库的操作。有了 JDBC，可以方便地在 Java 语言中使用 SQL，从而使 Java 应用程序或 Java Applet 可以对分布在网络上的各种关系数据库进行访问。但 JDBC 不能直接操作数据库，JDBC 通过接口加载数据库的驱动，然后操作数据库。JDBC 的接口封装在 java.sql 和 Javax.sql 的两个包里，因此，用 Java 开发连接数据库的应用程序时必须加载这两个包，同时还需要导入相应 JDBC 的数据库驱动程序。

1. 驱动程序的类型

JDBC 标准主要分为两部分：面向应用开发人员的应用开发 API 接口（简称面向应用程序的 API 接口）和面向数据库厂商的驱动程序开发者的 API 接口（简称面向驱动程序的 API 接口）。面向应用程序的 API 接口负责与 JDBC 驱动程序管理器 API 进行通信，供应用程序开发人员连接数据库，发送 SQL 语句，处理结果。面向驱动程序的 API 接口供各开发商开发数据库驱动程序（JDBC Driver）使用。JDBC Driver 是一个类的集合，实现了 JDBC 所定义的类和接口，提供了一个能实现 java.sql.Driver 接口的类。JDBC 标准中，驱动程序按操作方式分为 4 种类型。

（1）JDBC-ODBC Bridge Driver

Sun 公司发布 JDBC 规范时，市场上可用的 JDBC 驱动程序并不多，但是已经逐渐成熟的 ODBC 方案使通过 ODBC 驱动程序几乎可以连接所有类型的数据源。所以 Sun 公司发布了 JDBC-ODBC 的桥接驱动，利用现成的 ODBC 架构，将 JDBC 调用转换为 ODBC 调用，驱动程序负责将 JDBC 转换为 ODBC，通过 ODBC 驱动程序来获得对数据库的 JDBC 访问。Sun 公司 JDK 提供 JDBC/ODBC 桥接器（sun.jdbc.odbc.JdbcOdbcDriver）。使用时必须先安装 ODBC 驱动程序和配置 ODBC 数据源。在 JDBC 刚推出时，桥接器可以方便地用于测试，并不用于生产性的应用。目前，有很多更好的驱动程序，不建议使用桥接器，建议仅在特定的数据库系统没有相应的 JDBC 驱动程序时使用。

（2）Native-API partly-Java Driver

此驱动程序是部分使用 Java 编程语言编写和部分使用本机代码编写的驱动程序，用于与数据库的客户机 API 进行通信。本地 API 驱动程序将 JDBC 命令转换为本地数据库系统的本地库方法，调用第三方数据库函数。使用时，除了安装 Java 库外，还必须安装某个特定数据库平台的代码（二进制代码，非 Java）。但是，由于驱动程序与数据库及本地平台绑定，因此这种驱动程序无法达到 JDBC 跨平台的基本目的，在 JDBC 规范中也是不被推荐的选择。

（3）JDBC-Net All-Java Driver

此驱动程序是个纯粹的 Java 客户程序库，使用跨数据库协议，将数据库访问请求传输给一个服务器组件，然后该中间件服务器将访问请求转换为特定数据库系统的协议发送给数据库系统，主要目的是获得更好的架构灵活性。例如：当需要在更换数据库时，可通过更换中间组件实现。由非数据库厂商开发的第三方驱动通常还提供额外的功能，例如高级安全特性等，但通过中间服务器转换也会对速度有一定影响。JDBC 领域的这种类型驱动并不常见，而微软的 ADO.net 是这种架构的典型。

（4）Native-protocol All-Java Driver

这是最常用的驱动程序类型，此驱动程序是纯 Java 实现的驱动程序，支持跨平台部署，性能也较好。直接与特定的数据库系统通信，驱动程序将 JDBC 命令转换为数据库系统特定的网络通信协议。其优点是没有中间的转换或者中间件。通常数据库访问的性能较高，在应用开发中使用的驱动程序 JAR 包，一般都属于此类驱动程序，通常由数据库厂商直接提供。

2. JDBC 的核心类及接口

在 JDBC 应用程序中，需要加载 Java 包 java.sql.*中几个核心的类和接口，主要的类和接口方法如下。

（1）java.sql.DriverManager 是 JDBC 的管理类，处理加载和跟踪驱动程序，建立数据库和相应驱动程序之间的连接。DriverManager 类也处理诸如驱动程序登录时间限制、跟踪显示消息的事务。对简单的应用程序，一般程序员可使用此类中的静态方法 DriverManager.getConnection（String url，String user，String password）。该方法为静态方法，用来获得数据库连接。JDBC 还提供了 DriverManager 的方法 getDriver()、getDrivers()、registerDriver()及 Driver 的方法 connect()。

（2）java.sql.Connection 提供的 Connection 对象代表与数据库的连接。连接过程包括所执行的 SQL 语句和在该连接上所返回的结果。一个应用程序可与单个数据库有一个或多个连接，或者可与多个数据库建立连接；是调用 DriverManager.getConnection()方法的返回值。Connection 常用方法：createStatement()创建并返回一个 Statement 实例，通常在执行无参数的 SQL 语句时创建该实例；preparedStatement()在执行包含参数的 SQL 语句时创建该实例，并对 SQL 语句进行预编译处理；close()关闭数据库连接。

（3）java.sql.Statement 接口用于执行静态 SQL 语句并返回它所生成的结果对象，执行静态的 SQL 语句。Statement 对象有 3 种类型，它们都是在给定连接上执行的 SQL 语句，分别是 Statement、PreparedStatement（从 Statement 继承而来）和 CallableStatement（从 PreparedStatement 继承而来）。Statement 对象的常用方法：executeQuery(String sql)执行指定的静态 select 语句，并返回一个不为 null 的 ResultSet 实例；executeUpdate(String sql)执行指定的静态 INSET、UPDATE 或 DELETE 语句，并返回一个 int 型数值，不同步更新记录的条数；close()关闭 Statement 实例。

（4）java.sql.PreparedStatement 接口用于执行预编译的 SQL 语句的对象。它是从接口 Statement 派生而来的，预编译 SQL 效率高且支持参数查询。

（5）java.sql.CallableStatement 接口用于执行 SQL 语句存储过程的对象。它是从接口 PreparedStatement 派生而来的，用于调用数据库中的存储过程。

（6）java.sql.ResultSet 接口表示数据库结果集的数据表，用于存储执行特定 SQL 语句后返回的结果集；ResultSet 对象包含符合 SQL 查询条件的所有行记录，并且它通过一套 get()方法（这些 get()方法可以访问当前行中的不同列）提供了对查询结果的数据访问。ResultSet.next()方法用于移动到 ResultSet 中的下一行，使下一行成为当前行。

3. JDBC 编程及访问数据库的步骤

在开发环境中配置指定数据库的驱动程序。例如，本书使用的数据库是 PostgreSQL 11

以上版本，所以需要去下载 PostgreSQL 11 支持的 JDBC 驱动程序。在 Eclipse 环境中创建应用项目（这里的项目名为 PostgreSQL），然后在项目中配置 JDBC 驱动程序包，如图 6-4 所示。

在项目中创建 Java 类，并按照下列步骤在程序中访问数据库。使用 JDBC 访问数据库的数据的工作过程如图 6-5 所示。

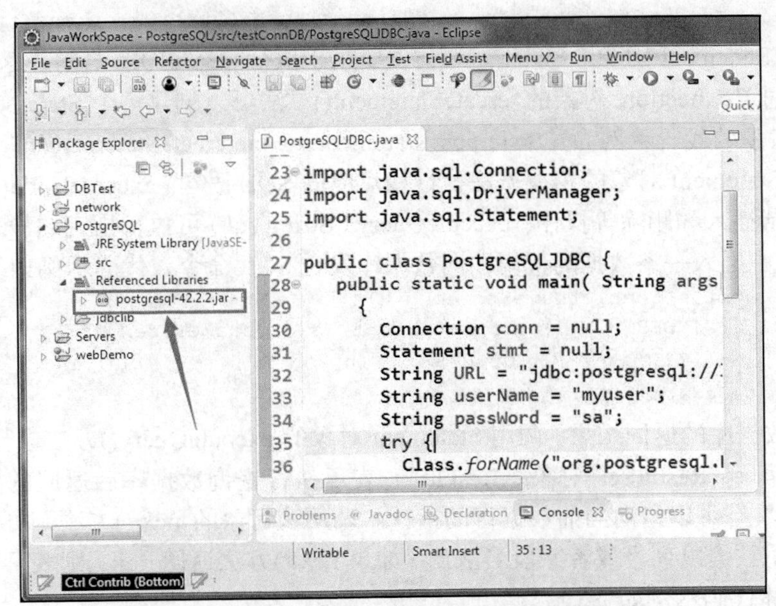

图 6-4　Eclipse 中配置 PostgreSQL 的 JDBC 驱动程序

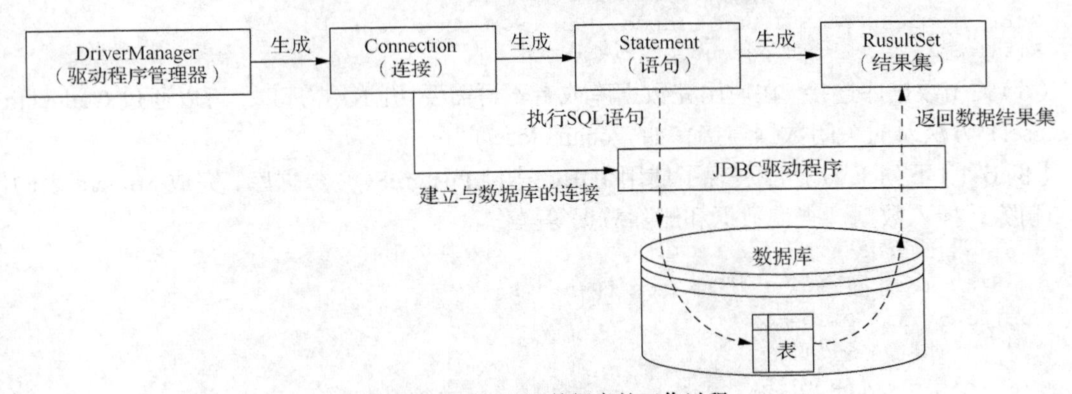

图 6-5　JDBC 访问数据库的工作过程

（1）在 Java 程序中需要加载 Java 包 java.sql.*中的核心类和接口，然后加载驱动程序。在通过 Class.forName(driverClass)方式来加载驱动程序中，加载 PostgreSQL 的数据驱动程序的代码为“Class.forName("org.postgresql.Driver");”；加载 mysql 驱动的代码为“Class.forName("com.mysql.jdbc.Driver");”；加载 oracle 驱动的代码为“Class.forName("oracle.jdbc.driver.OracleDriver");”。

（2）创建数据连接对象。通过 DriverManager 类创建数据库连接对象 Connection。DriverManager 类在 Java 程序和 JDBC 驱动程序之间，用于检查所加载的驱动程序是否建立连接，然后通过 getConnection 方法，根据数据库 URL、用户名和密码，创建 JDBC Connection 对象，如“Connection connection = DriverManager.getConnection("连接数据库的 URL", "用户

名","密码")"。其中，URL=协议名+IP 地址（域名）+端口+数据库名称；用户名和密码指登录数据库时所使用的用户名和密码。创建 PostgreSQL 的数据库连接代码的示例如下。

```
String URL = "jdbc:postgresql://localhost:5432/testdb";
String userName = "myuser";
String passWord = "sa";
connection conn = DriverManager.getConnection(URL,userName,passWord);
```

（3）创建 Statement 对象。Statement 类主要用于执行静态 SQL 语句并返回它所生成结果的对象。通过 Connection 对象的 createStatement()方法可以创建一个 Statement 对象，如创建 Statement 对象的代码示例为"Statement statement = conn.createStatement();"。

（4）调用 Statement 对象的相关方法执行相对应的 SQL 语句。executeUpdate()方法可用来更新数据，包括插入和删除等操作；executeQuery（String sql）可执行指定的静态 select 语句。例如向 staff 表中插入一条数据的代码即向数据库发送 SQL 命令，代码示例如下。

```
Statement stmt = conn.createStatement() ;
String sql = "INSERT INTO public.Student (sid, sname, sex, classid)"
        + " VALUES ('2017001003', '张山', '男', 'C2017001')";
stmt.executeUpdate(sql);
```

（5）处理数据库的返回结果。调用 Statement 对象的 executeQuery()方法进行数据的查询，而查询结果会得到 ResultSet 对象。ResultSet 表示执行查询数据库后返回的数据的集合，ResultSet 对象具有可以指向当前数据行的指针。调用该对象的 next()方法，可以使指针指向下一行，然后将数据以列号或者字段名取出。如果 next()方法返回 null，则表示下一行中没有数据存在。具体代码示例如下。

```
Statement st = conn.createStatement();
String sql = "SELECT sid, sname, sex FROM Student";
ResultSet rs = stmt.executeQuery(sql);
```

（6）关闭数据库连接。在使用完数据库或者不再需要访问数据库时，可以通过 Connection 的 close() 方法及时关闭数据连接，如"conn.close();"。

【例 6-1】下列 Java 程序展现了使用 JDBC 连接 PostgreSQL 数据库，完成 Student 表的创建和删除，插入数据、查询数据和删除数据等操作。

```
package testConnDB;
import java.sql.*;    //加载 Java 包 java.sql.*
public class JDBCDemo {
    // 创建静态全局变量
    static Connection conn;
    static Statement st;
    public static void main(String[] args) {
        createtable();        //创建数据表
        insert();             //插入记录
        query();              //查询记录并显示
        update();             //更新记录数据
        query();              //查询记录并显示
        delete();             //删除记录
        droptable();          //删除数据表
    }
    /* 创建学生表 Student*/
```

```
    public static void createtable() {
        conn = getConnection(); // 首先要获取连接，即连接到数据库
        try {
            String sql = "CREATE TABLE Student" +
                "( sid character(13) NOT NULL, " +
                "sname character varying(30) NOT NULL, " +
                "sex character (2) NOT NULL, " +
                "classid character(11), "+
                "CONSTRAINT sid_pkey PRIMARY KEY (sid), "+
                "CONSTRAINT gCheck CHECK (sex = ANY (ARRAY['男', '女'])))";
                st = (Statement) conn.createStatement();// 创建 Statement 对象
                st.executeUpdate(sql); // 执行创建表的操作
                System.out.println("成功创建 Student 表 ");
                conn.close(); //关闭数据库连接
        } catch (SQLException e) {
            System.out.println("创建表操作失败" + e.getMessage());
        }
    }
    /* 删除学生表 Student*/
    public static void droptable() {
        conn = getConnection(); // 首先要获取连接，即连接到数据库
        try {
            String sql = "DROP TABLE Student";
            st = (Statement) conn.createStatement(); // 创建 Statement 对象
            st.executeUpdate(sql); // 执行删除表的操作
              System.out.println("成功删除 Student 表 ");
              conn.close(); //关闭数据库连接
        } catch (SQLException e) {
              System.out.println("删除操作失败" + e.getMessage());
        }
    }
    /* 插入数据记录，并输出插入的数据记录数*/
    public static void insert() {
        conn = getConnection(); // 首先要获取连接，即连接到数据库
        try {
            String sql = "INSERT INTO public.Student (sid, sname, sex, classid)"
                    + " VALUES ('2017001003', '张山', '男', 'C2017001')";
            st = (Statement) conn.createStatement();
            //创建执行 SQL 的 Statement 对象
            int count = st.executeUpdate(sql); // 执行插入的 SQL 语句并返回插入条数
            System.out.println("向 Student 表中插入 " + count + " 条数据");
            conn.close(); //关闭数据库连接
        } catch (SQLException e) {
            System.out.println("插入数据失败" + e.getMessage());
        }
    }

    /* 更新符合要求的记录，并返回更新的记录数目*/
    public static void update() {
```

```
        conn = getConnection(); //同样要获取连接，即连接到数据库
        try {
              String sql = "update Student set sid='2017001012'
                           where sname = '张山'";
              st = (Statement) conn.createStatement();
              int count = st.executeUpdate(sql);// 执行更新的 SQL 语句，返回更新记录数
              System.out.println("Student 表中更新 " + count + " 条数据");
              conn.close();   //关闭数据库连接
        } catch (SQLException e) {
              System.out.println("更新数据失败");
        }
   }

   /* 查询数据库，输出符合要求的记录的情况*/
   public static void query() {
        conn = getConnection(); //同样要获取连接，即连接到数据库
        try {
              String sql = "select * from Student";     // 查询数据的 SQL 语句
              st = (Statement) conn.createStatement();
              ResultSet rs = st.executeQuery(sql);
              System.out.println("最后的查询结果：");
              while (rs.next()) { // 判断是否还有下一个数据
                    // 根据字段名获取相应的值
                    String vsid = rs.getString("sid");
                    String vname = rs.getString("sname");
                    String vsex = rs.getString("sex");
                    String vclassid = rs.getString("classid");
                    //输出查到的记录的各个字段的值
                    System.out.println(vsid+" "+vname + " " +vsex + " " +vclassid);
              }
              conn.close();   //关闭数据库连接
        } catch (SQLException e) {
              System.out.println("查询数据失败");
        }
   }

   /* 删除符合要求的记录，输出情况*/
   public static void delete() {
        conn = getConnection(); //同样要获取连接，即连接到数据库
        try {
              String sql = "delete from Student  where sname = '张山'";
              st = (Statement) conn.createStatement();
              int count = st.executeUpdate(sql);
              // 执行 SQL 删除语句，返回删除数据的数量
              System.out.println("Student 表中删除 " + count + " 条数据\n");
              conn.close();   //关闭数据库连接
        } catch (SQLException e) {
              System.out.println("删除数据失败");
        }
   }
```

```
    /* 获取数据库连接的函数*/
    public static Connection getConnection() {
        Connection con = null;  //创建用于连接数据库的 Connection 对象
        String URL = "jdbc:postgresql://localhost:5432/testdb";
        String userName = "myuser";
        String passWord = "sa";
        try {
            Class.forName("org.postgresql.Driver");// 加载 PostgreSQL 数据驱动
            con = DriverManager.getConnection(URL, userName, passWord);
            // 创建与数据库连接
        } catch (Exceptione) {
            System.out.println("数据库连接失败" + e.getMessage());
        }
        return con; //返回所建立的数据库连接
    }
}
```

课堂讨论——本节重点与难点知识问题

1. 在现阶段，数据库编程主要有哪些连接方式？
2. ODBC 连接数据库主要有哪几个步骤？
3. JDBC 驱动程序有几种类型，各有什么特点？
4. JDBC 连接数据库主要有哪几个步骤？

6.2 Java Web 数据库编程

6.2.1 Java Web 简介

Java Web 是使用各种 Java 企业级技术来实现相关 Web 互联网应用的技术总和。这些技术形成了被称为 Java EE 规范的技术标准，Java EE 规范定义了 Java EE 组件，主要内容包括：客户端应用程序和 Java Applet，是运行在客户端的组件；Java Servlet 和 Java Server Pages（JSP），是运行在服务器端的 Web 组件；Enterprise Java Bean（EJB）组件，是运行在服务器端的业务组件。Java EE 组件和标准 Java 类的不同点：Java EE 组件被装配在 Java EE 应用中，具有固定的格式并遵守 Java EE 规范，由 Java EE 服务器对其进行管理。

Java 的 Web 框架虽然各不相同，但遵循特定的 Java EE 规范：使用 Servlet 或者 Filter 拦截请求，使用 MVC 的思想设计架构，使用约定、XML 或 Annotation 实现配置，运用 Java 面向对象的特点，面向对象实现请求和响应的流程，支持 JSP、Freemarker、Velocity 等视图。

6.2.2 Java Web 开发运行环境

Web 服务器主要用来接收客户端发送的请求和响应客户端请求。Java Web 应用程序需要 Servlet 容器，容器的主要作用就是调用 Java 程序处理用户发送的请求，并响应指定的资源。开发 Java Web 项目，Web 服务器和 Servlet 容器是必需的，两者通常是合在一起的。

（1）常见的 Java Web 服务器如下。

① Tomcat（Apache）：当前应用最广的 Java Web 服务器。

② JBoss（Redhat）：支持 JavaEE，应用比较广。

③ GlassFish（Oracle）：Oracle 开发的 Java Web 服务器，应用不是很广。

④ Resin（Caucho）：支持 Java EE，应用越来越广。

⑤ WebLogic（Oracle）：Oracle 收购的 Java Web 服务器，支持 Java EE，适合大型项目。

⑥ Websphere（IBM）：IBM 开发的 Java Web 服务器，支持 Java EE，适合大型项目。

⑦ Web 服务器：Apache Tomcat 是一个开源软件，可作为独立的服务器来运行 JSP 和 Servlet，也可以集成在 Apache Web Server 中。

（2）IDE 集成开发工具为 Eclipse 或者 IDEA。

① Eclipse 是 Java 的集成开发环境（IDE），是一个开放源代码的、基于 Java 的可扩展开发平台。当然 Eclipse 也可以作为其他开发语言的集成开发环境，如 C、C++、PHP 和 Ruby 等。Eclipse 附带了一个标准的插件集，包括 Java 开发工具（Java Development Kit，JDK）。

② IDEA 全称 IntelliJ IDEA，是 Java 语言开发的集成环境，是 JetBrains 公司的产品。IntelliJ 在业界被公认为是最好的 Java 开发工具，尤其在智能代码助手、代码自动提示、重构、Java EE 支持、Ant、JUnit、CVS 整合、代码审查、创新的 GUI 设计等方面的功能表现优异。

6.2.3 Servlet 技术

Servlet 是运行在服务器端的程序，可以被认为是服务器端的 Applet。Servlet 被 Web 服务器加载和执行，就如同 Applet 被浏览器加载和执行一样。Servlet 从客户端（通过 Web 服务器）接收请求，执行某种操作，然后返回结果。它是 Sun 公司提供的一种用于开发动态 Web 资源的技术。Servlet 本质上也是 Java 类，但要遵循 Servlet 规范进行编写程序，没有 main() 方法，它的创建、使用、销毁都由 Servlet 容器进行管理（如 Tomcat）。Servlet 是和 HTTP 紧密联系的，其可以处理 HTTP 相关的所有内容。这也是 Servlet 应用广泛的原因之一。提供了 Servlet 功能的服务器也被称为 Servlet 容器，其常见容器有很多，如 Tomcat、Jetty、resin、Oracle Application Server、WebLogic Server、Glassfish、Websphere、JBoss 等。

Servlet 的主要优点如下。

（1）Servlet 是持久的。Servlet 只需 Web 服务器加载一次，而且可以在不同请求之间保持服务（如数据库连接）。

（2）Servlet 是与平台无关的。如前所述，Servlet 是用 Java 编写的，它自然也继承了 Java 的平台无关性。

（3）Servlet 是可扩展的。由于 Servlet 是用 Java 编写的，它具备 Java 所能带来的所有优点。Java 是健壮的、面向对象的编程语言，它很容易扩展以适应用户的需求。Servlet 自然也具备了这些特征。

（4）Servlet 是安全的。从外界调用一个 Servlet 的唯一方法就是通过 Web 服务器。这提供了高水平的安全性保障，尤其是在 Web 服务器有防火墙保护的时候。

（5）Servlet 可以在多种多样的客户机上使用。由于 Servlet 是用 Java 编写的，所以我们可以很方便地在 HTML 中使用它们。

最早支持 Servlet 技术的是 JavaSoft 的 Java Web Server。此后，其他的基于 Java 的 Web Server 支持标准的 Servlet API。Servlet 的主要功能在于允许用户交互式地浏览和修改数据，生成动态 Web 内容。Servlet 基本工作流程如图 6-6 所示。

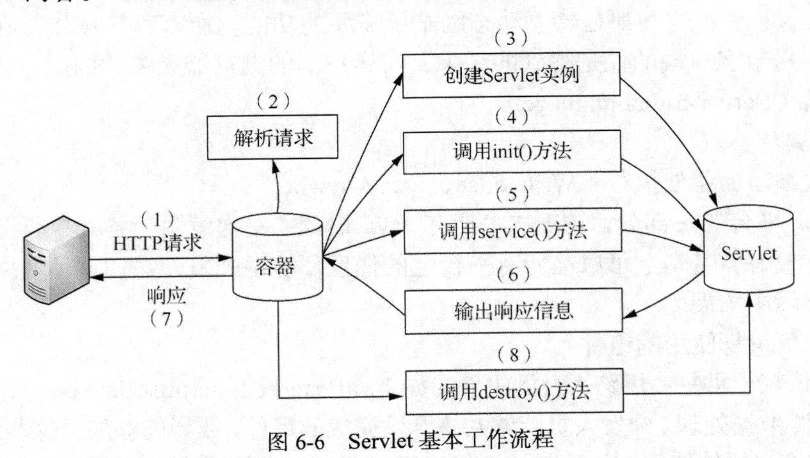

图 6-6　Servlet 基本工作流程

（1）客户机将请求发送到服务器。

（2）Web 服务器调用 Servlet 程序。Web 服务器收到客户端的 Servlet 访问请求后，解析客户端的请求。

（3）服务器上的 Web 容器转载并实例化 Servlet。

（4）调用 Servlet 实例对象的 init()方法。

（5）调用 Servlet 的 service()方法，并将请求和响应对象作为参数传递进去。

（6）Servlet 创建一个响应，并将其返回到 Web 容器。

（7）Web 容器将响应发回客户机。

（8）服务器关闭或 Servlet 空闲时间超过一定限度时，调用 destroy()方法退出。

6.2.4　JSP 技术

JSP（Java Server Pages，Java 服务器页面）使用 Java 编程语言编写类 XML 的 Tag 和 Scriptlet，封装产生动态网页的处理逻辑。网页还能通过 Tag 和 Scriptlet 访问存在于服务端的资源的应用逻辑。JSP 将网页逻辑与网页设计的显示分离，支持可重用的基于组件的设计，使基于 Web 的应用程序的开发变得迅速和容易。作为一种动态页面技术，JSP 的主要目的是将表示逻辑从 Servlet 中分离出来。

Java Servlet 是 JSP 的技术基础，而且大型的 Web 应用程序的开发需要 Java Servlet 和 JSP 配合才能完成。JSP 具备了 Java 技术的简单易用、完全的面向对象、具有平台无关性且安全可靠、主要面向互联网的所有特点。

JSP 技术有点类似 ASP 技术，它是在传统的网页 HTML（标准通用标记语言的子集）文件（*.htm,*.html）中插入 Java 程序段（Scriptlet）和 JSP 标记（Tag），从而形成 JSP 文件，后缀名为*.jsp。用 JSP 开发的 Web 应用是跨平台的，既能在 Linux 下运行，也能在其他操作系统上运行。它实现了 HTML 语法中的 Java 扩展（以 <%, %>形式）。JSP 与 Servlet 一样，是在服务器端执行的。通常返回给客户端的就是一个 HTML 文本，因此客户端只要有浏览器就能浏览。

JSP 定位于交互网页的开发，运用 Java 语法，但功能较 Servlet 弱了很多，并且高级开发中只充当用户界面部分。JSP 容器收到客户端发出的请求时，首先执行其中的程序片段，然后将执行结果以 HTML 格式响应给客户端。其中，程序片段可以是操作数据库、重新定向网页及发送 E-mail 等，这些都是建立动态网站所需要的功能。所有程序操作都在服务器端执行，网络上传送给客户端的仅是得到的结果，与客户端的浏览器无关，因此，JSP 也被称为服务器端语言（Server-Side Language）。

1. JSP 编程特点

（1）一次编写，各处执行（Write once，Run Anywhere）

作为 Java 平台的一部分，JSP 技术拥有 Java 语言“一次编写，各处执行”的特点；代码的可移植性较好，基本上可以在所有平台上的任意环境中开发，在任意环境中进行系统部署，在任意环境中扩展。

（2）搭配可重复使用的组件

JSP 技术依赖于重复使用跨平台的组件（如 JavaBean 或 Enterprise JavaBean 组件）来执行更复杂的运算、数据处理。开发人员能够共享开发完成的组件，或者能够加强这些组件的功能，让更多用户或客户团体使用，加快整体开发过程，也大大降低了公司的开发成本和人力。

（3）采用标签化页面开发

Web 网页开发人员不一定都是熟悉 Java 语言的程序员。因此，JSP 技术能够将许多功能封装起来，成为一个自定义的标签，这些功能是完全根据 XML 的标准来制订的，即 JSP 技术中的标签库（Tag Library）。因此，Web 页面开发人员可以运用自定义好的标签来满足工作需求，而无须再写复杂的 Java 语法，让 Web 页面开发人员亦能快速开发出动态内容的网页。第三方开发人员和其他人员可以为常用功能建立自己的标签库，让 Web 网页开发人员能够使用熟悉的开发工具，如同 HTML 一样的标签语法来执行特定功能的工作。

（4）多层企业应用架构的支持

由于 JSP 技术是 Java EE 集成中的一部分，它主要是负责前端显示经过复杂运算后的结果，而分散性的对象系统则主要依赖 EJB（Enterprise JavaBean）和 JNDI（Java Naming and Directory Interface）构建而成。

2. JSP 基本语法

使用 JSP 技术，除了需要注意部分格式之外，其他语法结构与 Java 并无二致；JSP 支持所有 Java 逻辑和算术运算符。

（1）JSP 脚本程序

JSP 中的脚本程序的格式为

```
<% 脚本程序;（';'必须加）%>
```

或者

```
<jsp:scriptlet>
    脚本程序;（';'必须加）
</jsp:scriptlet>
```

（2）JSP 声明

JSP 中的变量、方法声明的格式为

```
<%! 变量、方法声明;（';'必须加）%>
```

或者

```
<jsp:declaration>
   变量、方法声明;（';'必须加）
</jsp:declaration>
```

（3）JSP 表达式

JSP 中的表达式的格式为

```
<%= 表达式（不能加';'）%>
```

或者

```
<jsp:expression>
    表达式（不能加';'）
</jsp:expression>
```

（4）JSP 注释语句

JSP 中的注释方式有两类，即显式注释和隐式注释。显式注释会在用户查看页面源代码的时候显示，而隐式注释则不会显示。

显式注释的格式为

```
<!-- 我是显式注释（HTML 注释方式）-->
```

隐式注释的格式为

```
<%
    //隐式注释一行代码（Java 注释方式）
    /*
        隐式注释多行代码（Java 注释方式）
    */
%>
<%-- JSP 独特注释方式，也是隐式的 --%>
```

（5）JSP 控制流语句

在 JSP 中，控制流语句可以全部写在脚本程序块中，输出部分使用“out.println("输出内容");”；也可以用“<%输出内容%>”的形式。下面用 if…else…来举例。

```
<% if (day == 1 | day == 7) { %>
       <p>今天是周末</p>
<% } else { %>
       <p>今天不是周末</p>
<% } %>
```

以上脚本程序块等价于下列脚本程序块。

```
<%
   if (day == 1 | day == 7) {
        out.println("<p>今天是周末</p>");
   } else {
        out.println("<p>今天不是周末</p>");
   }
%>
```

（6）JSP 编译指令

JSP 共有三大指令设置整个 JSP 相关的属性，并且它们都是在编译阶段执行的。

page 指令：定义网页依赖属性，如脚本程序语言、error 页面、缓存需求等。

include 指令：包含其他文件；

taglib 指令：引入标签库的定义。

它们的通用语法格式为“<%@ directive attribute="value" %>”。

① page 指令

page 指令为容器提供当前页面的属性说明。

```
<%@ page attribute="value" %>
```

等价于

```
<jsp:directive.page attribute="value" />
```

可以把多条 page 指令合并为一条，示例如下。

```
<%@ page attribute_1="value_1" attribute_2="value_2" ··· attribute_N="value_N" %>
```

或者

```
<jsp:directive.page attribute_1="value_1" attribute_2="value_2" ··· attribute_N
="value_N" />
```

JSP 支持下列属性。

Buffer：指定 out 对象使用缓冲区的大小。

autoFlush：控制 out 对象的缓存区。

contentType：指定当前 JSP 的 MIME 类型和字符编码。

errorPage：指定当 JSP 发生异常时需要转向的错误处理页面。

isErrorPage：指定当前页面是否可以作为另一个 JSP 的错误处理页面。

extends：指定 Servlet 从哪一个类继承。

import：导入要使用的 Java 类。

info：定义 JSP 的描述信息。

isThreadSafe：指定对 JSP 的访问是否为线程安全。

language：定义 JSP 所用的脚本程序语言，默认是 Java。

session：指定 JSP 是否使用 session。

isELIgnored：指定是否执行 EL 表达式。

isScriptingEnabled：确定脚本程序元素能否被使用。

② include 指令

JSP 可以通过 include 指令来包含其他文件。被包含的文件可以是 JSP 文件、HTML 文件或文本文件。包含的文件会随 JSP 一同被编译为一份完整的页面文件，而不是在访问该 JSP 时才加载。

```
<%@ include file="文件的相对路径" %>1
```

等价于

```
<jsp:directive.include file="文件相对 url 地址" />
```

③ taglib 指令

taglib 指令引入自定义标签集合的定义，包括库路径、自定义标签。

```
<%@ taglib uri="标签库位置" prefix="调用标签库时所使用的前缀" %>
```

等价于

```
<jsp:directive.taglib uri="标签库位置" prefix="调用标签库时所使用的前缀" />
```

（7）JSP 动作元素

JSP 动作元素在用户对页面进行访问请求时动态执行，共 7 种，分别为 include 动作、useBean 动作、setProperty 动作、getProperty 动作、param 动作、forward 动作和 plugin 动作。

① include 动作

jsp:include 动作用来包含静态和动态的文件。与 include 指令所不同的是，jsp:include 动作是在页面被访问时才会动态引入包含文件。其语法格式为

```
<jsp:include page="文件的相对路径" flush="包含资源前是否刷新缓存区" />
```

page：包含在页面中的文件的相对路径。

flush：布尔属性，定义在包含资源前是否刷新缓存区。

② useBean 动作

jsp:useBean 动作用来加载一个将在 JSP 中使用的 JavaBean，稍后将介绍 JavaBean。jsp:useBean 动作最简单的语法格式为

```
<jsp:useBean id="name" class="package.class" />
```

id：唯一标识符。

class：指定 JavaBean 对象类型的完全限定名。

scope：指定该 JavaBean 的作用域，可以取值为 application、session、request、page。application 表示在服务器重启之前有效，可以通过 application.getAttribute()方法取得 JavaBean 对象；session 表示在当前会话周期内有效，可以通过 HttpSession.getAttribute(id)方法取得 JavaBean 对象；request 表示在当前请求中才有效，可以通过 HttpRequest.getAttribute(id)方法取得 JavaBean 对象；page 为默认值，表示只有在当前页面有效。

type：指定将引用该对象变量的类型。

beanName：该名称被提供给 java.beans.Beans 类的 instantiate()方法，以此来实例化一个 JavaBean。

③ setProperty 动作

jsp:setProperty 动作用来设置已经实例化的 JavaBean 对象的属性，有如下两种用法。

第 1 种用法；

```
<jsp:useBean id="myName" ... />
...
<jsp:setProperty name="myName" property="someProperty" .../>
```

此时，不管 jsp:useBean 找到了一个现有的 Bean，还是新创建了一个 Bean 实例，jsp:setProperty 都会执行。

第 2 种用法；

```
<jsp:useBean id="myName" ... >
...
<jsp:setProperty name="myName" property="someProperty" .../>
</jsp:useBean>
```

此时，jsp:setProperty 只有在新建 Bean 实例时才会执行，如果使用现有实例，则不执行 jsp:setProperty。

name 属性是必需的，它表示要设置属性的是哪个 Bean；property 属性是必需的，它表示要设置哪个属性。有一个特殊用法：如果 property 的值是*，表示请求中所有名称和 Bean 属性名称匹配的参数都将被传递给相应属性的 set 方法；如果当前请求没有参数，则什么事情也不做，系统也不会把 null 传递给 Bean 属性的 set 方法，因此，用户可以让 Bean 自己提供默认属性值；只有当请求参数明确指定了新值时，才修改默认属性值。

④ getProperty 动作

jsp:getProperty 动作提取指定 Bean 属性的值，转换成字符串，然后输出。

```
<jsp:getProperty name="beanName" property="targetProperty" />
```

name 属性指明要检索的 Bean 属性名称，Bean 必须已定义；property 属性表示要提取 Bean 属性的值。

⑤ param 动作

jsp:param 动作被用来以"key-value"对的形式为其他标签提供附加信息，通常和 jsp:include

动作、jsp:forward 动作、jsp:plugin 动作一起使用。其语法格式为

```
<jsp:param name="paramName" value="paramValue"/>
```

name 指明属性的名称；value 指明属性的值。

⑥ forward 动作

jsp:forward 动作把请求转到另外的页面。其语法格式为

```
<jsp:forward page="页面的相对路径" />
```

属性 page 指明页面的相对路径，既可以直接给出，也可以在请求的时候动态计算；可以是一个 JSP 或一个 Servlet。

⑦ plugin 动作

jsp:plugin 动作用来根据浏览器的类型，插入通过 Java 插件运行 Java Applet 所必需的 OBJECT 或 EMBED 元素。如果需要的插件不存在，它会下载插件，然后执行 Java 组件。Java 组件可以是一个 Java Applet 或一个 JavaBean。jsp:plugin 动作有多个对应 HTML 元素的属性用于格式化 Java 组件，通常使用 jsp:param 动作向 Applet 或 Bean 传递参数，示例如下。

```
<jsp:plugin type="Applet" codebase="dirname"
            code="MyApplet.class" width="60" height="80">
    <jsp:param name="fontcolor" value="red" />
    <jsp:param name="background" value="black" />
    <jsp:fallback>
         Applet error.
    </jsp:fallback>
</jsp:plugin>
```

<jsp:fallback>元素是一个新元素，在组件出现故障时向用户发送错误信息。

（8）request 对象

当客户端向服务器端发送请求时，服务器为本次请求创建 request 对象，并在调用 Servlet 的 service 方法时，将该对象传递给 service 方法。request 对象中封装了客户端发送过来的所有的请求数据。request 对象的类型是 HttpServletRequest，该类中定义了很多与 HTTP 相关的方法，如获取请求头信息、请求方式、客户端 IP 地址等信息。下面给出几个常用的 API。

setAttribute(String name,Object)：设置名称为 name 的 request 的参数值。

getAttribute(String name)：返回由 name 指定的属性值。

getAttributeNames()：返回 request 对象所有属性的名称集合。

getCookies()：返回客户端的所有 Cookie 对象，结果是一个 Cookie 数组。

getCharacterEncoding()：返回请求中的字符编码方式。

getContentLength()：返回请求的 Body 的长度。

getHeader(String name)：获得 HTTP 定义的文件头信息。

getHeaders(String name)：返回指定名称的 request Header 的所有值。

getHeaderNames()：返回所有 request Header 的名称，结果是一个枚举的实例。

getInputStream()：返回请求的输入流，用于获得请求中的数据。

getMethod()：获得客户端向服务器端传送数据的方法。

getParameter(String name)：获得客户端传送给服务器端的由 name 指定的参数值。

getParameterNames()：获得客户端传送给服务器端的所有参数的名称。

getParameterValues(String name)：获得由 name 指定的参数的所有值。

getProtocol()：获取客户端向服务器端传送数据所依据的协议名称。

getQueryString()：获得查询字符串。

getRequestURI()：获取发出请求字符串的客户端地址。

getRemoteAddr()：获取客户端的 IP 地址。

getRemoteHost()：获取客户端的名称。

getSession([Boolean create])：返回和请求相关的 Session。

getServerName()：获取服务器的名称。

getServletPath()：获取客户端所请求的脚本程序的路径。

getServerPort()：获取服务器的端口号。

removeAttribute(String name)：删除请求中的一个属性。

（9）response 对象

response 对象是 Javax.Servlet.http.HttpServletResponse 类的实例。当服务器创建 request 对象时，系统会同时创建用于响应这个客户端的 response 对象。response 对象也定义了处理 HTTP 头模块的接口。response 对象包含了响应客户请求的有关信息，但 JSP 很少直接用到它。response 对象具有页面作用域，即访问一个页面时，该页面的 response 对象只能对这次访问有效，其他页面的 response 对象对当前页面无效。response 对象代表的是对客户端的响应，主要是将 JSP 容器处理过的对象传回到客户端。response 对象常用方法如下。

setContentType()：告知浏览器数据类型。

setCharacterEncoding：设置 response 的编码方式。

setHeader()：设置消息头。

setStatus()：设置状态码。

addCookie()：添加 Cookie。

sendRedirect()：重定向。

getOutputStream()：获取通向浏览器的字节流。

getWriter()：获取通向浏览器的字符流。

（10）session 对象

session 对象用来跟踪在各个客户端请求的会话。当用户链接服务器的任一页面时产生一个 session 对象，同时分配一个 session 对象的 id 号，直到因用户关闭浏览器而停止会话或者超过服务器设置的 session 有效时间后消失，在此期间不论用户切换到哪一个页面，所对应的 session 均为同一个。通常，比较小的项目会选择将用户验证信息保存在 session 对象中。session 对象的常用方法如下。

public String getId()：获取 session 对象编号。

public void setAttribute(String key,Object obj)：将参数 Object 指定的对象 obj 添加到 session 对象中，并为添加的对象指定一个索引关键字。

public Object getAttribute(String key)：获取 session 对象中含有关键字的对象。

public Boolean isNew()：判断是否是一个新的客户。

（11）application 对象

application 对象在服务器启动时产生，直到因服务器关闭而销毁，期间不管有多少用户连接服务器，访问了多少页面，application 对象都是同一个。常用的方法如下。

setAttribute(String key,Object obj)：将参数 Object 指定的对象 obj 添加到 application 对象中，并且指定一个索引关键字。

getAttribute(String key)：获取 application 对象中含有关键字的对象。

（12）page 对象

page 对象就是页面实例的引用，它可以被看作当前整个 JSP 的代表。

（13）Cookie 对象

Cookie 对象是存储在本地的一些信息，如果没有设置过期时间，那么默认是在浏览器关闭时销毁。JSP 及 Servlet 中的 Cookie 类的主要方法如下。

public void setDomain(String pattern)：设置 Cookie 的域名。

public String getDomain()：获取 Cookie 的域名。

public void setMaxAge(int expiry)：设置 Cookie 的有效期，以秒为单位，默认有效期为当前 session 的存活时间。

public int getMaxAge()：获取 Cookie 的有效期，以秒为单位，默认为-1，表明 Cookie 会存活到浏览器关闭为止。

public String getName()：返回 Cookie 的名称，名称创建后将不能被修改。

public void setValue(String newValue)：设置 Cookie 的值。

public String getValue()：获取 Cookie 的值。

public void setPath(String uri)：设置 Cookie 的路径，默认为当前页面目录下的所有 URL，还有此目录下的所有子目录。

public String getPath()：获取 Cookie 的路径。

public void setSecure(boolean flag)：指明 Cookie 是否要加密传输。

3. JSP 使用 JDBC 访问数据库示例

第一步：首先在 Apache Tomcat 官方下载 Apache-tomcat-9.0.0.M21 包，解压到指定的目录。在 Windows 中，按图 6-7 所示配置 Tomcat 环境变量。

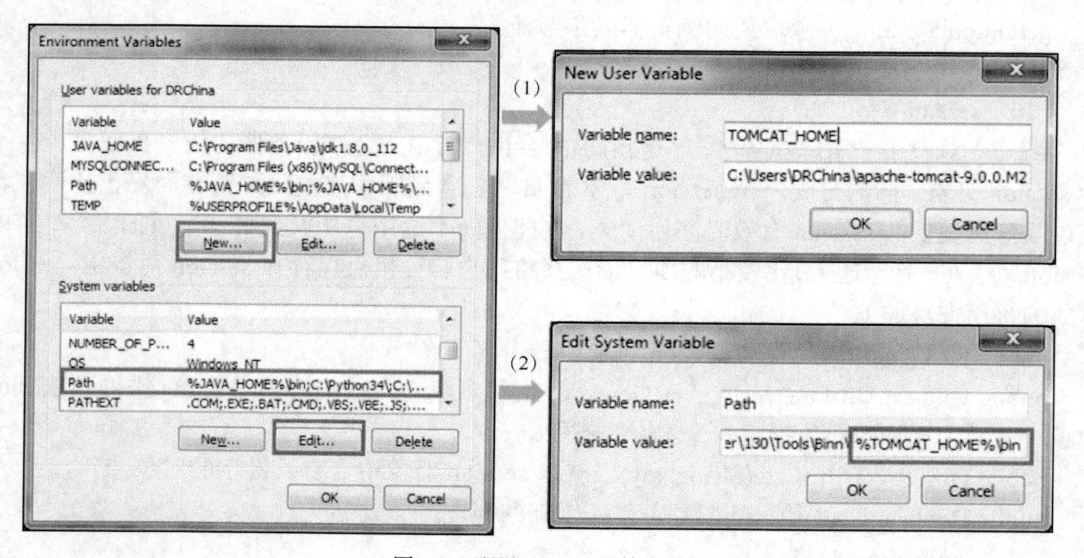

图 6-7　配置 Tomcat 环境变量

第二步：在 Eclipse 中单击“File->New->Dynamic Web Project”命令，创建 SQLWebDemo 工程项目，如图 6-8 所示。

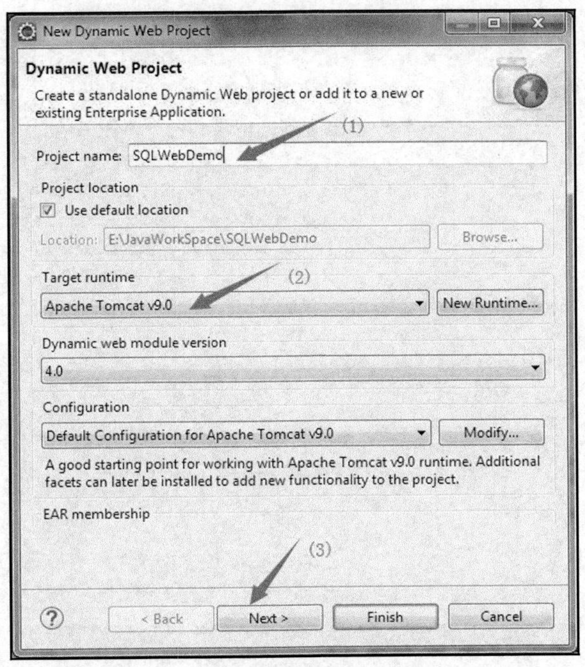

图 6-8　创建 Web 工程项目

第三步：在 PostgreSQL 官网下载 JDBC 驱动程序包 postgresql-42.2.4.jar，然后选择 postgresql-42.2.4.jar 文件，添加到工程 SQLWebDemo 的“WebContent\WEB-INF\lib”目录；在“SQLWebDemo\WebContent\WEB-INF”目录下建立 JSP 程序 WebSQL.jsp。如图 6-9 所示。具体的 WebSQL.jsp 程序代码如下。

```
<%@ page language="Java" import="java.util.*" import="java.io.*"
 import="java.sql.*" pageEncoding="UTF-8"%>
 <!DOCTYPE HTML PUBLIC "-//W3C//DTD HTML 4.01 Transitional//EN">
<html>
 <head>
    <title>WebSQL.jsp</title>
 </head>
 <body>
  <%
      Connection conn = null;
      Statement stmt = null;
      String URL = "jdbc:postgresql://localhost:5432/testDB";
      String userName = "myuser";
      String passWord = "sa";
      try {
          Class.forName("org.postgresql.Driver");
          conn = DriverManager.getConnection(URL , userName, passWord );

          String sql = "select * from student";      //查询数据的 SQL 语句
          stmt = (Statement) conn.createStatement();
          //创建执行 SQL 语句的 Statement 对象
          ResultSet rs = stmt.executeQuery(sql);     //执行查询语句，返回结果集

          out.println("<table border=1 width=500>");
```

```
            out.println("<caption>学生基本信息表</caption>");

            while (rs.next()) { // 判断是否还有下一个数据
                                //输出查到的记录的各个字段的值
                   out.println("<tr><td>"+rs.getString("sid")
                                + "</td><td>" + rs.getString("sname")
                                + "</td><td>" + rs.getString("sex") + "</td><td>"
                                + rs.getString("classid")+"</td></tr>");
            }
            out.println("</table>");

                stmt.close();
                conn.close();
            }
            catch ( Exception e ) {
                out.println( e.getClass().getName()+": "+ e.getMessage() );
            }
  %>
  </body>
</html>
```

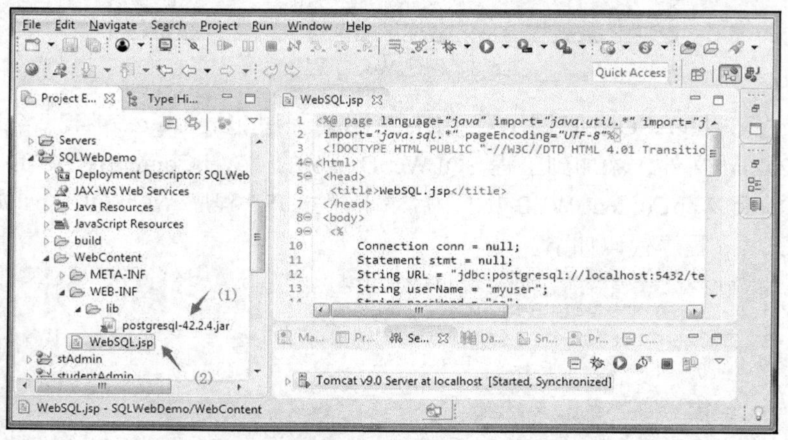

图 6-9　配置 JDBC 及编写 JSP 程序

第四步：选择 WebSQL.jsp，单击鼠标右键，在弹出的菜单中选择“Run As->Run on Server->Tomcat v9.0 Server-> Finish”命令，执行 WebSQL.jsp 程序，其结果如图 6-10 所示。

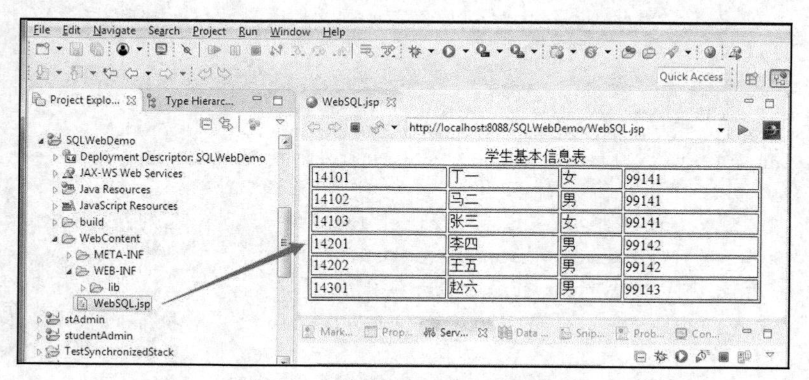

图 6-10　执行 WebSQL.jsp 程序

6.2.5　JavaBean 技术

如果使 HTML 代码与 Java 代码相分离，将 Java 代码单独封装成为一个处理某种业务逻辑的类，然后在 JSP 中调用此类，则可以降低 HTML 代码与 Java 代码之间的耦合度，简化 JSP，提高 Java 程序代码的重用性及灵活性。这种与 HTML 代码相分离，而使用 Java 代码封装的类，就是一个 JavaBean 组件。在 Java Web 开发中，可以使用 JavaBean 组件来完成业务逻辑的处理。

在传统的应用中，JavaBean 主要用于实现一些可视化界面，如一个窗体、按钮、文本框等，这样的 JavaBean 被称为可视化 JavaBean。随着技术的不断发展与项目的需求，目前 JavaBean 主要用于实现一些业务逻辑或封装一些业务对象，这样的 JavaBean 并没有可视化的按钮，所以又称为非可视化 JavaBean。可视化的 JavaBean 一般应用于 Swing 程序中，在 Java Web 开发中不会采用，而使用非可视化的 JavaBean，实现一些业务逻辑或封装一些业务对象。

6.2.6　MyBatis 访问数据库技术

MyBatis 是 Apache 的开源项目 iBatis，其来源于 internet 和 abatis 的组合，2010 年由 Apache Software Foundation 迁移到 Google Code，并且改名为 MyBatis；2013 年 11 月迁移到 Github。MyBatis 是基于 Java 的持久层框架，提供的持久层框架包括 SQL Maps 和 Data Access Objects（DAOs）。

MyBatis 是支持普通 SQL 查询、存储过程和高级映射的优秀持久层框架。MyBatis 使用简单的 XML 或注解用于配置和原始映射，将接口和 Java 的 POJOs（Plain Ordinary Java Objects，普通的 Java 对象）映射成数据库中的记录，而不使用 JDBC 代码和参数实现对数据的检索。

1. MyBatis 的功能框架

MyBatis 的功能框架由上至下分为 3 层，即 API 接口层、数据处理层和基础支撑层。如图 6-11 所示。

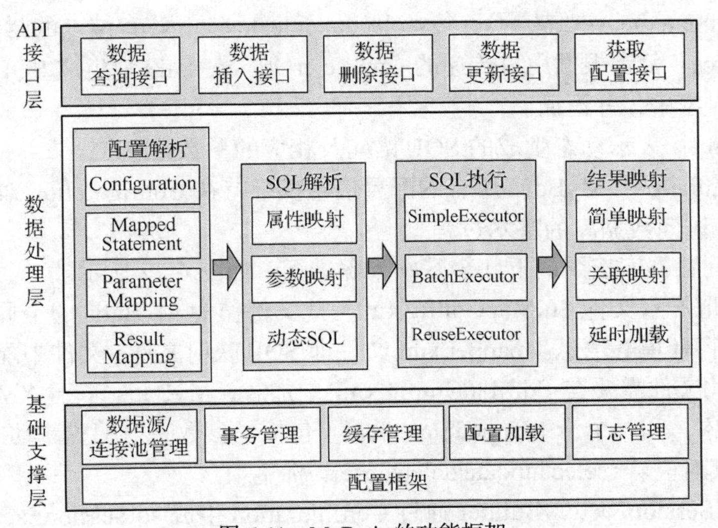

图 6-11　MyBatis 的功能框架

第一层，API接口层：提供给外部使用的接口API，开发人员通过这些本地API来操纵数据库。当接口层接收到调用请求时，系统就会调用数据处理层来完成具体的数据处理。

第二层，数据处理层：负责配置解析、SQL解析、SQL执行和执行结果映射处理等，其主要目的是根据调用的请求完成一次数据库操作。

配置解析：对配置文件和Java代码注解进行解析，生成MappedStatement对象，该对象包括参数映射信息、执行的SQL语句、结果映射信息，并存储在内存中。

SQL解析：当API接口层接收到调用请求时，会接收到传入SQL的ID和传入对象，MyBatis根据SQL的ID找到对应的MappedStatement对象，然后根据传入参数对象，对MappedStatement进行解析，解析后可以得到最终要执行的SQL语句和参数。

SQL执行：将解析得到的SQL语句和参数在数据库上执行，得到操作结果集。

结果映射：根据映射配置信息对操作结果集进行转换，可以转换成HashMap、JavaBean或者基本数据类型，并将最终结果返回。

第三层，基础支撑层：负责提供最基础的功能支撑，包括数据源/连接池管理、事务管理、缓存管理、配置加载和日志管理，将它们抽取出来作为最基础的组件，为上层的数据处理层提供最基础的支撑。

2. MyBatis的核心部件

从MyBatis代码实现的角度来看，MyBatis的核心部件有如下几个。

（1）SqlSession：作为MyBatis工作的主要顶层API，表示和数据库交互的会话，完成必要数据库增、删、改、查功能。

（2）Executor：MyBatis执行器，是MyBatis调度的核心，负责SQL语句的生成和查询缓存的维护。

（3）StatementHandler：封装了JDBC Statement操作，负责对JDBC Statement的操作，如设置参数、将Statement结果集转换成List集合。

（4）ParameterHandler：负责对用户传递的参数转换成JDBC Statement所需要的参数。

（5）ResultSetHandler：负责将JDBC返回的ResultSet结果集对象转换成List类型的集合。

（6）TypeHandler：负责Java数据类型和JDBC数据类型之间的映射和转换。

（7）MappedStatement：维护了一条<select|update|delete|insert>结点的封装。

（8）SqlSource：负责根据用户传递的parameterObject，动态地生成SQL语句，将信息封装到BoundSql对象中，并返回。

（9）BoundSql：表示动态生成的SQL语句及相应的参数信息。

（10）Configuration：MyBatis所有的配置信息都维持在Configuration对象之中。

3. MyBatis访问数据库的基本过程

MyBatis访问数据库按照如下几个基本步骤进行，如图6-12所示。

第一步：读取配置文件SqlMapConfig.xml，此文件作为MyBatis的全局配置文件，配置了MyBatis的运行环境等信息。mapper.xml文件即SQL映射文件，文件中配置了操作数据库的SQL语句，此文件需要在SqlMapConfig.xml中加载；MyBatis基于XML配置文件生成Configuration对象，和一个个MappedStatement（包括了参数映射配置、动态SQL语句、结果映射配置），其对应着<select|update|delete|insert>标签项。

第二步：SqlSessionFactoryBuilder通过Configuration生成sqlSessionFactory对象。

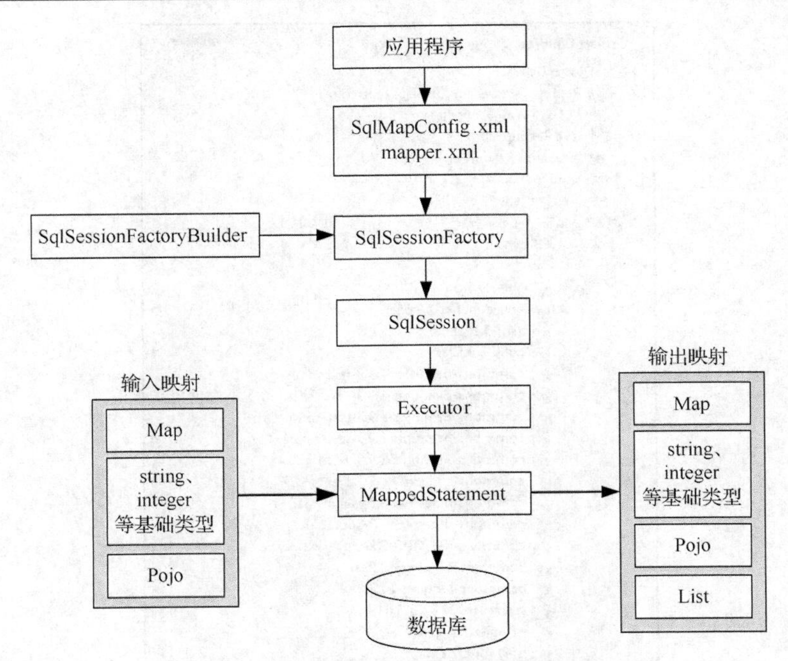

图 6-12 MyBatis 访问数据库的基本过程

第三步：通过 sqlSessionFactory 打开一个数据库会话 sqlSession，操作数据库需要通过 sqlSession 进行。

第四步：MyBatis 底层自定义了 Executor 执行器接口操作数据库，Executor 接口负责动态 SQL 的生成和查询缓存的维护，将 MappedStatement 对象进行解析，SQL 参数转化、动态 SQL 拼接，生成 JDBC Statement 对象。

MappedStatement 也是 MyBatis 一个底层封装对象，它包装了 MyBatis 配置信息及 SQL 映射信息等。mapper.xml 文件中的一个 SQL 对应一个 MappedStatement 对象，SQL 的 id 即为 MappedStatement 的 id。

MappedStatement 对 SQL 执行的输入参数进行定义，包括 HashMap、基本类型、Pojo，Executor 通过 MappedStatement 在执行 SQL 前将输入的 Java 对象映射至 SQL 中，输入参数映射就是 JDBC 编程中对 preparedStatement 设置参数。

MappedStatement 对 SQL 执行的输出结果进行定义，包括 HashMap、基本类型、Pojo，Executor 通过 MappedStatement 在执行 SQL 后将输出结果映射至 Java 对象中，输出结果映射过程相当于 JDBC 编程中对结果的解析处理过程。

6.2.7 MyBatis 数据库编程

下面给出 MyBatis+Servlet 编程访问数据库的示例。

【例 6-2】以简单的登录程序为例，假设有数据库表 usertable，username 列存储用户名，pasword 列存储用户密码。在表中初始化一条记录。在此采用 Servlet+MyBatis 的模式来实现对数据库的访问，主要步骤如下。

（1）在 MyBatis 的官网下载相关 JAR 包，并将 JAR 和 lib 目录下 JAR 包添加到工程 SQLWebDemo 的“WebContent\WEB-INF\lib”目录下，如图 6-13 所示。

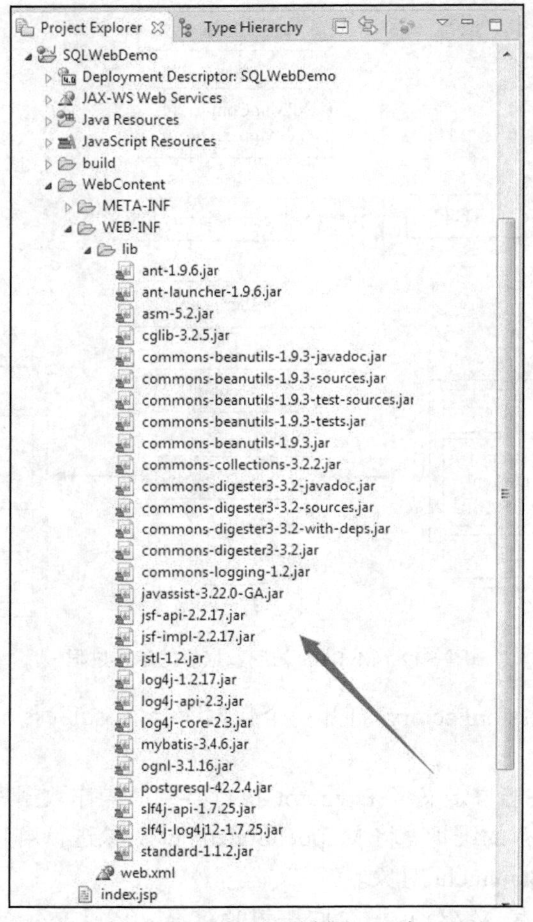

图 6-13　MyBatis 开发用 JAR 包

（2）在工程 SQLWebDemo 的“WebContent\src”目录下创建 com.test.entity 包，并在包下创建 Java 文件 User.java，用于定义用户类，并定义 UserMapper.xml 映射文件，其代码如下。

```
/* 在com.test.entity包下定义User类*/
package com.test.entity;
public class User {
 private String userName;
 private String passWord;
 public User(){  } //无参构造方法
 //有参构造方法
 public User(String username, String password){
        this.userName = username;
        this.passWord = password;
 }
 public void setUsername(String username){    this.userName = username; }
   public void setPassword(String password){  this.passWord = password; }
   public String getUsername(){ return this.userName;}
   public String getPassword(){ return this.passWord;}
}

<!--定义 UserMapper.xml 配置文件 -->
```

```
<?xml version="1.0" encoding="UTF-8"?>
<!DOCTYPE mapper
PUBLIC "-//MyBatis.org//DTD Mapper 3.0//EN"
"http://MyBatis.org/dtd/MyBatis-3-mapper.dtd">

<mapper namespace="UserMapper">
 <!--定义查询映射，根据用户名查询用户的密码 -->
 <select id="getUserByName" parameterType="String"
      resultType="com.test.entity.User">
       select * from usertable where username = #{username}
   </select>
</mapper>
```

（3）在“WebContent\src\config”目录下创建全局配置文件 SqlMapConfig.xml。

```
<?xml version="1.0" encoding="UTF-8"?>
<!DOCTYPE configuration PUBLIC "-//MyBatis.org//DTD Config 3.0//EN"
  "http://MyBatis.org/dtd/MyBatis-3-config.dtd">
<configuration>
    <!-- 对数据库连接管理的配置 -->
    <environments default="development">
        <environment id="development">
            <transactionManager type="JDBC" />
                <dataSource type="POOLED">
                    <property name="driver" value="org.postgresql.Driver" />
                    <property name="url"
                            value="jdbc:postgresql://localhost:5432/testDB"
                    />
                    <property name="username" value="myuser" />
                    <property name="password" value="sa" />
                </dataSource>
        </environment>
    </environments>
    <mappers>

        <!-- 映射文件的配置 -->
        <mapper resource="com/test/entity/UserMapper.xml"/>
    </mappers>
</configuration>
```

（4）在包 com.test.util 下创建 GetSqlSession 类，在类中定义 createSqlSession()方法，返回会话 session 对象。

```
package com.test.util;
import java.io.IOException;
import java.io.InputStream;
import org.Apache.ibatis.io.Resources;
import org.Apache.ibatis.session.SqlSession;
import org.Apache.ibatis.session.SqlSessionFactory;
import org.Apache.ibatis.session.SqlSessionFactoryBuilder;

public class GetSqlSession {
 public static SqlSession createSqlSession(){
        SqlSessionFactory sqlSessionFactory = null;
        InputStream input = null;
        SqlSession session = null;
       try {
           //读入全局配置文件 config/SqlMapConfig.xml
```

```
            input = Resources.getResourceAsStream("config/SqlMapConfig.xml");
            //创建会话工厂 sqlSessionFactory
            sqlSessionFactory = new SqlSessionFactoryBuilder().build(input);
            //创建会话
             session = sqlSessionFactory.openSession();
             return session;
            } catch (IOException e) {
                   e.printStackTrace();
                   return null;
            }
    }
}
```

（5）在 com.test.dao 包下定义接口 UserDao，并实现接口类 UserDaoImplement，用于判断用户输入的用户名和密码的有效性。

```
    /*定义接口 UserDao*/
    package com.test.dao;
    import org.Apache.ibatis.session.SqlSession;
         public interface UserDao {
          public boolean verify(String username, String password, SqlSession session);
    }
    /*定义实现接口的类 UserDaoImplement*/
    package com.test.dao;
    import org.Apache.ibatis.session.SqlSession;
    import com.test.entity.*;
    public class UserDaoImplement implements UserDao {
         public boolean verify(String username, String password, SqlSession session){
           User user = (User) session.selectOne("UserMapper.getUserByName", username);
            if(user == null){
                  session.close();
                  return false;
            }
            else if(user.getUsername().equals(username)
                       && user.getPassword().equals(password))
            {
                    session.close();
                    return true;
            }
            else
            {
                  session.close();
                  return false;
            }
       }
    }
```

（6）在包 com.test.servlet 下定义 Servlet 类 LoginServlet，方法 doPost（HttpServletRequest req, HttpServletResponse resp）用于响应登录页面请求。

```
       package com.test.Servlet;
       import java.io.IOException;
       import java.io.PrintWriter;
       import Javax.Servlet.ServletException;
       import Javax.Servlet.http.HttpServlet;
       import Javax.Servlet.http.HttpServletRequest;
       import Javax.Servlet.http.HttpServletResponse;
```

```
    import org.Apache.ibatis.session.SqlSession;

    import com.test.dao.*;
    import com.test.util.GetSqlSession;
    public class LoginServlet extends HttpServlet{
     private static final long serialVersionUID = 1L;
     public void doPost(HttpServletRequest req, HttpServletResponse resp)
           throws ServletException{
           UserDaoImplement usrdao = new UserDaoImplement();
           SqlSession session = GetSqlSession.createSqlSession();
           //获取页面的用户名和密码
           String username = req.getParameter("username");
           String password = req.getParameter("password");
           resp.setContentType("text/html;charset=UTF-8");
           try {
                 PrintWriter pw = resp.getWriter();
                 pw.println("<html>");
                 pw.println("<body>");
                 if(usrdao.verify(username, password, session)==true)
                 {
                        pw.println("登录成功！");
                 }
                 else
                 {
                        pw.println("登录失败，用户名或口令错误！");
                 }
                 pw.println("</body>");
                 pw.println("</html>");
                 pw.close();
            } catch (IOException e) {    e.printStackTrace(); }
      }
  }
```

（7）配置 web.xml 文件，将 Servlet 映射到页面。

```
   <?xml version="1.0" encoding="UTF-8"?>
   <Web-app xmlns:xsi="http://www.w3.org/2001/XMLSchema-instance"
   xmlns="http://xmlns.jcp.org/xml/ns/Javaee"
xsi:schemaLocation="http://xmlns.jcp.org/xml/ns/Javaee
http://xmlns.jcp.org/xml/ns/Javaee/Web-app_3_1.xsd" id="WebApp_ID" version="3.1">
      <display-name>SQLWebDemo</display-name>
      <welcome-file-list>
        <welcome-file>index.html</welcome-file>
        <welcome-file>index.htm</welcome-file>
        <welcome-file>index.jsp</welcome-file>
        <welcome-file>default.html</welcome-file>
        <welcome-file>default.htm</welcome-file>
        <welcome-file>default.jsp</welcome-file>
      </welcome-file-list>
      <!--定义 Servlet -->
      <Servlet>
        <Servlet-name>LoginServlet</Servlet-name>
        <Servlet-class>com.test.Servlet.LoginServlet</Servlet-class>
      </Servlet>
      <!--定义 Servlet 映射到名称 login 的 form-->
      <Servlet-mapping>
         <Servlet-name>LoginServlet</Servlet-name>
```

```
            <url-pattern>/Login</url-pattern>
        </Servlet-mapping>
    </Web-app>
```

（8）现在用 HTML 实现简易登录页面。

```
    <%@ page language="Java" contentType="text/html;
      charset=utf-8" pageEncoding= "UTF-8"%>
    <!DOCTYPE html PUBLIC "-//W3C//DTD HTML 4.01 Transitional//EN"
      "http://www.w3. org/TR/html4/loose.dtd">
       <html>
          <head>
              <meta http-equiv="Content-Type" content="text/html; charset=utf-8">
              <title>登录界面</title>
        </head>
        <body>
              <div class='div_form'>
                     <form name='login' action='Login' onsubmit='return validation()'
                           method='post'>
                     <table width="500" border="0">
                          <tr>
                          <td height="38" colspan="2" >
                            <div align="center" >用户登录<span class="style1"></span>
                            </div>
                            </td>
                           </tr>
                          <tr>
                          <td width="280"><div align="right">用户名：</div></td>
                          <td width="440">
                            <input class='login' id='username'
                            type='text' name='username' value='用户名'></input>
                            </input>
                          </td>
                          </tr>
                          <tr>
                              <td height="28"><div align="right">密码：</div></td>
                              <td height="28">
                              <input class='login' id='password' type= 'password'
                                     name='password' value='请输入密码'></ input>
                              <span class='hint' id='hint_pwd'></span>
                              </td>
                           </tr>
                           <tr>
                            <td colspan="2" height="38"><div align="center"></div>
                                 <div align="center">
                                    <input id='login_submit' type='submit'
                                           value='登录'>
                                    </input>
                                 </div>
                              </td>
                           </tr>
                    </table>
                  </form>
              </div>
        </body>
</html>
```

程序运行结果如图 6-14 所示，程序在项目中的位置如图 6-15 所示。

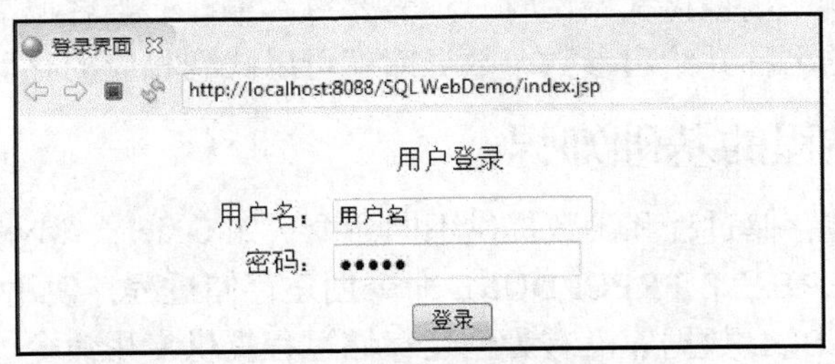

图 6-14　程序运行结果

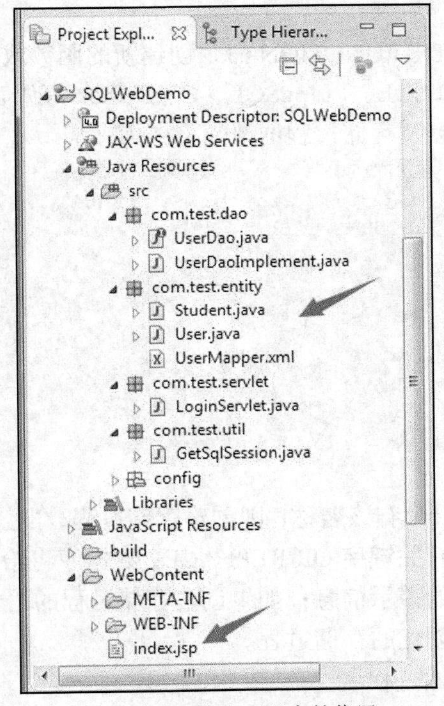

图 6-15　程序在项目中的位置

课堂讨论——本节重点与难点知识问题

1. 如何搭建 Java Web 开发环境？
2. Java Servlet 编程有什么优点？Servlet 工作过程是什么？
3. JSP 的基本语法是什么？
4. MyBatis 访问数据库主要包括哪些基本步骤？
5. MyBatis+Servlet+JSP 如何构建 Web 应用程序？

扫码预习

6.3　存储过程编程

存储过程（Stored Procedure）是一种数据库的对象，由一组能完成特定功能的 SQL 语句集构成。它把经常会被重复使用的 SQL 语句逻辑块封装起来，经编译后，存储在数据库服务器端，当被再次调用时，不需要再次编译；当客户端连接到数据库时，用户通过指定存储过程的名称并给出参数，数据库就可以找到相应的存储过程并予以调用。

6.3.1 存储过程的基础知识

许多数据库为创建存储过程和函数提供不同命令，如 Oracle、MySQL、SQL Server 等数据库管理系统，使用 CREATE PRECEDURE 命令创建存储过程，使用 CREATE FUNCTION 命令创建函数。PostgreSQL 数据库没有为创建存储过程提供专用命令，而是通过创建数据库函数来实现存储过程的功能，后面将 PostgreSQL 的函数和存储过程统称为存储过程。

1. 创建存储过程

PostgreSQL 使用 CREATE FUNCTION 命令创建新的函数或存储过程，可以在许多语言中创建 PostgreSQL 函数，如 SQL、PL/pgSQL、C、Python 等语言。在 PostgreSQL 内置的过程控制语言 PL/pgSQL 中，创建存储过程的语句格式为

```
CREATE [ OR REPLACE ] FUNCTION
   name ( [ [ argmode ] [ argname ] argtype [ { DEFAULT | = } default_expr ] [, ...] ] )
   [ RETURNS retype | RETURNS TABLE ( column_name column_type [, ...] ) ]
AS $$
DECLARE
      -- 声明段
BEGIN
      --函数体语句
END;
$$ LANGUAGE lang_name;
```

主要关键字和参数如下。

（1）OR REPLACE：如果没有该名称，则创建存储过程。当数据库中存在该存储过程时，如果创建存储过程的语句没有关键字 OR REPLACE，数据库将给出类似“该存储过程已经存在，不能创建该存储过程”的警示信息；如果创建存储过程的语句有关键字 OR REPLACE，则将旧的存储过程替换为新创建的存储过程。

（2）name：要创建的存储过程名。

（3）argmode：存储过程参数的模式可以为 IN、OUT 或 INOUT，默认值是 IN。IN 声明参数为输入参数，向存储过程内部传值；OUT 声明参数为输出参数，存储过程对参数值的修改在存储过程之外是可见的，类似其他语言将函数的形式参数声明为引用；INOUT 声明该参数既是输入参数，同时又是输出参数。

（4）argname：形式参数的名称。

（5）argtype：该函数返回值的数据类型。可以是基本类型，也可以是复合类型、域类型或者与数据库字段相同的类型。字段类型用 table_name.column_name%TYPE 表示，使用字段类型声明变量的数据类型，数据库表的类型变化不会影响存储过程的执行。

（6）default_expr：指定参数默认值的表达式，该表达式的类型必须是可转化为参数的类型。只有 IN 和 INOUT 模式的参数才能有默认值，具有默认值的输入参数必须出现在参数列表的最后。

（7）retype：指示 RETURNS 返回值的数据类型。可以声明为基本类型、复合类型、域类型或者表的字段类型。如果存储没有返回值，可以指定 void 作为返回类型。如果存在 OUT

或 INOUT 参数，那么可以省略 RETURNS 子句。

（8）RETURNS TABLE：指示存储过程返回值的类型是由多列构成的二维表，表的列名由 column_name 指定，每个列的数据类型由 column_type 指明；如果存储过程返回值由 RETURNS TABLE 指定，存储过程就不能有 OUT 和 INOUT 模式的参数。

（9）AS $$：用于声明存储过程的实际代码的开始，当编译器扫描遇到下一个 $$ 的时候，则表明代码的结束。

（10）DECLARE：PL/pgSQL 指示声明存储过程的局部变量，后续内容将介绍如何定义存储过程的局部变量。

（11）BEGIN…END：用来定义存储过程的执行体语句。

（12）LANGUAGE：在关键字后面由 lang_name 指明存储过程所使用的编程语言，同时标志存储过程的结束。例如：LANGUAGE plpgsql 告诉编译器该存储过程是使用 PL/pgSQL 实现的。

2. 声明局部变量

PostgreSQL 支持 PL/pgSQL 编写存储过程，是一种块结构化语言，函数或存储过程必须定义在一个块内，每个声明和每条语句都以分号结束，语句块开始用 BEGIN 关键字标识，块的结尾关键字 END 后面必须以分号结束，但函数体的最后一个 END 关键字后的分号可以省略。PL/pgSQL 有两种注释类型，--表示单行注释；/* */表示多行注释，该注释类型的规则等同于 C 语言中的多行注释。

在块里使用的变量大都必须在声明段里先进行声明，但唯一的例外是 FOR 循环里的循环计数变量，该变量被自动声明为整型。变量声明的语法如下。

```
variable_name [ CONSTANT ] variable_type [ NOT NULL ] [ { DEFAULT | := } expression ];
```

（1）SQL 的数据类型均可作为 PL/pgSQL 变量的数据类型，如 integer、varchar 和 char 等。例如：声明一个整数型变量 x，并初始值为 10 的语句为“x integer ：=10;”。

（2）如果给出了 DEFAULT 子句，该变量在进入 BEGIN 块时将被初始化为默认值，否则被初始化为 SQL 空值。默认值在每次执行该语句时进行计算，例如：如果把时间函数 now()赋给 timestamp 类型的变量，那么该变量的值将为实际执行时调用 now()函数的时间，而不是预编译程序时的时间。

（3）由 CONSTANT 选项修饰的变量为常量，在初始化后不允许被重新赋值。

（4）如果变量声明为 NOT NULL，那么该变量不允许被赋予空值 NULL，否则运行时会抛出异常提示信息。因此，所有声明为 NOT NULL 的变量，必须在声明时赋予非空的默认值。

【例 6-3】创建一个名为 countRecords()的存储过程统计 Student 表的记录数，存储过程的代码如下。

```
CREATE OR REPLACE FUNCTION countRecords ()
RETURNS integer AS $count$
DECLARE
    count integer;
BEGIN
   SELECT count(*) INTO count FROM Student;
   RETURN count;
END;
$ count $ LANGUAGE plpgsql;
```

创建环境如图 6-16 所示。

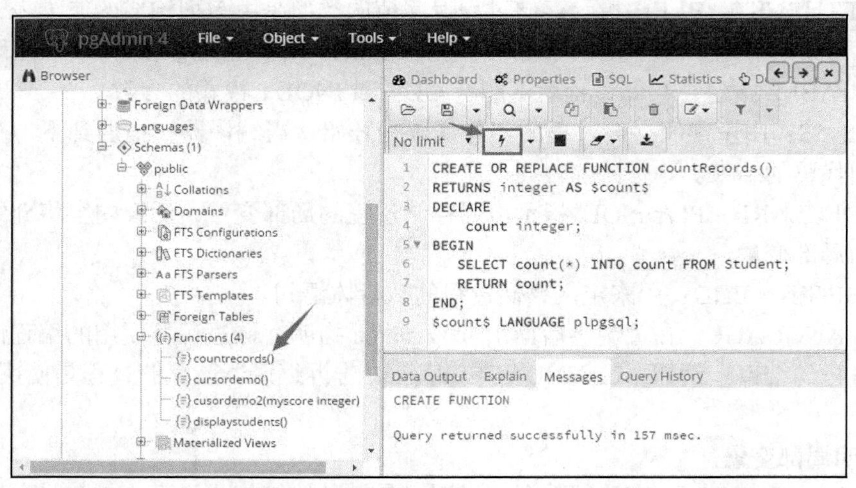

图 6-16 存储过程 countRecords()的创建

（5）声明变量为记录类型，变量声明格式为“variable_name record;”。

记录型变量类似于数据库表的行，但没有预定义的结构，只能通过 SELECT 或 FOR 命令来获取实际的行结构，因此记录变量在被初始化之前无法访问，否则将引发运行时错误。

需要注意的是，record 不是确定结构的数据类型，仅仅声明变量可用来存储数据库表的记录。

【例 6-4】使用 record 声明记录型变量的示例。

```
CREATE OR REPLACE FUNCTION displaystudents()
 RETURNS void AS
$BODY$
   DECLARE
       sc record;
   BEGIN
       for sc in (select distinct(sid),sname from Student) loop
         raise notice '%-,%-',sc.sid,sc.sname;
        end loop;
   END;
$BODY$  LANGUAGE plpgsql;
```

3. 存储过程的参数名

传递给存储过程的参数都可以用$1、$2 的标识符来表示。为了增加可读性，可以为参数声明别名，别名和数字标识符均可指向该参数值。

（1）在存储过程声明的同时给出参数变量名。

【例 6-5】定义输入参数为“销售价格”的存储过程，返回折扣价格。

```
CREATE FUNCTION discount(salePrice real) RETURNS real AS $$
BEGIN
  RETURN salePrice * 0.85;
END;
$$ LANGUAGE plpgsql;
```

（2）在声明段中为参数变量定义别名。

【例 6-6】本例说明输入参数匿名的存储过程。

```
CREATE FUNCTION discount(REAL) RETURNS real AS $$
```

```
DECLARE
   salePrice ALIAS FOR $1;  --$1 表示第一个参数
BEGIN
   RETURN salePrice * 0.85;
END;
$$ LANGUAGE plpgsql;
```

（3）对输出参数而言，同样可以遵守（1）和（2）中的规则。

【例 6-7】本例说明有输入参数和输出参数的存储过程。

```
CREATE FUNCTION payTax(salePrice real, OUT tax real) AS $$
BEGIN
  tax := salePrice * 0.13;
END;
$$ LANGUAGE plpgsql;
```

（4）如果 PL/pgSQL 存储过程的返回类型为多态类型（anyelement 或 anyarray），那么存储过程就会创建一个特殊的参数$0；仍然可以为该变量设置别名。

【例 6-8】本例说明多态类型作为存储过程的输入参数和输出参数。

```
CREATE FUNCTION add (value1 anyelement, value2 anyelement)
RETURNS anyelement AS $$
DECLARE
  result ALIAS FOR $0;
BEGIN
  result := value1 + value2;
 RETURN result;
END;
$$ LANGUAGE plpgsql;
```

4. 复制类型

PostgreSQL 和 Oracle 等数据库支持使用其他变量或数据库表字段的类型来定义新的变量，声明变量的形式为

```
newVariableName variable%TYPE
```

%TYPE 表示一个变量或表字段的数据类型，PL/pgSQL 允许通过该方式声明一个变量，变量 newVariableName 的类型等同于 variable 或表字段的数据类型，例如：

```
stuID student.sid%TYPE;
```

在上面的示例中，变量 stuID 的数据类型等同于 student 表中 sid 字段的类型。通过使用%TYPE 声明变量，当引用的变量类型发生改变时，也无须修改该变量的类型声明；也可以在存储过程或函数的参数和返回值中使用该方式的类型声明；还可以将一个变量声明为数据库表的行类型，声明变量的形式为

```
rowVariable table_name%ROWTYPE;
```

或者

```
rowVariable table_name;
```

table_name%ROWTYPE 表示指定表的行类型，在创建一个表的时候，PostgreSQL 也会随之创建出一个与之相应的复合类型，该类型名等同于表名。用此方式声明的变量，可以保存 SELECT 返回结果中的一行。如果要访问变量中的某个域字段，可以使用点表示法，如 rowVariable.field；但是行类型的变量只能访问用户自定义字段，无法访问系统提供的隐含字段，如 OID 等。对存储过程的参数，只能使用复合类型标识变量的数据类型。其他情况推荐使用%ROWTYPE 的声明方式，以提高可移植性。

【例 6-9】假设有两个数据库表 table1 和 table2，以下程序显示它们部分字段的值。

```
CREATE FUNCTION displayFields(t1_row table1) RETURNS text AS $$
DECLARE
  t2_row table2%ROWTYPE;
BEGIN
  SELECT * INTO t2_row FROM table2 WHERE id = 1 limit 1;
  RETURN t1_row.field1 || t2_row.field3 || t1_row.field5 || t2_row.field7;
END;
$$ LANGUAGE plpgsql;
```

5. 基本语句

（1）赋值语句

PL/pgSQL 中赋值语句的形式为“myValue := expression”，等号两端的变量和表达式的类型相容，也可以通过 PostgreSQL 的转换规则进行转换，否则系统将会产生运行时错误。例如：

```
salePrice := 20;
tax := salePrice * 0.13;
```

（2）SELECT INTO

该语句可以为记录变量或行类型变量进行赋值，其语法形式为

```
SELECT INTO target select_expressions FROM ...;
```

该赋值方式一次只能赋值一个变量。表达式中的 target 可以表示为一个记录变量、行变量、一组用逗号分隔的简单变量和记录/行字段的列表。select_expressions 及剩余部分与普通 SQL 一样。

如果将一行或者一个变量列表用作目标，那么查询值必须精确匹配目标的结构，否则就会产生运行时错误。如果目标是一个记录变量，那么它自动将自己构造成命令结果列的行类型。如果命令返回零行，目标被赋予空值。如果命令返回多行，那么只有第一行被赋予目标，其他行将被忽略。在执行 SELECT INTO 语句之后，我们可以通过检查内置变量 FOUND 来判断本次赋值是否成功。

【例 6-10】本例用 FOUND 来判断赋值是否成功。

```
SELECT INTO myrec * FROM emp WHERE empname = myname;
IF NOT FOUND THEN
    RAISE EXCEPTION 'employee % not found', myname;
END IF;
```

要测试一个记录/行结果是否为空，可以使用 IS NULL 条件进行判断，但是对返回多条记录的情况则无法判断。

【例 6-11】本例使用 IS NULL 判断查询表的字段值是否为空。

```
CREATE FUNCTION getScore(stu_name text) RETURNS int
AS $$
DECLARE
   stu_rec record;
BEGIN
   SELECT INTO stu_rec FROM Student WHERE sname = stu_name;
   IFstu_rec.score IS NULL THEN
       RETURN 0;
   ELSE
       RETURN stu_rec.score;
   END IF;
END;
```

（3）存储过程中调用其他存储过程

在调用表达式或执行命令时，如果对其返回的结果不感兴趣，使用 PERFORM 语句

PERFORM functionName，执行 PERFORM 之后的存储过程并忽略其返回值，如“PERFORM myFunction();”。

（4）执行动态命令

在 PL/pgSQL 存储过程中，如果每次执行的操作处理都可能发生变化，PL/pgSQL 提供了 EXECUTE 语句执行动态变化的字符串，其语法形式为

```
EXECUTE command-string [ INTO target ];
```

其中，command-string 是文本型的表达式，它包含要执行的命令；target 是记录变量、行变量或者多个用逗号分隔的变量。和所有其他 PL/pgSQL 命令不同的是，一个由 EXECUTE 语句运行的命令在每次运行的时候动态生成。由此可见，命令字符串可以在存储过程里动态地生成，以便于对各种不同的表和字段进行操作，从而提高函数的灵活性，但是会降低执行效率。

【例 6-12】编写存储过程，以统计任意指定的表的记录数。

```
CREATE OR REPLACE FUNCTION test (tablename text)
RETURNS integer AS $$
DECLARE
  rec integer;
BEGIN
  execute 'select count(*) ' ||' from ' ||tablename  into rec;
  RETURN rec;
END;
$$ LANGUAGE plpgsql;
```

6. 控制结构语句

（1）条件语句

在 PL/pgSQL 中，我们可以使用以下 3 种形式的条件语句（它们与其他高级语言的条件语句意义相同）。

① IF…THEN

```
IF boolean-expression THEN
    statements
END IF;
```

② IF…THEN…ELSE

```
IF boolean-expression THEN
  statements
ELSE
  statements
END IF;
```

③ IF…THEN…ELSIF…ELSE

```
  IF boolean-expression THEN
      statements
  ELSIF boolean-expression THEN
      statements
  ELSIF boolean-expression THEN
      statements
  ELSE
  statements
END IF;
```

（2）循环语句

① LOOP

```
LOOP
```

```
    statements
  END LOOP [ label ];
```

LOOP 定义一个无条件的循环，直到 EXIT 或 RETURN 语句终止。label 是可选标签，由 EXIT 和 CONTINUE 语句使用，用于在嵌套循环中标识循环层次。

② EXIT

```
EXIT [ label ] [ WHEN expression ];
```

如果没有给出 label，则退出最内层循环，然后执行跟在 END LOOP 后面的语句。如果给出 label，它必须是当前或更高层的嵌套循环块或语句块的标签。如果遇到 EXIT lable，则直接转移执行 lable 对应循环/块的 END 语句之后的语句。如果声明有 WHEN，EXIT 命令只有在 expression 为真时才被执行，否则将直接执行 EXIT 后面的语句。例如：

```
LOOP
    -- do something
    EXIT WHEN count > 0;
END LOOP;
```

③ CONTINUE

```
CONTINUE [ label ] [ WHEN expression ];
```

如果没有给出 label，CONTINUE 就会跳转到最内层循环的开始处，重新进行判断，以决定是否继续执行循环内的语句；如果指定 label，则跳到该 label 所在的循环开始处。如果声明了 WHEN，CONTINUE 命令只有在 expression 为真时才被执行，否则将直接执行 CONTINUE 后面的语句。例如：

```
LOOP
     -- do something
     EXIT WHEN count > 100;
     CONTINUE WHEN count < 50;
 END LOOP;
```

④ WHILE

```
 [ <<label>> ]
WHILE expression LOOP
   statements
END LOOP [ label ];
```

只要条件表达式为真，其块内的语句就会被循环执行。条件是在每次进入循环体时进行判断的。例如：

```
 WHILE amount_owed > 0 AND  balance > 0 LOOP
   --do something
 END LOOP;
```

⑤ FOR

```
[ <<label>> ]
FOR name IN [ REVERSE ] expression .. expression LOOP
    statements
END LOOP [ label ];
```

变量 name 自动被定义为 integer 类型，其作用域仅为 FOR 循环的块内。表示范围上下界的两个表达式只在进入循环时计算一次。每次迭代 name 值自增 1，但如果声明了 REVERSE，name 变量在每次迭代中将自减 1，例如：

```
FOR i IN 1..10 LOOP
     --do something
     RAISE NOTICE 'i IS %', i;
END LOOP;
```

```
FOR i IN REVERSE 10..1 LOOP
    --do something
END LOOP;
```

（3）遍历命令结果

```
[ <<label>> ]
FOR record_or_row IN query LOOP
   statements
END LOOP [ label ];
```

FOR 循环可以遍历命令的结果并操作相应的数据，例如：

```
FOR rec IN SELECT * FROM some_table LOOP
   PERFORM myfunction(rec. col1); --执行用户自定义存储过程
END LOOP;
```

如果将 SELECT 语句存于字符串文本中，然后交由 EXECUTE 命令动态地执行，在 PL/pgSQL 中，我们可以使用下列遍历命令结果的方式，该方式的灵活性更高，但是效率更低。

```
 [ <<label>> ]
FOR record_or_row IN EXECUTE text_expression LOOP
   statements
END LOOP [ label ];
```

7. 修改存储过程

当用户创建存储过程之后，有可能需要对存储过程进行修改。如果要对存储过程所实现的业务逻辑进行修改，可以使用前面创建存储过程的 CREATE OR REPLACE FUNCTION，对原有存储过程的源码进行重新编辑修改。如果只需要修改存储过程拥有者、存储过程的名称、存储过程所属模式等，就可以使用 ALTER FUNCTION 命令。

但是，用户只有具备该存储过程（函数）的所有权，才能修改存储过程。如果要修改存储过程的模式，用户还必须在新模式上拥有 CREATE 权限。如果存储要改变外部表的所有者，用户必须是新角色的直接或间接成员，并且这个新角色必须在该函数的模式上具有 CREATE 权限。超级用户可以用任何方法任意更改函数的所有者。

修改存储过程的语法形式如下。

（1）修改存储过程的名称

```
ALTER FUNCTION name ( [ [ argmode ] [ argname ] argtype [, ...] ] )
   RENAME TO new_name
```

（2）修改存储过程的所有者

```
ALTER FUNCTION name ( [ [ argmode ] [ argname ] argtype [, ...] ] )
   OWNER TO new_owner
```

（3）修改存储过程所属模式

```
ALTER FUNCTION name ( [ [ argmode ] [ argname ] argtype [, ...] ] )
   SET SCHEMA new_schema
```

【例 6-13】把名称为 displayStudent(integer)、参数类型为 integer 的存储过程改为 display_stu，再将所有者修改为 dba，然后把所属模式改变为 stuDB，程序代码如下。

```
ALTER FUNCTION displayStudent(integer) RENAME TO display_stu;
ALTER FUNCTION display_stu(integer) OWNER TO dba;
ALTER FUNCTION display_stu(integer) SET SCHEMA stuDB;
```

8. 删除存储过程

当用户创建存储过程之后，可能需要删除。DROP FUNCTION 可删除一个现存的存储过程（函数）。用户必须是函数的所有者，才能执行该命令。删除时必须指明参数类型，因为几个不同的存储过程可能有相同的名称，但参数列表不同。

语法格式为

```
DROP FUNCTION [ IF EXISTS ] name ( [ [ argmode ] [ argname ] argtype [, ...] ] )
    [ CASCADE | RESTRICT ]
```

主要参数如下。

（1）IF EXISTS：如果指定的存储过程不存在，那么系统发出提示信息。

（2）name：现存的存储过程名称。

（3）argmode：参数的模式，包括 IN（默认）、OUT、INOUT、VARIADIC。请注意，实际上并不注明 OUT 参数，因为判断存储过程的身份只需要输入参数。

（4）argname：参数的名称。请注意，实际上并不注明参数的名字，因为判断函数的身份只需要输入参数的数据类型。

（5）argtype：存储过程参数的类型，可以没有。

（6）CASCADE：级联删除依赖于函数的对象（如操作符或触发器）。

（7）RESTRICT：如果有任何依赖对象存在，则拒绝删除该函数；这个是默认值。

6.3.2 存储过程的优点

（1）减少网络通信量：当调用的存储过程包含的 SQL 语句行数不多时，与直接调用 SQL 语句的网络通信量可能不会有明显的差别；但是如果需要数百行 SQL 语句参与计算处理，且部分 SQL 语句需要返回大量中间结果，直接通过应用程序将相应 SQL 请求发送到数据库服务器，将会增大网络通信开销。相反，使用存储过程能降低该开销，从而提升整体性能。

（2）执行速度更快：首先，存储过程存在数据库服务器中，当创建或者第一次被调用时被编译和优化，此后再次调用时无须重新编译，直接执行，从而提高了性能；其次，当存储过程执行后，内存就会保留存储过程的副本，这样下次再执行同样的存储过程时，系统可以从内存中直接调用。

（3）适应性更强：由于存储过程对数据库的访问是在存储过程中进行的，因此，数据库开发人员可以在不改动存储过程接口的情况下，对数据库进行任何改动，而这些改动不会对应用程序造成影响。

（4）降低了业务实现与应用程序的耦合：当业务需求更新时，只需更改存储过程的定义，而不需要更改应用程序。

（5）降低了开发的复杂性：应用程序和数据库的编码工作可以分别独立进行，而相互影响较小；同一套业务逻辑可被不同应用程序共用，减少了应用程序的开发复杂度，同时也保证了不同应用程序使用的一致性。

（6）保护数据库元信息：如果应用程序直接使用 SQL 语句查询数据库，数据库表结构会被暴露给应用程序，而使用存储过程时应用程序并不知道数据库表结构。

（7）增强了数据库的安全性：当直接从表读取数据时，对应用程序只能实现表级别的权限管理；如果通过向用户授予对存储过程的访问权限，它们可以提供对特定数据的访问，可在存储过程中将应用程序无权访问的数据屏蔽。

6.3.3 存储过程的缺点

（1）SQL 本身是一种结构化查询语言，而存储过程本质上是过程化的程序；面对复杂的业务逻辑，过程化处理逻辑相对比较复杂，而 SQL 的优势是面向数据查询而非业务逻辑的处理，如果把复杂的业务逻辑全放在存储过程中实现，就难于体现 SQL 的优势。

（2）如果存储过程的参数或返回数据发生变化，一般需要修改存储过程的代码，同时还需要更新主程序调用存储过程的代码。

（3）开发调试复杂。由于缺乏支持存储过程的集成开发环境，存储过程的开发调试比一般程序困难。

（4）可移植性差。由于存储过程将应用逻辑程序绑定到特定数据库，每种数据库的存储过程可能存在不同程度的差异，因此使用存储过程封装业务逻辑将限制应用程序的可移植性。在特定应用环境中，如果应用程序的可移植性对应用非常重要，则应该选择将业务逻辑封装在与特定 RDBMS 无关的中间层。

课堂讨论——本节重点与难点知识问题

1. 存储过程的语法结构是什么？各种参数的语义及用法分别是什么？
2. 如何创建存储过程？
3. PL/pgSQL 的基本语法是什么？
4. 如何修改存储过程？
5. 使用存储过程的优点和缺点分别是什么？

6.4　触发器编程

触发器是存储在数据库中的独立对象，它与存储过程不同，存储过程通过其他程序来启动运行或直接启动运行，而触发器由一个事件触发启动运行。也就是说，触发器是在某个事件发生时自动地隐式运行，所以启动触发器执行在某些文献里被称为触发或点火。数据库事件指对数据库的表进行 INSERT、UPDATE 及 DELETE 操作。大多数关系数据库支持触发器，但不同数据库在触发器的定义和应用方面可能略有不同。下面将以 PostgreSQL 数据库为例介绍触发器的定义与应用。

6.4.1　触发器的语法结构

PostgreSQL 触发器在系统执行某种特定类型的操作时，数据库将自动执行指定的特殊函数。PostgreSQL 触发器可以在表、特殊的视图和外部表上定义。触发器经常用于定义逻辑比较复杂的完整性约束，或者某种业务规则的约束。其创建触发器的语法为

```
CREATE [CONSTRAINT] TRIGGER name
{ BEFORE | AFTER | INSTEAD OF } { event [ OR ...] }
ON table_name
[ FROM referenced_table_name ]
[ FOR [ EACH ] { ROW | STATEMENT } ]
[ WHEN (condition) ]
EXECUTE PROCEDURE function_name ( arguments )
```

CREATE TRIGGER 创建一个新触发器。该触发器将被关联到指定的表、视图或者外部表，并且在特定事件发生时将执行指定的函数。创建触发器时，必须指定引发触发器的事件，

在不同DBMS中，引发触发器的事件略有不同。在PostgreSQL数据库中，触发器事件可以指定为INSERT、UPDATE、DELETE或者TRUNCATE之一。

1. 触发器定义语句的主要参数

（1）name：指定创建的触发器的名称。同一个表可以创建多个触发器，但每个触发器的名称不能相同。

（2）event：是INSERT、UPDATE、DELETE或TRUNCATE之一，它声明激发触发器的事件，可以用OR声明多个触发器事件。

（3）table_name：指定该触发器所作用的表、视图或外部表的名称。

（4）referenced_table_name：主要用于有外键约束的两张表，触发器所依附的表所参照的主表，但一般不使用该参数。

（5）condition：提供条件布尔表达式，关键字WHEN用来指定布尔表达式condition，决定该触发器函数是否将被实际执行，只有condition返回true时才会调用该函数。

（6）function_name：是用户提供的函数名，该函数必须在创建触发器之前创建，没有接受参数并且返回trigger类型，函数将在触发器被触发时调用。

（7）arguments：是一个可选的用逗号分隔的参数列表，它将在触发器执行的时候提供给函数。这些参数是文本字符串常量，也可以在这里写简单的名称和数值常量，但是它们会被转换成字符串。由于PostgreSQL支持用多种不同的语言实现触发器，不同语言实现触发器，在该函数中访问这些参数的语句可能不同。

2. 触发器的分类

（1）触发器根据执行的次数分语句级触发器和行级触发器。

① 语句级触发器：由关键字FOR EACH STATEMENT声明，在触发器作用的表上执行一条SQL语句时，该触发器只执行一次，即使是修改了零行数据的SQL，也会导致相应的触发器执行。如果都没有被指定，FOR EACH STATEMENT会是默认值。

② 行级触发器：由关键字FOR EACH ROW标记的触发器，当特定事件导致触发器作用的表的数据发生变化时，每变化一行就会执行一次触发器。例如，假设学生成绩表建立了DELETE事件的触发器，当用户在学生成绩表执行DELETE语句删除指定学生的所有成绩（该学生有20条成绩记录）时，学生成绩表上的DELETE触发器被独立执行20次，即每删除一条记录调用一次触发器。

（2）触发器根据引发的时间分为BEFORE触发器、AFTER触发器和INSTEAD OF触发器。

① BEFORE触发器：在触发事件之前执行触发器。

② AFTER触发器：在触发事件之后执行触发器。

③ INSTEAD OF触发器：当触发事件发生后，数据库管理系统不执行引起事件触发的SQL语句，而执行相应触发器的函数，这类触发器通常定义在视图上。INSTEAD OF触发器有INSERT、UPDATE或DELETE 3种事件，在每个视图上，最多为每种事件定义一个INSTEAD OF触发器。由于视图是一张虚表，从视图中查询的数据都来自于基表，大多数情况下数据库不允许在视图上执行插入、更新和删除等操作。如果在特殊情况下，需要在视图执行插入、更新或删除操作，可以通过在视图上定义相应事件的INSTEAD OF触发器来实现。例如：如果在该视图上定义了INSERT类型的INSTEAD OF触发器，当执行INSERT语句向视图插入记录时，INSTEAD OF触发器将对视图插入数据的INSERT语句，转化为向基表插入数据，其工作过程如图6-17所示。

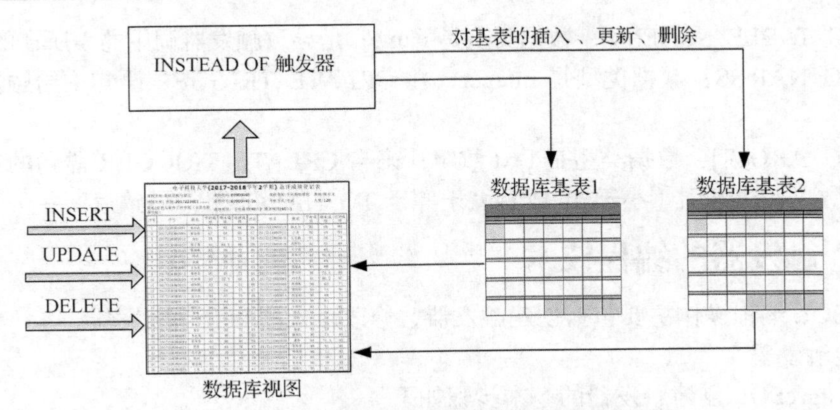

图 6-17　INSTEAD OF 触发器更新视图的工作过程

需要注意的是：如果要在一个表上创建一个触发器，用户必须具有该表上的 TRIGGER 特权，以及在触发器函数上的 EXECUTE 特权。

表 6-1 总结了不同级别触发器与事件的关系。

表 6-1　不同级别触发器与事件的关系

何时	事件	行级别	语句级别
BEFORE	INSERT/UPDATE/DELETE	表	表、视图
	TRUNCATE	—	表
AFTER	INSERT/UPDATE/DELETE	表	表、视图
	TRUNCATE	—	表
INSTEAD OF	INSERT/UPDATE/DELETE	视图	—
	TRUNCATE	—	—

3. 在触发器函数中可以直接使用的特殊变量

（1）NEW：数据类型是 record；该变量为行级触发器中的 INSERT/UPDATE 操作，保存新数据行。在语句级别的触发器及 DELETE 操作中，这个变量未被赋值。

（2）OLD：数据类型是 record；该变量为行级触发器中的 UPDATE/DELETE 操作，保存旧数据行。在语句级别的触发器及 INSERT 操作中，这个变量未被赋值。

（3）TG_NAME：数据类型是 name；该变量包含实际触发的触发器名称。

（4）TG_WHEN：数据类型是 text；是值为 BEFORE、AFTER 或 INSTEAD OF 的一个字符串，取决于触发器的定义。

（5）TG_LEVEL：数据类型是 text；是值为 ROW 或 STATEMENT 的一个字符串，取决于触发器的定义。

（6）TG_OP：数据类型是 text；是值为 INSERT、UPDATE、DELETE 或 TRUNCATE 的一个字符串，它说明触发器由哪个操作引发。

（7）TG_RELID：数据类型是 oid；是引发触发器调用的表的对象 ID。

（8）TG_RELNAME：数据类型是 name；是导致触发器调用的表的名称。现在已经被废弃，并且可能在未来的一个发行版本中消失。可使用 TG_TABLE_NAME 替代。

（9）TG_TABLE_NAME：数据类型是 name；是导致触发器调用的表的名称。

（10）TG_TABLE_SCHEMA：数据类型是 name；是导致触发器调用的表所在的模式名称。

（11）TG_NARGS：数据类型是 integer；在 CREATE TRIGGER 语句中给触发器过程的参数数量。

（12）TG_ARGV[]：数据类型是 text 数组；来自 CREATE TRIGGER 语句的参数。索引从 0 开始记数。非法索引（小于 0 或者大于等于 TG_NARGS）会导致返回一个空值。

6.4.2 触发器的编程技术

PostgreSQL 编程操作主要包括创建触发器、修改触发器和删除触发器。

1. 创建触发器

使用 PostgreSQL 创建触发器的基本步骤如下。

（1）检查数据库中将要创建的触发器所依附的表或视图是否存在，如果不存在，必须首先创建该表或视图。

（2）创建触发器被触发时所要执行的触发器函数，该函数的类型必须是 tringer 型，是业务处理的逻辑实现。但要注意，有些关系数据库不需要独立定义触发器函数，而是在创建触发器时，将业务处理用触发器的过程体来实现。

（3）创建触发器时，一般需要指明触发器依附的表、被触发的时间、是行级还是语句级触发器，以及触发器执行需要满足的条件。

【例 6-14】在学生成绩数据库中，学生信息表（Student）存储的每个学生的基本信息，学生成绩信息表（Stu_score）存储学生课程考试信息。为了跟踪学生成绩表的成绩改变情况，创建一个触发器，当学生成绩发生改变时，系统自动记录学生变化前后的成绩数据到 Audit_score 表中。

第一步：检查系统中是否存在 Student、Stu_score 和 Audit_score 表，如果不存在，可以使用如下语句创建。

```
CREATE TABLE Student
(   sid character(10) NOT NULL,
   sname character(20) NOT NULL,
   sex character(2),
   classid character(10),
   CONSTRAINT Student_pkey PRIMARY KEY (sid)
)

CREATE TABLE Stu_score
(  sid character(10) NOT NULL,
   cid character(10) NOT NULL,
   score numeric(5,1),
   CONSTRAINT Stu_score_pkey PRIMARY KEY (sid, cid)
)

CREATE TABLE Audit_score
(  username character(20),
   sid character(10),
   cid character(10),
   updatetime text,
   oldscore numeric(5,1),
   newscore numeric(5,1)
)
```

第二步：创建触发器的执行函数。与前面创建存储过程函数的方法相同。

```
CREATE OR REPLACE FUNCTION score_audit()
   RETURNS TRIGGER AS $score_audit$
   BEGIN
       IF (TG_OP = 'DELETE') THEN
           INSERT INTO Audit_score SELECT user, old.sid, old.cid, now(), OLD.score ;
             RETURN OLD;
           ELSIF (TG_OP = 'UPDATE') THEN
             INSERT INTO Audit_score
             SELECT user, old.sid, old.cid, now(), OLD.score , new.score
             where old.sid=new.sid and old.cid=new.cid;
             RETURN NEW;
           ELSIF (TG_OP = 'INSERT') THEN
             INSERT INTO Audit_score
                    SELECT user, new.sid, new.cid, now(),null, new.score;
             RETURN NEW;
           END IF;
           RETURN NULL;
     END;
$score_audit$ LANGUAGE plpgsql;
```

第三步：在学生成绩表上创建触发器，当每次在 Stu_score 表上插入、删除、修改记录时，触发器就自动在 Audit_score 表上记录学生成绩变化前后的情况。

```
CREATE TRIGGER score_audit_trigger
AFTER INSERT OR UPDATE OR DELETE ON Stu_score
FOR EACH ROW EXECUTE PROCEDURE score_audit();
```

2. 修改触发器

可使用 ALTER TRIGGER 改变一个现有触发器的定义。使用 RENAME 关键字可以修改触发器的名称，而不能改变触发器的定义。如果需要改变触发器的执行函数的实现，必须用修改函数的方法来修改触发器函数。需要注意的是，用户必须是该触发器作用的表的所有者，才能改变其属性。其语法格式为

```
ALTER TRIGGER name ON table_name RENAME TO new_name
```

主要参数如下。

（1）name：需要修改的现有触发器的名称。

（2）table_name：该触发器作用的表的名称。

（3）new_name：现有触发器的新名称。

【例 6-15】将例 6-14 定义的触发器改名为 stu_score_audit_trigger，可编写如下代码。

```
ALTER TRIGGER score_audit_trigger ON Stu_score RENAME TO stu_score_audit_trigger;
```

3. 删除触发器

可使用 DROP TRIGGER 删除一个已经存在触发器的定义。要执行这个命令，用户必须是定义触发器所在的表的所有者。其语法格式为

```
DROP TRIGGER [ IF EXISTS ] name ON table_name [ CASCADE | RESTRICT ]
```

主要参数如下。

（1）IF EXISTS：如果指定的触发器不存在，那么发出提示而不是抛出错误。

（2）name：要删除的触发器名。

（3）table_name：触发器定义所依附的表的名称。

（4）CASCADE：级联删除依赖此触发器的对象。

（5）RESTRICT：如果有依赖对象存在，那么拒绝删除。该参数默认是拒绝删除。

【例 6-16】删除触发器 stu_score_audit_trigger，且级联删除依赖触发器的对象，可编写如下代码。

```
DROP TRIGGER IF EXISTS stu_score_audit_trigger ON Stu_score CASCADE;
```

6.4.3 事件触发器

前面讨论的触发器是普通规则触发器，PostgreSQL 也提供了事件触发器。不同于规则触发器附加到一个表上并且只捕获 DML 事件，事件触发器是针对一个特定的数据库的全局触发器，并且可以捕获 DDL 事件。像规则触发器一样，事件触发器可以用事件触发器支持的任何过程语言来编写，PostgreSQL 支持 PL/pgSQL、C 语言、PL/Perl 语言、PL/Python 语言等过程化语言，但是不能用简单的 SQL 结构化查询语言。编写事件触发器最常用语言是 PL/pgSQL，它提供了编写存储过程时所使用的函数。

1. 触发器事件

当指定的事件发生时，事件触发器就会被触发。事件触发器定义在数据库级，权限相对较大，所以只有超级用户才能创建和修改触发器。当预定的事件发生时，事件触发器就会被触发。

事件触发器支持的事件分 3 类：ddl_command_start, ddl_command_end 和 sql_drop。

（1）ddl_command_start：在 DDL 开始前触发。

（2）ddl_command_end：在 DDL 结束后触发。

（3）sql_drop：删除一个数据库对象前被触发，其中删除的数据库对象详细信息，可以通过 pg_event_trigger_dropped_objects()函数记录下来。该函数返回的结果集见表 6-2。

表 6-2 pg_event_trigger_dropped_objects()函数返回的结果集

列名称	列类型	列描述
classid	oid	对象所在目录的 oid
objid	oid	数据库对象的 oid
objsubid	int32	数据库对象的子对象（如列）
object_type	text	数据库对象的类型
schema_name	text	数据库对象的模式名
object_name	text	数据库对象的名称
object_identify	text	数据库对象的标识符

数据库管理系统的数据定义 DDL 操作主要与 CREATE、ALTER、DROP 3 个关键字相关的命令有关，每种数据库的命令语句可能略有不同，读者编程使用时需要参照具体数据库的官方参考文档。SELECT INTO 从一个查询中创建一个新表，并且将查询到的数据插入到新表中，数据并不返回给客户端，新表的字段具有和 SELECT 的输出字段相同的名称和数据类型，所以执行 SELECT INTO 会触发事件。表 6-3 给出 PostgreSQL 的 CREATE、ALTER、DROP、SELECT INTO 关键字相关命令执行时所触发的事件。

表 6-3　各种 DDL 操作会触发的事件列表

数据定义语言关键字	ddl_command_start	ddl_command_end	sql_drop
CREATE	√	√	—
ALTER	√	√	—
DROP	√	√	√
SELECT INTO	√	√	—

2. 创建事件触发器

创建事件触发器的主要步骤如下。

（1）与普通规则触发一样，用户必须声明在事件触发器被触发时所要执行的函数，该函数不带参数并且返回 event_trigger 类型，返回类型只作为事件触发器调用该函数的消息。

（2）定义事件触发器，一般需要指明触发事件触发器的事件类型、事件触发器执行的筛选条件，以及事件触发被触发时执行的过程函数。

创建事件触发器的语法格式为

```
CREATE EVENT TRIGGER name
ON event
[WHEN filter_variable IN (filter_value [, ...]) [ AND ... ] ]
EXECUTE PROCEDURE function_name();
```

主要参数如下。

（1）name：定义的新触发器的名称。这个名称在数据库内必须是唯一的。

（2）event：触发调用触发器函数的事件名称。

（3）filter_variable：筛选事件的变量名称，指定它所支持的触发该触发器的事件子集。在目前的版本中，filter_variable 值仅为 TAG。

（4）filter_value：可以触发该触发器的 filter_variable 相关的值，指定 TAG 所限定的命令列表，如('DROP FUNCTION', 'CREATE TABLE')。

（5）function_name：用户声明的不带参数的函数，返回 event_trigger 类型。

【例 6-17】创建名称为 NoCreateDrop 的事件触发器，禁止用户 postgres 执行 CREATE TABLE 和 DROP TABLE 命令。如果用户 postgres 执行该命令，抛出异常提示信息。

第一步：用 PLpgSQL 创建事件处理函数 abort()。

```
CREATE OR REPLACE FUNCTION abort()
  RETURNS event_trigger
  AS $$
  BEGIN
    if current_user = 'postgres' then
       RAISE EXCEPTION 'event:%, command:%', tg_event, tg_tag;
    end if;
  END;
  $$ LANGUAGE PLpgSQL;
```

tg_event 和 tg_tag 是事件触发器函数支持的变量。

（1）tg_event：为 ddl_command_start、ddl_command_end、sql_drop 之一。

（2）tg_tag：实际执行的 DDL 操作，如 CREATE TABLE、DROP TABLE 等。

第二步：创建事件触发器 NoCreateDrop。

```
CREATE EVENT TRIGGER NoCreateDrop ON ddl_command_start
  WHEN TAG IN ('CREATE TABLE', 'DROP TABLE')
```

```
    EXECUTE PROCEDURE abort();
```

下面来验证触发器，假设数据库中有表 Student，执行语句 DROP TABLE Student，则抛出如下异常信息。

```
ERROR:  event:ddl_command_start, command:DROP TABLE
CONTEXT:  PL/pgSQL function abort() line 4 at RAISE
SQL state: P0001
```

3. 修改事件触发器

使用 ALTER EVENT TRIGGER 改变现有的事件触发器的定义。执行该语句的用户必须是超级用户才能修改事件触发器。其语法格式为

```
ALTER EVENT TRIGGER name DISABLE;
ALTER EVENT TRIGGER name ENABLE;
ALTER EVENT TRIGGER name OWNER TO new_owner;
ALTER EVENT TRIGGER name RENAME TO new_name;
```

主要参数如下。

（1）name：现有事件触发器的名称。

（2）new_owner：事件触发器的新属主的名称。

（3）new_name：事件触发器的新名称。

（4）DISABLE：禁用已有的触发器，但是当触发事件发生时不执行触发器函数。

（5）ENABLE：是默认值，使该事件触发器激活。

【例 6-18】禁用名称为 NoCreateDrop 的事件触发器，可编写如下代码。

```
ALTER EVENT TRIGGER NoCreateDrop DISABLE;
```

4. 删除事件触发器

使用 DROP EVENT TRIGGER 删除已存在的事件触发器。当前用户是事件触发器的所有者才能够执行这个命令。其语法格式为

```
DROP EVENT TRIGGER [ IF EXISTS ] name [ CASCADE | RESTRICT ]
```

主要参数如下。

（1）IF EXISTS：当使用 IF EXISTS 时，如果事件触发器不存在，系统不会抛出错误，只会产生提示信息。

（2）name：删除的事件触发器的名称。

（3）CASCADE：自动级联删除依赖于事件触发器的对象。

（4）RESTRICT：如果有依赖于事件触发器的对象，则不允许删除这个事件触发器。这是默认行为。

【例 6-19】删除事件触发器 NoCreateDrop，可编写如下代码。

```
DROP EVENT TRIGGER NoCreateDrop;
```

6.4.4 触发器的应用

PostgreSQL 触发器可用于以下应用环境。

（1）验证输入数据的完整性。

（2）执行特殊的业务规则。

（3）同一次向不同表插入记录，使用触发器保障数据的一致性。

（4）审计跟踪在数据库表上进行的插入、修改和删除。

（5）将数据复制到不同的文件以实现数据一致性。

6.4.5 使用触发器的优点

（1）提高应用程序的开发速度：触发器存储在数据库服务器上，对公共操作不需要在应用程序中分别编码，可减少代码编写量。

（2）全局执行业务逻辑规则：触发器的业务处理，可被数据库应用程序共享。

（3）更容易维护：如果业务策略发生变化，则只需更改相应的触发程序，而不需要更改应用程序。

（4）能够实现较为复杂的数据完整性约束。

课堂讨论——本节重点与难点知识问题

1. 触发器的语法有何特点，各种参数的语义及用法分别是什么？
2. 如何创建触发器？
3. 在数据库应用开发中，触发器主要应用于哪些情况？
4. 如何修改和删除触发器？
5. 使用触发器有哪些优点？
6. 什么是事件触发器？如何定义、修改事件触发器？

6.5 游标编程

存储过程和触发器都是用数据库所支持的过程化语言编写的，处理的对象是函数过程中定义的变量，除数组和记录型变量（record 类型）外，一般函数中的每个变量每次只能存储一条记录；然而，数据库所支持的结构化查询语言 SQL，查询处理的对象是集合，查询返回的结果也是集合。大多数数据库都提供游标作为新的数据处理方法，用于存储 SQL 语句查询返回的结果，提供给过程化语言继续处理。

6.5.1 游标的基础知识

游标（Cursor）是一种临时的数据库对象，用来存放从数据库表中查询返回的数据行副本，提供了从包括多条数据记录的结果集中每次提取一条记录的机制，也为逐行处理数据库表中的数据提供了一种新的处理方法。游标总是与一条 SQL 查询语句相关联，其组成包括由 SQL 的查询结果集和结果集中指向特定记录的标识（或指针）。当存储过程或函数需要对查询结果集进行处理时，可以声明一个指向结果集的游标变量。

1. 声明游标变量

在 PL/pgSQL 中，对游标访问前，必须声明游标变量，其数据类型为 refcursor。 声明游标变量的方法有以下两种。

（1）在存储过程中声明游标与声明其他类型的变量一样，直接声明一个游标类型的变量即可，如“curVars1 refcursor;”。

但是，这种方法声明的游标变量还没有绑定查询语句，这时还不能访问该游标变量。

（2）使用游标专有的声明语法，如“name CURSOR [(arguments)] FOR query;”。

其中，arguments 为一组逗号分隔的 name datatype 列表，用于打开游标时向游标传递参数，类似于存储过程或函数的形式参数；query 是 SELECT 数据查询语句，返回的值存储在游标变量中。例如：

```
curStudent CURSOR FOR SELECT * FROM Student;
curStudentOne CURSOR (key integer) IS SELECT * FROM Student WHERE SID = key;
```

需要注意的是，声明游标变量只是对变量的类型进行了说明，DBMS 还没有执行游标的查询语句，因此，这时游标中还没有可访问的数据。

2. 打开游标

游标变量在使用之前必须先被打开，PL/pgSQL 有 3 种形式的 OPEN 语句，其中两种用于未绑定的游标变量，另外一种用于已绑定的游标变量。打开游标变量就是执行游标所绑定的查询语句，查询返回值存储在游标变量中。

（1）OPEN FOR

其声明形式为

```
OPEN unbound_cursor FOR query;
```

只能用于未绑定的游标变量，其 query 查询语句是返回记录的 SELECT 语句，或其他返回记录行的语句。在 PostgreSQL 等大多数数据库中，执行该查询语句与执行普通的 SQL 语句相同，即先替换变量名，同时将该查询的执行计划缓存起来，供后面查询使用。例如：

```
OPEN curVars1 FOR SELECT * FROM Student WHERE SID = mykey;
```

（2）OPEN FOR EXECUTE

其声明形式为

```
OPEN unbound_cursor FOR EXECUTE query-string;
```

与（1）的形式相同，它也仅适用于未绑定的游标变量。EXECUTE 将动态执行其后以文本形式表示的查询字符串。例如：

```
OPEN curVars1 FOR EXECUTE 'SELECT * FROM ' || quote_ident($1);
```

需要注意的是，$1 指存储过程传递的第 1 个参数。

（3）OPEN bound_cursor

其声明形式为

```
OPEN bound_cursor [ ( argument_values ) ];
```

它仅适用于绑定的游标变量，只有当该变量在声明时包含接收参数，才能以传递参数的形式打开该游标，这些参数将被实际代入到游标声明的查询语句中，例如：

```
OPEN curStudent;
OPEN curStudentOne ('20160230302001');
```

3. 使用游标

打开游标后，就可以按照以下方式进行读取。需要说明的是，游标的打开和读取必须在同一个数据库事务中，因为在 PostgreSQL 中，如果事务结束，事务内打开的游标将会被隐式地关闭。

（1）FETCH

其声明形式为

```
FETCH cursor INTO target;
```

FETCH 命令从游标中读取下一行记录的数据到目标中，其中目标可以是行变量、记录变量，或者是一组逗号分隔的普通变量的列表，读取成功与否，可通过 PL/pgSQL 内置系统变量 FOUND 来判断，执行规则类似 SELECT INTO。例如：

```
FETCH curVars1 INTO rowvar;  --rowvar 为行变量
```

```
FETCH curStudent INTO SID, Sname, sex;
```

要特别注意，游标中的列与 target 列的数量必须一致，并且类型兼容。

（2）CLOSE

其声明形式为

```
CLOSE cursorName;
```

当游标数据不再需要时，需要关闭当前已经打开的游标，以释放其占用的系统资源，主要是释放游标中的数据所占用的内存资源，cursorName 是要关闭游标的名称。例如：

```
CLOSE curStudent;
```

需要注意的是，当游标被关闭后，如果需要再次读取游标的数据，需要重新使用 OPEN 打开游标，这时游标中的数据是当前查询返回的结果，可能与关闭前的数据不一样。

6.5.2　游标的应用编程

游标主要应用于处理相对业务逻辑比较复杂的存储过程编程，下面举例说明游标在存储过程函数中的使用方法。

【例 6-20】以下程序使用不带参数的游标，查询 Student 表的学号、学生姓名和性别。

```
CREATE OR REPLACE FUNCTION cursorDemo()
returns boolean as $BODY$
Declare                                    --定义变量及游标
    unbound_refcursor refcursor;           --声明游标变量
    vsid varchar;                          --学号变量
    vsname varchar;                        --姓名变量
    vsgender varchar;                      --性别变量
begin --函数开始
    open unbound_refcursor for
       execute 'select sid,sname,sex from Student';  --打开未绑定的游标变量
    loop --开始循环
       fetch unbound_refcursor into vsid,vsname,vsgender;  --从游标中取值给变量
       if found then  --检查从游标中取到的数据
          raise notice '%-,%-,%-',vsid,vsname,vsgender;
       else
          exit;
       end if;
    end loop;                              --结束循环
    close unbound_refcursor;               --关闭游标
    raise notice '取数据循环结束...';       --打印消息
    return true;                           --为函数返回布尔值
exception when others then  --抛出异常
    raise exception 'error-----(%)',sqlerrm; -- sqlerrm 错误代码变量
end;  --结束
$BODY$  LANGUAGE plpgsql;  --规定语言
```

程序运行结果如图 6-18 所示。

【例 6-21】以下程序使用带参数的游标，从学生成绩表中查询分数大于某给定值的学号和课程号。

```
Data Output   Explain   Messages   Query History
NOTICE:  14101 ,丁一 ,女
NOTICE:  14102 ,马二 ,男
NOTICE:  14103 ,张三 ,女
NOTICE:  14201 ,李四 ,男
NOTICE:  14202 ,王五 ,男
NOTICE:  14301 ,赵六 ,男
NOTICE:  取数据循环结束...
```

图 6-18　使用不带参数的游标查询信息

```
create or replace function cusorDemo2(myscore int)
returns void as
$$
  declare
       vstuscore Stu_score%ROWTYPE;  --定义与表 Stu_score 结构相同的行变量
        --定义带有一个输入参数的游标
        vstucursor cursor( invalue int)
        for select sid,cid,score from Stu_score where score>=invalue order by sid;
  begin
        open vstucursor(myscore);  --从外部传入参数给游标
        loop fetch vstucursor into vstuscore;
          exit when not found;  -- 假如没有检索到数据，结束循环处理
          raise notice '%,%,%',vstuscore.sid,vstuscore.cid,vstuscore. score;
        end loop;
        close vstucursor;  --关闭游标
  end;
$$ language plpgsql;
```

程序运行结果如图 6-19 所示。

```
Data Output   Explain   Messages   Query History
NOTICE:  14101     ,1201     ,86.0
NOTICE:  14102     ,1205     ,90.0
NOTICE:  14201     ,1201     ,96.0
NOTICE:  14202     ,1205     ,89.0
```

图 6-19　使用带参数的游标查询信息

课堂讨论——本节重点与难点知识问题

1. 数据库游标是什么？有什么特点？
2. 如何声明游标？
3. 如何打开游标？
4. 如何读取游标的数据？
5. 如何在存储过程中使用游标？

6.6　嵌入式 SQL 编程

标准的 SQL 是结构化而非过程化的查询语言，具有操作统一、面向集合、功能丰富、使用简单等诸多优点，但与高级编程语言相比，SQL 有其自身的缺点：缺少流程控制能力，难以实现较为复杂的业务逻辑。嵌入式 SQL 是将 SQL 语句嵌入高级编程语言中，如 C、C++和 Java 等高级语言，这种可嵌入 SQL 语句的高级语言被称为宿主语言，简称主语言。嵌入宿主语言中执行的 SQL 语句被称为嵌入式 SQL。嵌入式 SQL 技术可以弥补 SQL 实现复杂应用逻辑的不足，提高应用软件和数据库管理系统之间的互操作性。将 SQL 嵌入到高级语言的混合编程，应用程序含有两种不同计算模型的语句：①SQL 语句。它是描述性的面向集合的语句，负责操纵数据库。②高级语言语句。它是具有很强的复杂逻辑处理能力的过程化语句，负责控制程序逻辑。

6.6.1　嵌入式 SQL 的处理过程

区分嵌入式 SQL 语句和主语言语句的方法是在程序中用特定语法标记，不同的主语言对嵌入式 SQL 语句有不同的语法格式。宿主语言如何识别和处理嵌入式 SQL 程序呢？每种数据库系统针对特定的嵌入式 SQL 程序进行预编译处理，DBMS 使用预编译处理程序对源程序进行扫描，识别出嵌入式 SQL 语句，将 SQL 语句转换成主语言的函数调用语句；然后由主语言的编译程序将预编译程序编译成目标代码。处理过程如图 6-20 所示。

图 6-20　嵌入式 SQL 的处理过程

6.6.2　嵌入式 SQL 的基本语法

不同的宿主语言嵌入 SQL 语句的语法形式是不同的，PostgreSQL 数据库提供了对 C、C++、Java 等语言嵌入执行 SQL 语句的支持。C 语言嵌入 SQL 语句的基本语法为 关键字 EXEC SQL 后跟 SQL 语句；C++是面向对象语言，它创建事务对象，通过事务对象调用方法 exec（SQL 语句）。由于 Java 在企业级的应用开发中广泛使用，下面重点介绍 PostgreSQL 环境下，在 Java 语言程序中嵌入 SQL 语句的主要语法。

（1）Java 在执行 SQL 语句之前需要做如下几步处理。

① Class.forName("org.postgresql.Driver")加载 PostgreSQL 驱动程序。

② 使用 DriverManager.getConnection(String url, String user, String pwd) 建立与数据库的连接，返回表示连接的 Connection 对象。其中，url 指明数据库服务器名、端口号及数据库名；user 指明具有连接权限的用户名；pwd 指明用户 user 的口令。

需要注意的是，上述方法一般用于并发用户数较少的应用环境中；但在互联网环境下，一般使用 C3P0 连接池建立与数据库的连接，具体方法请读者查阅 C3P0 连接池文档。

③ 使用 Connection 对象的下列方法之一创建查询语句对象。

- Connection.createStatement()创建一个 Statement 对象，实现静态 SQL 语句查询；

- Connection.prepareStatement(String sql)创建一个 PreparedStatement 对象，实现动态 SQL 语句查询；
- Connection.prepareCall(String sql)创建一个 CallableStatement 对象，调用数据库存储过程。

（2）执行查询返回查询结果，如果不需向 SQL 语句传递动态参数，则使用静态查询 Statement 对象。Statement 每次执行 SQL 语句，相关数据库都要执行 SQL 语句的编译，执行查询有如下 3 种形式。

① Statement.execute(String sql) 执行各种 SQL 语句，返回一个 boolean 值，true 表示执行的 SQL 语句具备查询结果，可通过 Statement.getResultSet()方法获取；

② Statement.executeUpdate(String sql)执行 SQL 中的 INSERT、UPDATE、DELETE 语句，返回一个 int 值，表示受影响的记录数目；

③ Statement.executeQuery(String sql)执行 SQL 中的 SELECT 语句，返回一个表示查询结果的 ResultSet 对象。

6.6.3 嵌入式 SQL 的通信方式

1. 向 Java 语言返回结果

数据库查询一般需要返回多条记录，则 ResultSet 接口对象用于返回查询结果集，该结果集本质上是内存中用于存储多条记录的游标，主要有以下几种方法访问游标的记录信息。

① ResultSet.next()将游标由当前位置移动到下一行；

② ResultSet.getString(String columnName) 获取指定字段的 String 类型值；

③ ResultSet.getString(int columnIndex) 获取指定索引的 String 类型值；

④ ResuleSet.previous()将游标由当前位置移动到上一行。

2. 向 SQL 语句传递参数

如果 Java 宿主语言需要向 SQL 语句传递参数，则使用动态查询 prepareStatement 对象，preparedStatement 预编译 SQL 语句，支持批处理，执行查询有类似 Statement 对象的 3 种执行方式，且执行方法中没有参数，例如："prepareStatement.executeUpdate();" 还可以批处理执行，prepareStatement 对象使用 addBatch()向批处理中加入一个更新语句，使用 executeBatch()方法成批地执行 SQL 语句，但不能执行返回值是 ResultSet 结果集的 SQL 语句，而只是执行 executeBatch()。

【例 6-22】以下程序是使用批处理方法向表 Stu_score 插入学生的课程成绩，并使用动态查询语句查询成绩大于等于 80 分的学生课程成绩。

```
package testConnDB;

import java.sql.Connection;
import java.sql.DriverManager;
import java.sql.PreparedStatement;
import java.sql.ResultSet;

public class SQLinJava {
  public static void main(String[] args) {
     Connection conn = null;
     String URL = "jdbc:postgresql://localhost:5432/testDB";
     String userName = "myuser";
```

```
        String passWord = "sa";
        String sid[] = {"14102","14103","14202","14301","14101","14201","14503"};
        String cid[] = {"1205","1208","1205","1208","1201","1201","1201"};
        int score[] = {90,78,89,68,86,96,83};
        try {
            Class.forName("org.postgresql.Driver");
            conn = DriverManager.getConnection(URL , userName, passWord );
            System.out.println("成功连接数据库! ");

            String insertSql = "INSERT INTO Stu_score(sid, cid, score)
                                VALUES (?,?,?)";
            String querySql = "select sid, cid, score from Stu_score
                                where score>=?";
            PreparedStatement psInsert = conn.prepareStatement(insertSql);
            PreparedStatement psQuery = conn.prepareStatement(querySql);

             for (int i=0; i<sid.length; i++)  {
                 psInsert.setString(1, sid[i]);  //向 insert 语句传递第一个参数
                 psInsert.setString(2, cid[i]);  //向 insert 语句传递第二个参数
                 psInsert.setInt(3, score[i]);  //向 insert 语句传递第三个参数
                 psInsert.addBatch(); //添加 insert 语句到批处理中
             }

             psInsert.executeBatch();  //批处理执行插入多条数据
             psQuery.setInt(1, 80);    //向 select 语句传递第一个参数
             ResultSet rs = psQuery.executeQuery();
             while (rs.next()) { // 判断是否还有下一个数据
              System.out.println(rs.getString("sid") + "  " + rs.getString("cid")
                                 + " " + rs.getInt("score") );
             }

             psQuery.close();
             psInsert.close();
             conn.close();
            } catch ( Exception e ) {
             System.err.println( e.getClass().getName()+": "+ e.getMessage() );
             System.exit(0);
            }
        }
}
```

程序执行结果如图 6-21 所示。

课堂讨论——本节重点与难点知识问题

1. 为什么需要嵌入式 SQL？嵌入式 SQL 有什么特点？
2. 嵌入式 SQL 在高级语言中的处理过程？
3. 如何将 SQL 语句嵌入 Java 语言中？
4. Java 语言如何执行嵌入式 SQL 语句？
5. Java 语言中执行嵌入式 SQL 语句，如何向 SQL 语句传递参数？如何向主语言返回执行结果集？

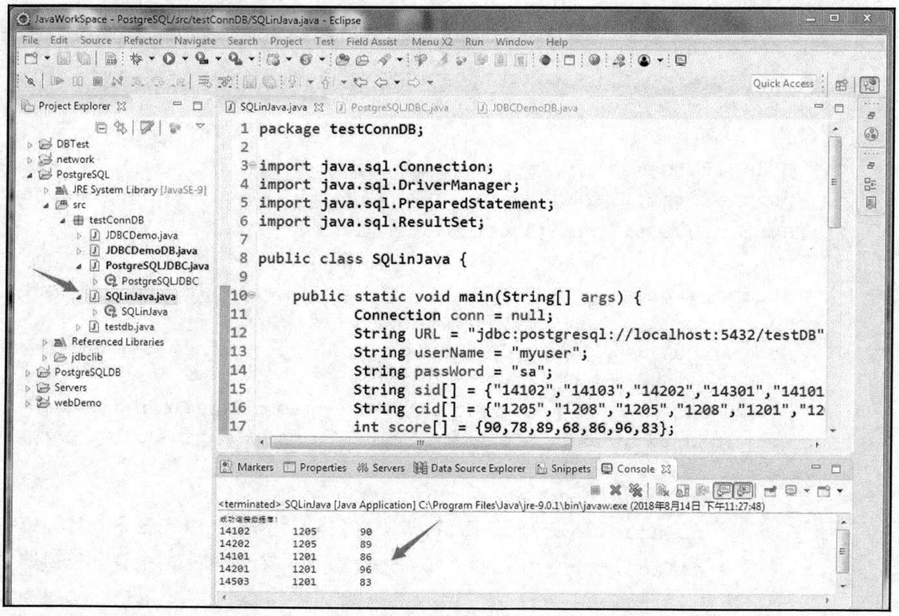

图 6-21　实现动态查询

6.7　数据库应用编程项目实践

前面介绍了数据库编程的基本技术，本节将综合运用数据库应用编程的基本技术，使用JSP+Servlet+MyBatis 编程框架，采用 B/S 系统架构，结合数据库设计方法和软件工程思想，给出设计开发简易的学生课程管理系统实例，说明数据库应用开发的基本过程；同时将给出学生基本信息管理模块的开发过程，向读者展示 MyBatis 实现数据库访问层、Servlet 实现业务逻辑处理层和 JSP 实现用户视图层的基本编程过程，在此基础上，读者可以模仿实现其他功能模块的编码，从而达到理解和掌握数据库应用编程的基本方法和思路。

6.7.1　项目案例——课程管理系统

该学生课程管理系统包括学生、教师、课程、班级、学生成绩等主要实体数据。首先，我们对学生课程管理进行需求分析，确定各实体之间的联系。每个班有多个学生，每个学生只能属于唯一的班级；每个学生可以选多门课程，每门课程有多个学生选；每个教师可以讲授多门课程，每门课程可以由多个教师讲授；每个学生只能为所修每门课程选择唯一的教师。数据库设计一般过程：对系统进行需求分析，在得到的信息基础上，设计数据库概念模型，然后转化数据库逻辑模型，经优化后生成数据库物理模型。图 6-22 所示是用 PowerDesigner 设计的学生课程管理系统的物理模型。

在上述设计的数据库物理模型基础上，分别选择每个实体，单击右键，在弹出的菜单中选择 SQL Preview 功能，生成在 PostgreSQL 数据库系统上创建表的 SQL 语句。这时，在 PostgreSQL 的 Web 管理工具 pgAdmin 下创建名称为 stuDB 的数据库，创建用户 myuser 且密码为 sa，给用户授予连接数据库、创建、修改、查询和删除等权限。

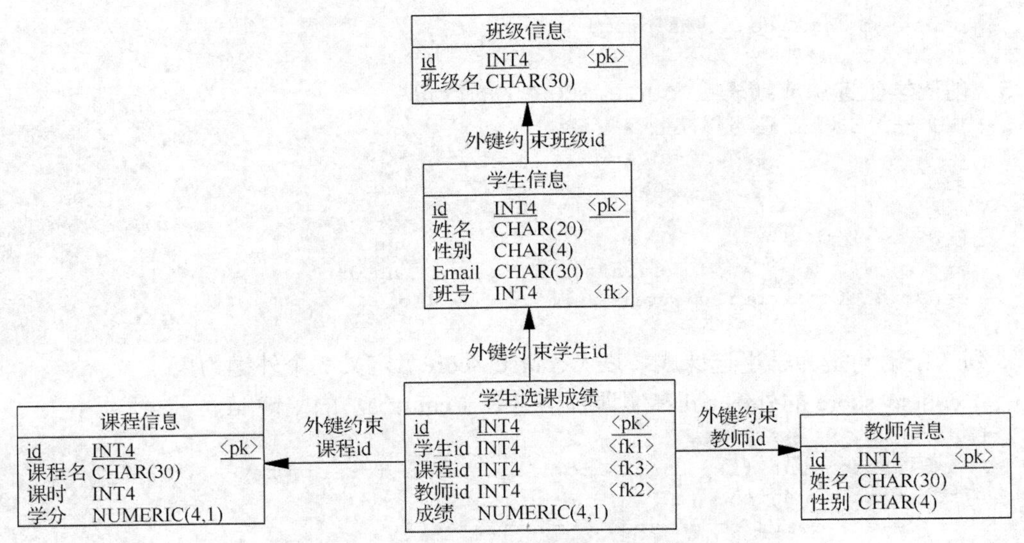

图 6-22　学生课程管理系统的物理模型

1. 创建班级信息表（classes）的语句

```
create table classes (
        id                  int4                not null,
        name                char(30)            null,
        constraint pk_classes primary key (id)
);
```

2. 创建学生信息表（students）的语句

```
create table students (
    id                    int4                 not null,
    name                  char(20)             not null,
    sex                   char(4)              null,
    Email                 char(30)             null,
    clsid                 int4                 null,
    constraint pk_students primary key (id)
);
```

下列语句是在为学生信息表的班级号定义外键约束，参照班级表的班号 id。

```
alter table students
    add constraint "fk_students_clsid-id_classes" foreign key (clsid)
    references classes (id)
    on delete restrict on update restrict;
```

3. 创建课程信息表（courses）的语句

```
create table courses (
    id                    int4                 not null,
    cname                 char(30)             null,
    chours                int4                 null,
    credit                numeric(4,1)         null,
    constraint pk_courses primary key (id)
);
```

4. 创建教师信息表（teachers）的语句

```
create table teachers (
    id                int4                     not null,
    tname             char(30)                 null,
    sex               char(4)                  null,
```

```
    constraint pk_teachers primary key (id)
);
```

5. 创建学生选课成绩表（course_score）的语句

```
create table course_score (
    id                  int4                not null,
    sid                 int4                null,
    cid                 int4                null,
    tid                 int4                null,
    score               numeric(4,1)        null,
    constraint pk_course_score primary key (id)
);
```

下列 3 条语句是为学生选课成绩表（course_score）定义 3 个外键约束。

（1）course_score 的外键 cid 参照课程信息表（courses）的主键 id。

```
alter table course_score
    add constraint fk_course_s_id_cid_courses foreign key (cid)
    references courses (id)
    on delete restrict on update restrict;
```

（2）course_score 的外键 tid 参照教师信息表（teachers）的主键 id。

```
alter table course_score
    add constraint fk_course_s_id_tid_teachers foreign key (tid)
    references teachers (id)
    on delete restrict on update restrict;
```

（3）course_score 的外键 sid 参照学生信息表（courses）的主键 id。

```
alter table course_score
    add constraint fk_course_s_sid_id_students foreign key (sid)
    references students (id)
    on delete restrict on update restrict;
```

6.7.2 功能模块设计

学生课程管理系统的基本功能模块如下。

（1）学生信息管理模块：管理所有学生的基本信息，包括添加、修改、删除和查询等，要求操作界面显示学生号、姓名、性别、邮箱及所在班级名称。

（2）课程信息管理模块：管理所有课程的基本信息，包括添加、修改、删除等，同时根据条件查询出课程信息。

（3）教师信息管理模块：管理所有教师的基本信息，包括添加、修改、删除等，同时根据条件查询出教师信息。

（4）班级信息管理模块：管理所有班级的基本信息，包括添加、修改、删除等，同时根据条件查询出班级信息。

（5）选课信息管理模块：管理学生所选课程的基本信息，包括添加、修改、删除等，同时根据条件查询出选课信息。主要界面信息包括课程号、课程名称、教师姓名。

（6）课程成绩管理模块：管理所有课程成绩的基本信息，包括添加、修改、删除等，同时根据条件查询出课程成绩。查询成绩界面信息包括学号、学生姓名、课程名称、教师姓名和考试成绩等。

（7）用户登录及身份认证模块：提供用户注册、用户登录、修改用户信息、验证用户身份等功能。

6.7.3　模块的编码实现

接下来我们将使用 MVC 框架对系统进行编程实现。MVC 模型是一种使用 Model View Controller（模型-视图-控制器）设计创建 Web 应用程序的方法。MVC 框架使应用程序输入、处理和输出分开。MVC 应用程序被分成 3 个核心部件，即模型、视图、控制器。它们各自处理自己的任务。Model（模型）是应用程序中用于处理应用程序数据逻辑的部分，通常模型对象负责在数据库中存取数据。View（视图）是应用程序中处理数据显示的部分，通常视图是依据模型数据创建的。Controller（控制器）是应用程序中处理用户交互的部分，通常控制器负责从视图读取数据，控制用户输入，并向模型发送数据。这里使用 JSP + Servlet + MyBatis 模式实现简易学生课程管理系统：由 JSP 和 HTML 实现视图层的数据显示和用户交互界面；用 Servlet 实现数据库业务逻辑处理及与视图层的数据交互；由 MyBatis 实现模型层对数据库访问和数据持久化。

下面按照 MVC 的设计方法，以学生信息管理模块实现过程为例，详细介绍它的实现过程。用户登录模块的实现，请读者参见例 6-2 的实现过程，稍加改造较为容易实现。其他模块请读者在学习下面内容的基础上，独立模仿实现。

按照图 6-7 和图 6-8 的方式安装 Tomcat 9.0 和 JDK 10.0.2，并配置 Eclipse；在 Eclipse Jee Photon 2018 环境下，参照例 6-2 的方式创建名为 stAdmin 的动态 Web 项目，并按照图 6-13 的方式配置 PostgreSQL 的 JDBC 和 MyBatis 的 JAR 包。

（1）在项目 stAdmin 的 src 目录下，创建 com.stu.entity 包，在包下面创建对应数据库表的 Java 类，这里仅给出班级（Classes）和学生（Student）对应的 Java 类，其余的由读者模仿编写。

```
/*班级类 Classes，用于映射班级表的信息到 Java 对象*/
package com.stu.entity;
public class Classes {
 private Integer id;
 private String name;
 public Integer getId() { return id; }
 public void setId(Integer id) { this.id = id; }
 public String getName() { return name;  }
 public void setName(String name) { this.name = name; }
}
/*学生类 Students，用于映射学生表的信息到 Java 对象，由于学生信息管理模块需要显示班级名称，
 因此，在学生 Students 类中增加属性 cls，cls 是班级对象，用来映射学生所属的班级信息*/
package com.stu.entity;
import com.stu.entity.Classes;
public class Students {
private Integer id;
private String name;
private String sex;
private String Email;
private Classes cls = new Classes();

  public Integer getId() { return id; }
  public void setId(Integer id) { this.id = id; }
  public String getName() {   return name; }
  public void setName(String name) {this.name = name; }
  public String getSex() { return sex; }
```

```
    public void setSex(String sex) {    this.sex = sex; }
    public String getEmail() { return Email;    }
    public void setEmail(String Email) { this.Email = Email;}
    public Classes getCls() {   return cls; }
    public void setCls(Classes cls) {   this.cls = cls; }
}
```

（2）在 com.stu.entity 包下，配置局域 mapper 映射，用于在数据库表的查询、插入等操作映射。具体操作含义在下面代码中以 XML 文件注释形式给予说明。

```
<!--下面是名为 Classes.xml 映射文件 -->
<?xml version="1.0" encoding="UTF-8"?>
<!DOCTYPE mapper
PUBLIC "-//MyBatis.org//DTD Mapper 3.0//EN"
"http://MyBatis.org/dtd/MyBatis-3-mapper.dtd">

<mapper namespace="ClassesInfo">
  <!--定义表 Classes 列与类的属性对应关系 -->
  <resultMap type="com.stu.entity.Classes" id="Classes">
        <result column="id" property="id" />
        <result column="name" property="name" />
  </resultMap>
  <!--定义查询 Classes 表所有数据的映射 -->
<select id="all" resultMap="Classes">
        <![CDATA[   select * from classes ]]>
</select>
  <!--定义在 Classes 表上查询指定 id 的班级信息映射 -->
    <select id="ById" resultMap="Classes" parameterType="map">
        <![CDATA[   select * from classes where id = #{id}    ]]>
  </select>
</mapper>

<!--下面是名为 Students.xml 映射文件 -->
<?xml version="1.0" encoding="UTF-8"?>
<!DOCTYPE mapper
PUBLIC "-//MyBatis.org//DTD Mapper 3.0//EN"
"http://MyBatis.org/dtd/MyBatis-3-mapper.dtd">

<mapper namespace="StudentInfo">
 <!--定义表 Students 的列与类的属性对应关系 -->
 <resultMap type="com.stu.entity.Students" id="Students">
        <result column="id" property="id" />
        <result column="name" property="name" />
        <result column="sex" property="sex" />
        <result column="Email" property="Email" />
        <collection property="cls" column="clsId" select="ClassesInfo.ById" />
 </resultMap>
  <!--定义查询 Students 表所有数据的映射，显示记录号在(num2, num1]的记录，
    注意：函数 row_number()和 over() 是 PostgreSQL 数据库返回记录顺序号 -->
 <select id="all" resultMap="Students" parameterType="map">
        <![CDATA[ select * from (select u.*,row_number() over() as r
                                    from Students u,Classes c where u.clsid = c.id) A
                    where r <= #{num1} and r > #{num2} ]]>
 </select>
 <!--定义返回 Students 表的记录总数 -->
```

```
    <select id="count" resultType="int">
            <![CDATA[ select count(*) from Students ]]>
    </select>
    <!--定义删除 Students 表中指定 id 的记录 -->
    <delete id="del" parameterType="map">
            <![CDATA[ delete from Students where id = #{id} ]]>
    </delete>
    <!--定义查询 Students 表中指定 id 的记录 -->
    <select id="ById" resultMap="Students" parameterType="map">
            <![CDATA[ select * from Students where id = #{id} ]]>
    </select>
    <!--定义修改 Students 表中指定 id 的记录 -->
    <update id="upd" parameterType="com.stu.entity.Students">
          <![CDATA[update Students set name = #{name},sex = #{sex},
                    Email = #{Email},clsid = #{cls.id} where id = #{id} ]]>
    </update>
    <!--定义向 Students 表插入新记录 -->
    <insert id="add" parameterType="com.stu.entity.Students">
            <![CDATA[ insert into Students
                       values(#{id},#{name},#{sex},#{Email},#{cls.id}) ]]>
    </insert>
</mapper>
```

（3）在“stAdmin/src”下配置全局映射文件 SqlMapConfig.xml，配置 mapper 指定局域的映射文件 Students.xml 和 Classes.xml。需要注意的是，如果还有其他局域映射文件 XML，请参见下列代码格式配置。同时，配置数据库 JDBC 连接源。

```
<?xml version="1.0" encoding="UTF-8"?>
<!DOCTYPE configuration PUBLIC "-//MyBatis.org//DTD Config 3.0//EN"
          "http://MyBatis.org/dtd/MyBatis-3-config.dtd">
  <configuration>
   <environments default="development">
         <environment id="development">
               <transactionManager type="jdbc" />
               <!--配置数据库 JDBC 连接源-->
               <dataSource type="pooled">
                   <property name="driver" value="org.postgresql.Driver" />
                   <property name="url"
                        value="jdbc:postgresql://localhost:5432/testDB" />
                   <property name="username" value="myuser" />
                   <property name="password" value="sa" />
               </dataSource>
         </environment>
   </environments>
   <!--定义指定局域的映射文件 Students.xml 和 Classes.xml -->
    <mappers>
          <mapper resource="com/stu/entity/Students.xml" />
          <mapper resource="com/stu/entity/Classes.xml" />
    </mappers>
</configuration>
```

（4）创建 com.stu.util 包，然后在该包下创建 MyBatisUtil 类和 PageUtil 类，MyBatisUtil 类的功能是使用 SqlMapConfig.xml 映射文件创建会话和会话管理，PageUtil 类用于数据库记录显示分页管理。

```
    /* MyBatisUtil.Java 创建 Session 会话管理类 */
```

```
package com.stu.util;
import java.io.IOException;
import java.io.Reader;
import org.Apache.ibatis.io.Resources;
import org.Apache.ibatis.session.SqlSession;
import org.Apache.ibatis.session.SqlSessionFactory;
import org.Apache.ibatis.session.SqlSessionFactoryBuilder;

public class MyBatisUtil {
 private static final String FILENAME = "SqlMapConfig.xml";
 private static ThreadLocal<SqlSession> tl = new ThreadLocal<SqlSession>();
 static { SessionManager(); }

 /*创建 Session 会话的方法 */
  private static void SessionManager() {
    try {
        Reader reader = Resources.getResourceAsReader(FILENAME);
        SqlSessionFactory sf = new SqlSessionFactoryBuilder().build (reader);
        SqlSession session = sf.openSession();
        tl.set(session);
    } catch (IOException e) {    e.printStackTrace(); }
  }

  /*返回 Session 会话的方法 */
  public static SqlSession getSession() {
        SqlSession session = tl.get();
        if (session == null) {
                SessionManager();
                session = tl.get();
        }
        return session;
  }

/*关闭 Session 会话的方法 */
  public static void closeSession() {
        SqlSession session = tl.get();
        if (session != null) {
                session.close();
                tl.set(null);
        }
  }
}

/* PageUtill.Java 用于页面记录的分页，计算页数，返回当前页号，翻页处理等 */
package com.stu.util;
import java.util.ArrayList;
import java.util.List;

public class PageUtil<T> {
 public int index = 1;
 public int size = 5;
 public int count;

 public int getCount() {return count; }
 public void setCount(int count) { this.count = count;    }
```

```
    public List<T> list = new ArrayList<T>();
    public int getIndex() { return index; }
    public void setIndex(int index) { this.index = index; }
    public int getSize() { return size; }
    public void setSize(int size) { this.size = size;    }
    public List<T> getList() { return list; }
    public void setList(List<T> list) { this.list = list; }
    public int pageCount(int count, int size) {
           int num = (count % size == 0) ? (count / size) : (count / size + 1);
           return num;
    }
}
```

（5）创建 com.stu.dao 包，并在包下创建 ClassesDao 和 StudentDao 接口，接口 ClassesDao 处理班级对象，接口 StudentDao 处理学生对象。

```
/* ClassesDao.Java 接口文件*/
package com.stu.dao;
import java.util.List;
import com.stu.entity.Classes;
public interface ClassesDao { public List<Classes> all(); } //返回班级表的所有记录

/* StudentDao.Java 接口文件*/
package com.stu.dao;
import com.stu.entity.Students;
import com.stu.util.PageUtil;

public interface StudentDao {
 public void selectAll(PageUtil<Students> page); //查询返回学生表的所有记录
 public int del(int id);             //删除记录
 public Students ById(int id);       //按照 id 查询学生信息
 public int upd(Students u);         //更新学生记录
 public int add(Students u);         //新增加学生记录
}
```

（6）创建 com.stu.dao.impl 包，并在包下实现 ClassesDao 和 StudentDao 接口，接口 ClassesDao 处理班级对象，接口 StudentDao 处理学生对象。

```
/* ClassesDaoImpl.Java 实现 ClassesDao 接口的文件*/
package com.stu.dao.impl;
import java.util.List;
import org.Apache.ibatis.session.SqlSession;
import com.stu.dao.ClassesDao;
import com.stu.entity.Classes;
import com.stu.util.MyBatisUtil;

public class ClassesDaoImpl implements ClassesDao {
      public List<Classes> all() {  //查询所有记录
         SqlSession session = MyBatisUtil.getSession();
         List<Classes> list = session.selectList("ClassesInfo.all");
         MyBatisUtil.closeSession();
         return list;
      }
 }
```

```
/* StudentDaoImpl.Java 实现 StudentDao 接口的文件*/
package com.stu.dao.impl;
import java.util.HashMap;
import java.util.List;
import java.util.Map;
import org.Apache.ibatis.session.SqlSession;
import com.stu.dao.StudentDao;
import com.stu.entity.Students;
import com.stu.util.MyBatisUtil;
import com.stu.util.PageUtil;

public class StudentDaoImpl implements StudentDao {
  public void selectAll(PageUtil<Students> page) {  //查询所有记录并计算分页
        SqlSession session = MyBatisUtil.getSession();
        Map<String, Object> map = new HashMap<String, Object>();
        map.put("num1", page.getIndex() * page.getSize());
        map.put("num2", (page.getIndex() - 1) * page.getSize());
        List<Students> list = session.selectList("StudentInfo.all", map);
        page.setCount((Integer) session.selectOne("StudentInfo.count"));
        page.setList(list);
        MyBatisUtil.closeSession();
  }

  public int del(int id) { // 删除指定 ID 号的记录
        SqlSession session = MyBatisUtil.getSession();
        Map<String, Object> map = new HashMap<String, Object>();
        map.put("id", id);
        int num = session.delete("StudentInfo.del", map);
        session.commit();
        MyBatisUtil.closeSession();
        return num;
  }

  public Students ById(int id) {  // 查询 id 号的记录
        SqlSession session = MyBatisUtil.getSession();
        Map<String, Object> map = new HashMap<String, Object>();
        map.put("id", id);
        Students u = session.selectOne("StudentInfo.ById", map);
        MyBatisUtil.closeSession();
        return u;
  }

  public int upd(Students u) {  // 更新指定学生记录
        SqlSession session = MyBatisUtil.getSession();
        int num = session.update("StudentInfo.upd", u);
        session.commit();
        MyBatisUtil.closeSession();
        return num;
    }

  public int add(Students u) {
        SqlSession session = MyBatisUtil.getSession();
        int num = session.delete("StudentInfo.add", u);
        session.commit();
        MyBatisUtil.closeSession();
```

```
        return num;
    }
}
```

（7）创建 com.stu.Servlet 包，然后在该包下创建 HttpServlet 类的子类 StudentServlet 类，用于处理客户端的请求。

```
/*StudentServlet.Java 文件*/
package com.stu.Servlet;
import java.io.IOException;
import java.io.PrintWriter;
import java.util.List;
import Javax.Servlet.ServletException;
import Javax.Servlet.http.HttpServlet;
import Javax.Servlet.http.HttpServletRequest;
import Javax.Servlet.http.HttpServletResponse;
import com.stu.dao.ClassesDao;
import com.stu.dao.StudentDao;
import com.stu.dao.impl.ClassesDaoImpl;
import com.stu.dao.impl.StudentDaoImpl;
import com.stu.entity.Classes;
import com.stu.entity.Students;
import com.stu.util.PageUtil;

@SuppressWarnings("serial")
public class StudentServlet extends HttpServlet {
    StudentDao ud = new StudentDaoImpl();
    ClassesDao cd = new ClassesDaoImpl();

    /*处理 get 请求*/
    public void doGet(HttpServletRequest request, HttpServletResponse response)
        throws ServletException, IOException { doPost(request, response); }
   /*处理 post 请求*/
   public void doPost(HttpServletRequest request, HttpServletResponse response)
          throws ServletException, IOException {
          response.setContentType("text/html");
          response.setCharacterEncoding("UTF-8");
          request.setCharacterEncoding("UTF-8");
          String type = request.getParameter("type");
          if (type.equals("all")) {
                 doAll(request, response); //处理请求 Students 表的所有记录
          } else if (type.equals("del")) {
                 doDel(request, response);  //处理删除记录，请读者模仿实现
          } else if (type.equals("upd")) {
                 doUpd(request, response);  //处理更新记录，请读者模仿实现
          } else if (type.equals("add")) {
                 doAdd(request, response);  //处理更新记录，请读者模仿实现
          }
    }


   /*方法 doAll 处理查询 Students 表的所有记录，并设置分页属性*/
    public void doAll(HttpServletRequest request, HttpServletResponse response)
          throws ServletException, IOException {
          int index = 1;
```

```
            String strs = request.getParameter("index");
            if (strs != null) { index = Integer.parseInt(strs); }
            PageUtil<Students> page = new PageUtil<Students>();
            page.setIndex(index);
            ud.selectAll(page);
            request.setAttribute("page", page);
            request.setAttribute("index", page.getIndex());
            request.setAttribute("sum",
                    page.pageCount(page.getCount(), page.getSize()));
            request.getRequestDispatcher("display.jsp")
                    .forward(request, response);
        }
    }
```

（8）下面定义视图层，在“/stAdmin/WebContent”目录下创建 display.jsp、insert.jsp、update.jsp 和 loading.jsp 等视图层的 JSP 文件。display.jsp 文件用于查询显示学生的基本信息；insert.jsp 文件用于输入新的学生信息记录；update.jsp 文件用于修改学生信息的页面；loading.jsp 文件是跳转到名为 StudentServlet 的 Servlet。但是，由于篇幅限制，请读者自己模仿实现 insert.jsp 和 update.jsp 程序。

```
<!--定义页面 display.jsp 文件，用于查询显示学生信息 -->
<%@ page language="Java" import="java.util.*" pageEncoding="UTF-8"%>
<%@ taglib uri="http://java.sun.com/jsp/jstl/core" prefix="c"%>
<!DOCTYPE html PUBLIC "-//W3C//DTD HTML 4.01 Transitional//EN"
  "http://www.w3.org/TR/html4/loose.dtd">
    <html>
     <head>
          <title>学员信息管理</title>
     </head>
     <body>
          <h2 align="center">
                 学生信息管理-[<a href="StudentServlet?type=add&stop=a">添加</a>]
          </h2>
          <table border="1" cellspacing="0" align="center" id="tables">
                 <tr>
                        <td> 学号 </td>
                        <td> 姓名 </td>
                        <td> 性别 </td>
                        <td> 邮箱 </td>
                        <td> 班级 </td>
                        <td> 管理操作 </td>
                 </tr>
                 <c:forEach var="u" items="${page.list}">
                     <tr>
                           <td> ${u.id}  </td>
                           <td> ${u.name} </td>
                           <td> ${u.sex} </td>
                           <td> ${u.Email} </td>
                           <td> ${u.cls.name} </td>
                           <td>
                           <a href="StudentServlet?type=del&id=${u.id}">删除</a>
                               
                           <a href="StudentServlet?type=upd&stop=a&id=${u.id} ">
```

```
                                修改</a>
                            </td>
                        </tr>
                    </c:forEach>
                </table>
        <script type="text/Javascript">
          function back() {
            var trs = document.getElementById("tables").getElementsByTagName ("tr");
            for ( var i = 0; i < trs.length; i++) { --设置表格页面行的颜色--
              if (i % 2 == 0) { trs[i].style.backgroundColor = "#FFFFCC"; }
            }
          }
          back();
        </script>
          <h5 align="center">
            <c:if test="${page.index > 1}">
                <a href="StudentServlet?type=all&index=1">首页</a> 
                <a href="StudentServlet?type=all&index=${index - 1}">上一页</a>
                & nbsp;
            </c:if>
            <c:if test="${page.index < sum}">   --判断是否为最后一页--
                <a href="StudentServlet?type=all&index=${index + 1}">下一页</a>
                 
                <a href="StudentServlet?type=all&index=${sum}">尾页</a>
            </c:if>
          </h5>
        </body>
      </html>
      <!—在 loading.jsp 文件中写入下列内容，用于跳转到名为 StudentServlet 的 Servlet -->
          <jsp:forward page="StudentServlet?type=all" />
```

（9）修改“/stAdmin/WebContent/Web-INF”目录下的文件 Web.xml 的配置信息。Web.xml 文件用来初始化配置信息，如 Welcome 欢迎页面、Servlet、Servlet-mapping、filter、listener、启动加载级别等在 Tomcat 服务器启动后首先加载的配置信息。修改后的 Web.xml 文件信息如下。

```
<?xml version="1.0" encoding="UTF-8"?>
<Web-app xmlns:xsi="http://www.w3.org/2001/XMLSchema-instance"
xmlns="http://java.sun.com/xml/ns/Javaee"
xsi:schemaLocation="http://java.sun.com/xml/ns/Javaee
http://java.sun.com/xml/ns/Javaee/Web-app_2_5.xsd" version="2.5">
  <Servlet>
    <Servlet-name>StudentServlet</Servlet-name>
      <Servlet-class>com.stu.Servlet.StudentServlet</Servlet-class>
        --配置 Servlet--
  </Servlet>
  <Servlet-mapping>
      <Servlet-name>StudentServlet</Servlet-name>
      <url-pattern>/StudentServlet</url-pattern>  --指定 Servlet 映射--
  </Servlet-mapping>
  <welcome-file-list>
      <welcome-file>loading.jsp</welcome-file>  --指定第一个页面--
  </welcome-file-list>
</Web-app>
```

（10）在工程 stAdmin 中选择页面文件 loading.jsp，单击鼠标右键，在弹出的菜单中选择

“run on server”，启动 Tomcat 服务器后，运行显示界面如图 6-23 所示。单击“下一页”按钮则向下翻页，单击“上一页”按钮则向上翻页，单击“尾页”按钮则翻到最后一页，单击“首页”按钮则翻到第一页。

学生信息管理-[添加]

学号	姓名	性别	邮箱	班级	管理操作
20180209	张明	男	454@qq.com	软工2班	删除 修改
20180208	郑五	女	123@qq.com	软工2班	删除 修改
20180205	李五	男	123@qq.com	软工2班	删除 修改
20180202	李三	女	123@qq.com	软工2班	删除 修改
20180309	曾华	男	123@qq.com	信安2班	删除 修改
20180306	刘山	女	123@qq.com	信安2班	删除 修改

首页 上一页 下一页 尾页

图 6-23 运行程序 loading.jsp 的界面

本节通过简要的应用示例的开发，向读者展现了数据库 Web 应用程序开发的基本过程和技术，所涉及的知识面很广，读者要全面地掌握并能灵活地进行数据库的 Web 应用开发。除此之外，读者还需要全面详细阅读有关 Java Web 开发的技术图书和官方文档。另外，近年来，为了提高 Java Web 的开发效率，某些公司分别推出了 Spring MVC、Spring Boot、Struts2 和 Hibernate 等类似的开发框架，这些开发框架各有特色，要想成为优秀的 Java Web 数据库系统开发人员，必须熟练掌握这些开发框架的基本原理和使用方法，读者可以根据需要选择学习。

习 题

一、单选题

1. 有学生表（学号,学生姓名,性别,所属院系），其中所属院系一定是已有的院系。实现该约束的可行方案是（　　）。

A. 在学生表上定义一个视图

B. 在学生表上定义一个存储过程

C. 在学生表上定义插入和修改操作的触发器

D. 在学生表上定义一个函数

2. 在 PostgreSQL 服务器上，存储过程是一组预先定义并（　　）的 SQL 语句。

A. 保存　　B. 解释　　C. 编译　　D. 编写

3. 在 PostgreSQL 中，触发器不具有（　　）类型。

A. INSERT 触发器　　B. UPDATE 触发器

C. DELETE 触发器　　D. SELECT 触发器

4.（　　）允许用户定义一组操作，这些操作通过在指定的表上执行删除、插入和更新命令触发执行。

A. 存储过程　　B. 规则　　C. 触发器　　D. 索引

5. 下列（　　）语句用于创建触发器。

A. CREATE FUNCTION　　B. CREATE TRIGGER

C. ALTER TRIGGER　　D. DROP TRIGGER

二、判断题

1. 数据库的存储过程和触发器都可以有输入参数。（　　）
2. JDBC 和 ODBC 都可以在任何高级语言中建立与数据库的连接。（　　）
3. Servlet 程序是用 Java 语言编写的。（　　）
4. 在 ODBC 数据库编程中，驱动程序的加载是由用户应用程序完成的。（　　）
5. 触发器可以用于实现数据库表的数据完整性约束。（　　）

三、填空题

1. 在高级语言使用 ODBC 编写的程序时，需要管理＿＿＿＿＿和＿＿＿＿＿。
2. JDBC 的接口封装在＿＿＿＿＿＿＿和＿＿＿＿＿＿＿包里。
3. Java Server Pages 是＿＿＿＿＿＿＿技术，简称 JSP 技术，主要目的是将表示逻辑从 Servlet 中分离出来。
4. Servlet 是运行在＿＿＿＿＿＿＿端的应用程序，是服务器端的 Applet。Servlet 从＿＿＿＿＿＿＿接收请求，执行某种操作后返回结果。
5. JavaBean 技术是将＿＿＿＿＿＿＿封装成为处理特定业务逻辑的组件技术。

四、简答题

1. ODBC 连接数据库包括哪几个主要步骤？
2. JDBC 连接数据库包括哪几个主要步骤？
3. Java Servlet 编程有什么优点？Servlet 工作过程是什么？
4. MyBatis 访问数据库主要包括哪些基本步骤？
5. PostgreSQL 数据库创建、修改和删除存储过程使用哪些主要命令？

五、实践操作题

在简易教学管理数据库系统中，定义如下关系模式。

```
Student(sid,sname,age,sex)
Sc(sid,cid,grade)
Course(cid,cname,teacher)
```

（1）编写触发器实现表与表之间的参照完整性约束；

（2）用 MyBatis+Servlet+JSP 编程实现查询学生的各科成绩。

第7章 NoSQL数据库技术

NoSQL是Not Only SQL的缩写，是对不同于传统的关系数据库的数据库管理系统的统称。NoSQL是一种解决为应用的需求而提出的海量数据、非结构化数据处理方法的替补方案，大多数的NoSQL产品是基于大内存和高性能随机读/写的，这些类型的数据存储不需要固定的模式，不需要多余操作就可以横向扩展。本章从关系数据库局限入手，说明不断变化的应用需求对数据库的数据处理提出的各种挑战，详细分析NoSQL数据库的基本原理、数据模型、存储特点等，帮助读者建立NoSQL的相关概念，掌握NoSQL数据库的原理，能够使用它们解决实际的工程问题。

本章学习目标如下。

（1）了解关系数据库局限。

（2）掌握CAP理论、BASE模型、最终一致性的相关原理。

（3）了解NoSQL数据库的特点，理解NoSQL的数据的逻辑模型和存储模型。

（4）掌握NoSQL的4种数据模型——键值存储、列族存储、文档存储和图形存储数据模型。

（5）掌握HBase、Redis、MongoDB、Neo4j这4种数据库的基本原理。

（6）应用典型的NoSQL数据库工具实现数据管理任务。

7.1 NoSQL数据库概述

数据库系统是从20世纪60年代中期发展起来的以数据建模和数据库管理系统核心技术为主、内容丰富的一门学科。随着互联网、移动互联网、物联网、云计算、移动智能终端等的快速发展，计算机系统硬件技术的进步及互联网技术的发展，数据库系统管理的数据及应用环境发生了很大的变化，其表现为数据种类越来越多、数据的结构越来越复杂、数据量剧增、应用领域越来越广泛。数据管理无处不需、无处不在，大大地拓展和深化了数据库的研究领域。

关系数据库的突出优势是，数据表示的3级模式（外模式、模式、内模式）保证了数据的逻辑独立性和物理独立性，完整的事务处理机制保持数据的一致性（事务的ACID，即原子性、一致性、隔离性、持久性）；用二维表来表示数据和数据之间的关系，数据更新的开销很小；提供负责连接操作的各种查询处理等；网络和数据库的结合产生了分布式数据库，数据可以分布在网络的不同物理结点上；数据之间存在着逻辑关系，它们共同完成数据库的全局应用。

互联网的很多应用要求大批量数据的写入处理、随时更新的数据模式及其索引、字段不固定、对海量数据的简单查询的快速结果反馈等，需要全新的数据库技术来为之提供解决方案，NoSQL 就应运而生了。NoSQL 使用了新的数据概念模型和物理模型，新的数据库体系结构，当然也有新的数据库理论的支持。

7.1.1　关系数据库的局限

20 世纪 70 年代初，Codd 发表了著名的论文 *A Relational Mode of Data for Large Shared Data Banks*，开启了关系数据库时代，关系模型用二维表的方式来存储数据和数据之间的关系，完善了关系代数理论，产生了一批关系数据库管理系统产品，使关系数据库应用于各行各业的数据处理过程中，为 OLTP 提供了数据处理平台。关系数据库以事务为调度单位，并提供了并发控制和灾难恢复的技术。其特点是，数据结构化、数据的共享性高、冗余度低、易扩充、数据独立性高，数据由数据库管理系统统一管理和控制等。其优点是，容易理解，二维表结构是非常贴近逻辑世界的一个概念，使用方便，易于维护，支持复杂查询。其缺点是，不擅长大量数据的写入处理、表结构变更、字段不固定时的应用和对简单查询需要快速返回结果的处理的应用。

网络计算、云计算提供了网络环境下数据的透明存储和处理，存储价格下降和容量的巨大提升，互联网应用的发展，数据之间的关系越来越复杂，关系的表达越来越丰富，太空探索、生物工程、基因工程等科学研究的数据处理等，都使收集到的数据越来越庞大，数据类型越来越多样，生成速度越来越快，需要更快的处理能力。关系数据库面临如下挑战。

（1）数据库高并发读/写需求

在关系数据库上进行大规模的事务处理，要解决读、写操作的性能问题，网络环境下数据的分布存储和分布处理的快速响应问题，高速有效保证数据的持久性和可靠性等。要通过大量结点的并行操作实现大规模数据的高效处理，面临着海量数据的处理方法、存储模式、交互通信、智能分析等问题。

（2）海量数据的高效存储和处理

在互联网环境下，各种应用层出不穷，任何一个互联网的用户都是信息的提供者和使用者，他们根据兴趣或为满足需求在网上提供相关的生活、学习、交友等多种多样的且非常庞大的信息，每天产生千万级的图、文、声、像、关系等各种类型的数据，用关系表不能表达，数据的查询耗时巨大。如果通过分库、分表等方法切分数据，就会加重程序开发和数据备份、数据库扩容的复杂度等。

（3）数据库高扩展性和高可用性需求

云计算是通过互联网访问、可定制的 IT 资源共享池，按需付费的模式使用网络、服务器、存储、应用、服务等的计算环境。核心理念是按需服务，存储交由云端。云计算供应商需面对存储海量数据的挑战。在高性能、高可靠性的机器上用传统的关系数据库管理系统，要保证存储的海量性和高可用性，会涉及硬件和软件的大量投资。

（4）数据库在大数据处理方面的要求

大数据就是海量数据+复杂计算，面对规模巨大、高速产生、形式多样的数据，我们只有通过复杂计算才能获取其中有价值的信息。大数据的 5V 特征：超量（Volume），表示规模巨大；高速（Velocity），表示数据产生的速度快并且有时效性，如各种物联网每天产生的数据、每天交通流量的数据等；异构（Variety），表明数据形式多样，包括图、文、声、像、非结构或半结构化的数据；真实（Veracity），说明这些数据都来自实际的生产和生活环境；价值（Value），代表这些数据中隐藏了巨大的信息价值。

海量数据存储的关键技术包括数据划分、数据一致性和可用性、负载均衡、容错机制、虚拟存储技术、云存储技术等。大数据时代，面对海量数据的井喷式增长和不断增长的用户需求，数据库必须具有高可扩展性、高并发性、高可用性等特征，即能够动态地增添存储结点以实现存储容量的线性扩展，及时响应大规模用户的读/写请求，能对海量数据进行随机读/写；提供容错机制，实现对数据的冗余备份，保证数据和服务的高可靠性。这些需求催生了NoSQL。

7.1.2 NoSQL理论基础

1. CAP理论

CAP理论的具体内容是在分布式的环境下设计和部署系统时，3个核心的需求 CAP[对应一致性（Consistency）、可用性（Availability）和分区容忍性（Partition Tolerance）]存在一种特殊的关系。

一致性：在分布式计算中，在执行某项数据的修改操作之后，所有结点在同一时间具有相同的数据，系统具有一致性。

可用性：在每一个操作之后，无论成功或失败，系统都要在一定时间内返回结果，保证每个请求不管成功或者失败都有响应。一定时间指系统操作之后的结果应该是在给定的时间内反馈，如果超时则认为不可用或操作失败。

分区容忍性：系统中任意信息的丢失或失败不会影响系统的继续运行。在网络被分隔成若干个孤立的区域时，系统仍然可以接受服务请求。

CAP理论的核心：一个分布式系统不可能同时很好地满足一致性、可用性和分区容忍性这3个需求，最多只能同时较好地满足两个。系统的设计者要在3个需求之间做出选择。根据CAP原理，NoSQL数据库分成满足CA原则、满足CP原则和满足AP原则三大类。

CA原则：单点集群，满足一致性、可用性的系统，通常在可扩展性上不太强大。

CP原则：满足一致性、分区容忍性的系统，通常性能不是特别高。

AP原则：满足可用性、分区容忍性的系统，通常对一致性要求低一些。

CAP是为了探索不同应用的一致性与可用性之间的平衡，在没有发生分隔时，可以满足一致性与可用性，以及完整的ACID事务支持，通过牺牲一定的一致性来获得更好的性能与扩展性；在有分区发生时，选择可用性，集中关注分区的恢复，需要分隔前、中、后期的处理策略，及合适的补偿处理机制。

2. BASE模型

BASE模型包含如下3个元素。

（1）BA（Basically Available），基本可用：系统能够基本运行，一直提供服务。

（2）S（Soft State），软状态/柔性事务：可以理解为“无连接”的，而“硬状态”（Hard state）是“面向连接”的；系统不要求一直保持强一致状态。

（3）E（Eventually Consistent），最终一致性：系统在某个时刻达到最终一致性，并非时时保持强一致。

软状态是实现BASE模型的方法，基本可用和最终一致是目标。按照BASE模型实现的系统，由于不保证强一致性，系统在处理请求的过程中，可以存在短暂的不一致，在短暂的不一致窗口，请求处理处在临时状态中，系统在做每步操作的时候，通过记录每一个临时状态，在系统出现故障的时候，可以从这些中间状态继续未完成的请求处理或者退回到原始状态，最后达到一致的状态。

3．最终一致性理论

NoSQL 数据库一致性有下列几种。

（1）强一致性：要求无论更新操作在哪一个副本执行，之后所有的读操作都要能获得最新的数据。

（2）弱一致性：用户读到某一操作对系统特定数据的更新需要一段时间，这段时间被称为“不一致性窗口”。

（3）最终一致性：弱一致性的一种特例，保证用户最终能够读取到某操作对系统特定数据的更新。

一致性可以从客户端和服务器端两个角度来看，客户端关注的是多并发访问的更新过的数据如何获取的问题，对多进程并发进行访问时，更新的数据在不同进程如何获得不同策略，决定了不同的一致性。服务器关注的是更新如何复制分布到整个系统，以保证最终的一致性。一致性因为有并发读/写才出现问题，一定要结合并发读/写的场地应用要求。如何要求一段时间后能够访问更新后的数据，即为最终一致性。最终一致性根据其提供的不同保证可以划分为更多的模型。

（1）因果一致性：无因果关系的数据的读/写不保证一致性。例如 3 个相互独立的进程 A、B、C，进程 A 更新数据后通知进程 B，B 完成最后的操作写入数据，保证了最终结果的一致性，系统不保证和 A 没有因果关系的 C 一定能够读取该更新的数据。

（2）读一致性：用户自己总能够读到更新后的数据，不保证所有的用户都能够读到更新的数据。

（3）会话一致性：把读取存储系统的进程限制在一个会话范围内，只要会话存在，就可以保证读一致性。

（4）单调读一致性：如果数据已被用户读取，任何后续的操作都不会返回到给数据之前的值。

（5）单调写一致性：来自同一个进程的更新操作按照时间顺序执行，也叫时间轴一致性。

以上 5 种一致性模型可以进行组合，例如读一致性和单调读一致性可以组合，即读自己更新的数据并且一旦读到最新的数据就不会再读以前的数据。系统采用哪种一致性模型，依赖于应用的需求。

很多 Web 实时系统并不要求严格的数据库事务，对读一致性的要求很低，有些场合对写一致性要求并不高，允许实现最终一致性。例如，发一条消息之后，过几秒乃至十几秒之后，订阅者才看到，这是完全可以接受的。对 SNS 类型的网站，从需求及产品设计角度，较低的读一致性要求避免了多表的连接查询，可以更多地用单表的主键查询，以及单表的简单条件分页查询，特殊的要求就催生了 NoSQL 技术的发展，用 BASE 模型保持数据的可用性和一致性。

扫码预习

7.1.3　NoSQL 基本概念

1．NoSQL 的含义

随着用户内容的增长，系统需要生成、处理、分析和归档的数据的规模快速增大，类型也快速增多。一些新数据源、新应用领域也在生成大量数据，如传感器、全球定位系统（GPS）、自动追踪器和监控系统等，数据增长快、半结构化和稀疏的趋势明显，关系数据库在处理这些数据密集型应用时出现灵活性差、扩展性差、性能差等问题，需要采用不同的解决方案进行扩展。在探索海量数据和半结构化数据相关问题的过程中，诞生了一系列新型数据库产品，其中包括列族数据库、键值对数据库、文档数据库和图形数据库，这些数据库统称 NoSQL。NoSQL 并不单指一个产品或一种技术，它代表一族产品，以及一系列不同的、有时相互关联的、有关数据存储及处理的概念。

2. NoSQL 的共同特征

NoSQL 没有明确的范围和定义，普遍存在的共同特征如下。

（1）不用预定义模式：不需要事先预定义表结构；数据中的每条记录都可能有不同的属性和格式，插入数据时不需要预先定义它们的模式。

（2）无共享架构：与将所有数据存储在网络中的全共享架构不同，NoSQL 将数据划分后存储在各个本地服务器上。

（3）弹性可扩展：在系统运行的时候，动态增加或者删除结点，不需要停机维护，数据可以自动迁移。

（4）分区：NoSQL 数据库将数据进行分区，将记录分散在多个结点上，分区的同时还要做复制。这样既提高了并行性能，又保证没有单点失效的问题。

（5）异步复制：NoSQL 中采用基于日志的异步复制，数据被尽快地写入一个结点，缺点是并不总能保证一致性，在出现故障时，可能会丢失少量的数据。

（6）BASE：NoSQL 数据库保证的是 BASE 特性，保证事务的最终一致性和软事务。

NoSQL 数据库并没有一个统一的架构，成功的 NoSQL 必然特别适用于某些场合或者某些应用。

3. NoSQL 采用的技术

NoSQL 普遍采用的技术：①简单数据类型。模型中每个记录拥有唯一的键，系统只需支持单记录级别的原子性，不支持外键和跨记录的关联。这种一次操作获得单个记录的约束，极大地增强了系统的扩展性，数据操作可以在单台机器中执行，没有分布式事务的开销。②元数据和应用数据的分离。系统只需要存储元数据和应用数据，元数据是定义数据的数据，用于系统管理如数据分区到集群中结点和副本的映射数据。应用数据是用户存储在系统中要处理的数据，根据不同的应用场合，有些 NoSQL 没有元数据，通过其他方式来解决数据和结点的映射问题。③弱一致性。系统通过复制应用数据来达到一致性，减少同步开销，用最终一致性和时间一致性来满足对数据一致性的要求。

NoSQL 处理的数据类型简单，可以避免不必要的复杂性，以提供较少的功能来提高系统的性能；结构简单，可以达到高吞吐量；用元数据来定义系统处理的数据格式，使系统具有高水平的扩展能力，应用数据借助云平台和低端硬件集群，以提高系统的可用性；可以避免昂贵的对象-关系映射，缓解由 RDBMS 引发的数据处理效率低的问题，降低处理海量稀疏数据的难度，反过来减弱了事务完整性的处理、灵活的索引及查询能力。

4. NoSQL 的数据库分类

NoSQL 数据库要提供非常高效、强大的海量数据存储与处理工具，其存储方式灵活。NoSQL 的数据模型是基于高性能的需求提出的。根据数据的存储模型和特点，NoSQL 数据库有很多类，按存储方式分为列存储数据库、键值对数据库、文档数据库、图形数据库等。

（1）列存储（Column Family）方式：在数据表的定义中只定义列族，存储时按照列族分块存储，用来应对分布式存储的海量数据。键仍然存在，特点是指向了多个列。列族中的列可以随应用变化，方便灵活。与关系数据库的按行存储不同，列存储数据库不管数据类型，按列将同一列的数据存储在一起；可以存储结构化和半结构化数据；对数据进行压缩；针对某一列或者某几列的查询有非常大的 I/O 优势。典型的例子有 HBase、Cassandra 和 Hypertable 等。

（2）键值对（Key-Value）存储方式：用一个哈希表存储数据，表中有一个特定的键和一个指向特定数据的指针。该模型简单、易部署。键值对数据库，存储的数据由键（Key）和值（Value）两部分组成，通过键快速查询到其值，值的格式可以根据具体应用来确定。典型的例子有 Redis、Tokyo Cabinet / Tyrant Berkeley DB、MemcacheDB 等数据库。

（3）文档（Document）存储方式：概念来自于 Lotus Notes 办公软件，该类型的数据模型是版本化的文档，半结构化的文档以特定的格式存储。文档存储时允许文档的嵌套和引用，文档的查询效率更高。文档存储数据库存储的内容是文档型的，可以用格式化文件（类似 JSON、XML 等）的格式存储，可对某些字段建立索引，实现关系数据库的某些功能。典型的例子有 MongoDB、CouchDB 等。

（4）图形（Graph）存储方式：数据库中的数据以图形（结点和边）的方式进行存储，使用灵活的图形模型，能够扩展到多个服务器上。在图形存储数据库中，数据以有向加权图的方式进行存储。社交关系、推荐系统、关系图谱的存储以图形存储方式为最佳。这些数据使用传统关系数据库来存储的话性能低下，而且设计使用不方便。典型的例子是 Neo4j 等。

NoSQL 数据库没有标准的查询语言（SQL），进行数据库查询需要制定数据模型。许多 NoSQL 数据库都提供操作的应用程序接口 API，包括提供各种程序设计语言如 C、Java 等的驱动、自己的 Shell 语言和相关的程序开发包等接口。NoSQL 的优点是高可扩展性、分布式计算、低成本、架构的灵活性，半结构化数据、没有复杂的关系。其缺点是没有标准化、有限的查询功能（到目前为止）、最终一致不直观等。NoSQL 数据库种类繁多，共同的特点都是去掉关系数据库的关系型特性，数据之间无关系，在架构的层面上带来了可扩展的能力。

不同的应用需要的数据存储格式也不同，可以针对不同的应用场景来开发：对象存储数据库是通过类似面向对象语言的语法操作数据库，通过对象的方式存取数据；XML 数据库的数据存储格式是 XML 格式，它提供数据存储，支持 XQuery 和 XPath 的查询语法等。

5. NoSQL 的整体框架

NoSQL 支持多样灵活的数据模型，无须事先为要存储的数据建立字段，随时可以存储自定义的数据格式。而在关系数据库里，增删字段是一件非常麻烦的事情。如果有非常大数据量的表，增加字段简直就是噩梦。

图 7-1 给出了 NoSQL 的整体框架，接口层给出用户使用的工具：REST（REpresentational State Transfer，表述性状态传递，一种软件架构风格），Thrft（一个软件框架，用来进行可扩展且跨语言的服务的开发，它结合了功能强大的软件堆栈和代码生成引擎），MapReduce，GET/PUT，语言特定 API 和 SQL 子集等。数据逻辑模型层中的数据模型包括 Key-Value（键值对）、Column Family（列）、Document（文档）、Graph（图形）等数据库模型。数据分布层是对应数据的物理存储，包括 CAP 支持、支持多数据中心、动态部署等分布式数据库的环境。数据持久层给出数据长期保存的方法，包括基于内存，基于硬盘，基于内存和硬盘，定制可插拔等。

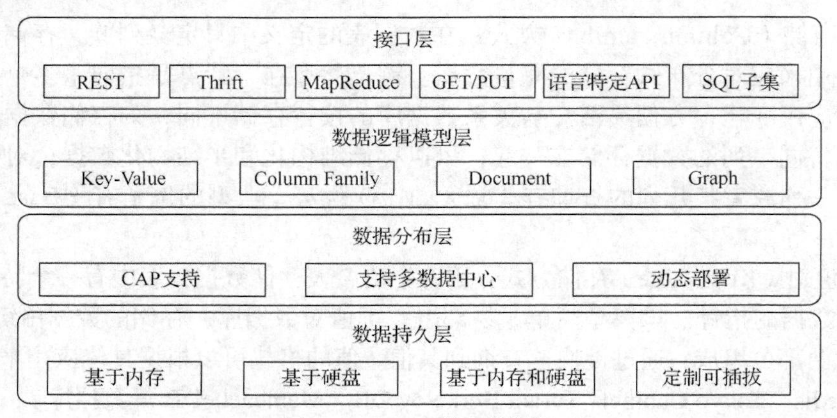

图 7-1　NoSQL 的整体框架

课堂讨论——本节重点与难点知识问题

1. 数据库管理目标与任务是什么？
2. 关系数据库的局限是什么？
3. 数据一致性体现在哪几个方面？
4. 如何理解数据库事务的 ACID 特性？
5. CAP、BASE、最终一致性的原理和实现技术分别是什么？
6. NoSQL 的共同特征是什么？
7. NoSQL 数据库按存储方式分为几类？

7.2　列存储数据库

本节介绍面向列存储的 NoSQL 数据库，这类数据库基于列的方式对数据进行组织，其特点表现在不支持完整的关系数据模型，适合大规模海量数据的存储和操作，具有分布式并发数据处理能力，对某些功能效率高、易扩展，支持动态伸缩等方面。

扫码预习

7.2.1　列存储的概念

数据库以行、列的二维表的形式表示数据，以一维字符串的方式存储。列存储把一列中的数据值串在一起存储起来，然后再存储下一列的数据，依次类推。列存储数据库是以列相关存储架构进行数据存储的数据库，适合于批量数据的处理和即时查询。数据按列存储即每一列单独存放，数据及时索引，数据操作时只访问涉及的列，能够大量降低系统 I/O；每一列由一个线索来处理，提高了数据并发处理能力。

这里以关系模型为例说明按列存储的含义。数据库中的数据模型给出了数据的表达方式，二维表是关系模型的数据结构，数据和数据之间的关系都在二维表中表示。数据库以行、列的二维表的形式表示数据，以一维字符串的方式存储。

课程信息表的内容见表 7-1。

表 7-1　　　　　　　　　　　　课程信息表的内容

Course_id	Course_name	Course_type	Course_hours	Course_credit
C001	数据库原理及应用	学科基础	64	4
C002	操作系统基础	学科基础	64	4
C003	面向对象程序设计	学科基础	48	3

表 7-1 包括 Course_id（课程代码）、Course_name（课程名称）、Course_type（类型）、Course_hours（学时数）、Course_credit（学分）。这个表存储在计算机的内存（RAM）和硬盘中。存储的效果是下面的字符串[其中，逗号（,）为分隔符]。

```
C001,数据库原理及应用,学科基础,64, 4, C002,操作系统基础,学科基础,64, 4, C003, 面向对象程序设计,学科基础,48, 3
```

列存储数据库把一列中的数据值串在一起存储起来，然后再存储下一列的数据，依次类推。存储的效果是下面的字符串。

```
C001,C002,C003, 数据库原理及应用, 操作系统基础, 面向对象程序设计, 学科基础, 学科基础, 学科基础, 64, 64, 48, 4, 4, 3
```

数据存储的基本单位为页，页是进行数据读取的基本单位，一次读取就是一次 I/O 操作。行存储把若干行存储在一个数据页，列存储把一列存储在一个数据页上。列存储对海量数据分析中列的查询分析可节省大量的 I/O 操作，同一类型的列存储在一起，数据压缩比高；大多数查询并不会涉及表中的所有列，与压缩方法相结合，可改善缓冲池的使用率。

列存储索引的局限性：包含的列数有限制（不能超过 1024）和无法聚集。无法聚集表现在不能做下列事情：唯一索引、创建基于视图或索引视图、包含稀疏列、作为主键或外键、使用修改索引语句、用索引排序的 ASC 或 DESC 关键字、以索引的方式使用或保留统计信息、更新具有列存储索引的表等。

列存储数据库在数据仓库、商务智能领域应用中的优势表现在：独特的存储方式可以迅速地执行复杂查询；列存储数据库的压缩技术为数据仓库、商务智能应用中巨大的数据量节约存储成本；列存储数据库先进的索引技术提高了数据库的管理。

列存储数据库大多结合了键值模式，特点表现在：模式灵活，不需要预先设定模式，字段的增加、删除、修改方便，扩展能力强，有容错能力；适合于批量数据处理和即时查询；适合于大批量的数据处理，常用于联机事务型数据处理；由于列存储的每一列数据类型是同质的，不存在二义性问题，容易用来做数据解析，列存储的解析过程更有利于分析大数据。

下面将以开源的、分布式的列存储数据库 HBase 为例，讲述列存储数据库的数据模型、存储结构和系统的相关实现原理和应用。

7.2.2　HBase 数据库的概念

HBase 是构建在 Apache Hadoop 上的列存储数据库，是基于 Java 的开源非关系型分布式数据库（NoSQL），它可容错地存储海量稀疏的数据。HBase 的表能够作为不同任务的输入和输出，通过不同的 API 来存取数据。HBase 是建立在分布式文件系统之上，提供高可靠性、高性能、列存储、可伸缩、实时读/写的 NoSQL 数据库系统。

HBase 的数据模型的表现形式是表，以表的形式表达和存储数据，表由行和列组成，列划分为若干个列族（Column Family）。HBase 表的逻辑视图是基于行键（RowKey）、列族

（Column Family）、列限定符（Column Qualifier）和时间版本（Version）的组合。这一组数据就是数据存储的一个单位即一个键值对，对应的值就是真实的数据信息，同一个值也会有不同的时间版本。HBase 的表结构见表 7-2。

表 7-2　HBase 的 example-table1 表结构

行键 RowKey	列族 1Column Family：CF1		列族 2 Column Family：CF2		时间戳 TimeStamp
	列名称 Column：C11	列名称 Column：C12	列名称 Column：C21	列名称 Column：C22	
com.google	C11 good	C12 good	C12 bad	C12 bad	T1

（1）表：HBase 会将数据组织进一张张的表里，表名是字符串，同时可以是文件系统中的路径，应用程序将数据存入 HBase 表中。表的定义中要说明行健名称和表中包含的列族名称。

（2）行键：数据的行结构是每一行由行键唯一标识，行键没有数据类型，是表中每条记录的“主键”，类型标注为字节数组 byte[]。HBase 表中的行（Row）通过行键进行唯一标识，不论是数字还是字符串，最终都会转换成字段数据进行操作。

（3）列族：每个列族有名称（字符串类型，string），包含一个或者多个相关列；每个行里的数据都是按照列族分组的，列族决定表的物理存放，数据在存入后就不修改了，表中的每个列都归属于某个列族。列族是表的模式（schema）的一部分（列不是，在定义表时不用定义列），在定义表时定义。表由行和列共同组成，列族将一列或多列组织在一起，在创建表时只需指定表名和至少一个列族。

（4）列（Column）：属于某一个列族，表示为列组名称+列限定符；每条记录可动态添加列；列限定符在数据定位时使用，列限定符没有数据类型，用字节数组 byte[]。

（5）单元（Cell）：单元由行、列族、列限定符、值和代表值版本的时间戳组成，存储在单元里的数据被称为单元值。值没有数据类型用字节数组 byte[]存储。{行键，列族+列名称，版本}唯一确定单元，单元中的数据以字节码形式存储。行和列的交叉点被称为单元格，单元格的内容就是列的值，以二进制形式存储，同时它具有版本信息，每个单元的值可保存数据的多个版本，按时间顺序倒序排列，写入数据时赋值，可由系统自动赋值。

（6）时间版本（时间戳，TimeStamp）：类型为 64 位整型（long），默认值是系统时间戳，用户可自定义；单元值所拥有的时间戳是一个 64 位整型值，当前时间戳的值在一个默认版本中保留。HBase 保留单元值的时间版本的数量默认为 3 个。每个单元版本通过时间戳来索引，时间戳可以由 HBase（在数据写入时自动进行）赋值为当前系统时间，也可以由客户显式赋值，应用程序要避免数据版本冲突，自己生成具有唯一性的时间戳。在每个单元中，不同版本的数据按照时间倒序排列，可保存数据的最后 n 个版本，或保存最近一段时间内的版本（设置数据的生命周期 TTL），或用户针对每个列族进行设置。HBase 提供了两种数据版本回收方式：一是保存数据的最后 n 个版本，二是保存最近一段时间内的版本（如最近 7 天）。用户可以针对每个列族进行设置。

HBase 没有数据类型，任何列值都被转换成字符串进行存储；表的每一行可以有不同的列；相同键值的插入操作认为是同一行的操作，即相同键值的第二次写入操作可理解为该行数据的更新操作；列由列族和列名连接而成，分隔符是冒号，如 d:Name（d 为列族名，Name 为列名）。在表的逻辑模型中，空白单元在物理上是不存储的，若一个请求要获取某个时间戳上没有的列值，则结果为空。如果不指明时间，系统将会返回最新时间的行，每个最新的行都会返回。

下面以记录作者在网络上发表的各类文章的应用来说明用关系模型和 HBase 的表的模型的解决方案。关系数据库表结构设计需要 3 个表格：文章表 Article（id, title, content, tags），作者表 Author（id,name,nickname），日志表 Blog（Blog_ID,article_id,Author_id,pub_time,...）。这 3 个表格记录数据，对每个作者发布的文章的相关信息进行管理。

用 HBase 设计表结构为 HBlog，行键是 ID，列族有两个——Article 和 Author，Article 列族中有 3 个列——title、content、tags，Author 列族有两个列——name 和 nickname。表 7-3 给出了 HBlog 的逻辑结构，表 7-4 给出了 HBlog 存储的信息结构，行键是 1 的该行数据在不同的时间内经过了 6 次修改。

表 7-3 HBlog 的定义

RowKey（行键）	Column Family（列族）	Column Keys（列名称）
ID	Article	title， content，tags
	Author	name，nickname

表 7-4 HBlog 存储的信息结构

RowKey	TimeStamp	Article（列族）	Author（列族）
1	1318179218111121	Article:title ="HBase book"	
	1318179216279829	Article:content=Nosql...	
	1318179215898902	Article:tages=数据库	
	1318179214466785		Author.name=Xixi...
	1318179213577898		Author.nickname=.xyz.
	1318179212512001		Author.nickname=.abc.
10			
100			
11			
…			

列可以在使用中动态增加，同一列族的列会群聚在一个存储单元上，并依列键排序，应将具有相同 I/O 特性的列设计在一个列族上以提高性能，列是可以增加和删除的，适合非结构化数据；HBase 通过行和列确定单元数据，数据的值可能有多个版本，不同版本的值按照时间倒序排列，即最新的数据排在最前面，查询时默认返回最新版本。如上例中行键是 1 的 Author:nickname 值有两个版本，分别为 1318179213577898 对应的“xyz”和 1318179212512001 对应的“abc”（对应到实际业务，可理解为作者在某时刻修改了 nickname 为 xyz，但旧值仍然存在）。时间戳默认为系统当前时间（精确到毫秒），也可以在写入数据时指定该值；每个单元格值通过 4 个值唯一索引，表名称+行健+列名称+时间戳所对应的值，例如上例中 {tableName='HBlog',RowKey='1',ColumnName ='author:nickname',TimeStamp= '1318179213577898'}索引到的唯一值是“xyz”。

HBase 数据的存储类型：表名称是字符串；行健和列名称是二进制值（Java 类型 byte[]）；时间戳是 64 位整数（Java 类型 long）；单元值是字节数组（Java 类型 byte[]）。

HBase 的数据模型的定义的层次：模式->表->列族->行键->时间戳->单元值。

模式（schema）由应用来确定，可根据应用的需求来定义 HBase 中的表格。定义表的结构就是给出表名称和列组名称；表中列族的个数对应不同的存储空间，在数据应用中用来确定各个列组中包含的列的个数；行健可以唯一确定一行的内容，所有的查询都是依赖行键进行的，时间戳和每个单元值一一对应。

由上面的例子可知，HBase 的表设计不支持条件查询和 ORDER BY 等查询，读取记录只能按行键（及其范围）或全表扫描；在表创建时只需声明表名和至少一个列族名，每个列族为一个存储单元。在上例中，表 HBlog 有两个列族，即 Article 和 Author。

HBase 表的特点：表达的数据量大，一个表可有数十亿行、上百万列；无模式，每行都有一个可排序的主键和任意多的列，列根据需要动态地增加，同一张表中不同的行可以有截然不同的列；面向列（族）的存储，表的值可以非常稀疏；数据多版本，每个单元中的数据可以有多个版本，默认情况下版本号自动分配，是单元格插入时的时间戳；数据类型单一，HBase 中的数据都是字符串，没有其他类型。

HBase 设计上没有严格形态的数据。数据记录可能包含不一致的列、不确定大小，即为半结构化数据。半结构化数据使 HBase 具有可扩展性，松耦合的半结构化逻辑模型有利于物理分散存放数据。

扫码预习

7.2.3 HBase 数据库的存储结构

1. HBase 数据存储架构

HBase 的数据存储是分层次进行的，图 7-2 给出了 HBase 的物理存储架构。

图 7-2　HBase 的物理存储架构

HBase 表的行按照行键的字典序排列，表在行的方向上分割为多个区域（Region）；区域按表的大小进行分割，每个表开始只有一个区域，随着数据不断增多，区域不断增大，当增大到一个阈值的时候，老区域就会等分成两个新区域，之后会有越来越多的区域；区域是 HBase 中分布式存储和负载均衡的最小单元，不同区域分布到不同区域服务器（RegionServer）上。

（1）表：表很大，一个表可有数十亿行和上百万列；表无模式，即表的每行都有一个可排序的行健和任意多的列，列可根据需要动态地增加；列独立检索；空列不占用存储空间，数据类型单一；表是面向列（族）、权限控制和独立检索的稀疏存储。HBase 中表的所有行都按照行健的字典排序，表在行的方向上分割多个区域。

（2）区域（Region）：每个区域存储着表的若干行，区域是分布式存储的最小单元。数据存储实体是区域，表按照“水平”的方式划分成一个或多个“区域”；每个区域都包含一个随机 ID，区域内的行也是按行键排序的；最初每张表包含一个区域，当表增大超过阈值后，区域被自动分割成两个相同大小的区域；区域是 HBase 中分布式存储和负责均衡的最小单元，以该最小单元的形式分布在集群内。

（3）存储单元（Store：区域中以列族为单位的单元）：区域由一个或者多个存储单元组成，每个存储单元保存一个列族。每个存储单元由一个内存单元（MemStore）和 0 至多个存储单元文件（StoreFile）组成。内存单元用于写缓冲区，存放临时的计算结果。

（4）存储单元文件（StoreFile）：以 HFile 的格式存储在分布式文件系统上，组成有：①数据块 DataBlock 保存表中的数据，可压缩；②元数据块 MetaBlock 保存用户自定义的键值对，可压缩；③File info 存储 HFile 的元信息，不能压缩，用户也可以在这一部分添加自己的元信息；④DataBlockIndex 存储数据块索引，每条索引的键值是索引的 Block 第一条记录的键值（Key）；⑤MetaBlockIndex 元数据块索引；⑥Trailer 保存每一段的偏移量，读取一个 HFile 时，系统会首先读取 Trailer，它存储了每个段的开始位置。块（Block：读/写的最小单元）是存储管理的最小单位。

在 HBase 中，最底层的物理存储对应于分布式文件系统上的单独文件 HFile，要把操作的数据存储到磁盘上的 HFile 上，需要有一个内存单元作为缓冲，计算机上操作的数据先放在缓冲中，系统根据相应的策略把缓冲的数据写入 HFile 上进行持久化保存；由一个内存单元和 0 至多个 HFile 组成存储单元；多个存储单元组成了区域；HBase 的表格存放在一个或多个区域上，在表上的所有操作就可以存储在磁盘文件上。与 HBase 的列存储特性对应，每个列族存储在分布式文件系统上的一个单独文件 HFile 中，空值不保存。键值和版本号在每个列族中均有一份；为每个值建立并维护多级索引，为<行键,列族,列名称,时间戳>。

2. HBase 数据存储的层次关系说明

HBase 数据存储的层次关系如图 7-3 所示。

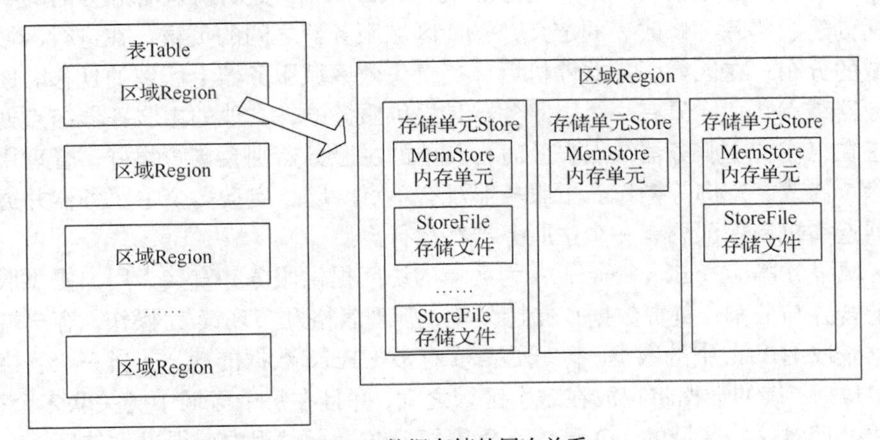

图 7-3 数据存储的层次关系

（1）表和区域的关系：表按照行切割为多个区域，一个表在创建时只有一个区域，随着行数的增加，逐渐被切割为多个区域。

（2）区域和存储单元的关系：表的每一行都包含一个或多个列族，每个列族对应一个存储单元，所以每个区域包括一个或多个存储单元。

（3）存储单元和 HFile 的关系：每个存储单元由一个内存单元和 0 至多个 HFile 组成，在客户端进行数据写过程中，数据会先写入缓冲即内存单元，当缓冲达到一定程度的时候，系统就会把缓冲区的内容刷新（Flush）到硬盘，生成一个 HFile。

7.2.4 HBase 数据库的系统架构与组成

HBase 是一个分布式的数据库系统，这里讨论其系统架构和系统组成。

1. HBase 系统架构

HBase 是一个分布式的数据库系统，其系统架构如图 7-4 所示。集群主要由主服务器、区域服务器、协调者服务器等组成。协调者服务器管理集群，主服务器管理多个区域服务器，在分布式的生产环境中，HBase 需要运行在分布式文件系统（HDFS）之上，由 HDFS 提供基础的存储设施，上层提供客户端访问的 API，对 HBase 的数据进行处理。

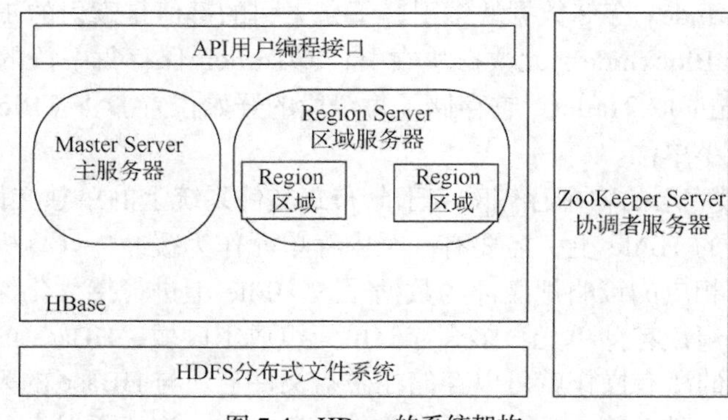

图 7-4 HBase 的系统架构

（1）主服务器（Master Server）：管理区域服务器；指派区域服务器为特定区域服务；恢复失效的区域服务器，协调区域服务器分配区域，负载均衡和修复区域服务器的重新分配和监控集群中所有区域服务器的状态，通过心跳（Heartbeat）监听协调者服务器的状态，其管理职能包括创建、删除、修改表的定义，平衡区域服务器之间的负载；在进行区域分裂后，负责新区域的分布；在区域服务器停机后，负责失效区域服务器上区域的迁移。HBase 允许多个主服务器结点共存，只有一个主服务器是提供服务的，其他的主服务器结点处于待命的状态。当正在工作的主服务器结点失效时，其他的主服务器则会接管集群，管理用户对表的增加、删除、修改、查询等操作。主服务器没有单点问题，启动多个主服务器并通过协调者的主服务器选举机制保证总有一个主服务器在运行。

（2）区域服务器（Region Server）：为区域的访问提供服务，直接为用户提供服务；负责维护区域的合并与分割；负责数据存储持久化，管理表格及实现读/写操作。客户端直接连接区域服务器获取 HBase 中的数据。区域是真实存放 HBase 数据的地方，当一个表格很大并由多个列族组成时，表的数据将存放在多个区域之间，并且在每个区域中会关联多个存储单元，维护区域并处理对这些区域的 I/O 请求；负责切分在运行过程中变得过大的区域，不同的区域可以分布在不同的区域服务器上，一个区域不会被拆分到多个服务器上。

（3）协调者服务器（ZooKeeper Server）：保证任何时候集群中只有一个主服务器，存储所有区域的寻址入口，实时监控区域服务器的状态，将区域上线和下线的信息实时通知给主服务器，存储 HBase 的用户定义模式（包括表、表中的列族等），通过选举保证任何时候集群中只有一个主服务器处于运行状态，负责区域和区域服务器的注册。主服务器与区域服务器启动时会向协调者服务器注册；协调者服务器的引入使主服务器不再有单点故障；协调者服务器解决分布式环境下的数据管理问题，包括统一命名、状态同步、集群管理和配置同步。

（4）客户端（对应 API）：客户端是请求发起者，它通过 API 访问数据库，维护一些高速缓存来加快对 HBase 的访问，使用远程过程调用机制与主服务器和区域服务器进行通信，客户端与主服务器进行通信、进行管理类操作，客户端与区域服务器进行数据读/写类操作。

2. HBase 系统组成

HBase 采用主从架构搭建集群，由主服务器结点、区域服务器结点、协调者/组成，在底层将数据存储于分布式文件系统中。每个区域服务器管理多个区域，控制由日志 WAL（HLog）、数据块缓冲 BlockCache、内存缓冲单元 MemStore、HFile 组成的存储系统，完成对区域中数据的操作，系统组成如图 7-5 所示。

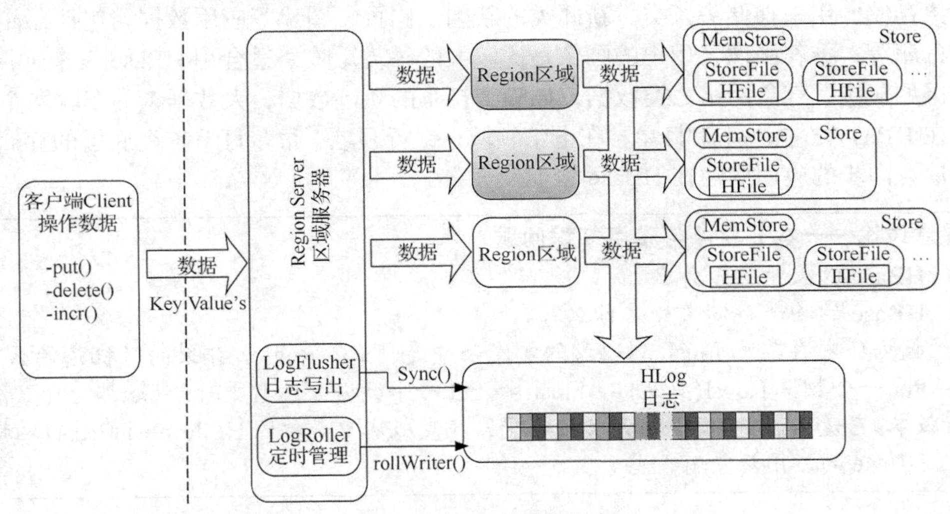

图 7-5　HBase 的系统组成

日志 HLog（WAL log）：WAL 为先写日志后记录数据（Write Ahead Log），用作灾难恢复，日志记录了数据的所有变更，一旦数据库出现问题，可从日志中进行恢复。日志是分布式文件系统上的一个文件，所有写操作先保证将数据写入这个日志文件后，才真正更新内存单元，最后写入 HFile 中。在区域服务器失效后，根据日志重做所有的操作，保证了数据的一致性。日志文件会定期滚动（Roll）写入新的文件而删除旧的文件（已写到 HFile 中的日志可以删除）。

每个区域服务器维护一个日志，不同区域（来自不同表）的日志会混在一起，通过不断追加单个文件操作减少磁盘寻址次数，提高对表的写性能。如果一台区域服务器下线，为了恢复其上的区域，需要将区域服务器上的日志进行拆分，然后分发到其他区域服务器上进行恢复。LogFlusher 类定期把缓冲器中的数据写到 HFile（磁盘）。LogRoller 类，日志的大小通过系统配置的参数来限制，默认是 60 分钟，每 60 分钟会打开一个新日志文件。LogRoller 类调用 HLog.rollWriter()方法把日志内容写出去，定时滚动日志，利用 HLog.cleanOldLogs()清除旧的日志，取得存储文件中最大的序列号，检查是否存在一个所有条目的序列号均低于这个值的日志，若存在就删除该日志。BlockCache 是一个读缓存，将数据预读取到内存中，以提升读的性能。HBase 提供两种 BlockCache 的实现：默认 on-heap LruBlockCache 和 BucketCache（通常是 off-heap）。

内存单元是一个写缓存，所有数据在完成日志写后，会被写入内存单元中，由内存单元根据一定的算法将数据写出（Flush）到底层分布式文件系统文件 HFile 中，通常每个区域中的每个列族有一个自己的内存单元。HFile（StoreFile）是用于存储 HBase 的数据（单元 Cell/KeyValue）。HFile 中的数据按行键、列族、列排序，对相同的单元（3 个值一样），则按时间戳倒序排列。

7.2.5 HBase 数据库的应用场景

HBase 的 API 为客户端提供不同的访问方式来存取 HBase 的数据，包括 3 个大类：HBase Shell，Java 客户端 API，和 HBase 非 Java 存取方式。

HBase 是一个数据库也是一个存储，拥有双重属性的 HBase 具备广阔的应用场景：HBase 用在对象存储，用来存储头条类、新闻类的新闻、网页、图片等应用数据，包括存储病毒公司的病毒库等；推荐画像，用户的画像是比较大的稀疏矩阵，适合用 HBase 表来进行存储；时空数据如轨迹、气象网格之类数据，如滴滴打车的轨迹数据，大数据量的车联网企业等数据都存在 HBase 之中；消息/订单，在电信领域、银行领域，很多订单查询底层的存储，这些通信、消息同步的应用构建在 HBase 之上。

课堂讨论——本节重点与难点知识问题

1. HBase 的表结构是什么？
2. HBase 的物理存储架构是什么？
3. 数据从内存单元 Flush 到磁盘的触发条件是什么？Region 分裂的时机是什么？
4. Put 一个数据 Row1(更新) -> Flush -> Put 一个数据 Row1(更新)->Get，为什么能够得到最新版本，它是从最新的 HFile 开始扫描吗？指定版本也是按照 HFile 的新旧进行扫描吗？
5. HBase 的应用场景有哪些？

7.3 键值对数据库

KV（Key-Value，键值对）存储模型是 NoSQL 中最基本的数据存储模型，KV 类似于哈希表，在键和值之间建立映射关系。键值对存储模型极大地简化了关系数据模型。在大数据应用领域，键值对存储模型为大数据的应用提供了一个可行的解决方案，其数据按照键值对的形式进行组织、索引和存储。该存储模型适合不涉及过多数据和业务关系的业务数据，能减少读/写磁盘的次数。键值对存储模型通过键直接访问值，进而进行增加、删除、修改等数据操作；键值对存储模型的键，其对应的值可以是任意的数据类型。键值对数据库存储的优势是处理速度非常快，缺点是只能通过键的完全一致查询来获取数据。根据键值对数据的保存方式，键值对存储分为临时性、永久性和两者兼有 3 类：临时性键值对存储是把数据保存在内存，进行非常快速的存取处理，数据可能丢失；永久性键值对存储是在硬盘上保存数据；两者兼有的键值对存储同时在内存和硬盘上保存数据，具有内存中快速存

取和数据永久保存的特点，即使系统出错也可以恢复。

所有键值对数据库都可以按关键字查询，键值对数据库中的值可以是二进制、文本、JSON、XML 等。很多键值对数据库用“分片”技术扩展，键的名字就决定了存储的结点。也可根据“CAP 定理”中的参数（存放键值对的副本结点数、完成读取操作所需的最小结点数和完成写入操作所需的最小结点数）来保证数据操作的正确性。

7.3.1　键值对存储的概念

键值对存储是数据库最简单的组织形式。键是编号、值是数据，键值对就可以根据一个键获得对应的一个值，值可以是任意类型。键值对存储提供了基于键值对的访问方式。键值对可以被创建或删除，与键相关联的值可以被更新。键值对数据库的数据模型可以从以下 3 个方面来体现。

（1）数据结构：键值模型的每行记录由键和值两个部分组成，是一张简单的哈希表，所有数据库的访问均通过键来操作。

（2）数据操作：键值对数据操作包括 Get(Key)获取键为“Key”的值数据，Set(Key,Value)增加一个键值对，Delete(Key)删除存储在“Key”下的数据等操作。

（3）数据完整性：针对单个键的操作包括 Get、Set、Delete，才要区别“一致性”。

不同类型的键值对数据库产品，其“事务”规范不同，一般来说，无法保证写入操作的“一致性”，其实现“事务”的方式各异。所有键值对数据库都可以按关键字查询。下面以键值对数据库 Redis 为例，说明键值对数据库的原理与应用。

7.3.2　Redis 数据库的基本知识

1. Redis 数据库的概念

Redis（Remote dictionary server）是一个由 ANSI C 语言编写的、开源的、遵守 BSD 协议、支持网络、可基于内存亦可持久化的日志型、提供多种语言的 API 的键值对数据库。Redis 是键值对类型的内存数据库，整个数据库统统加载在内存中进行操作，定期通过异步方式把内存数据写（Flush）到硬盘上进行保存。Redis 通过单值不同类型来区分，支持的数据类型有字符串（string）、哈希表（hash）、链表（list）、集合（set）、有序集合（ordered set）。Redis 可保存多种数据结构，单个值的最大限制是 1GB。用 Redis 的链表来做 FIFO 双向链表，可实现轻量级的高性能消息队列服务，用 Redis 的集合可做高性能的标签系统等；Redis 可对存入的键值对设置过期（expire）时间；Redis 通过异步的方式将数据写入磁盘，具有快速和数据持久化的特征。Redis 的缺点是数据库容量受到物理内存的限制，不能用作海量数据的高性能读/写，其适合的场景局限在较小数据量的高性能操作和运算上。

2. Redis 数据库的数据类型

Redis 数据库中的所有数据都是键值对，不管放入数据库中的是什么类型的数据，放在底层的都以二进制字节数组的格式存放，客户端使用时需要自己来转换。Redis 键值是二进制安全的，用任何二进制序列作为键，空字符串也是有效键。键取值太长将导致查找键的计算成本高取值，而太短时，可读性较差。每个数据库的大小不能超过内存，它完全在内存中操作数据，数据类型丰富。

Redis 支持的值类型有 5 种，即字符串类型（string）、哈希表类型（hash）、链表类型（list）、集合类型（set）、有序集合类型（ordered set）。

（1）字符串

字符串是最基本的类型，它是二进制安全的，可以包含任何数据，如 JPG 图片或者序列化的对象，其字符串值最多是 512MB。字符串是最常用的一种数据类型，可应用于普通的键值对存储，具有定时持久化、操作日志及复制等功能。

（2）哈希表

哈希是一个键值对集合，一个字符串类型的域（field）和值（value）的映射表，适用于存储对象。例如，存储用户信息对象数据用户 ID 为键，存储的值是户对象，包含姓名、年龄、生日、专业等信息，用哈希表内部存储的值为一个哈希映射（HashMap），图 7-6 给出了用户信息的定义，第一行的键值对是具体的键，person 值是一个哈希。

```
1   Key          Hash
2   person       field    value
3                ID       10086
4                姓名     Peter
5                性别     male
6                生日     2001-1-29
7                专业     computer science
```

图 7-6　用户信息的定义

哈希表不支持二进制位操作命令，一个哈希表中最多包含 $2^{32}-1$ 个键值对。

（3）链表

链表是简单的字符串列表，是重要的数据结构之一。它的实现为一个双向链表，支持反向查找和遍历，可用于发送缓冲队列等功能。

（4）集合

Redis 中的集合是一个无序的、去重的元素集合，元素是字符串类型，最多包含 $2^{32}-1$ 个元素。集合是通过哈希表实现的，所以添加、删除、查找的复杂度都是 O(1)。Redis 的集合对外提供与链表类似的功能，集合的概念就是一堆不重复值的组合。集合的内部实现是一个值永远为 null 的哈希映射，是通过计算哈希的方式来快速去重的。

（5）有序集合

有序集合的操作类似集合，有序的、去重的、元素是字符串类型、不允许有重复的成员，每一个元素都关联着一个浮点数分值（Score），按照分值从小到大的顺序排列集合中的元素。分值可以相同，最多包含 $2^{32}-1$ 个元素，成员是唯一的但分数（Score）可以重复。有序集合的使用场景与集合类似，区别是集合不是自动有序的，有序集合通过用户额外提供一个优先级（Score）的参数来为成员排序，是插入有序的即自动排序。有序集合的内部使用哈希映射和跳跃表（SkipList）来保证数据的存储和有序。

7.3.3　Redis 数据库的结构

1. 数据库数组

Redis 内部维护一个数据库数组（结构见图 7-7），每一个 Redis 服务器内部的数据结构都是一个 RedisDB[]，该数组的大小可以在 Redis.conf 中配置（“database 16”，默认为 16）。在默认状态下，Redis 会创建 16 个数据库。

RedisDB[0]，内容是指向 RedisDB 的指针（字典结构）	RedisDB[1] …	…	RedisDB[15] …

图 7-7　Redis 数据库的数组结构

每一个 RedisDB 都以一个 dict（字典）存储键值对。每个 RedisDB 结构就代表一个数据库，数据结构如下。

```
struct RedisServer{ ... // 一个保存着 RedisDB 的数组，db 中的每一项就是一个数据库
            RedisDB *db;   ...}
```

2. 数据库的内部结构

每个数据库由一个 RedisDB 结构表示，其中 RedisDB 结构中的字典（dict）保存了数据库中所有的键值对。RedisDB 结构体的定义为

```
typedef struct RedisDB{  ...//保存数据库中所有的键值对
          dict *dict;  ...}
```

字典（dict）又被称为符号表、关联数组或映射，用于保存键值对的抽象数据结构；字典中的每个键是独一无二的，程序可以在字典中根据键查找与之关联的值，通过键来更新值，根据键来删除整个键值对等；字典可以用来实现数据库和哈希键等。

3. 字典结构

字典是 Redis 中的一种数据结构，用来保存键值对。Redis 数据库的底层实现是字典，我们对数据库的增、删、改、查操作都是通过对字典进行操作来实现的。字典还是哈希数据的底层实现之一，如果一个哈希键包含的键值对比较多或字符串长度比较长，Redis 就会使用字典作为哈希键的底层实现。

图 7-8 给出了字典结构，它包括字典（dict）、哈希表（ht）、哈希表的实体（dictEntry）和每个键值对的定义。字典维护着两个哈希表（ht[0]、ht[1]），当不断地往哈希表（ht[0]）插入新的键值对时，如果两个键的哈希值相同，它们将以链表的形式放进同一个“桶”中，随着哈希表里的数据越来越多，哈希表性能会急剧下降（查找操作都退化成链表查找）。就需要扩大原来的哈希表，以使哈希表的大小和哈希表中的结点数的比例能够维持在 1：1（dictht.size:dictht.used），这时哈希表才能达到最佳查询性能 O(1)。创建一个新的哈希表，大小是当前的两倍（准确说还必须是 2 的幂次），然后把全部键值对重新散列到新的哈希表中，最后再用它替换原来的哈希表，这样就实现了哈希表的扩容。

重新哈希（rehash）问题：客户端 A 插入一个键值对时，编程人员发现哈希表已经放满了（ht[0]中 used 与 size 的比大于 1 即查询性能开始下降），如果执行 rehash 操作（假设目前哈希表中有 10 万个键值对，那么 Redis 就会一直工作到完成对 10 万个键值对的 rehash 操作），其他客户端请求都会被阻塞。为了避免出现这种情况，一般采用渐进式 rehash，即 rehash 过程每次做一点，具体过程如下。

（1）在 ht[1]上分配一个更大的哈希表。

（2）“分多次”把 ht[0]上的键值对重新散列到 ht[1]上。

（3）当处理完所有键值对时，让 ht[0]指向新的哈希表。

哈希表实体 dictEnry 记录每个键值对定义的指针。

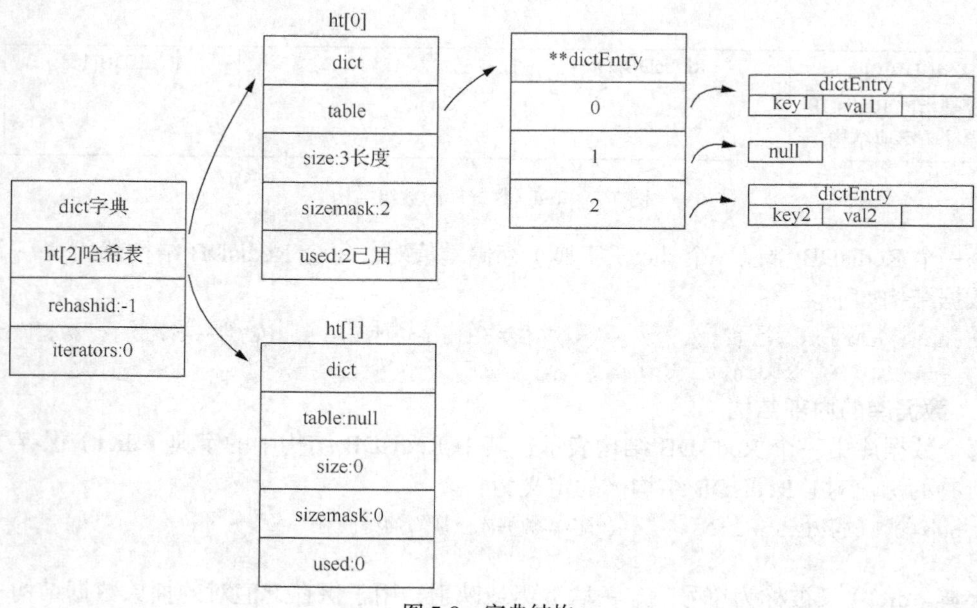

图 7-8　字典结构

4. 对象结构

Redis 是键值对存储系统，其中，键类型一般为字符串，而值类型则为对象，绑定各种类型的数据，内部使用一个 RedisObject 来表示所有的键值对，这个对象主要的信息包括数据类型（type）、编码方式（encoding）、数据指针（ptr）、虚拟内存（vm）等。数据类型有字符串、列表、集合、有序集合和哈希表，编码方式对应不同数据类型在数据库中的内部表式，有原始表示、整数、哈希表、链表、压缩表等方式，指针用来指向数据在存储的开始位置等。图 7-9 给出对象结构。

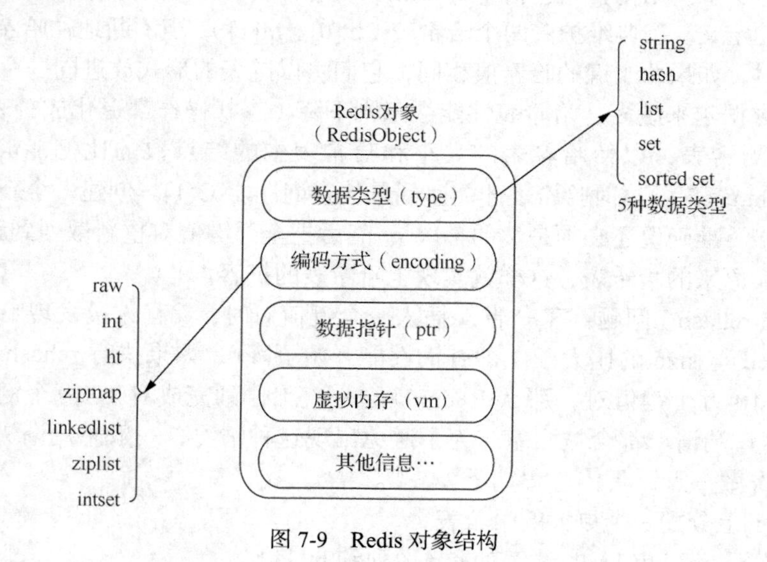

图 7-9　Redis 对象结构

（1）字符串的实现

字符串是通过包装的用 C 语言字符数组实现的简单动态字符串。一个抽象数据结构的定义如下。

```
struct sdshdr {
    int len; //len 表示 buf 中存储的字符串的长度
    int free; //free 表示 buf 中空闲空间的长度
    char buf[]; //buf 用于存储字符串内容
};
```

其中，buf 是字符数组，用于按字节存储字符串内容，包含任何数据（byte 数组）；len 是 buf 数组的长度；free 是数组中剩余可用字节数。

（2）列表的实现

列表的每个元素都是字符串类型的双向链表，可从链表的头部和尾部添加或者删除元素，可作为栈或队列使用。列表对象的编码可以是 ziplist 或者 linkedlist。ziplist 使用压缩列表作为底层实现，每个压缩列表结点保存一个列表元素；linkedlist 编码的列表对象在底层双端列表中包含了多个字符串对象，字符串对象是 5 种类型中唯一一种会被其他 4 种类型对象嵌套的对象。

（3）哈希的实现

哈希是个字符串类型的域和值之间的映射表，键对应的哈希值是内部存储结构哈希映射（HashMap）。哈希对象的编码有 ziplist 或者 hashtable。使用 ziplist 编码保存同一键值对的两个结点总紧挨在一起，键在前、值在后；使用 ziplist 编码的要求是所有键和值的字符串长度小于 64 字节，以及键值对的数量小于 512 个；ziplist 编码使用压缩列表，当有新的键值对要加入哈希对象时，先将保存键的压缩列表结点推入到压缩列表表尾，再将保存了值的压缩列表结点推入到列表表尾。一对键值对总是相邻的，并且键结点在前、值结点在后。

（4）集合的实现

集合是一个无序的字符串类型数据的集合，是不能有重复数据的列表，内部是用哈希映射实现的，用哈希映射的键来存储对象。编码是 intset 或者 hashtable。使用 intset 编码时，所有元素都是整数值并且元素数量不超过 512 个，用整数集合作为底层实现，所有元素都保存在整数集合中。编码是 hashtable 的集合对象，使用字典作为底层实现，字典中每个键都是字符串对象的一个集合元素，字典的值都是 NULL。

（5）有序集合的实现

有序集合是一个排好序的集合，在集合的基础上增加了一个顺序属性 Score，在添加修改元素时指定，每次指定后自动重新按新的值排序，其内部使用哈希映射和跳跃表来保证数据的存储和有序，哈希映射是成员到 Score 的映射，而跳跃表里存放的是所有的成员，按照 Score 排序。编码有 ziplist 和 skiplist。ziplist 使用压缩列表作为底层实现，每个集合元素使用两个紧挨着的压缩列表结点保存，第一个是集合元素，第二个是集合元素对应的分值。ziplist 编码要求元素数量小于 128 个并且所有元素的长度都小于 64 字节。skiplist 编码的有序集合对象使用 zset 结构作为底层实现，一个 zset 结构同时包含一个字典和一个跳跃表。

（6）对象的其他特性

对象空转时长：在对象结构中有一项是记录对象最后一次访问的时间，可用命令显示对象空转时长。可以设置最大内存选项和最后访问时间，以控制空转时长，对空转时长超过规定时间的那部分键，就释放内存，系统回收内存。

内存回收：在对象机制上使用变量来记录每个对象的引用计数值。当创建对象或对象被重新使用时，引用计数加 1，不再被使用时引用计数减 1；引用计数为 0 时释放其内存资源。

对象共享：对象的引用计数可以实现对象的共享，当一个对象被另外一个地方共享时，直接在其引用计数上加 1 就行。Redis 只对包含整数值的字符串对象进行共享。

7.3.4 Redis 数据库的相关操作

1．数据库的选择

用内部的 db 数组记录多个数据库的使用，数组中的每个 db 都是一个数据库，通过 SELECT 命令来切换数据库。SELECT 通过修改客户端的 db 指针指向不同的数据库来实现数据库的切换操作。

2．数据库的键空间

字典保存了数据库中的所有键值对，被称为键空间。键空间的每个键都是一个字符串对象，值是数据库的值，可以是字符串、列表、哈希表、集合和有序集合中的任何一种。

键的操作包括：添加新键，是将一个新键值对添加到键空间里面；删除键，是在键空间里删除键所对应的键值对；更新键，是对键空间里面的键所对应的值对象进行更新；查找键是在键空间中取出键所对应的值对象。

每次在键空间读取一个键之后，服务器会更新键的最近读取时间，用于计算键的闲置时间。系统在读取一个键时发现该键已经过期，会先删除这个过期键，然后才执行后续操作。如果有客户端监视了某个键，服务器在对被监视的键进行修改之后，会将这个键加上标记，让事务注意到这个键被修改过。服务器每次修改一个键之后，都会对键计数器的值加 1，计数器用来触发服务器的持久化操作。如果服务器开启了数据库通知功能，在对键进行修改之后，系统按配置发送相应的数据库通知。

3．设置键的生存时间和过期时间

Redis 提供了相关的命令对一个键设置生存时间，经过指定的时间之后，服务器会自动删除生存时间为 0 的键。Redis 使用一个过期字典记录所有带过期时间的键，字典的键指向键空间中的某个键对象，字典的值是一个 long 类型的整数，保存键空间所指向的数据库键的过期时间，程序可以通过过期字典检查一个给定键是否过期。

4．过期键的删除策略

系统提供 3 种删除策略删除过期键。定时删除：在设置键过期时间的同时创建一个定时器，让定时器在键的过期时间来临时删除键并释放内存。惰性删除：当获取键时检查键，过期就删除，不使用的过期键一直占用内存。定期删除：程序每隔一段时间就对数据库进行一次检查，删除过期键，通过限制删除操作执行的时长和频率减少对 CPU 时间的影响，可有效地减少过期键带来的内存浪费。

5．复制功能对过期键的处理

Redis 复制主要包括 RDB 复制和 AOF 复制：RDB（Redis DataBase）是每隔一段时间对内存数据做一次快照，然后存储到硬盘中，可称为快照方式；AOF（Append-Only File）将发送到服务器的写操作命令记录下来，形成 AOF 文件，可称为追加文件方式。在 RDB 复制中，系统每次执行特定的命令创建一个新的 RDB 文件，对数据库中的键进行检查，过期的键不保存；载入 RDB 文件时，服务器对键进行检查，过期键不载入。当使用 AOF 运行时，过期键被惰性删除或者定期删除之后，程序会向 AOF 文件追加一条删除命令，记录键已被删除。

6．Redis 内存的划分

作为内存数据库，在内存中存储的内容主要是数据（键值对），其内存占用主要可以划分为以下几个部分：数据占用的内存会统计在对应的全局变量中；进程运行内存是系统进程的运行，需要内存的支持，包括主进程的代码、常量池等；创建的子进程也会占用内存等，应用系统的内存是很少的；缓冲内存包括客户端缓冲区、复制积压缓冲区、AOF 缓冲区等；客户端缓冲存储客户端连接的输入/输出缓冲；复制积压缓冲用于部分复制功能；AOF 缓冲区用于在进行 AOF 重写时保存最近的写入命令。

内存碎片是在分配、回收物理内存过程中产生的。如果对数据的更改频繁，或者数据之间的大小相差很大，可能导致释放的空间在物理内存中并没有被释放，又无法有效利用，形成内存碎片。内存碎片的产生与对数据进行的操作、数据的特点等都有关，与使用的内存分配器也有关。使用安全重启的方式减小内存碎片，重启之后系统重新从备份文件中读取数据，在内存中进行重排，为每个数据重新选择合适的内存单元，可以减小内存碎片。

Redis 数据在内存中的存放依赖对象类型的编码方式，一方面接口与实现分离，当需要增加或改变内部编码时，用户使用不受影响；另一方面可以根据不同的应用场景切换内部编码，提高效率。编码转换在 Redis 写入数据时完成，且转换过程不可逆，只能从小内存编码向大内存编码转换。

7.3.5　Redis 数据库的体系结构

1. Redis 集群

扫码预习

Redis 集群是一个提供在多个 Redis 结点间共享数据的程序集，不支持处理多个键；通过分区来提供一定程度的可用性，自动分割数据到不同的结点上，整个集群的部分结点失败或者不可达的情况下能够保持系统的可用性。

Redis 集群的数据分片，引入了哈希槽（Hash Slot）的概念；集群有 16384 个哈希槽，每个键通过 CRC16 校验后对 16384 取模来决定放置哪个槽，集群的每个结点负责一部分哈希槽，具体算法是“CRC16（键）%16384”。例如当前集群有 3 个结点，结点 A 包含 0～5500 号哈希槽，结点 B 包含 5501～11000 号哈希槽，结点 C 包含 11001～16383 号哈希槽。这种结构很容易添加或者删除结点，例如添加结点 D，需要从结点 A、B、C 中移部分槽到 D 上；移除结点 A 是将 A 中的槽移到 B 和 C 结点上，将没有任何槽的 A 结点从集群中移除。由于从一个结点将哈希槽移动到另一个结点并不会停止服务，无论添加、删除或者改变某个结点的哈希槽的数量，都不会造成集群不可用的状态。集群中的每个结点都是平等的关系，每个结点都保存各自的数据和整个集群的状态。每个结点都和其他所有结点连接，这些连接保持活跃，保证了只需要连接集群中的任意一个结点，就可以获取其他结点的数据。

集群会把数据存在一个主服务器结点，然后在这个主服务器和其对应的从服务器之间进行数据同步。当读取数据时，根据一致性哈希算法到对应的主服务器结点获取数据。当一个主服务器失效之后，启动对应的从服务器结点使其为主服务器。集群中必须有 3 个或以上的结点，当存活的结点数小于总结点数的一半时，整个集群就无法提供服务了。

客户端连接到集群中任何一个可用结点即可。把所有的物理结点映射到[0,16383]槽上，当需要在集群中放置键值对时，对键使用 CRC16 算出一个结果，把结果对 16384 求余数，得到对应编号的哈希槽，根据结点数量大致均等地将哈希槽映射到不同的结点。

2. Redis 主从复制

Redis 主从复制是在从结点配置文件加上从服务器的 IP 地址和端口号，通过主服务器持久化的数据库文件实现，主服务器先导出内存快照文件，将文件传给从服务器，从服务器根据收到的文件重建内存表。Redis 支持简易的主从复制功能，让从服务器成为主服务器的精确复制品。

主从复制的特点：一个主服务器可以有多个从服务器；主服务器可以有从服务器，从服务器也可以有自己的从服务器；支持异步复制和部分复制，主从复制过程不会阻塞主服务器和从服务器；可以提升系统的伸缩性和功能，如让多个从服务器处理只读命令，使用复制功能来让主服务器免于频繁地执行持久化操作。

集群中的每个结点都有 1～N 个复制品，其中一个为主结点，其余的为从结点。如果主结点下线了，集群就会把这个主结点的一个从结点设置为新的主结点，以继续工作。如果某一个主结点和它所有的从结点都下线，集群就会停止工作。集群不保证数据的强一致性，使用异步复制是集群可能丢失写命令的一个原因。

集群中所有的结点相互连接，消息通过集群总线通信，总线端口大小为客户端服务端口+10000，结点与结点之间通过二进制协议进行通信；客户端和集群结点之间的通信通过文本协议进行；采用无中心结构，每个结点保存数据和整个集群的状态。

3. 事务与锁

Redis 的事务支持相对简单，MULTI、EXEC、DISCARD 和 WATCH 这 4 个命令是 Redis 事务的基础。事务开启与取消：使用 MULTI 开启一个事务，向服务器发送事务命令放到一个队列中；EXEC 顺序执行事务队列中的命令；DISCARD 取消事务，事务回滚；WATCH 对键进行锁操作。在 WATCH 执行之后和 EXEC 执行之前，如果其他客户端修改了键的值，那么当前客户端的事务就会失败。

4. 持久化机制

Redis 支持将内存中的数据周期性地写入磁盘或者把操作追加到记录文件中，这个过程被称为 Redis 的持久化，它支持两种方式的持久化：RDB 方式是将内存中的数据快照以二进制的方式写进文件中，支持周期性地自动保存数据集；AOF 方式是记录服务器执行的所有写操作命令，并在服务器启动时，通过重新执行这些命令来还原数据集。可以修改配置文件来控制持久化的方式和写入文件中的时机。

5. 发布及订阅消息

Redis 的发布及订阅有点类似于聊天，是一种消息通信模式。发送者（发送信息的客户端）不是将信息直接发送给特定的接收者（接收信息的客户端），而是将信息发送给频道（Channel），频道将信息转发给所有对这个频道感兴趣的订阅者。数据库提供了实现发布和订阅的命令。

7.3.6 Redis 数据库的应用场景

Redis 使用内存提供主存储支持，使用硬盘做持久性的存储；数据模型独特，用的是单线程。最常用的一种使用 Redis 的场景是会话缓存（Session Cache），缓存会话的文档，并提供持久化；Redis 还提供很简便的全页缓存（FPC）平台，因为有磁盘的持久化，重启 Redis 实例，用户不会看到页面加载速度的下降；队列提供列表和集合操作，这使 Redis 能作为一个很好的消息队列平台来使用；排行榜/计数器，使用集合（set）和有序集合（ordered set）的计数功能非常简单。在一些需要大容量数据集的应用中，Redis 并不适合，因为它的数据集不会超过系统可用的内存。

课堂讨论——本节重点与难点知识问题

1. Redis 数据库的数据类型有哪些？
2. Redis 数据库的数组结构是什么？
3. Redis 不同类型数据的存储结构分别是什么？
4. Redis 数据库的相关操作有哪些？
5. Redis 有哪些应用场景？

7.4 文档数据库

文档数据库的概念是 1989 年由 Lotus 公司通过其产品 Notes 提出的。文档数据库用来管理文档，文档是处理信息的基本单位；文档可以很长、很复杂、无结构、与字处理文档类似；文档相当于关系数据库中的一条记录，能够对包含的数据类型和内容进行“自我描述”，XML 文档、HTML 文档和 JSON 文档就属于这一类。文档数据库提供嵌入式文档，可用于需要存储不同的属性及大量数据的应用系统。

7.4.1 文档存储的概念

文档存储支持对结构化数据的访问，文档存储没有强制的架构，以键值对的方式存储，支持嵌套结构，支持 XML 和 JSON 文档，文档的“值”可以嵌套存储其他文档，支持数组和列键，关心文档的内部结构，其存储引擎可以直接支持二级索引，允许对任意字段进行高效查询。在文档型数据库中，每个文档的 ID 就是它唯一的键，ID 在一个数据库“集合”中是唯一的。在社交网站上每个用户都可以发布的内容类型不同的数据：风景照片、时事评论、分享音乐等，利用文档模型就直接保留了原有数据的样貌，存储直接快速，调用时可以“整存整取”，对数据“去标准化”。在社交网络上使用文档型模型，每个人的发布就是独立的一个“文档”，包含了这一条发布的所有信息。这种“自包含”的特性，使得不同的用户修改数据只需要修改自己的文档而不会影响别人的操作，可实现高的并发性。本节以 MongoDB 为例来说明文档数据库的原理和结构及其应用。

7.4.2 MongoDB 数据库的基本概念

MongoDB 是由 C++语言编写的基于分布式文件存储的开源数据库系统，为 Web 应用提供可扩展的高性能数据存储解决方案。MongoDB 是一个介于关系数据库和非关系数据库之间的产品，是非关系数据库中功能最丰富、最像关系数据库的数据库。它支持的数据结构非常松散，可以存储比较复杂的数据类型。MongoDB 的特点是支持的查询语言非常强大，其语法类似于面向对象的查询语言，几乎可以实现类似关系数据库单表查询的绝大部分功能，而且还支持对数据建立索引。

MongoDB 是面向集合、模式自由的文档数据库，其数据被分组存储在数据集[被称为一个集合（collection）]中；每个集合在数据库中都有一个唯一的标识名，并且可以包含无限数目的文档；它不需要定义任何模式，可以把不同结构的文件存储在同一个数据库里。存储在集合中的文档为键值对的形式。每个文档可以匹配所表示实体的数据域，数据关系可以有引用和嵌入文档：引用文档通过包含链接或从一个文档到另一个文档的引用来存储数据关系；嵌入文档通过把数据存储到一个独立文档结构中来获取数据之间的关系，将一个文档结构嵌入到另一个文档的字段或者数组中。MongoDB 的写操作在文档级别是原子性的。

MongoDB 的数据模型包括的基本概念是文档、集合、数据库。文档是数据的基本单元和核心概念，集合可以被看作没有模式的表，每个实例都可容纳多个独立数据库，每个数据库都有自己的集合和权限（数据库）。

文档（Document）是数据的基本单元，类似于关系数据库系统中的行（比行更复杂）；集合（Collection）就是一组文档，集合类似关系数据库中的表；每一个文档都有一个特殊的键，在文档的集合中是唯一的，相当于关系数据库中表的主键。图 7-10 给出 MongoDB 的组成。

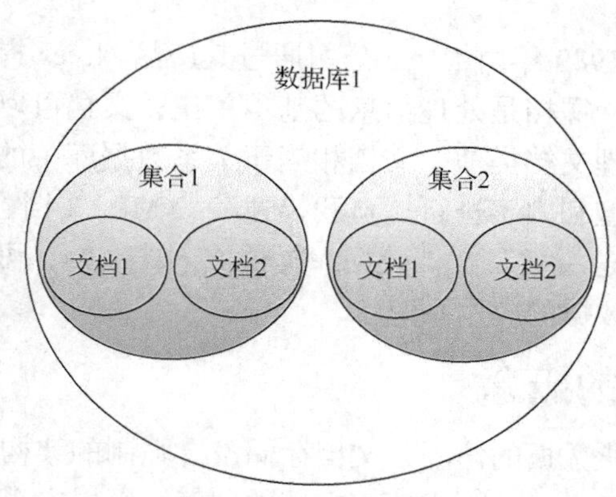

图 7-10　MongoDB 的组成

1. 文档

多个键及其关联的值有序地放置在一起就是文档。文档是一组键值对，不需要设置相同的字段，相同的字段也不需要相同的数据类型。一个文档包含一组字段，每一个字段都是一个键值对，其中键为字符串类型，值包含字符串、整型数值、浮点数、布尔型、时间戳、二进制型、二进制数组、空值型、数组、日期、代码、对象标志、对象类型、文档、正则表达式等类型的数据。文档有单键值文档{""userName":"BBS11"}，多键值文档{ "id" : ObjectId("58097dfe7e6d64baca852729"), "name" : "test", "add": "china" }，文档中的键值对是有序的。文档中的值可以是双引号里面的字符串，也可以是几种数据类型（甚至可以是整个嵌入的文档）。MongoDB 文档不能有重复的键，文档的键是字符串。

2. 集合

把一组相关的文档放到一起就组成了集合，集合是模式自由的，一个集合里面的文档可以是各式各样的。例如：下面两个文档可以出现在同一集合中。

```
{"name":"arthur"}
{"name":"arthur","sex":"male"}
```

虽然键不同、值的类型也不同，但是它们可以存放在同一个集合中，不同模式的文档都可以放在同一个集合中。集合可以存放任何类型的文档，在实际使用时为了管理和查询方便，我们将文档分类存放在不同的集合中。例如，网站的日志记录可根据日志的级别进行存储，Info 级别日志存放在 Info 集合中，Debug 级别日志存放在 Debug 集合中，方便管理也提供查询性能。使用“.”按照命名空间将集合划分为子集合。

MongoDB 提供了一些特殊功能的集合，例如：Capped collections 就是固定大小的集合，具有性能高和队列过期的特性（过期按照插入的顺序），该类集合的数据存储空间值是提前分配的；指定的存储大小包含了数据库的头信息；添加新的对象、更新对象，不会增加存储空间；数据库不允许进行删除；使用 drop()方法删除集合所有的行。元数据是定义数据的数据，数据库的信息存储在集合中，使用了系统的命名空间，MongoDB 数据库中的名字空间 <dbname>.system.* 是包含多种系统信息的特殊集合，例如 dbname.system.indexes 包含所有索引，dbname.system.profile 包含数据库概要（profile）信息，dbname.system.users 包含数据库的用户等，这些集合是由系统进行管理的。

3. 数据库

多个文档组成集合，多个集合组成数据库，一个 MongoDB 实例可承载多个数据库，互相之间彼此独立；开发中通常将一个应用（或同一种业务类型）的所有数据存放到同一个数据库中；磁盘上，MongoDB 将不同数据库存放在不同文件中。一个 MongoDB 可以建立多个数据库，一个数据库可以包含一个集合，一个集合可以包含一组文档。MongoDB 的默认数据库为“db”，该数据库存储在 data 目录中。把数据库名添加到集合名前面，中间用点号连接，得到集合的完全限定名，就是命名空间，例如命名空间 mymongo.log，点号可以出现在集合名字中；再如 mymongo.log.info，可将 info 集合看作 log 的子集合。子集合可让我们更好地组织数据，使数据的结构更加清晰明了。

7.4.3　MongoDB 数据库的管理

1. MongoDB 保留数据库

MongoDB 默认会创建 local、admin、config 数据库。local 数据库：即本地存储数据库，主要存储每个数据库进程独有的配置信息、日志信息。admin 数据库：当数据库进程启用 auth、选项时，用户需要创建数据库账号，访问时根据账号信息来授权，而数据库账号信息就存储在 admin 数据库下；admin 数据库存储数据库的用户、权限、版本、角色等信息，为数据库的运行提供保障。config 数据库：当使用分片模式时，config 数据库在内部使用，用于保存分片的信息。

2. 复杂文档模型的设计

MongoDB 是模式自由的数据库，不需要预先定义模式（Schema），其文档是 BSON 格式，任何一个集合都可以保存任意结构的文档，它们的格式千差万别，从业务数据分类和查询优化机制的应用需求考虑，每个集合中的文档数据结构应该比较接近。复杂的文档模型的设计可以通过内嵌和引用的方法来解决，“引用”是将不同实体的数据分散到不同的集合中，“内嵌”是将每个文档所需的数据都嵌入到文档内部。

索引：用来提高查询性能，默认情况下在文档的键字段上创建唯一索引；索引需占用内存和磁盘，建议建立有限个索引且不重复；每个索引需要一定的空间。

大集合拆分：如一个用于存储日志的集合，日志分为两种——“dev”和“debug”，结果大致为{"log":"dev","content":"..."}和{"log":"debug","content":"..."}。这两种日志的文档个数比较接近，即使建立索引也不高效，可以考虑将它们分别放在两个集合中，如 log_dev 和 log_debug，以提高查询效率。

数据生命周期管理：MongoDB 提供了过期机制，指定文档保存的时长，过期后自动删除，启动后台线程来删除过期的文档。

3. MongoDB 数据库文件

MongoDB 的默认数据目录是“/daba/db”，它负责存储所有的 MongoDB 的数据文件，每个数据库都包含一个.ns 文件和一些数据文件，这些文件随着数据量的增加变得越来越多，如果系统中有一个叫作 test 的数据库，构成 test 数据库的文件就会由 test.ns、test.0、test.1、test.2 等组成。

MongoDB 内部有预分配空间的机制，每个预分配的文件都用 0 进行填充；由于表中数据量的增加，数据文件每新分配一次，它的大小都会是上一个数据文件大小的 2 倍，每个数据文件最大 2GB；数据库的每张表都对应一个命名空间，每个索引也有对应的命名空间；test 这个数据库包含 3 个文件，用于存储表和索引数据，test.2 文件属于预分配的空文件，test.0 和 test.1 这两个数据文件被分为相应的盘区，对应不同的名字空间。每个命名空间可以包含多个不同的盘区，这些盘区并不是连续的，与数据文件的增长相同。Journal 日志文件为 MongoDB 提供了数据保障能力，用于当数据库异常失效后，重启时通过 Journal 日志进行数据恢复；对于写操作，首先写入 Journal 日志，然后将数据在内存中修改，后台线程间歇性地将内存中变更的数据写到底层的数据文件中，保证了数据库的可恢复性。

7.4.4 MongoDB 数据库的集群架构

MongoDB 分布式集群能够对数据进行备份，提高数据安全性，以及提高集群读/写服务的能力和数据存储能力。系统主要通过副本集（Replica）对数据进行备份，通过分片（Sharding）对大的数据进行分割，分布存储在不同结点上。MongoDB 目前支持 3 种集群模式：主从集群，副本集集群，分片集群。

主从集群只有一个实例，副本集由若干台服务器组成，分为 3 种角色：主服务器、副服务器、仲裁服务器。主服务器提供主要的对外读/写的功能，副服务器作为备份。当主服务器不可用时，其余服务器根据投票选出一个新的主服务器，副本集可以提高集群的可用性。分片将大的数据分片存储在不同结点上，读/写只操作相应的一个或一小部分结点，减少每个分片结点存储的数据量和处理的请求数。

副本集集群（Replica sets）通常由至少 3 个结点组成，如图 7-11 所示。其中一个是主结点，负责处理客户端请求，其余的都是从结点，负责复制主结点上的数据。常见的搭配方式为一主多从（至少 3 个结点组成副本集）。主结点记录在其上的所有操作，从结点定期轮询主结点获取这些操作，然后对自己的数据副本执行这些操作，从而保证从结点的数据与主结点一致。当需要选举主结点时，需要满足“大多数”成员投票，结点之间通信断掉之后被认为其他结点不可用。

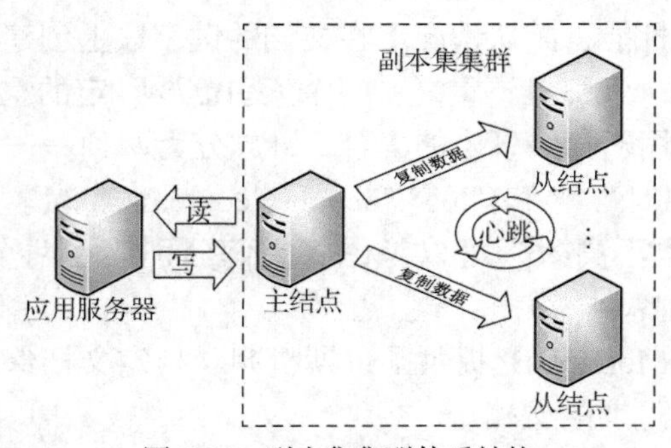

图 7-11　副本集集群体系结构

分片是将一个集合的数据分别存储在不同的片段结点上。分片键的选择很重要，被用来划分数据。分片键可以由文档的一个或者多个物理键值组成。对分片键的选定直接决定了集群中数据分布是否均衡、集群性能是否合理。数据库提供了垂直扩展和分片两种方法。垂直扩展是增加 CPU、RAM、存储等资源；分片（水平扩展）是划分数据集，将数据分布到多台服务器中。每个碎片（Chard）是一个独立的数据库，这些碎片共同组成了一个逻辑的数据库。分片键决定了集合文档在集群上的分布。

MongoDB 中的分片集群结构如图 7-12 所示。分片集群有 3 个组件：shard，router 和 config servers。shard：碎片，存储数据，提供高可用性和数据的一致性。分片集群中，每个碎片都是一个复制集。router：查询路由或称 mongos 实例，客户端应用程序直接操作碎片的接口。查询路由处理和定位操作到碎片中并返回相关数据到客户端。一个分片集群包含多个查询路由来划分客户端的请求。configservers：配置服务器，存储集群中的元数据。这些数据包含集群数据到碎片的映射。查询路由使用这些元数据定位操作到明确的碎片中，使用划分的方法可以是范围分区或者哈希分区。

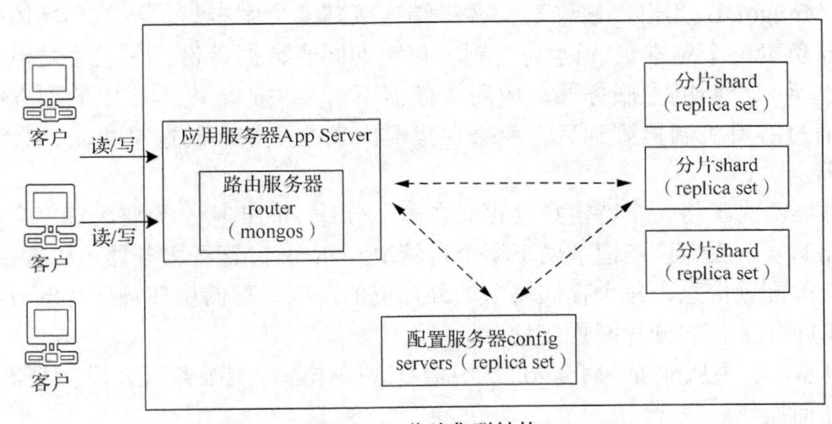

图 7-12　分片集群结构

路由服务器（mongos）：路由服务器负责把对应的数据请求转发到对应的分片服务器 mongos 上数据库集群请求的入口。所有的请求都通过 mongos 进行协调，不需要在应用程序中添加一个路由选择器。mongos 自己就是一个请求分发中心，它负责把对应的数据请求转发到对应的 shard 服务器上。生产环境通常有多 mongos 作为请求的入口，防止其中一个不工作而导致所有的 MongoDB 请求都没有办法操作。

配置服务器（mongos）：存储所有数据库元信息（路由、分片）的配置。mongos 本身没有物理存储分片服务器和数据路由信息，只是缓存在内存里，配置服务器则实际存储这些数据。配置服务器相当于集群大脑，存储所有数据库元信息（路由、分片）的配置。mongos 第一次启动或者关掉重启就会从配置服务器加载配置信息，以后如果配置服务器信息变化，会通知到所有的 mongos 更新自己的状态，这样 mongos 就能继续准确路由。生产环境通常有多个配置服务器，因为它存储了分片路由的元数据，集群就不会不工作。

集群的组成：单机 mongod 组成副本集的分片，客户端通过 mongos 读取 configservers 的信息与分片通信，客户端程序感觉不到集群的存在，只需要知道 mongos 服务器的 IP 和连接方式。每一个分片包括一个或多个服务和存储数据的 mongod 进程（mongod 是 MongoDB 数据的核心进程），每个分片开启多个服务来提高服务的可用性。这些服务/mongod 进程在分片中组成一个复制集。

1. 主从集群

MongoDB 复制原理就是主结点记录所有操作日志 oplog，从结点定期轮询主结点获取这些操作，然后对自己的数据副本执行这些操作，从而保证从结点的数据与主结点一致。主从模式中，一主一从就是一个副本。MongoDB 复制提供了数据的冗余备份，并在多个服务器上存储数据副本，提高了数据的可用性，而且可以保证数据的安全性；复制还允许从硬件故障和服务中断中恢复数据。副本集具有多个副本，保证了容错性，就算一个副本失效还有很多副本存在，并且解决了“主结点不工作了，整个集群内会自动切换”的问题。

副本集特征：*N* 个结点的集群，任何结点可作为主结点，所有写入操作都在主结点上，自动故障转移，自动恢复。副本集的最小构成：主服务器 primary，辅助服务器 secondary，仲裁者 arbiter。一般部署：1 个主服务器，两个辅助服务器。服务器的成员数为奇数，为偶数时添加 arbiter（arbiter 不保存数据，只投票）；最多有 50 个成员（服务器），只能有 7 个投票成员，其他是非投票成员。

高可用 MongoDB 集群部署详解：客户端连接到整个副本集，不关心具体哪一台服务器。主服务器负责整个副本集的读/写，副本集定期同步数据备份，一旦主结点不工作，副本结点就会选举一个新的主服务器，应用服务器不需要关心。副本集中的副本结点在主结点不工作后通过心跳机制检测到后，就会在集群内发起主结点的选举机制，自动选举一个新的主服务器。

配置服务器：为了将一个特定集合存储在多个分片 shard 中，需要为该集合指定一个分片键值（shard key），决定该条记录属于哪个存储块（chunk）。配置服务器可以存储以下信息：每个分片结点的配置信息，每个存储块上的分片键值范围，存储块在各分片的分布情况，集群中所有数据库和集合的分片配置信息。

replica 副本集：主从配置，MongoDB 中增删改操作都在主服务器进行，从服务器只进行备份，不做任何操作。

存储块：每个副本集包含多个存储块，在分片的时候，根据规则存储在不同的存储块上，所有的存储块做并集就是全部数据。

集群部署说明：主要是把数据和元数据进行分离，配置服务器存储元数据，分片存储数据，mongos 代理。读操作：客户端请求进入 mongos 之后需要去配置服务器上获取数据具体在哪个分片上，然后和相应的结点进行通信后再把数据在本地整合起来返回给客户端。写操作：对分片集群，mongos 将应用程序的写操作直接放到特别指定的分片。mongos 从配置服务器使用集群元数据将写操作路由到适当的分片上。系统基于片键将数据分区，然后 MongoDB 将这些块分到分片上，片键决定块分片的分布情况。这可能会影响集群写操作的性能。

MongoDB 副本集（replica set）是有自动故障恢复功能的主从集群，数据同步过程是主结点写入数据，副本通过读取主结点的日志 oplog 得到复制信息，开始复制数据并且将复制信息写入自己的日志中。如果某个操作失败，则备份结点停止从当前数据源复制数据。如果某个备份结点由于某些原因失效了，当重新启动后，系统就会自动从日志的最后一个操作开始同步，同步完成后，将信息写入自己的日志，由于复制操作是先复制数据，复制完成后再写入日志，有可能相同的操作会同步两份，不过 MongoDB 在设计之初就考虑到这个问题，将日志的同一个操作执行多次，与执行一次的效果是一样的。当主结点完成数据操作后，副本会做出一系列的动作保证数据的同步：①检查自己库的日志 oplog.rs 集合，找出最近的时间戳。②检查主结点本地库 oplog.rs 集合，找出大于此时间戳的记录。③将找到的记录插入自己的 oplog.rs 集合中，并执行这些操作。

副本集的同步和主从同步一样，都是异步同步的过程，不同的是副本集有个自动故障转移的功能。其原理如下：从服务器端的主结点端获取日志，然后在自己结点完全顺序地执行日志所记录的各种操作（日志是不记录查询操作的），这个日志就是 local 数据库中的 oplog.rs 表，在 64 位机器上，默认这个表是比较大的，占磁盘大小的 5%，oplog.rs 的大小可以在启动参数中设定，命令为“--oplogSize 1000”，单位是 MB。在副本集的环境中，如果所有的副本结点都宕机了，主结点会变成副本，不能提供服务。

2. 分片部署

分片指将数据库拆分，将其分散在不同的结点上的过程。将数据分散到不同的机器上，不需要功能强大的服务器就可以存储更多的数据和处理更大的负载。基本思想就是将集合切成小块，把这些块分散到若干片里，每个片只负责总数据的一部分，最后通过一个均衡器对各个分片进行均衡（数据迁移）。系统通过一个名为 mongos 的路由进程进行操作，mongos 通过配置服务器知道数据和片的对应关系。大部分使用场景都解决磁盘空间的问题，写入有可能变差，查询则尽量避免跨分片查询。使用分片的时机：①机器的磁盘不够用了，使用分片解决磁盘空间的问题。②单个 mongod 已经不能满足写数据的性能要求，通过分片让写压力分散到各个分片服务器上面，使用分片服务器自身的资源。③想把大量数据放到内存里提高性能。和上面一样，通过分片使用分片服务器自身的资源。

在搭建分片之前，先了解下分片中各个角色的作用。

（1）配置服务器：是一个独立的 mongod 进程，保存集群和分片的元数据，即各分片包含了哪些数据的信息。最先开始建立时，启用日志功能。像启动普通的 mongod 一样启动配置服务器，指定配置服务器的选项。不需要太多的空间和资源，配置服务器的 1KB 空间相当于真实数据的 200MB。保存的只是数据的分布表。当服务不可用时，变成只读，无法分块和迁移数据。

（2）路由服务器：即 mongos，提供路由的功能，供程序连接。本身不保存数据，在启动时从配置服务器加载集群信息，开启 mongos 进程时需要知道配置服务器的地址，指定 configdb 选项。

（3）分片服务器：是一个独立的、普通的 mongod 进程，保存数据信息。可以是一个副本集，也可以是单独的一台服务器。

在部署之前先明白片键的意义，一个好的片键对分片至关重要。片键必须是一个索引，数据根据这个片键进行拆分。系统提供了函数 sh.shardCollection，自动为分好的片键创建索引。一个自增的片键对写入和数据均匀分布就不是很好，因为自增的片键总会在一个分片上写入，后续达到某个阈值可能会写到别的分片，但是按照片键查询会非常高效。随机片键对数据的均匀分布效果很好。注意尽量避免在多个分片上进行查询。在所有分片上查询，mongos 会对结果进行归并排序。因为在后台运行，所以用配置文件启动上面这些服务，配置文件说明。

分片部署就是要将几个不同的副本集联系起来。现在要部署一个有 3 个配置服务器、一个 mongos、一个分片的集群。

权限认证设置：权限认证是非常重要的，生产环境中的集群必须有权限认证，而且需要比较严格的权限认证。

3 个结点可以分为两种角色：存储数据的结点（主结点和从结点），不存储数据的结点（arbiter）。主结点和从结点角色在存储数据的结点间是动态变化的。

7.4.5 MongoDB 数据库的应用场景

（1）网站数据：MongoDB 非常适合进行实时的插入、更新与查询，并具备网站实时数据存储所需的复制及高度伸缩性。

（2）缓存：由于性能很高，MongoDB 也适合作为信息基础设施的缓存层。在系统重启之后，由 MongoDB 搭建的持久化缓存可以避免下层的数据源过载。

（3）大尺寸、低价值的数据：使用传统的关系数据库存储一些数据时可能会比较昂贵，在此之前，很多时候程序员往往会选择传统的文件进行存储。

（4）高伸缩性的场景：MongoDB 非常适合由数十或数百台服务器组成的数据库。MongoDB 的路线图已经包含对 MapReduce 引擎的内置支持。

（5）用于对象及 JSON 数据的存储：MongoDB 的 BSON 数据格式非常适合文档化格式的存储及查询。

MongoDB 不适用的范围：①高度事务性的系统，如银行或会计系统。②传统的关系数据库，目前还是更适用于需要大量原子性复杂事务的应用程序。③传统的商业智能应用。针对特定问题的 BI 数据库，需要产生高度优化的查询方式。对此类应用，数据仓库可能是更合适的选择。④需要 SQL 的问题。

课堂讨论——本节重点与难点知识问题

1. MongoDB 的文档、集合、数据库的定义与联系分别是什么？
2. MongoDB 的数据类型有哪些？对应的操作有哪些？
3. MongoDB 数据库如何组成？
4. MongoDB 有哪几种集群方式，其构成如何？
5. MongoDB 集群的部署方法是什么？
6. MongoDB 的应用场景有哪些？

7.5 图形数据库

这里用一个例子来说明图形数据库要解决的问题。使用 QQ 或者微信前，每个人要建立自己的个人资料。图 7-13 给出了 A 的朋友圈信息。

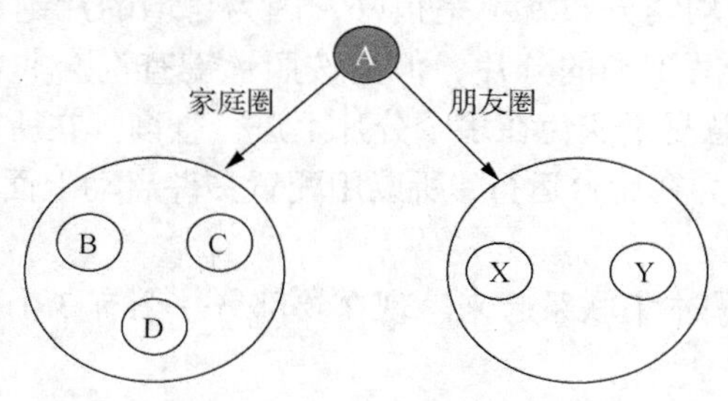

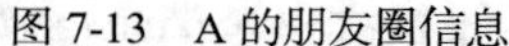
图 7-13 A 的朋友圈信息

在图 7-13 中，A 连接到家庭圈（B,C,D）和朋友圈（X,Y）。打开 B 的配置文件，我们可以观察到图 7-14 所示的 B 的配置信息。

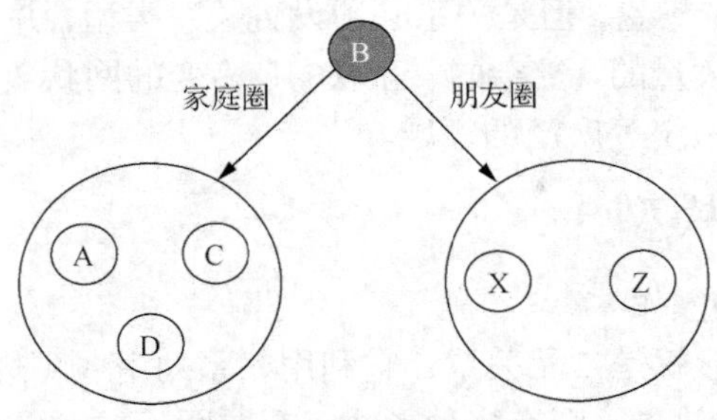

图 7-14　B 的配置信息

应用程序包含大量的结构化、半结构化和非结构化的连接数据，用关系模型在数据库中表示这种非结构化连接数据并不容易，即使能表示，检索或遍历是非常困难和缓慢的。要表示或存储这种更多连接的数据，我们应该选择图形数据模型。图形数据模型非常容易存储这种更多连接的数据。它将每个配置文件数据作为结点存储，它与相邻结点连接的结点，通过关系相互连接。存储这种连接的数据与上面的图表示的相同，这样检索或遍历非常容易且更快速。

另外一个例子是利用某应用程序了解现实世界中图形数据库的需求。

在图 7-15 中，Facebook Profile“A”已经连接到的有喜欢的、跟随的、发信息的、联系的朋友圈。这意味着大量的连接数据配置文件 A。如果打开其他配置文件，如配置文件 B，将看到类似的大量的连接数据。

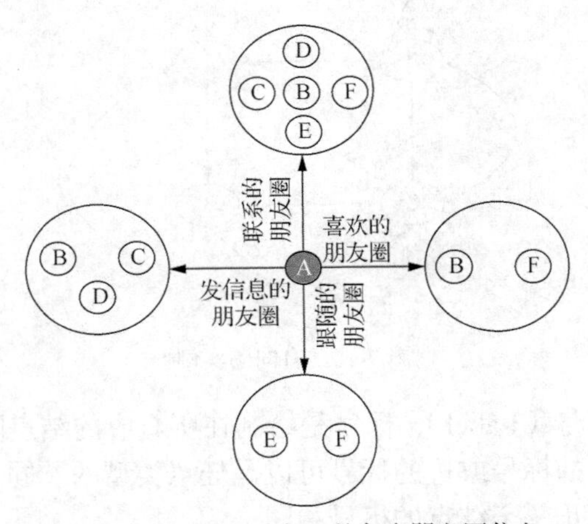

图 7-15　Facebook 中 B 的各个朋友圈信息

图形数据库的基本含义是以“图形”这种数据结构存储和查询数据，它的数据模型主要以结点和关系（边）来体现，也可处理键值对。图形的特征包含结点和边，结点上有属性（键值对）；边有名字、方向、一个开始结点和一个结束结点，边可以有属性。图形数据库主要有结点集和连接结点的关系两种，一个图形中会记录结点和关系；关系可以用来关联两个结点；结点和关系都可以拥有自己的属性；可以赋予结点多个标签（类别）；一个属性图是由顶点（Vertex）、边（Edge）、标签（Lable）、关系类型和属性（Property）组成的有向图，所有的结点是独立存在的，那么拥有相同标签的结点属于一个分组、一个集合；关系通过关系类型来分组，类型相同的关系属于同一个集合。关系是有向的，关系的两端是起始结点和结束结点，通过有向的箭头来标识方向，结点之间的双向关系通过两个方向相反的关系来标识。结点可有零个、一个或多个标签，但是关系必须设置关系类型，并且只能设置一个关系类型。

图形数据库善于处理大量的、复杂的、互联的、多变的网状数据，特别适用于社交网络、银行交易环路、金融征信系统等广泛的领域。

7.5.1 图形数据模型

1. 图形数据的表示和操作

从某种意义上讲，图形就是二元关系，它利用一系列由线（边）或箭头（边）连接的点（结点）提供了强大的视觉效果。图有多种形式：有向图/无向图，标号图/无标号图。图形可以解决距离的计算、关系中环的查找，以及连通性的确定等问题。

图形数据库源起欧拉和图理论，称为面向/基于图形的数据库，对应的英文是 Graph 数据库。图 7-16 给出有向图的结构，各结点是用圆圈表示的，结点的名称就在圆圈中央。通常用从 0 开始的整数为结点命名，或者使用等效的枚举。在图 7-16 中，结点集合 $N=\{0,1,2,3,4\}$，A 中的边(u,v)都是由从 u 到 v 的箭头表示的，边的集合是 $A=\{(0,0),(0,1), (0,2),(1,3),(2,0),(2,1),(2,4),(3,2),(3,4),(4,1)\}$。边$(u,v)$表示为 $u\to v$，v 被称为边的头部，u 被称为边的尾部，例如，$0\to1$ 就是图 7-16 中的一条边，它的头部是结点 1，尾部是结点 0。另一条边是 $0\to0$，这样一条从某结点通向其自身的边就叫作自环（Loop）。对该边而言，头部和尾部都是结点 0。当 $u\to v$ 是边时，还可以说 u 是 v 的前导（Predecessor），v 是 u 的后继（Successor）。边 $0\to1$ 就表示 0 是 1 的前导而 1 是 0 的后继，而边 $0\to0$ 则表示 0 同时是其本身的前导和后继。

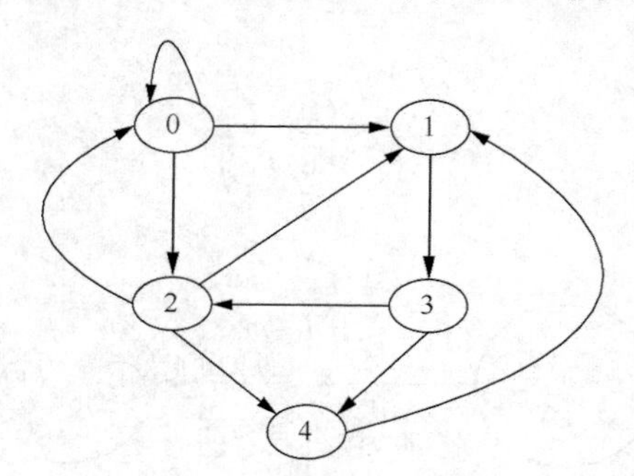

图 7-16　有向图实例

为图的各结点附加标号（Label），标号是绘制在所对应的结点附近的，在靠近边中点的位置为边放置标号。结点的标号或边的标号可以是任意类型的。同一幅图中各结点的名称必须是唯一的，但可能有不止一个结点的标号相同。

有向图中的路径是一列结点（$v_1,v_2,\cdots,v_k$），其中每个结点都有到下一个结点的边，也就是 $v_i\to v_i+1$，$i=1,2,\cdots,k-1$。该路径的长度是 $k-1$，也就是这条路径上边的数量。例如，图 7-16 中的（0,1,3）就是一条长度为 2 的路径。$k=1$ 的情况也是可以存在的。也就是说，任何结点 v 本身都是一条从 v 到 v 的长度为 0 的路径。

考虑图 7-16，因为有自环 $0\to0$，存在一条长度为 1 的环路（0,0），还有一条长度为 2 的环路（0,2,0），因为有边 $0\to2$ 和 $2\to0$。同样，（1,3,2,1）是一条长度为 3 的环路，而（1,3,2,4,1）则是长度为 4 的环路。

有向图中的环路（Cycle）是指起点和终点为同一结点的长度不为 0 的路径。环路的长度就是这条路径的长度。环路的起点和终点可以是其中的任一结点。环路（$v_1,v_2,\cdots,v_k,v_1$）也可以写为（$v_2,\cdots,v_k,v_1,v_2$），或者写为（$v_3,\cdots,v_k,v_1,v_2,v_3$）等。例如，环路（1,3,2,4,1）也可以写为（2,4,1,3,2）。

在每条环路中，第一个结点和最后一个结点都是相同的。如果环路($v_1,v_2,\cdots,v_k,v_1$）的结点 $v_1,v_2,\cdots,v_k$ 中没有一个出现一次以上，就说该环路是简单环路，简单环路的唯一重复出现在最终结点处。在图 7-16 中，环路（0,2,0）是简单环路。不过，也有些环路不是简单环路，如环路（0,2,1,3,2,0）中的结点 2 就出现了两次。

给定含有结点 v 的非简单环路，假设有一条起点和终点都是 v 的环路($v,v_1,v_2,\cdots,v_k,v$)。如果该环路不是简单环路，就只会是以下两种情况之一。

（1）v 出现了 3 次或 3 次以上。

（2）存在某个 v 之外的结点 u，它出现了两次，即环路肯定是（$v,\cdots,u,\cdots,u,\cdots,v$）这样的。

在第（1）种情况下，可以直接删除倒数第二次出现 v 的位置之前的所有结点，结果是一条从 v 到 v 的更短环路。在第（2）种情况下，可以删除从 u 到 u 的部分，将其用一个 u 替代，得到环路($v,\cdots,u,\cdots,v$)。不管哪种情况，得到的结果肯定仍然是环路，因为结果中的每条边都是原环路中的，因此肯定是出现在该图中的。

给定环路（0,2,1,3,2,0），可以删除第一个 2 及它后面的 1 和 3，这样就得到了简单环路（0,2,0）。从实际情况上讲，该环路是从 0 开始，到达 2，然后是 1，再是 3，回到 2，最后回到 0。第一次到达 2 时，可以假装这是第二次到达 2，跳过了 1 和 3，然后直接回到 0。再举个例子，考虑非简单环路（0,0,0），因为 0 出现了 3 次，所以可以删除第一个 0，也就是删除倒数第二个 0 之前的所有内容。实际上我们是将绕着自环 0→0 行进两次的路径替换为绕行一次的路径。

用名为“调用图”的有向图表示由一系列函数执行的调用。图中的结点就是函数，而如果函数 P 调用了函数 Q，就有一条边 $P\rightarrow Q$。

图的实现：实现图的标准方式有两种。第一种叫作邻接表，大致上与二元关系的实现方法类似。设结点是由整数 0,1,···,MAX-1 或者等价的枚举类型命名的。使用 NODE 作为结点的类型，可以假设 NODE 跟 int 是一回事。用如下代码定义链表的结点。

```
typedef struct CELL *LIST;struct CELL {
    NODE nodeName;
    LIST next;};
```

然后创建数组，代码为“LIST successors[MAX];”。successor[u]这一项包含了一个指针，指向由结点 u 的所有后继组成的链表。

图 7-16 可以用图 7-17 中的邻接表表示。我们已经通过结点编号为这些邻接表排过序了，不过结点的后继可能以任意次序出现在其邻接表中。

第二种叫作邻接矩阵。可以用代码“BOOLEAN arcs[MAX][MAX];”创建二维数组。其中如果存在边 $u\rightarrow v$，则 arcs[u][v]的值为 TRUE，否则该值为 FALSE。图 7-18 给出图 7-16 的临界矩阵。这是一种表示二元关系的新方法，而且更适合表示那些有序对数量占据了可能在某给定定义域中浮动的有序对总数很大一部分的关系。

图形的算法包括最短路径、可达集、最小生成树、深度优先搜索、广度优先搜索、各种搜索算法等。这些都给图的应用提供了理论基础。

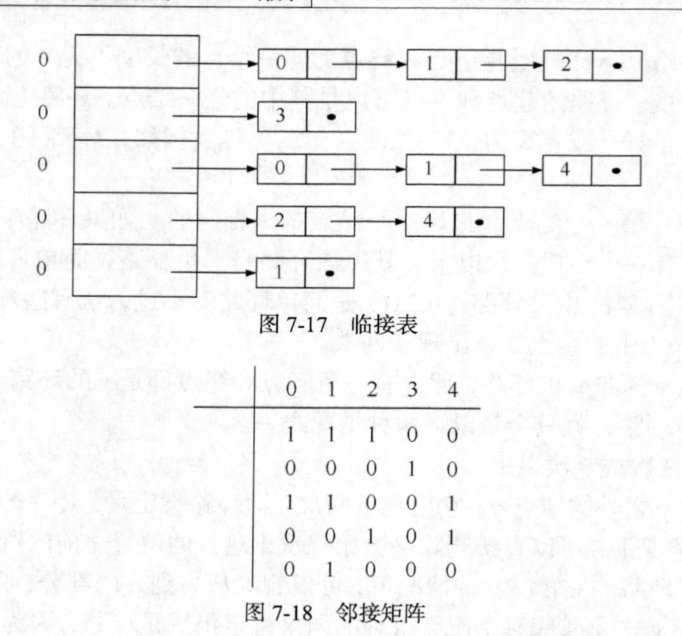

图 7-17　临接表

0	1	2	3	4
1	1	1	0	0
0	0	0	1	0
1	1	0	0	1
0	0	1	0	1
0	1	0	0	0

图 7-18　邻接矩阵

2. 图形数据库的图的表示

如前所述，图形数据库的数据主要有结点集和连接结点的关系。结点集就是图中一系列结点的集合，连接结点的关系则是图形数据库所特有的组成。每个结点仍具有标示自己所属实体类型的标签即其所属的结点集，并记录一系列描述该结点特性的属性，通过关系来连接各个结点。因此各个结点集的抽象实际上与关系数据库中的各个表的抽象还是有些类似的。在为图形数据库定义数据展现时，我们以一种更为自然的方式来对这些需要展现的事物进行抽象：首先为这些事物定义其所对应的结点集，并定义该结点集所具有的各个属性；接下来辨识出它们之间的关系并创建这些关系的相应抽象。图形数据库中所承载的数据最终将有类似于图 7-19 所示的结构。

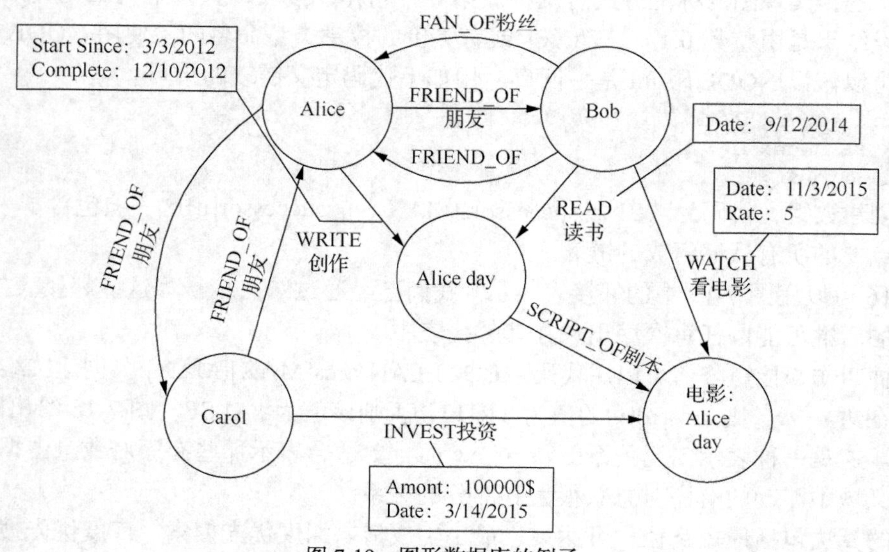

图 7-19　图形数据库的例子

从图 7-19 中可以看到，实体有 5 个，分成 3 个类型，有人（Alice、Bob、Carol）、书（Alice day）、电影（Alice day），两个实体之间拥有多种关系，这就需要在它们之间创建多个关联表。在一个图形数据库中，需要标明两者之间存在的不同的关系。从上面所展示的关系的名称上可以看出，关系是有向的。如果希望在两个结点集间建立双向关系，需要为每个方向定义一个关系。

7.5.2 Neo4j 图形数据库

Neo4j 是开源的用 Java 实现的图形数据库，有两种运行方式，一种是服务的方式，对外提供 REST 接口；另一种是嵌入式方式，数据以文件的形式存放在本地，直接对本地文件进行操作。Neo4j 是一个高性能的 NoSQL 图形数据库，它将结构化数据存储在网络上而不是表中。Neo4j 也可以被看作一个高性能的图引擎，该引擎具有成熟数据库的所有特性。程序员工作在一个面向对象的、灵活的网络结构下而不是严格、静态的表中，但是可以享受到具备完全的事务特性、企业级的数据库的所有好处。

Neo4j 特点：因嵌入式、高性能、轻量级等优势，它越来越受到关注。图形数据结构在一个图中包含两种基本的数据类型：Nodes（结点）和 Relationships（关系）。Nodes 和 Relationships 包含键值对形式的属性。Nodes 通过 Relationships 所定义的关系相连，形成关系型网络结构。

Neo4j 查询语言名为 Cypher，可以满足任何形式的需求，与关系数据库相比，对高度关联的数据（图形数据）的查询速度快，它的实体与关系结构非常自然地切合人类的直观感受，支持兼容 ACID 的事务操作，提供了一个高可用性模型，以支持大规模数据量的查询，支持备份、数据局部性及冗余，提供了一个可视化的查询控制台。

Neo4j 图形数据库是基于属性图模型来描述数据的，用属性图模型表示结点、关系和属性中的数据；结点和关系都包含属性；关系连接结点；属性是键值对；结点用圆圈表示，关系用方向键表示；关系具有方向——单向和双向；每个关系包含“开始结点”（或“从结点”）和“到结点”（或“结束结点”）；在属性图数据模型中，关系是定向的。Neo4j 图形数据库将其所有数据存储在结点和关系中。它以图形的形式存储其数据的本机格式。Neo4j 使用本机 GPE（图形处理引擎）来使用它的本机图形存储格式。图形数据模型的组成如图 7-20 所示。

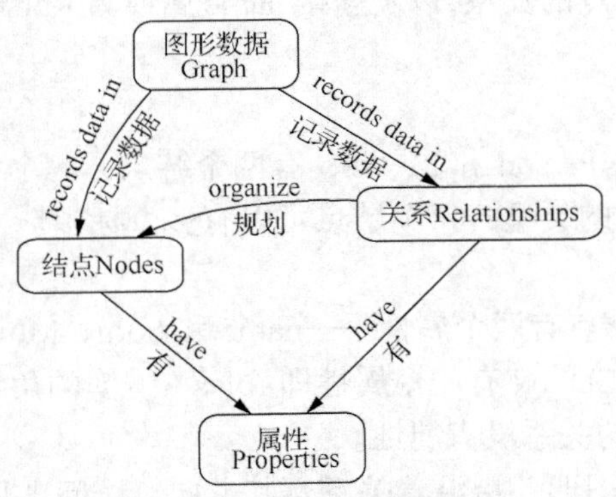

图 7-20 图形数据模型的组成

图形数据库数据模型的主要构建块是结点、关系、属性，每个实体都有 ID（IDentity）

唯一标识，每个结点由标签（Lable）分组，每个关系都有一个唯一的类型，属性图模型的基本概念如下。

实体（Entity）指结点（Node）和关系（Relationship）；每个实体都有一个唯一的 ID；每个实体都有零个、一个或多个属性，一个实体的属性键是唯一的；每个结点都有零个、一个或多个标签，属于一个或多个分组；每个关系都只有一个类型，用于连接两个结点；路径（Path）指由起始结点和终止结点之间的实体（结点和关系）构成的有序组合；标记（Token）是非空的字符串，用于标识标签（Lable）、关系类型（Relationship Type）或属性键（Property Key）。标签：用于标记结点的分组，多个结点可以有相同的标签，一个结点也可以有多个标签；标签用于对结点进行分组。关系类型：用于标记关系的类型，多个关系可以有相同的关系类型。属性键：用于唯一标识一个属性；属性（Property）是一个键值对，每个结点或关系有一个或多个属性；属性值可以是标量类型或这个标量类型的列表（数组）。

图 7-21 存在 3 个结点和两个关系，共 5 个实体，Person 和 Movie 是标签，ACTED_IN 和 DIRECTED 是关系类型，name、title、roles 等是结点和关系的属性。实体包括结点和关系，结点有标签和属性，关系是有向的，连接两个结点，具有属性和关系类型。

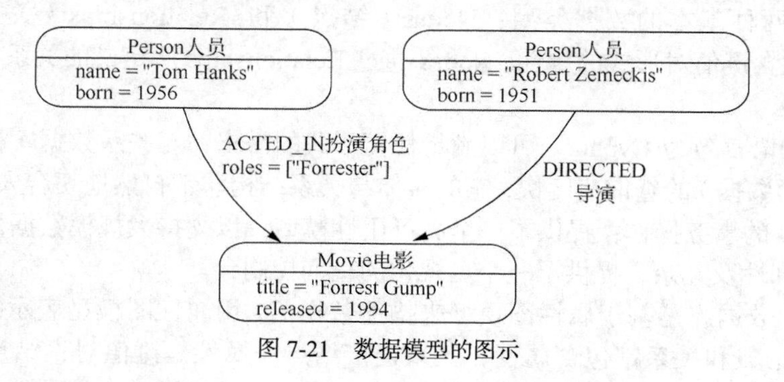

图 7-21　数据模型的图示

1. 实体

图 7-21 包含 3 个结点，分别是

```
name ="Tom Hanks"    name="Robert Zemeckis"   title="Forrest Group"
born=1956            born=1951                released=1994
```

图 7-21 包含两个关系类型——ACTED_IN 和 DIRECTED，两个关系是连接 name 属性为 Tom Hanks 结点和 Movie 结点的关系，以及连接 name 属性为 Robert Zemeckis 的结点和 Movie 结点的关系。

2. 标签

图 7-21 有两个标签——Person 和 Movie；有两个结点，一个结点是 Person，另一个结点是 Movie。标签有点像结点的类型，每个结点可以有多个标签。

3. 属性

在图 7-21 中，Person 结点有两个属性——name 和 born；Movie 结点有两个属性——title 和 released。关系类型 ACTED_IN 有一个属性即 roles（扮演的角色），该属性值是一个数组，而关系类型为 DIRECTED 的关系没有属性。

遍历（Traversal）一个图形，指沿着关系及其方向，访问图形的结点。关系是有向的，连接两个结点，从起始结点沿着关系，一步一步导航（Navigate）到结束结点的过程就是遍历，遍历经过的结点和关系的有序组合被称作路径（Path）。

在图 7-21 中查找 Tom Hanks 参演的电影，遍历的过程：从 Tom Hanks 结点开始，沿着 ACTED_IN 关系，寻找标签为 Movie 的目标结点。

扫码预习

7.5.3 Neo4j 图形数据库的存储结构

1. Neo4j 的核心概念

（1）Nodes（结点，类似地铁图里的一个地铁站）：图形的基本单位主要是结点和关系，都可以包含属性，一个结点就是一行数据，一个关系也是一行数据，里面的属性就是数据库的行（Row）的字段。除了属性之外，关系和结点还可以有零到多个标签，标签可以认为是一个特殊分组方式。

（2）Relationships（关系，类似两个相邻地铁站之间的路线）：关系的功能是组织和连接结点，一个关系连接两个结点（一个开始结点和一个结束结点）。所有的点被连接起来就形成了一张图，通过关系可以组织结点形成任意的结构，如 list、tree、map、tuple，或者更复杂的结构。关系有方向（进和出），代表一种指向。

（3）Properties（属性，类似地铁站的名字、位置、大小、进出口数量等）：属性非常类似数据库里面的字段，只有结点和关系可以有 0 到多个属性。属性的类型基本和 Java 的数据类型一致，分为数值、字符串、布尔及其他一些类型。字段名必须是字符串。

（4）Labels（标签，类似地铁站的属于哪个区）：标签形容一种角色或者给结点加上一种类型，一个结点可以有多种类型，通过类型区分一类结点，在查询时更加方便和高效；标签在给属性建立索引或者约束时也会用到。标签名称必须是非空的 unicode 字符串，另外标签最大标记容量是 int 的最大值。

（5）Traversal（遍历，类似看地图找路径）：查询时通常是遍历图谱以找到路径，在遍历时通常会有一个开始结点，然后根据系统提供的查询语句，遍历相关路径上的结点和关系，得到最终的结果。

（6）Paths（路径，类似从一个地铁站到另一个地铁站的所有的到达路径）：路径是一个或多个结点通过关系连接起来的列表，例如得到图谱查询或者遍历的结果。

（7）Schema（模式，类似存储数据的结构）：Neo4j 是一个无模式或者 less 模式的图形数据库。使用时它不需要定义任何模式（Schema）。

（8）Indexes（索引）：遍历图需要大量的随机读/写，如果没有索引，则可能意味着每次索引都是全图扫描。若在字段属性上构建索引，则任何查询操作都会使用索引，这样能大幅度提升查询性能。构建索引是一个异步请求，在后台创建直至成功后，才能最终生效。如果创建失败，可以重建索引，要先删除索引，然后从日志里面找出创建失败的原因，最后再创建。

（9）Constraints（约束）：约束定义在某个字段上，限制字段值为唯一值，创建约束会自动创建索引。

2. Neo4j 的物理存储文件

Neo4j 作为图形数据库，数据主要分为结点、关系、结点或关系上的属性 3 类，这些数据也可以通过检索工具库如 Lucene 进行存储检索。在 Neo4j 中，结点和关系的属性是用一个键值的双向列表来保存的；结点的关系是用一个双向列表来保存的。通过关系找到其前导和后继结点。结点保存第 1 个属性和第 1 个关系 ID。

图形的存储结构包括如下 5 类文件。

（1）存储结点的文件：存储结点数据及其序列 ID 包括存储结点数组、数组的下标（即该结点的 ID）、最大的 ID 及已经释放的 ID；存储结点标签及其序列 ID 包括存储结点标签数组数据、数组的下标（即该结点标签的 ID）。

（2）存储关系的文件：存储关系数据及其序列 ID 包括存储关系记录数组数据和 ID；存储关系组数据及其序列 ID 包括存储关系组数组数据和 ID；存储关系类型及其序列 ID 包括存储关系类型数组数据和 ID；存储关系类型的名称及其序列 ID 包括存储关系类型 token 数组数据和 ID。

（3）存储标签的文件：存储标签标记数据及其序列 ID 包括标签标记数组数据和 ID、标签标记名字数据及其序列 ID、标签标记的名字数据和 ID。

（4）存储属性的文件：存储属性数据及其序列 ID 包括存储属性数据和 ID；存储属性数据中的数组类型数据及其序列 ID 包括存储属性（键值结构）的值是数组的数据和 ID；属性数据为长字符串类型的存储文件及其序列 ID 包括存储属性（键值结构）的值是字符串的数据和 ID；属性数据的索引数据文件及其序列 ID 包括存储属性（键值结构）的键的索引数据和 ID；属性数据的键值数据存储文件及其序列 ID 包括存储属性（键值结构）的键的字符串值和 ID。

（5）其他文件：存储版本信息、存储模式数据、活动的逻辑日志、记录当前活动的日志文件名称等。

3. Neo4j 的存储结构

Neo4j 主要有 4 类结点、属性、关系等文件，以数组作为核心存储结构；同时对结点、属性、关系等类型的每个数据项都会分配一个唯一的 ID，在存储时以该 ID 为数组的下标。在访问时 ID 作为下标，在图遍历等操作时，可以不用索引就快速定位。

（1）结点（指向联系和属性的单向链表）的存储方式

第一个字节表示是否使用的标志位；接着的 4 个字节代表关联到这个结点的第一个关系的 ID；接着的 4 个字节代表第一个属性 ID；接着的 5 个字节是代表当前结点的标签，指向该结点的标签存储；最后一个字节作为保留位。一个结点共占 9 个字节，格式为

```
in_use(byte)+next_rel_ID(int)+next_prop_ID(int)
```

表达式的含义：结点是否可用（1）+最近一个关系的 ID（4）+最近一个属性的 ID（4）。

通过每个结点 ID 号，很容易通过计算偏移量获取这个结点的相关数据。结点数据包含最后一个关系 ID，可以通过关系 ID 快速获取结点所有关系。

（2）关系（双向链表）的存储方式

第一个字节表示是否使用的标志位；接着的 4 个字节代表起始结点的 ID；接着的 4 个字节代表结束结点的 ID；然后是关系类型，占用 5 个字节，依次是起始结点的上下联系和结束结点的上下结点，以及一个指示当前记录是否位于联系链的最前面。一个关系占 33 个字节，格式为

```
in_use(byte)+first_node(int)+second_node(int)+rel_type(int)+first_prev_rel_ID(
int)+first_next_rel_ID(int)+second_prev_rel_ID(int)+second_next_rel_ID(int)+next_p
rop_ID(int)
```

各个部分的含义：是否可用（1）+关系的头结点（4）+关系的尾结点（4）+关系类型（4）+头结点的前一个关系 ID（4）+头结点的后一个关系 ID（4）+尾结点的前一个关系 ID（4）+尾结点的后一个关系 ID（4）+关系的最近属性 ID（4）。

我们通过使用结点的前后关系所形成的双向链表，可以快速搜索到结点所有相关的边。在添加关系过程中，对第一个关系来说，情况是第一个关系结点没有尾关系 ID（-1 表示），

最后一个关系结点则没有前一个关系 ID（-1 表示），中间添加的关系都应该有前一个和后一个关系 ID，最终通过这些关系 ID 形成结点的关系列表。

（3）属性存储的存储方式

属性是固定大小，每个属性记录包括 4 个属性（一个属性记录最多容纳 4 个属性）和指向属性链中下一个属性的 ID。属性记录包括属性类型和指向属性索引文件的指针，同时属性记录中可以内联和动态存储，在属性值存储占用小时，会直接存储在属性记录中，对大属性值，可以分别存储在动态字符存储和动态数组存储中。由于动态记录同样由记录大小固定的记录链表组成，因此大字符串和大数组会占据多个动态记录。一个属性默认占 41 个字节，格式为

```
next and prev high bits(1)+next(4)+prev(4)+DEFAULT_PAYLOAD_SIZE(property blocks 32);
```

其含义：是否可用（1）+前一个属性 ID（4）+后一个属性 ID（4）+属性块（32）。

属性记录形成一个双向链表，每一个持有一个或多个属性块的实际的属性键值对。因为属性块长度是可变的，一个完整的属性记录可以只是一个属性块。属性块格式为“属性类型（8B）+属性值（非基础类型占 8B）”，属性键与属性值分别存储在不同的文件中。

根据这些结构的细节，我们就可以编程来操作这些数据。

7.5.4 Neo4j 数据库的集群结构

1. Neo4j 集群的方式

Neo4j 主要有两种集群方式：高可用集群（High Avaiable，HA）和任意集群（Causal Cluster，CC）方式。集群的主要特点：高吞吐量，持续可靠性，灾难恢复。

高可用集群：至少有 3 台服务器，1 主 2 从，主服务器完成写入之后同步数据到从服务器，主服务器既可以写也能读，从服务器只能读。它适用于需要全天候运行并需要提高查询效率的场景。

任意集群主要由两部分组成：①核心服务器（Core server），处理读/写的操作，大多数的核心服务器主要处理写操作。②一个或多个读复制服务器（Read replicas），处理只读的操作，数据从核心服务器异步更新，这些适用的数据地理分布广泛，并允许跨大量服务器扩展查询。

2. Neo4j 集群的体系结构

在这里以 3 个结点的 Neo4j 组成集群为例，介绍其体系结构和数据的操作原理。

图 7-22 展示了由 3 个 Neo4j 结点所组成的主从（Master-Slave）集群。每个 Neo4j 集群都包含一个主服务器和多个从服务器。每个 Neo4j 实例都包含图中的所有数据，任何一个 Neo4j 实例的失效都不会导致数据的丢失。主服务器主要负责数据的写入，接下来从服务器则会将主服务器中的数据更改同步到自身。如果一个写入请求到达了从服务器，那么该从服务器也将就该请求与主服务器通信。此时该写入请求将首先被主服务器执行，再异步地将数据更新到各个从服务器中。所以在图 7-22 中，数据写入方式有从主服务器到从服务器的，也有从服务器到主服务器的，但是并没有在从服务器之间进行的。所有这一切都是通过事务传播（Transaction Propagation）组成来协调完成的。

Neo4j 集群中数据的写入是通过主服务器来完成的，因为图形数据修改的复杂性，修改一个图形包括修改图形结点本身、维护各个关系。Neo4j 内部有一个写队列，用来暂时缓存数据库的写入操作，使 Neo4j 能够处理突发的大量写入操作。最坏的情况就是 Neo4j 集群需要面对持续的大量的写入操作，而内存空间不够，这时需要考虑 Neo4j 集群的纵向扩展。

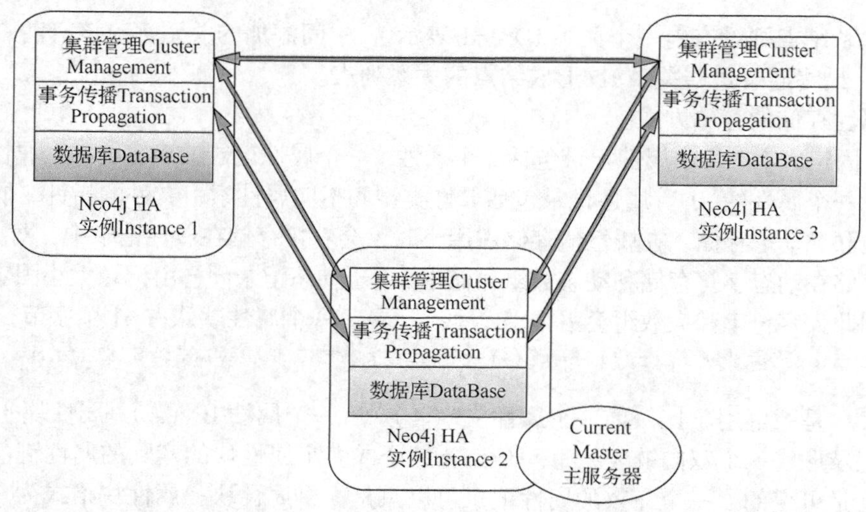

图 7-22　有 3 个结点的 Neo4j 集群架构

数据的读取可以通过集群中的任意一个 Neo4j 实例来完成，集群的读吞吐量在理论上做到随集群中 Neo4j 实例的个数线性增长。例如，如果一个有 5 个结点的 Neo4j 集群可以每秒响应 500 个读请求，那么再添加一个结点就可以将其扩容为每秒响应 600 个读请求。在请求量非常巨大而且访问的数据分布非常随机的情况下，系统可能发生数据不在内存（Cache-Miss）的问题，使每次对数据的读取都要经过磁盘查找来完成。Neo4j 使用基于缓冲的分片（Cache-based Sharding）方案，基于同一个用户在一段时间内所访问的数据常常是类似的原理，使用同一个 Neo4j 实例来响应一个用户所发送的所有需求，从而降低发生数据不在内存的概率。

Neo4j 数据服务器中的另一个组成集群管理（Cluster Management）则用来负责同步集群中各个实例的状态，并监控其他 Neo4j 结点的加入和离开。同时，它还负责维护领导选举结果的一致性。如果 Neo4j 集群中失效的结点个数超过了集群中结点个数的一半，那么该集群将只接受读取操作，直到有效结点重新超过集群结点数量的一半。

在启动时，一个 Neo4j 数据库实例将首先尝试着加入由配置文件所标明的集群。如果该集群存在，那么它将作为一个从服务器加入；否则该集群将被创建，并且它将被作为该集群的主服务器。

如果集群中的一个 Neo4j 实例失效了，其他 Neo4j 实例会在短时间内探测到并将其标示为失效，直到其重新恢复到正常状态并将数据同步到最新。在主服务器失效时，Neo4j 集群将通过内置的领导人选举功能选举出新的主服务器。

可以使用集群管理创建一个全局集群（Global Cluster），使系统有一个主服务器集群及多个从服务器集群，允许主服务器集群和从服务器集群处于不同区域的服务集群中。这样就使用户能够访问距离自己最近的服务器。这个集群遵守数据的写入是在主服务器集群中进行的，从服务器集群负责提供数据读取服务。

扫码预习

7.5.5　Neo4j 数据库的查询语言 CQL

Neo4j CQL（Cypher Query Language）是 Neo4j 图形数据库的查询语言。它是一种声明性模式匹配语言，遵循 SQL 语法。它的语法是非常简单、人性化、可读的格式。

1. Neo4j CQL 命令

Neo4j CQL 用命令来执行数据库操作。Neo4j CQL 支持多个子句如在哪里、排序等，以非常简单的方式编写非常复杂的查询。Neo4j CQL 支持聚类、加入等操作，还支持一些关系功能。

常用的 Neo4j CQL 命令包括：CREATE 创建结点、关系和属性；MATCH 匹配，检索有关结点、关系和属性数据；RETURN 返回查询结果；WHERE 提供条件过滤检索数据；DELETE 删除结点和关系；REMOVE 删除结点和关系的属性；ORDER BY 排序检索数据；SET 添加或更新标签等。

常用的 Neo4j CQL 函数包括：String 字符串；Aggregation 聚合，用于对 CQL 查询结果执行一些聚合操作；Relationship 关系，用于获取关系的细节等。

Neo4j CQL 数据类型用于定义结点或关系的属性。Neo4j CQL 支持的数据类型有布尔型、字节型、整型、浮点型、字符型、字符串型等。

2. Neo4j CQL 命令的例子

可以使用 CREATE、MATCH 等语句，创建没有属性的结点；使用属性创建结点，在没有属性的结点之间创建关系；使用属性创建结点之间的关系，为结点或关系创建单个或多个标签。

创建如下两个结点：客户和信用卡式人际关系。客户结点包含：id，姓名，出生日期。信用卡式结点包括：身份证，号码，cvv，expiredate。客户信用卡式的关系：DO_SHOPPING_WITH。

第一步：创建客户。

```
CREATE (e:Customer{id:"1001",name:"Abc",dob:"01/10/1982"})
```

第二步：创建信用卡。

```
CREATE
(cc:CreditCard{id:"5001",number:"1234567890",cvv:"888",expiredate:"20/17"})
```

第三步：查询信用卡并返回信用卡的详细信息。

```
MATCH (cc:CreditCard)
RETURN cc.id,cc.number,cc.cvv,cc.expiredate
```

第四步：创建客户和信用卡式结点之间的关系。

```
MATCH (cust:Customer),(cc:CreditCard)
WHERE cust.id = "1001" AND cc.id= "5001"
CREATE (cust)-[r:DO_SHOPPING_WITH{shopdate:"12/12/2014",price:55000}]->(cc)
RETURN r
```

第五步：删除关系。

```
MATCH (cc: CreditCard)-[rel]-(c:Customer)
DELETE cc,c,rel
```

第六步：两个结点及其相关联的关系成功删除。现在检查 DELETE 操作是否成功，在数据浏览器中输入下面的命令。

```
MATCH (cc:CreditCard)-[r]-(c:Customer) RETURN r
```

3. Neo4j 的各类 API

Neo4j 的 API 的使用模式有嵌入式模式和服务器模式。嵌入式模式需要引用 Neo4j 的开发包。一般在 MAVEN 项目的 pom.xml 文件中引入即可，不需要开启 Neo4j 服务器。服务器模式必须先安装和启动 Neo4j 服务器，然后引入 Neo4j 的驱动程序。同样，在 MAVEN 项目的 pom.xml

文件中引入即可。遍历框架 Traversal framework Java API，提供各种图形算法应用。

> **课堂讨论——本节重点与难点知识问题**
> 1. 如何表示和操作图形数据？
> 2. Neo4j 的特点是什么？
> 3. Neo4j 的存储结构是什么？
> 4. Neo4j 的集群体系结构是什么？
> 5. 常用的 Neo4j CQL 命令有哪些？
> 6. 常用的 Neo4j CQL 函数有哪些？

7.6 NoSQL 数据库项目实践

本节以 HBase 为例，设计和实现数据库管理系统，练习 HBase 数据库的安装、数据库的建立、对数据库中数据的操作等。本实践用单机模式来完成。

7.6.1 项目案例——成绩管理系统

在学校教学管理中，学生成绩管理系统完成的功能包括成绩记录、成绩发布、成绩查询、成绩打印等服务功能。系统中的用户有 3 类——学生、教师、教务人员。学生用户的功能有课程成绩查询、课程成绩单打印等，教师用户的功能有成绩录入、成绩修订、成绩表发布、成绩表打印等，教务人员的功能有成绩单模板管理、成绩查询、课程成绩分析、课程信息管理和学生信息管理等。

数据库名称为 GradeDB，包括学生信息表（Student）、教师信息表（Teacher）、课程信息表（Course）、成绩记录表（Grade）。图 7-23 给出成绩管理概念数据模型。根据关系数据库的设计理论，我们把图 7-23 的概念数据模型转换成数据库的逻辑模型，然后在此基础上生成数据库的物理模型，这样在关系数据库要用 4 个表格来表示："教师"信息表包括教师编号、教师姓名、职称等属性；"课程"信息表包括课程编号、课程名称、学时、学分和上课教师编号（表示课程教学关系）等属性；"学生"信息表包括学号、姓名、专业、手机等属性；成绩记录表包括学号、课程号、成绩等属性。

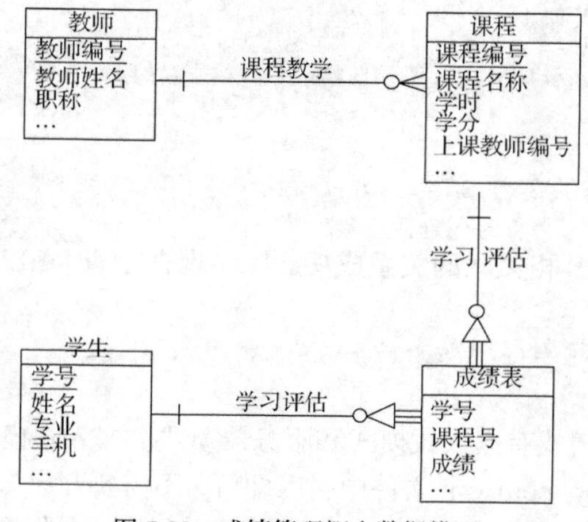

图 7-23 成绩管理概念数据模型

在这里用 HBase 数据库来对成绩管理系统进行数据库表格的设计，用 HBase 的数据模型来定义表格、列族、列等，并对数据进行插入、删除、修改、查询等操作。

7.6.2　设计 HBase 数据库表

HBase 是一个开源可伸缩的针对海量数据存储的分布式 NoSQL 数据库，它构建在 Hadoop 的 HDFS 存储系统之上。HBase 可以看成以行键（RowKey）、列标识（Column Qualifier），时间戳（TimeStamp）标识的有序 Map 数据结构的数据库，具有稀疏、分布式、持久化、多维度等特点。

HBase 的数据模型也由一张张的表组成，每一张表里也有数据行和列，但是，HBase 数据库中的行和列与关系数据库的稍有不同。下面介绍 HBase 数据模型中一些名词的概念。

表（Table）：HBase 会将数据组织进一张张的表里，但是需要注意的是，表名必须是能用在文件路径里的合法名字，因为 HBase 的表被映射成分布式文件系统（HDFS）上面的文件。

行（Row）：在表里面，每一行代表着一个数据对象，每一行都是以一个行键（RowKey）来进行唯一标识的，行键并没有什么特定的数据类型，以二进制的字节来存储。

列族（Column Family）：在定义 HBase 表的时候需要提前设置好列族，表中所有的列都需要组织在列族里面。列族一旦确定后，就不能轻易修改，因为它会影响到 HBase 真实的物理存储结构，但是列族中的列标识（Column Qualifier）及其对应的值可以动态增删。表中的每一行都有相同的列族，但是不需要每一行的列族里都有一致的列标识和值，所以说是一种稀疏的表结构，这样可以在一定程度上避免数据的冗余。例如，{row1, userInfo: telephone-> 137XXXXX869 }{row2, userInfo: fax phone -> 0898-66XXXX }，行 1 和行 2 都有同一个列族 userInfo，但是行 1 中的列族只有列标识移动电话号码，而行 2 中的列族中只有列标识传真号码。

列族中的数据通过列标识来进行映射，列标识也没有特定的数据类型，以二进制字节来存储。

单元（Cell）：每一个行键、列族和列标识共同组成一个单元，存储在单元里的数据被称为单元数据。单元和单元数据也没有特定的数据类型，以二进制字节来存储。

时间戳（TimeStamp）：默认下每一个单元中的数据插入时都会用时间戳来进行版本标识。读取单元数据时，如果时间戳没有被指定，则默认返回最新的数据，写入新的单元数据时，如果没有设置时间戳，默认使用当前时间。每一个列族的单元数据的版本数量都被 HBase 单独维护，默认情况下 HBase 保留 3 个版本数据。

当开始设计 HBase 中的表的时候，需要考虑以下几个问题：RowKey 的结构该如何设置？RowKey 应包含什么样的信息？表中应该有多少列族？列族中应该存储什么样的数据？每个列族中存储多少列数据？列的名字分别是什么？单元（Cell）中应该存储什么样的信息？每个单元中存储多少个版本信息？

在 HBase 表设计中，最重要的就是定义 RowKey 的结构，在定义 RowKey 的结构时，必须考虑表的接入样本，也就是真实应用对这张表的读/写场景是什么样的。除此之外，在设计表的时候，我们也应该考虑 HBase 数据库的一些特性。HBase 中表的索引是通过 Key 来实现的；在表中，RowKey 的字典对一行行的数据进行排序，表中每一块区域的划分都是由开始 RowKey 和结束 RowKey 来决定的；所有存储在 HBase 表中的数据都是二进制的字节，并没有数据类型；原子性只在行内保证，HBase 表中并没有多行事务；列族在表创建之前就要定义好；列族中的列标识可以在表创建完以后动态插入数据时添加。

7.6.3 安装 HBase 数据库

安装前提：准备好 Linux 环境，搭建好 HDFS 环境（Hadoop 分布式文件系统）。HBase 有 3 种运行模式：单机模式、伪分布式模式（在一台计算机上使用多个虚拟机）和分布式模式。

这里给出 Ubuntu 环境下 HBase 的安装过程。

1. 搭建 HDFS 环境

在这一步中，我们需要通过在系统上安装和配置 Hadoop 来完成 HDFS 环境的建立。

（1）设置 Hadoop 用户：若在安装 Ubuntu 的时候没有创建“Hadoop”用户，则先创建 Hadoop 用户。在登录界面中选择刚创建的 Hadoop 用户进行登录。

（2）安装 SSH、配置 SSH 无密码登录。

（3）Java 是 Hadoop 和 HBase 主要先决条件。检查 Java 在系统上是否存在。若 Java 不存在，安装 JDK 并配置 JAVA_HOME 环境变量。

（4）安装 Hadoop：在官方网站下载 Hadoop 安装包，将 Hadoop 安装至“/usr/local”中，安装完成后配置 Hadoop（修改配置文件./hadoop/etc/hadoop/core-site. xml、./hadoop/ etc/hadoop/hdfs-site.xml、yarn-site.xml 等）。配置完成后，格式化 NameNode，安装完成。

（5）运行 Hadoop，开启 NameNode 和 DataNode 守护进程。

2. 安装 HBase

从 HBase 官方网站下载最新版本的安装包，放到合适的目录，如解压安装包至路径“/usr/local”，修改相关的配置参数，完成安装。

HBase 安装完成后，进入解压后的目录，运行 HBase，启动 HBase Shell，就可以使用 Shell 对数据库进行操作了。

3. 启动测试

测试运行，登录 SSH，切换目录至“/usr/local/hadoop”。使用./sbin/start-dfs.sh 启动 Hadoop，完成 HDFS 环境的搭建。执行命令 jps，能看到 NameNode、DataNode 和 SecondaryNameNode 都已经成功启动，表示 Hadoop 启动成功。

切换目录至“/usr/local/Hbase”，再启动 HBase。使用 sudo bin/start-Hbase.sh 启动 HBase。使用 bin/Hbase shell 启动 Shell，出现“Hbase(main):001:0>”提示符。

7.6.4 使用 HBase Shell

1. HBase Shell 的基本使用

（1）在 HBase Shell 提示符下使用 Shell 命令，并观察操作结果。

（2）显示 HBase Shell 帮助文档：使用 help 命令可以显示 HBase Shell 的基本使用信息。需要注意的是，表名、行、列都必须包含在引号内。

（3）退出 HBase Shell：使用 quit 命令退出 HBase Shell 并且断开和集群的连接，但此时 HBase 仍然在后台运行。

（4）查看 HBase 状态：使用 status 命令查看 HBase 状态。

（5）关闭 HBase：与 bin/start-Hbase.sh 开启所有的 HBase 进程相同，bin/stop-Hbase.sh 用于关闭所有的 HBase 进程。

2. 用 HBase Shell 进行数据的定义

（1）使用 create 命令来创建一个新表。在创建的时候，必须指定表名和列族名。表名为 student，有一个列族 infor（创建表时只定义列族，不定义列）。

```
Hbase(main):001:0> create 'student', 'infor'
```

（2）使用 list 命令列举表信息。

```
Hbase(main):002:0> list 'student'
```

（3）使用 describe 命令获取表描述。

```
Hbase(main):003:0> describe 'student'
```

（4）使用 drop 命令删除表。

```
Hbase(main):011:0> drop 'student'
```

（5）使用 exists 命令检查表是否存在。

```
Hbase(main):021:0>exists 'student'
```

3. 用 HBase Shell 进行数据的管理

（1）使用 put 命令，将数据插入表中。

```
Hbase(main):003:0> put 'student', 'row1', 'infor:name', 'Lili'
Hbase(main):004:0> put 'student', 'row2', 'infor:specify', 'software'
Hbase(main):005:0> put 'student', 'row3', 'infor:phone', '17712345678'
```

可以看到，这里一共插入了 3 条数据，一次插入一条。第一次插入到 row1 行，infor:name，插入值为 Lili。所有列在 HBase 中有一个列族前缀。本例中的 infor 后面跟着一个冒号和一个列限定后缀，本例中是 name。

（2）查询。

一次性扫描全表数据。一种获取 HBase 数据的方法是扫描，即使用 scan 命令来扫描表的数据。可以限制扫描的范围，这里获取的是所有数据。

```
Hbase(main):006:0> scan 'student'
ROW                                  COLUMN+CELL
 row1       column=infor:name, timestamp=1421762485768, value=Lili
 row2       column=infor:specify, timestamp=1421762491785, value=software
 row3       column=infor:phone, timestamp=1421762496210, value=17712345678
```

可使用如下代码查询前两条数据。

```
scan 'student', {LIMIT=>2}
```

可以限定查询范围，如使用如下代码查询数据。

```
scan 'student', {STARTROW=>'row2', ENDROW=>'row3}
```

（3）使用 get 命令来获得某一行的数据。

```
Hbase(main):007:0> get 'student', 'row1'
COLUMN                               CELL
 infor:name             timestamp=1421762485768, value=Lili
```

（4）更新一条数据。例如使用 put 命令，将电话由 17712345678 地址改为 12212345678。

```
Hbase(main):004:0>put 'student','17712345678','infor:phone' ,'12212345678'
```

（5）删除数据。

删除列，如使用“delete 'student', 'row1' ,'infor:phone'”命令。

删除整行，如使用“delete 'student', 'row2'”命令。

删除表中所有数据，如使用“truncate 'User'”命令。

（6）禁用一个表。

使用 disable 命令禁用表，使用 enable 命令重新启用表。

```
Hbase(main):008:0> disable 'student'
Hbase(main):009:0> enable 'student'
```

7.6.5 操作 HBase 数据库

学生成绩管理系统在 HBase 中，用一个表的 3 个列族来表示整个系统的数据，ManagementSystem 表格包括 3 个列族（student、course 和 teacher）。ManagementSystem 表格创建后就不能改变，各个列族中的列可以变化，在这里各个列族的信息如下：student 列族中有列 name、id、course、score；course 列族有列 name、id、type、teacher_id；teacher 列族中有列 name、id、title。这些列可以根据应用的需求进行调整，这里只是为了实验而设置相关信息，用来对操作结果进行显示。

1. 启动 HBase

启动 Hadoop，启动 HBase 最后的界面如图 7-24 所示。

```
guopengyu — java -Dproc_shell -XX:OnOutOfMemoryError=kill -9 %p -Djava.net....
Last login: Sat Sep  1 19:27:18 on console
guopengyudeMacBook-Pro:~ guopengyu$ hbase shell
2018-09-01 19:36:16,991 WARN  [main] util.NativeCodeLoader: Unable to load nativ
e-hadoop library for your platform... using builtin-java classes where applicabl
e
SLF4J: Class path contains multiple SLF4J bindings.
SLF4J: Found binding in [jar:file:/usr/local/Cellar/hbase/1.2.6/libexec/lib/slf4
j-log4j12-1.7.5.jar!/org/slf4j/impl/StaticLoggerBinder.class]
SLF4J: Found binding in [jar:file:/usr/local/Cellar/hadoop/3.0.0/libexec/share/h
adoop/common/lib/slf4j-log4j12-1.7.25.jar!/org/slf4j/impl/StaticLoggerBinder.cla
ss]
SLF4J: See http://www.slf4j.org/codes.html#multiple_bindings for an explanation.
SLF4J: Actual binding is of type [org.slf4j.impl.Log4jLoggerFactory]
HBase Shell; enter 'help<RETURN>' for list of supported commands.
Type "exit<RETURN>" to leave the HBase Shell
Version 1.2.6, rUnknown, Mon May 29 02:25:32 CDT 2017

hbase(main):001:0>
```

图 7-24　HBase 启动界面

2. 创建学生信息管理表

创建 ManagementSystem 表，表中有 student、course 和 teacher 这 3 个列族。语句为“create 'ManagementSystem', 'student', 'course', 'teacher'”，操作结果如图 7-25 所示。

```
hbase(main):001:0> create 'ManagementSystem','student','course','teacher'
0 row(s) in 2.4860 seconds
```

图 7-25　创建表格（表名称、列族名称）

3. 在表格中插入数据

使用如下语句在学生列族中插入数据。

```
put 'ManagementSystem','row1:student', 'name', 'LiHong'
put 'ManagementSystem','row1:student', 'id', '20180101021'
put 'ManagementSystem','row1:student', 'course', 'Java'
put 'ManagementSystem','row1:student', 'score', '89'
```

```
put 'ManagementSystem','row2:student', 'name', 'LiuXi'
put 'ManagementSystem','row2:student', 'id', '20180101022'
put 'ManagementSystem','row2:student', 'course', 'Math'
put 'ManagementSystem','row2:student', 'score', '91'
put 'ManagementSystem','row3:student', 'name', 'WangFang'
put 'ManagementSystem','row3:student', 'id', '20180202006'
put 'ManagementSystem','row3:student', 'course', 'UNIX'
put 'ManagementSystem','row3:student', 'score', '87'
```

使用“scan 'ManagementSystem'”语句查看插入的学生信息，如图 7-26 所示。

```
hbase(main):030:0> scan 'ManagementSystem'
ROW                          COLUMN+CELL
 row1:student                column=course:, timestamp=1536140197233, value=Java
 row1:student                column=id:, timestamp=1536140124203, value=20180101021
 row1:student                column=name:, timestamp=1536139991733, value=LiHong
 row1:student                column=score:, timestamp=1536140253184, value=89
 row2:student                column=course:, timestamp=1536140491455, value=Math
 row2:student                column=id:, timestamp=1536140477338, value=20180101022
 row2:student                column=name:, timestamp=1536140453654, value=LiuXi
 row2:student                column=score:, timestamp=1536140502122, value=91
 row3:student                column=course:, timestamp=1536140553075, value=UNIX
 row3:student                column=id:, timestamp=1536140537977, value=20180202006
 row3:student                column=name:, timestamp=1536140517848, value=WangFang
 row3:student                column=score:, timestamp=1536140574983, value=87
3 row(s) in 0.0270 seconds
```

图 7-26　查看插入的学生信息

在 course 列族中插入数据，语句如下。

```
put 'ManagementSystem','row1:course', 'id', '0325'
put 'ManagementSystem','row1:course', 'name', 'Java'
put 'ManagementSystem','row1:course', 'teacher_id', '241'
put 'ManagementSystem','row1:course', 'type', 'Compulsory'
put 'ManagementSystem','row2:course', 'id', '0018'
put 'ManagementSystem','row2:course', 'name', 'Math'
put 'ManagementSystem','row2:course', 'teacher_id', '243'
put 'ManagementSystem','row2:course', 'type', 'Compulsory'
put 'ManagementSystem','row3:course', 'id', '0327'
put 'ManagementSystem','row3:course', 'name', 'UNIX'
put 'ManagementSystem','row3:course', 'teacher_id', '242'
put 'ManagementSystem','row3:course', 'type', 'elective'
```

在 teacher 列族中插入数据，语句如下。

```
put 'ManagementSystem','row1:teacher', 'id', '241'
put 'ManagementSystem','row1:teacher', 'name', 'LiuNeng'
put 'ManagementSystem','row1:teacher', 'title', 'professor'
put 'ManagementSystem','row2:teacher', 'id', '242'
put 'ManagementSystem','row2:teacher', 'name', 'LiLei'
put 'ManagementSystem','row2:teacher', 'title', 'professor'
put 'ManagementSystem','row3:teacher', 'id', '243'
put 'ManagementSystem','row3:teacher', 'name', 'Zhengkai'
put 'ManagementSystem','row3:teacher', 'title', 'adjunct professor'
```

运行上面的语句在 course 和 teacher 列族中插入数据，然后查看表中的数据，结果如图 7-27 所示。

```
hbase(main):056:0> scan 'ManagementSystem'
ROW                          COLUMN+CELL
 row1:course                 column=id:, timestamp=1536141305164, value=0325
 row1:course                 column=name:, timestamp=1536141284700, value=Java
 row1:course                 column=teacher_id:, timestamp=1536141401903, value=241
 row1:course                 column=type:, timestamp=1536141370861, value=Compulsory
 row1:student                column=course:, timestamp=1536140197233, value=Java
 row1:student                column=id:, timestamp=1536140124203, value=20180101021
 row1:student                column=name:, timestamp=1536139991733, value=LiHong
 row1:student                column=score:, timestamp=1536140253184, value=89
 row1:teacher                column=id:, timestamp=1536141582255, value=241
 row1:teacher                column=name:, timestamp=1536141543743, value=LiuNeng
 row1:teahcer                column=title:, timestamp=1536141768928, value=professor
 row2:course                 column=id:, timestamp=1536141687845, value=0018
 row2:course                 column=name:, timestamp=1536141680079, value=Math
 row2:course                 column=teacher_id:, timestamp=1536141412887, value=243
 row2:course                 column=type:, timestamp=1536141376828, value=Compulsory
 row2:student                column=course:, timestamp=1536140491455, value=Math
 row2:student                column=id:, timestamp=1536140477338, value=20180101022
 row2:student                column=name:, timestamp=1536140453654, value=LiuXi
 row2:student                column=score:, timestamp=1536140502122, value=91
 row2:teacher                column=id:, timestamp=1536141590902, value=242
 row2:teacher                column=name:, timestamp=1536141554399, value=LiLei
 row2:teahcer                column=title:, timestamp=1536141773775, value=professor
 row3:course                 column=id:, timestamp=1536141697566, value=0327
 row3:course                 column=name:, timestamp=1536141474215, value=UNIX
 row3:course                 column=teacher_id:, timestamp=1536141422607, value=242
 row3:course                 column=type:, timestamp=1536141499615, value=elective
 row3:student                column=course:, timestamp=1536140553075, value=UNIX
 row3:student                column=id:, timestamp=1536140537977, value=20180202006
 row3:student                column=name:, timestamp=1536140517848, value=WangFang
 row3:student                column=score:, timestamp=1536140574983, value=87
 row3:teacher                column=id:, timestamp=1536141623654, value=243
 row3:teacher                column=name:, timestamp=1536141569166, value=Zhengkai
 row3:teahcer                column=title:, timestamp=1536141822661, value=adjunct professor
12 row(s) in 0.0170 seconds
```

图 7-27　数据插入结果

4. 查询列族或者列的数据

使用语句“get 'ManagementSystem','row1:student',{COLUMN =>'name'}”获取某一列族某一列某行中的数据，结果如图 7-28 所示。

```
hbase(main):063:0> get 'ManagementSystem', 'row1:student',{COLUMN => 'name'}
COLUMN                       CELL
 name:                       timestamp=1536139991733, value=LiHong
```

图 7-28　数据查询结果

5. 表格数据更新

使用语句“put 'ManagementSystem','row1:student','name','LinLi'}”更新学生的姓名为 LinLi。操作的过程和结果如图 7-29 所示。

```
hbase(main):064:0> put 'ManagementSystem','row1:student','name','LinLi'
0 row(s) in 0.0080 seconds

hbase(main):065:0> get 'ManagementSystem', 'row1:student',{COLUMN => 'name'}
COLUMN                       CELL
 name:                       timestamp=1536142351419, value=LinLi
1 row(s) in 0.0100 seconds
```

图 7-29　操作的过程和结果

6. 删除数据行

使用语句“deleteall 'ManagementSystem', 'row1:student'”删除第一行学生信息，结果如图 7-30 所示。

7. 删除指定单元格

使用语句“delete 'ManagementSystem', 'row2:student','score'”删除 student 列值中第二行 score 的值，结果如图 7-31 所示。

```
hbase(main):067:0> scan 'ManagementSystem'
ROW                                  COLUMN+CELL
 row1:course                         column=id:, timestamp=1536141305164, value=0325
 row1:course                         column=name:, timestamp=1536141284700, value=Java
 row1:course                         column=teacher_id:, timestamp=1536141401903, value=241
 row1:course                         column=type:, timestamp=1536141370861, value=Compulsory
 row1:teacher                        column=id:, timestamp=1536141582255, value=241
 row1:teacher                        column=name:, timestamp=1536141543743, value=LiuNeng
 row1:teahcer                        column=title:, timestamp=1536141768928, value=professor
 row2:course                         column=id:, timestamp=1536141687845, value=0018
 row2:course                         column=name:, timestamp=1536141680079, value=Math
 row2:course                         column=teacher_id:, timestamp=1536141412887, value=243
 row2:course                         column=type:, timestamp=1536141376828, value=Compulsory
 row2:student                        column=course:, timestamp=1536140491455, value=Math
 row2:student                        column=id:, timestamp=1536140477338, value=20180101022
 row2:student                        column=name:, timestamp=1536140453654, value=LiuXi
 row2:student                        column=score:, timestamp=1536140502122, value=91
 row2:teacher                        column=id:, timestamp=1536141590902, value=242
 row2:teacher                        column=name:, timestamp=1536141554399, value=LiLei
 row2:teahcer                        column=title:, timestamp=1536141773775, value=professor
 row3:course                         column=id:, timestamp=1536141697566, value=0327
 row3:course                         column=name:, timestamp=1536141474215, value=UNIX
 row3:course                         column=teacher_id:, timestamp=1536141422607, value=242
 row3:course                         column=type:, timestamp=1536141499615, value=elective
 row3:student                        column=course:, timestamp=1536140553075, value=UNIX
 row3:student                        column=id:, timestamp=1536140537977, value=20180202006
 row3:student                        column=name:, timestamp=1536140517848, value=WangFang
 row3:student                        column=score:, timestamp=1536140574983, value=87
 row3:teacher                        column=id:, timestamp=1536141623654, value=243
 row3:teacher                        column=name:, timestamp=1536141569166, value=Zhengkai
 row3:teahcer                        column=title:, timestamp=1536141822661, value=adjunct professor
11 row(s) in 0.0230 seconds
```

图 7-30　删除数据行后的结果

```
hbase(main):069:0> scan 'ManagementSystem'
ROW                                  COLUMN+CELL
 row1:course                         column=id:, timestamp=1536141305164, value=0325
 row1:course                         column=name:, timestamp=1536141284700, value=Java
 row1:course                         column=teacher_id:, timestamp=1536141401903, value=241
 row1:course                         column=type:, timestamp=1536141370861, value=Compulsory
 row1:teacher                        column=id:, timestamp=1536141582255, value=241
 row1:teacher                        column=name:, timestamp=1536141543743, value=LiuNeng
 row1:teahcer                        column=title:, timestamp=1536141768928, value=professor
 row2:course                         column=id:, timestamp=1536141687845, value=0018
 row2:course                         column=name:, timestamp=1536141680079, value=Math
 row2:course                         column=teacher_id:, timestamp=1536141412887, value=243
 row2:course                         column=type:, timestamp=1536141376828, value=Compulsory
 row2:student                        column=course:, timestamp=1536140491455, value=Math
 row2:student                        column=id:, timestamp=1536140477338, value=20180101022
 row2:student                        column=name:, timestamp=1536140453654, value=LiuXi
 row2:teacher                        column=id:, timestamp=1536141590902, value=242
 row2:teacher                        column=name:, timestamp=1536141554399, value=LiLei
 row2:teahcer                        column=title:, timestamp=1536141773775, value=professor
 row3:course                         column=id:, timestamp=1536141697566, value=0327
 row3:course                         column=name:, timestamp=1536141474215, value=UNIX
 row3:course                         column=teacher_id:, timestamp=1536141422607, value=242
 row3:course                         column=type:, timestamp=1536141499615, value=elective
 row3:student                        column=course:, timestamp=1536140553075, value=UNIX
 row3:student                        column=id:, timestamp=1536140537977, value=20180202006
 row3:student                        column=name:, timestamp=1536140517848, value=WangFang
 row3:student                        column=score:, timestamp=1536140574983, value=87
 row3:teacher                        column=id:, timestamp=1536141623654, value=243
 row3:teacher                        column=name:, timestamp=1536141569166, value=Zhengkai
 row3:teahcer                        column=title:, timestamp=1536141822661, value=adjunct professor
11 row(s) in 0.0130 seconds
```

图 7-31　删除指定单元格后的结果

8. 用 Alter 命令删除列

使用语句“Alter'ManagementSystem','teacher',Name=>'title',METHOD=>'delete'”删除 teacher 列族中的 title 列，删除列前的情况如图 7-32 所示，删除列后的结果如图 7-33 所示。这里需要说明的情况：删除某一列族中的某一列之前用“disable'ManagementSystem'”命令把表禁用，然后执行删除语句，最后用“disable'ManagementSystem'”命令恢复使用。

```
hbase(main):031:0> scan 'ManagementSystem'
ROW                                  COLUMN+CELL
 row1:course                         column=id:, timestamp=1547569250071, value=0325
 row1:course                         column=name:, timestamp=1547569225532, value=Java
 row1:course                         column=teacher_id:, timestamp=1547569293774, value=241
 row1:course                         column=type:, timestamp=1547569282423, value=Compulsory
 row1:teacher                        column=id:, timestamp=1547569477828, value=0018
 row1:teacher                        column=name:, timestamp=1547569465892, value=LiuNeng
 row1:teacher                        column=title:, timestamp=1547613357709, value=professor
 row2:course                         column=id:, timestamp=1547569335163, value=0018
 row2:course                         column=name:, timestamp=1547569319013, value=Math
 row2:course                         column=teacher_id:, timestamp=1547569370163, value=243
 row2:course                         column=type:, timestamp=1547569356835, value=Compulsory
 row2:student                        column=course:, timestamp=1547614379768, value=Math
 row2:student                        column=id:, timestamp=1547568360475, value=20180101022
 row2:student                        column=name:, timestamp=1547568345605, value=LiuXi
 row2:teacher                        column=id:, timestamp=1547569525722, value=242
 row2:teacher                        column=name:, timestamp=1547569513321, value=LiLei
 row2:teacher                        column=title:, timestamp=1547613405338, value=professor
 row3:course                         column=id:, timestamp=1547569399225, value=0327
 row3:course                         column=name:, timestamp=1547569389334, value=UNIX
 row3:course                         column=teacher_id:, timestamp=1547569430544, value=242
 row3:course                         column=type:, timestamp=1547569412986, value=elective
 row3:student                        column=course:, timestamp=1547568421483, value=UNIX
 row3:student                        column=id:, timestamp=1547607253093, value=20180202006
 row3:student                        column=name:, timestamp=1547568408647, value=WangFang
 row3:student                        column=score:, timestamp=1547614454462, value=87
 row3:teacher                        column=id:, timestamp=1547569582443, value=243
 row3:teacher                        column=name:, timestamp=1547569565838, value=Zhengkai
 row3:teacher                        column=title:, timestamp=1547613417507, value=adjunct professor
8 row(s) in 0.0220 seconds
```

图 7-32　删除列前的情况

```
hbase(main):035:0> scan 'ManagementSystem'
ROW                                COLUMN+CELL
 row1:course                       column=id:, timestamp=1547569250071, value=0325
 row1:course                       column=name:, timestamp=1547569225532, value=Java
 row1:course                       column=teacher_id:, timestamp=1547569293774, value=241
 row1:course                       column=type:, timestamp=1547569282423, value=Compulsory
 row1:teacher                      column=id:, timestamp=1547569477828, value=0018
 row1:teacher                      column=name:, timestamp=1547569465892, value=LiuNeng
 row2:course                       column=id:, timestamp=1547569335163, value=0018
 row2:course                       column=name:, timestamp=1547569319013, value=Math
 row2:course                       column=teacher_id:, timestamp=1547569370163, value=243
 row2:course                       column=type:, timestamp=1547569356835, value=Compulsory
 row2:student                      column=course:, timestamp=1547614379768, value=Math
 row2:student                      column=id:, timestamp=1547568360475, value=20180101022
 row2:student                      column=name:, timestamp=1547568345605, value=LiuXi
 row2:teacher                      column=id:, timestamp=1547569525722, value=242
 row2:teacher                      column=name:, timestamp=1547569513321, value=LiLei
 row3:course                       column=id:, timestamp=1547569399225, value=0327
 row3:course                       column=name:, timestamp=1547569389334, value=UNIX
 row3:course                       column=teacher_id:, timestamp=1547569430544, value=242
 row3:course                       column=type:, timestamp=1547569412986, value=elective
 row3:student                      column=course:, timestamp=1547568421483, value=UNIX
 row3:student                      column=id:, timestamp=1547607253093, value=20180202006
 row3:student                      column=name:, timestamp=1547568408647, value=WangFang
 row3:student                      column=score:, timestamp=1547614454462, value=87
 row3:teacher                      column=id:, timestamp=1547569582443, value=243
 row3:teacher                      column=name:, timestamp=1547569565838, value=Zhengkai
8 row(s) in 0.0280 seconds
```

图 7-33　删除列后的结果

9. 删除整个表

首先将表禁用（命令为 disable），然后删除表（命令为 drop），最后检查结果（命令为 exists）如图 7-34 所示。

```
hbase(main):072:0> disable 'ManagementSystem'
0 row(s) in 4.3320 seconds
```

（a）禁用表

```
hbase(main):073:0> drop 'ManagementSystem'
0 row(s) in 1.3070 seconds
```

（b）删除表

```
hbase(main):075:0> exists 'ManagementSystem'
Table ManagementSystem does not exist
0 row(s) in 0.0050 seconds
```

（c）检查结果

图 7-34　删除表格

总之，HBase Shell 提供了丰富的语句来操作 HBase 数据库中的数据，利用 Shell 可以完成复杂的应用。

课堂讨论——本节重点与难点知识问题

1. 如何搭建 HDFS 环境？
2. 如何安装 HBase？
3. 如何用 HBase Shell 进行数据的定义？
4. 如何用 HBase Shell 进行数据的管理？

习　题

一、单选题

1. 以下哪一项工作通常不是数据库系统面临的挑战？（　　）

A. 数据库高并发读/写需求　　B. 海量数据的高效存储和处理
C. 数据库高扩展性　　D. 编写数据库应用程序

2. 以下哪一项不是 NoSQL 的共同特征？（　　）
A. 分区　　B. 异步复制　　C. BASE　　D. CAP

3. HBase 是哪一种存储模型的 NoSQL 数据库？（　　）
A. 列存储　　B. 文档存储　　C. 键值对存储　　D. 图形存储

4. MongoDB 是哪一种存储模型的 NoSQL 数据库？（　　）
A. 列存储　　B. 文档存储　　C. 键值对存储　　D. 图形存储

5. Neo4j 是哪一种存储模型的 NoSQL 数据库？（　　）
A. 列存储　　B. 文档存储　　C. 键值对存储　　D. 图形存储

二、判断题

1. CAP 是在分布式的环境下设计和部署系统时的 3 个核心的需求。（　　）
2. Redis 复制主要包括 RDB 复制和 AOF 复制。（　　）
3. HBase 中的区域和表的关系是随着数据的增加而动态变化的。（　　）
4. MongoDB 的分片是将一个集合的数据分别存储在不同的结点上减轻单机压力。（　　）
5. Neo4j 的数据物理存储主要分为结点、关系、结点或关系上的属性这 3 类数据存储。（　　）

三、填空题

1. 事务 ACID 特性包括原子性、一致性、隔离性和__________。
2. 在数据库中，BASE 模型包含 BA（Basically Available），基本可用；S（Soft State），软状态/柔性事务；__________________。
3. Neo4j 的 CQL 的全称是______________。
4. Redis 安装完成后，默认数据库有________个。
5. MongoDB 中基本的概念是文档、________、数据库。

四、简答题

1. NoSQL 的特征是什么？
2. Redis 支持的数据类型有哪些？在这些类型上有哪些操作？
3. MongoDB 的存储架构是什么？
4. Neo4j 的数据模型是什么？请举例说明结点、关系、属性、标签的含义。

五、实践操作题

用 HBase 存储社交网站站内短信信息，要求记录发送者、接收者、时间、内容，有关的查询是发送者可以列出他所有（或按时间段）发出的信息列表（按时间降序排列），接收者可以列出他所有（或按时间段）收到的信息列表（按时间降序排列）。

（1）请进行数据建模。

（2）请使用 HBase Shell 实现相关的功能。

附录 PostgreSQL 数据库系统实验项目

在学习 PostgreSQL 数据库基本知识与技术应用后，需要通过进一步的数据库应用开发实践，培养数据库的设计、操作、编程与管理等能力。这里给出 PostgreSQL 数据库系统实验项目的任务说明。

实验 1 图书销售管理系统数据库设计

1. 实验目的与任务

通过图书销售管理系统数据库设计实验，了解数据库应用系统的概念数据模型、逻辑数据模型、物理数据模型的设计过程，熟悉 PowerDesigner 数据建模工具的使用，掌握数据库应用系统的数据库建模设计方法，培养数据库设计能力。

本实验任务是使用 PowerDesigner 建模工具，设计图书销售管理系统的概念数据模型、逻辑数据模型、物理数据模型，并对所设计数据库模型进行检验与完善。

2. 实验原理

在数据库应用系统的数据库设计中，我们通常采用实体关系图（E-R 模型图）方法来展示系统概念数据模型与逻辑数据模型。该模型抽象出系统实体及其实体关系，通过 E-R 模型图反映出系统的数据对象关系。在设计系统逻辑数据模型后，针对应用所采用的 PostgreSQL 数据库软件系统进行系统物理数据模型设计。本实验利用 PowerDesigner 建模工具提供的功能开展系统概念数据模型、逻辑数据模型、物理数据模型设计，并对所设计数据库模型进行检验与完善。

3. 实验内容

在分析图书销售管理系统的数据需求基础上，设计该系统的数据库模型。使用 PowerDesigner 建模工具，分别完成图书销售管理系统概念数据模型设计、逻辑数据模型设计、物理数据模型设计，具体实验内容如下。

（1）图书销售管理系统数据需求分析。

（2）图书销售管理系统概念数据模型初步设计。

（3）对初步概念数据模型进行扩展，定义多个模型分图。

（4）解决分图模型中的实体冲突、数据冗余、数据共享等问题。

（5）确保概念数据模型的规范性、一致性和完整性，进行数据模型检查与处理。

（6）将系统概念数据模型转换为支持关系数据库的系统逻辑数据模型。

（7）对系统逻辑数据模型进行规范化完善设计。

（8）将系统逻辑数据模型转换为支持 PostgreSQL 数据库系统的系统物理数据模型。

（9）对系统物理数据模型进行完善，增加支持系统业务功能的存储过程、触发器、视图、索引等对象设计。

（10）对系统物理数据模型进行检验与完善。

（11）利用建模工具完成本系统数据库设计报告的生成。

4. 实验设备及环境

本实验所涉及的硬件设备为计算机。

操作系统：Windows 7/8/10。

数据库建模设计工具：PowerDesigner 16.5。

5. 实验步骤

说明：此处为学生编写的报告内容。学生应按照实验任务内容要求，给出开展本实验的过程说明，体现出实验步骤与过程等描述内容。

6. 实验数据及结果分析

说明：此处为学生编写的报告内容。学生应按照上述步骤分别给出本实验各项任务的具体实践操作说明，并体现出问题分析、实践方案、实践结果展示、实践结果分析等描述内容。报告内容需要有基本的操作界面和操作结果数据分析。

7. 总结及心得体会

说明：此处为学生编写的报告内容。学生应对本实验涉及的技术知识应用进行归纳总结，并给出本实验收获及心得体会。

实验 2 图书销售管理系统数据库的创建与数据访问操作

1. 实验目的与任务

通过图书销售管理系统数据库创建及数据访问操作实验，掌握数据库及其对象创建、管理操作方法，同时也掌握数据插入、数据更新、数据删除、数据查询等 SQL 语句操作方法，培养数据库的数据对象定义与数据操作访问能力。

本实验任务是使用 PostgreSQL 数据库管理工具 pgAdmin 对图书销售管理系统数据库及其对象进行创建、管理，并对表进行数据添加、数据修改、数据删除和数据查询等 SQL 操作。

2. 实验原理

在关系数据库系统中，所有对数据库的访问操作均可通过 DBMS 执行 SQL 语句来实现。例如，通过执行 CREATE TABLE、ALTER TABLE、DROP TABLE 语句实现数据库表的创建、修改和删除；通过执行 INSERT、UPDATE、DELETE 语句实现数据库表中数据的添加、修改、删除；通过执行 SELECT 语句实现数据库表数据的查询。在 PostgreSQL 数据库系统中，可以使用数据库开发工具 pgAdmin 或 psql 命令行工具执行 SQL 语句，实现数据库对象及其数据的操作。

3. 实验内容

在图书销售管理系统数据模型设计基础上，实现该系统的数据模型，即在 PostgreSQL 数据库系统中创建图书销售管理数据库及其对象。通过执行 SQL 语句或程序，分别完成数据库的业务数据插入、修改、删除、查询等操作，具体实验内容如下。

（1）图书销售管理系统数据库 BookSale 创建及管理操作。

（2）在数据库 BookSale 中创建数据库表、索引、视图等对象。

（3）对数据库 BookSale 的数据库表进行数据插入操作。

（4）对数据库 BookSale 的数据库表进行数据修改操作。

（5）对数据库 BookSale 的数据库表进行数据删除操作。

（6）对数据库 BookSale 的数据库表进行数据查询操作。

（7）对数据库 BookSale 的数据库表进行数据统计操作。

（8）对数据库 BookSale 的数据库视图进行数据查询操作。

（9）对数据库 BookSale 的数据库视图进行数据修改操作。

（10）对数据库 BookSale 的数据库视图进行数据查询与统计操作。

4. 实验设备及环境

本实验所涉及的硬件设备为计算机。

操作系统：Windows 7/8/10。

数据库软件：PostgreSQL 11。

数据库工具：pgAdmin 4。

5. 实验步骤

说明：此处为学生编写的报告内容。学生应按照实验任务内容要求，给出开展本实验的过程说明，体现出实验步骤与过程等描述内容。

6. 实验数据及结果分析

说明：此处为学生编写的报告内容。学生应按照上述步骤分别给出本实验各项任务的具体实践操作说明，并体现出问题分析、实践方案、实践结果展示、实践结果分析等描述内容。报告内容需要有基本的操作界面和操作结果数据分析。

7. 总结及心得体会

说明：此处为学生编写的报告内容。学生应对本实验涉及的技术知识应用进行归纳总结，并给出本实验收获及心得体会。

实验 3　图书销售管理系统数据库后端编程

1. 实验目的与任务

通过图书销售管理系统数据库后端编程实验，掌握数据库服务器端编程方法，如数据库存储过程、触发器、游标等对象编程方法，培养数据库高级编程能力。

本实验任务使用 PostgreSQL 数据库过程语言 PL/pgSQL 对图书销售管理系统数据库实现后端编程。结合业务功能要求，编写数据库存储过程、触发器、游标程序。

2. 实验原理

在 PostgreSQL 数据库中，存储过程、触发器和游标都可使用 PL/pgSQL 编程实现的数据处理。按照 PL/pgSQL 提供的语句和程序结构，实现数据库后端功能编程处理。可以使用数据库开发工具 pgAdmin 或 psql 命令行工具执行 PL/pgSQL 程序，实现数据库后端功能处理。

3. 实验内容

使用 PL/pgSQL 对图书销售管理系统数据库进行后端功能处理，并完成触发器、存储过程、游标程序等后端编程，具体实验内容如下。

（1）编写存储过程 Pro_CurrentSale，实现当日图书销售量及销售金额汇总统计。

（2）编写过程语句块，实现对存储过程 Pro_CurrentSale 的调用，并输出统计结果。

（3）编写图书销售表 Insert 触发器 Tri_InsertSale，实现图书库存数据同步修改处理。

（4）对图书销售表 Insert 触发器 Tri_InsertSale 程序进行功能验证。

（5）编写游标程序 cur_PressBookList，实现各个出版社图书列表的显示输出处理。

4. 实验设备及环境

本实验所涉及的硬件设备为计算机。

操作系统：Windows 7/8/10。

数据库软件：PostgreSQL 11。

数据库工具：pgAdmin 4。

5. 实验步骤

说明：此处为学生编写的报告内容。学生应按照实验任务内容要求，给出开展本实验的过程说明，体现出实验步骤与过程等描述内容。

6. 实验数据及结果分析

说明：此处为学生编写的报告内容。学生应按照上述步骤分别给出本实验各项任务的具体实践操作说明，并体现出问题分析、实践方案、实践结果展示、实践结果分析等描述内容。报告内容需要有基本的操作界面和操作结果数据分析。

7. 总结及心得体会

说明：此处为学生编写的报告内容。学生应对本实验涉及的技术知识应用进行归纳总结，并给出本实验收获及心得体会。

实验 4　图书销售管理系统数据库安全管理

1. 实验目的与任务

通过图书销售管理系统数据库安全管理实验，了解数据库数据存取安全模型机制，掌握数据库用户管理、角色管理、权限管理的操作方法，从而培养数据库安全管理能力。

本实验任务是使用 PostgreSQL 数据库管理工具 pgAdmin 实施数据库角色管理、权限管理和用户管理，以确保图书销售管理数据库的安全访问。

2. 实验原理

在 PostgreSQL 数据库系统中，实现数据存取安全模型是确保数据库安全访问的基本手段。在数据安全存取模型中，需要设计数据库的角色、角色的数据库对象操作权限、数据库用户、数据库用户的角色赋予，以及数据库对象的操作权限集合。根据设计的数据安全存取模型，系统管理员使用数据库管理工具 pgAdmin 去创建角色，授予系统管理权限和对象操作权限。此外，系统管理员还需要创建用户，并对用户赋予必要的角色。之后，用户就可以对数据库对象进行访问。

3. 实验内容

在 PostgreSQL 数据库系统软件环境中，实现图书销售数据库 BookSale 的安全管理。针对图书销售管理，设计数据存取安全模型，分别采用管理工具操作或 SQL 程序方式实现该数据库的角色、权限、用户安全管理，具体实验内容如下。

（1）在数据库中，创建客户（R_Customer）、商家（R_Seller）角色。

（2）在数据库中，根据业务规则为客户（R_Customer）、商家（R_Seller）角色赋予数据库对象权限。

（3）在数据库中，分别创建客户用户 U_Customer、商家用户 U_Seller。

（4）分别为客户用户 U_Customer、商家用户 U_Seller 分派客户（R_Client）、商家（R_Seller）角色。

（5）分别以客户用户 U_Customer、商家用户 U_Seller 身份访问图书销售管理数据库，验证所实现数据存取权限模型机制的正确性。

4. 实验设备及环境

本实验所涉及的硬件设备为计算机。

操作系统：Windows 7/8/10。

数据库软件：PostgreSQL 11。

数据库工具：pgAdmin 4。

5. 实验步骤

说明：此处为学生编写的报告内容。学生应按照实验任务内容要求，给出开展本实验的过程说明，体现出实验步骤与过程等描述内容。

6. 实验数据及结果分析

说明：此处为学生编写的报告内容。学生应按照上述步骤分别给出本实验各项任务的具体实践操作说明，并体现出问题分析、实践方案、实践结果展示、实践结果分析等描述内容。报告内容需要有基本的操作界面和操作结果数据分析。

7. 总结及心得体会

说明：此处为学生编写的报告内容。学生应对本实验涉及的技术知识应用进行归纳总结，并给出本实验收获及心得体会。

实验 5　图书销售管理系统数据库应用 JSP 访问编程

1. 实验目的与任务

通过图书销售管理系统数据库应用 JSP 访问编程实验，了解 Java Web 核心技术的 JSP 机制，掌握在 JSP 页面动态访问数据库的编程技术方法，培养数据库应用编程能力。

本实验任务是在 JSP 页面代码程序中利用 JDBC 接口实现对图书销售管理系统的数据库操作访问编程；针对具体功能分别实现数据采集、数据修改、数据删除、数据列表等页面功能。

2. 实验原理

在数据库应用 Java Web 程序中，JSP 页面通过 JDBC 接口连接特定数据库，利用 JDBC API 实现对数据库表的操作，将结果集数据动态生成 HTML 页面，并响应、返回到客户浏览器进行显示。

3. 实验内容

基于 JSP 技术方法对图书销售管理系统数据库进行数据库访问编程。在 Eclipse 开发平台中，编写 JSP 页面实现图书销售管理系统的图书信息表（Book）数据的操作，具体实验内容如下。

（1）编写 Java 程序，通过 JDBC 接口连接图书销售管理数据库（BookSale）。

（2）编写 JSP 页面程序，实现图书信息表（Book）的数据插入编程。

（3）编写 JSP 页面程序，实现图书信息表（Book）的数据修改编程。

（4）编写 JSP 页面程序，实现图书信息表（Book）的数据删除编程。

（5）编写 JSP 页面程序，实现图书信息表（Book）的数据列表显示编程。

4. 实验设备及环境

本实验所涉及的硬件设备为计算机。

操作系统：Windows 7/8/10。

数据库软件：PostgreSQL 11。

数据库工具：pgAdmin 4。

5. 实验步骤

说明：此处为学生编写的报告内容。学生应按照实验任务内容要求，给出开展本实验的过程说明，体现出实验步骤与过程等描述内容。

6. 实验数据及结果分析

说明：此处为学生编写的报告内容。学生应按照上述步骤分别给出本实验各项任务的具体实践操作说明，并体现出问题分析、实践方案、实践结果展示、实践结果分析等描述内容。报告内容需要有基本的操作界面和操作结果数据分析。

7. 总结及心得体会

说明：此处为学生编写的报告内容。学生应对本实验涉及的技术知识应用进行归纳总结，并给出本实验收获及心得体会。

参考文献

[1]（英）Thomas M. Connolly，Carolyn E.Begg. 数据库系统设计、实现与管理（基础篇）（第6版）[M]. 宁洪，贾丽丽，等译. 北京：机械工业出版社，2016.

[2]（美）Abraham Siberschatz，Henry F. Korth，S.Sudarshan. 数据库系统概念（第6版）[M]. 杨冬青，马秀莉，等译. 北京：机械工业出版社，2012.

[3]（美）Hector Garcia-Molina，Jeffrey D.Ullman，Jennifer Widom. 数据库系统实现（第2版）[M]. 杨冬青，吴愈青，等译. 北京：机械工业出版社，2010.

[4]（美）Dan McCreary，Ann Kelly. 解读 NoSQL[M]. 范东来，滕雨橦，译. 北京：人民邮电出版社，2016.

[5] 陆鑫，王雁东，胡旺. 数据库原理及应用[M]. 北京：机械工业出版社，2015.